TRAINING COURSE OF COMPUTER APPLICATION FUNDAMENTALS

计算机应用基础实训教程

MS Office 新型活页式教材

主编　徐　莹　沈润泉　周　敏

江苏大学出版社
JIANGSU UNIVERSITY PRESS

计算机应用基础实训教程

MS Office 新型活页式教材

主　编　徐　莹　沈润泉　周　敏

副主编　居　玮　王　辉　于瑞琴

武素华　吴　建　沈钧楸

（以上排名不分先后）

江苏大学出版社

JIANGSU UNIVERSITY PRESS

镇　江

图书在版编目(CIP)数据

计算机应用基础实训教程：MS Office 新型活页式教材 / 徐莹，沈润泉，周敏主编. -- 镇江：江苏大学出版社，2024. 8.（2025.8 重印）-- ISBN 978-7-5684-2227-7

Ⅰ. TP317.1

中国国家版本馆 CIP 数据核字第 2024TQ5274 号

计算机应用基础实训教程：MS Office 新型活页式教材

Jisuanji Yingyong Jichu Shixun Jiaocheng：MS Office Xinxing Huoyeshi Jiaocai

主　　编/徐　莹　沈润泉　周　敏

责任编辑/郑晨晖

出版发行/江苏大学出版社

地　　址/江苏省镇江市京口区学府路 301 号(邮编：212013)

电　　话/0511-84446464（传真）

网　　址/http://press.ujs.edu.cn

排　　版/镇江市江东印刷有限责任公司

印　　刷/扬州皓宇图文印刷有限公司

开　　本/787 mm×1 092 mm　1/16

印　　张/20.5

字　　数/463 千字

版　　次/2024 年 8 月第 1 版

印　　次/2025 年 8 月第 2 次印刷

书　　号/ISBN 978-7-5684-2227-7

定　　价/66.00 元

前　言

在信息技术日新月异的今天，掌握 Office 办公软件的基本操作已成为职场人士及学生群体不可或缺的技能之一。全国计算机等级考试一级（MS Office 应用）作为衡量这一能力的重要标尺，其重要性不言而喻。为了满足广大考生高效、灵活备考的需求，我们精心编撰了本书，旨在通过活页式的创新设计，为考生提供一本集 Windows、Word、Excel、PowerPoint 基础操作及 Internet 基本应用于一体的参考用书。

本书采用活页式设计，每一章节均可独立成篇，既便于考生根据自身的学习进度和薄弱环节进行有针对性的复习，也便于教师根据教学需要灵活调整教学内容。这种设计不仅提升了学习的自由度，也极大地增强了教材的实用性。

本书内容全面覆盖了全国计算机等级考试一级（MS Office 应用）的所有考点，包括 Windows 的基本操作和应用，文字处理软件 Word、电子表格软件 Excel、演示文稿软件 PowerPoint 的功能和使用，以及 Internet 的基本应用等五大核心模块。同时，我们还精心挑选了五套真题中的操作部分进行详细讲解，帮助考生熟悉考试题型，掌握解题技巧。真题是检验学习成果的最佳标尺。本书中的真题解析部分不仅提供了详细的操作步骤和注意事项，还附有操作截图和错误提示，帮助考生直观理解并掌握正确的操作方法。通过反复练习这些真题，考生可以在实战中检验自己的学习成果，提升应试能力。

本书注重实践操作能力的培养，通过大量的实战案例和练习题目，引导考生将理论知识转化为实际操作技能。同时，我们也鼓励考生多动手、多思考，通过解决实际问题来巩固所学知识，提升解决问题的能力。

由于作者水平有限，书中难免存在不足之处，恳请广大读者批评指正。读者可扫描下方二维码下载本书的配套素材。

编　者

2024 年 6 月

配套素材

目录

CONTENTS

1

Windows 操作系统的基本操作和应用

Windows 是美国微软公司以图形用户界面为基础研发的操作系统,其因简单的操作方式、友好的图形操作界面和强大的系统功能,而被广泛地应用于微型计算机领域。

学习重点

1. Windows 操作系统的基本操作:桌面图标的管理,窗口的打开与关闭、最大化、最小化等。

2. 文件夹与文件的相关操作:新建、删除、复制、移动、重命名文件和文件夹,设置文件和文件夹的属性,搜索文件和文件夹,显示、隐藏及修改文件的扩展名等。

3. 剪贴板的使用:复制、粘贴、剪切的快捷键的使用,快捷方式的创建等。

4. 系统设置:显示设置、个性化设置、电源管理等。

学习概要

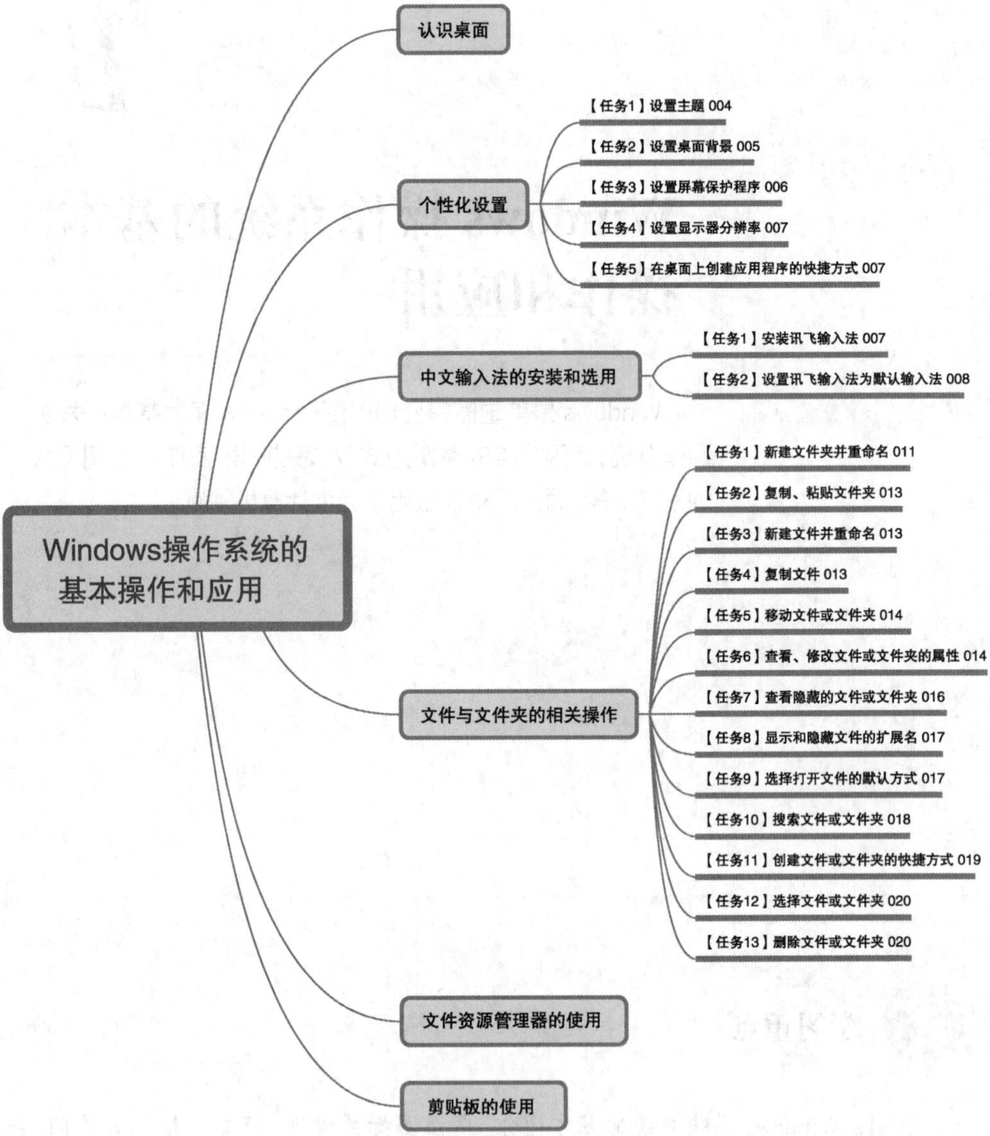

Windows操作系统的基本操作和应用
认识桌面
个性化设置
【任务1】设置主题 004
【任务2】设置桌面背景 005
【任务3】设置屏幕保护程序 006
【任务4】设置显示器分辨率 007
【任务5】在桌面上创建应用程序的快捷方式 007
中文输入法的安装和选用
【任务1】安装讯飞输入法 007
【任务2】设置讯飞输入法为默认输入法 008
文件与文件夹的相关操作
【任务1】新建文件夹并重命名 011
【任务2】复制、粘贴文件夹 013
【任务3】新建文件并重命名 013
【任务4】复制文件 013
【任务5】移动文件或文件夹 014
【任务6】查看、修改文件或文件夹的属性 014
【任务7】查看隐藏的文件或文件夹 016
【任务8】显示和隐藏文件的扩展名 017
【任务9】选择打开文件的默认方式 017
【任务10】搜索文件或文件夹 018
【任务11】创建文件或文件夹的快捷方式 019
【任务12】选择文件或文件夹 020
【任务13】删除文件或文件夹 020
文件资源管理器的使用
剪贴板的使用

1.1 认识桌面

Windows 操作系统启动完成后显示的整个屏幕界面称为桌面。利用桌面,用户可以有效地组织和管理 Windows 资源。桌面上有常用的管理程序图标、应用程序的快捷方式图标、桌面背景以及任务栏。

启动计算机并成功登录 Windows 系统后,出现如图 1-1 所示的界面。

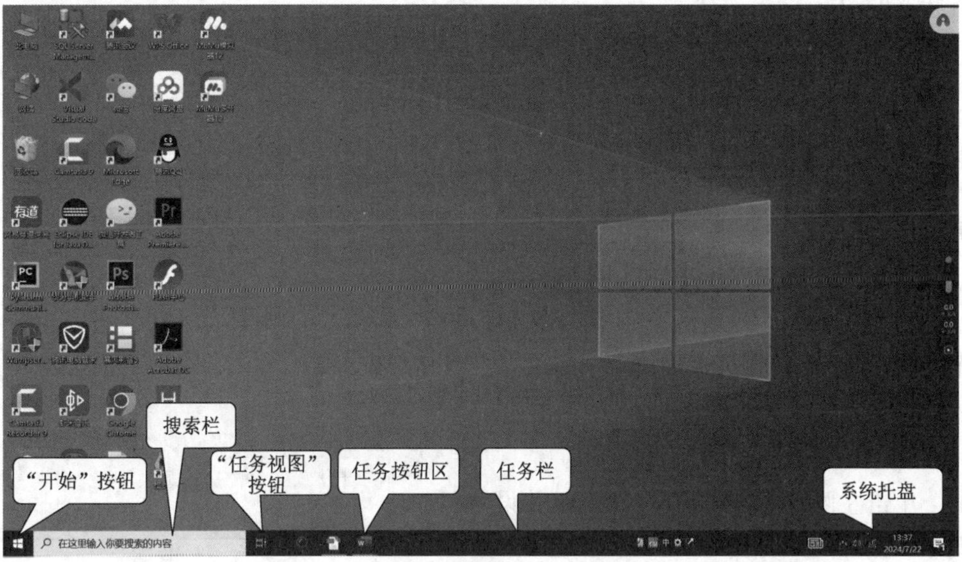

图 1-1　Windows 桌面

在 Windows 系统中,桌面上的图标代表程序、文件、文件夹或者其他项目,桌面上通常有“此电脑”“回收站”等图标和其他一些应用程序、文件的快捷方式图标。用户在删除文件或文件夹时,系统并没有将这些项目从硬盘中删除,而是暂时保存在回收站中。当用户误删除某项目时,鼠标左键双击“回收站”图标打开回收站程序,右键单击该项目,在弹出的快捷菜单中选择“还原”命令,该项目即可从回收站中还原到原来的位置。如果右键单击“回收站”图标,在弹出的快捷菜单中选择“清空回收站”命令,则回收站中所有项目就被永久删除了。

桌面底部的水平长条是任务栏,由“开始”按钮、搜索栏、“任务视图”按钮、任务按钮区、系统托盘 5 个部分组成。

“开始”按钮:用于打开“开始”菜单。开始菜单是计算机应用程序、文件夹和设置的主门户,使用开始菜单可以方便地启动应用程序、打开文件夹、访问 Internet 和收发电子邮件等,也可以对系统进行各种设置和管理。

搜索栏:用于搜索文件、文件夹、应用程序、网页等内容。当用户单击任务栏中的搜索框或按下 Win + S 组合键时,将获得增强的搜索框,它具有预先提供的两个功能——“快速访问热门应用”和“快速搜索”,后者包括天气、新闻、市场等。

“任务视图”按钮:用于切换任务视图。任务视图是一个任务切换器和虚拟桌面系统。任务视图允许用户快速定位到已打开的窗口,快速隐藏所有窗口并显示另一个桌面,以及管理多个监视器或虚拟桌面上的窗口。单击任务栏上的“任务视图”按钮或从屏幕左侧滑动将展示所有窗口,然后允许用户切换这些窗口,或者切换多个工作区。

任务按钮区:任务按钮区中的每一个按钮都对应一个打开的应用程序窗口,单击按钮可以切换到相应的窗口,也可以最小化窗口。

系统托盘:包括时钟、输入法、音量以及其他一些显示特定应用程序和计算机设置状态的图标。

1.2 个性化设置

在桌面空白处单击鼠标右键,在弹出的快捷菜单(图 1-2)中选择“个性化”命令,打开“设置”窗口。在“设置”窗口左侧可以选择“背景”“颜色”“锁屏界面”“主题”“字体”等选项进行个性化设置。

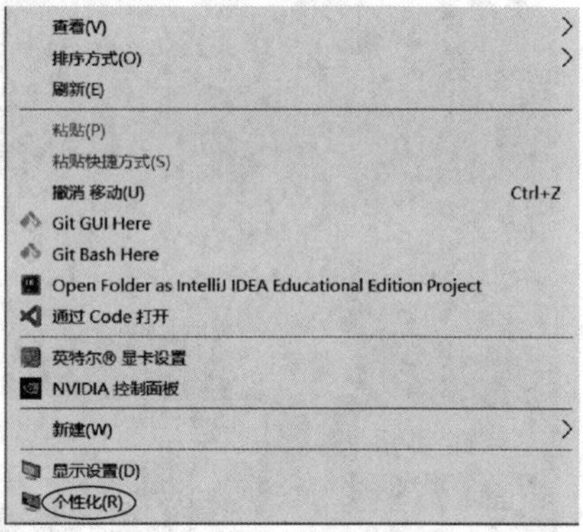

图 1-2 快捷菜单

【任务 1】设置主题

单击左侧“主题”选项卡进行相关设置,如图 1-3 所示。

图 1-3 主题设置

在图 1-3 中的右侧窗格中选择“桌面图标设置”选项,在弹出的“桌面图标设置”窗口中选择要添加到桌面的系统图标,如“计算机”“回收站”“网络”等,如图 1-4 所示。

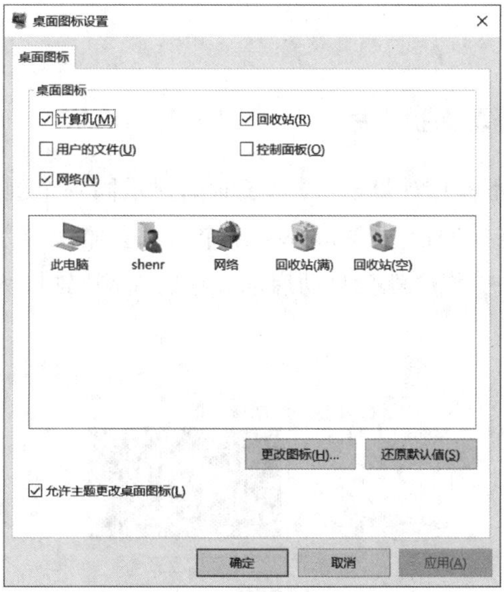

图 1-4 “桌面图标设置”窗口

【任务 2】设置桌面背景

单击左侧“背景”选项卡进行相关设置，如图 1-5 所示。单击“浏览”按钮，在弹出的“打开”窗口中可以选择自定义图片作为桌面背景。在“背景”下拉列表中选择“幻灯片放映”选项，桌面将以幻灯片定时切换的方式呈现背景。

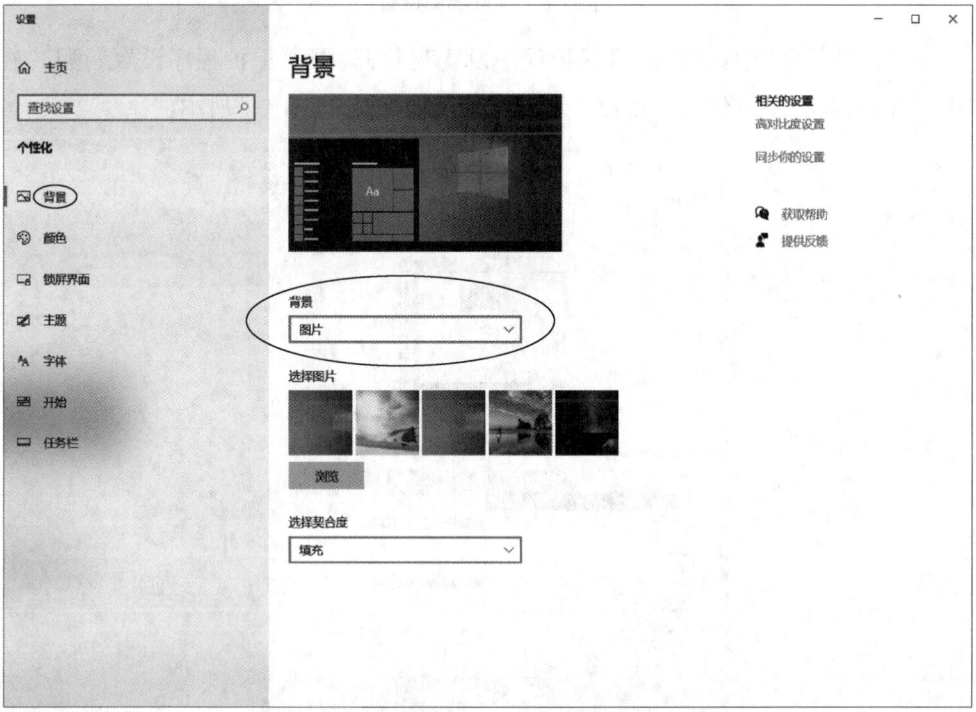

图 1-5 桌面背景设置

【任务 3】设置屏幕保护程序

如果用户长时间不操作计算机，屏幕长时间显示同一个画面会缩短屏幕的使用寿命，为了防止出现这样的情况，Windows 操作系统会监视屏幕，当屏幕在设定时间内没有改变时，屏幕保护程序就会自动启动。单击左侧“锁屏界面”选项卡进行相关设置，如图 1-6 所示。

图 1-6　锁屏界面设置

在“锁屏界面”中选择“屏幕保护程序设置”，打开“屏幕保护程序设置”窗口，在“屏幕保护程序”下拉列表中选择合适的屏幕保护程序，如图 1-7 所示。

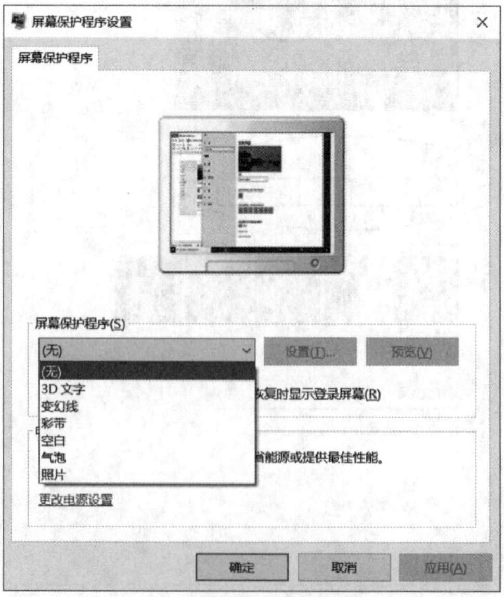

图 1-7　“屏幕保护程序设置”窗口

【任务 4】设置显示器分辨率

分辨率是显示器的重要性能指标之一。分辨率越高，画面就越精细，同样的屏幕区域内能显示的内容就越多。但分辨率过高，内容会显得很密集，看屏幕会比较吃力，因此有必要根据实际需要进行调整。在桌面空白处单击鼠标右键，在弹出的快捷菜单中选择“显示设置”命令打开“设置”窗口，此时默认为“屏幕”选项，如图 1-8 所示。在“显示器分辨率”下拉列表中选择合适的分辨率。

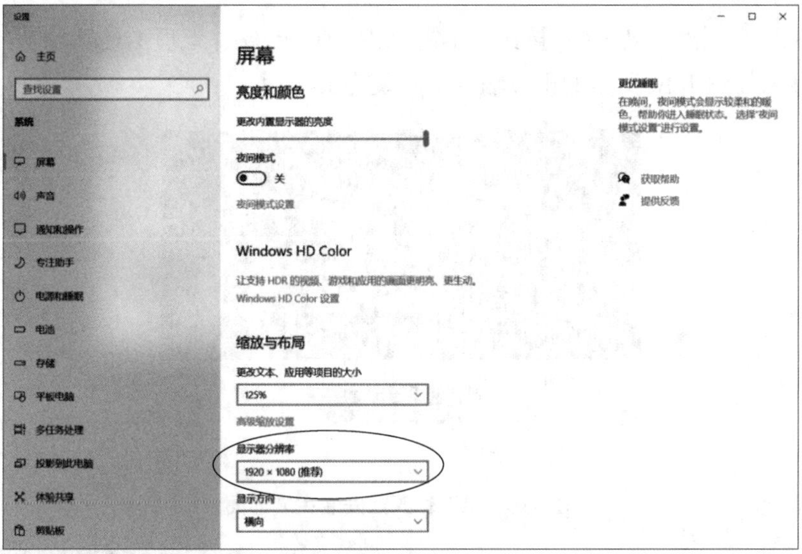

图 1-8　显示器分辨率设置

【任务 5】在桌面上创建应用程序的快捷方式

用户从“开始”菜单启动应用程序不是很方便，希望将常用的程序图标显示在桌面上，这样就可以直接在桌面双击图标打开该程序。

单击“开始”按钮打开“开始”菜单，将光标移动到要创建快捷方式的应用程序上，按住鼠标左键不要松开，将其拖到桌面后松开鼠标，即可在桌面上创建该应用程序的快捷方式。双击此快捷方式即可直接启动运行该应用程序。

1.3　中文输入法的安装和选用

下面以讯飞输入法为例说明中文输入法的安装和选用。

【任务 1】安装讯飞输入法

Step 1　用户可以通过浏览器或者第三方软件管理工具搜索“讯飞输入法”，如图 1-9 所示。

图 1-9　用第三方软件管理工具搜索

Step 2　单击“一键安装”按钮后不需要用户干涉,软件管理工具就可以自动完成安装并显示如图 1-10 所示的讯飞输入法安装完成界面。

图 1-10　讯飞输入法安装完成界面

【任务 2】设置讯飞输入法为默认输入法

在讯飞输入法安装完成后,可以默认选择“设为默认输入法”(图 1-10),也可以手动将讯飞输入法设为默认输入法。

Step 1　鼠标右键单击“开始”菜单,在弹出的快捷菜单中选择“设置”命令(图 1-11)。

Step 2　单击“设置”命令选项后打开“设置”窗口(图 1-12),在“设置”窗口中选择“时间和语言”选项。

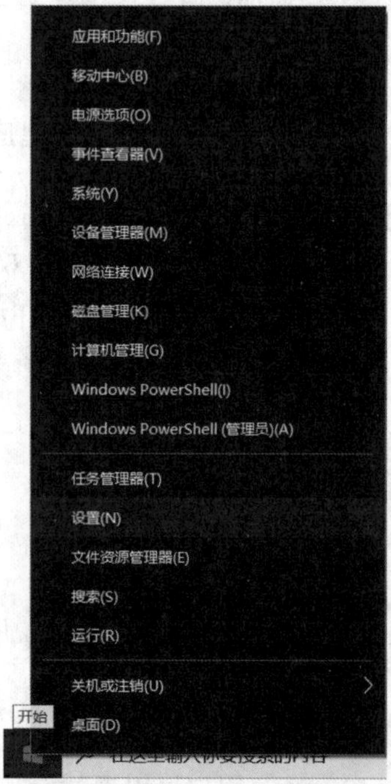

图 1-11　快捷菜单

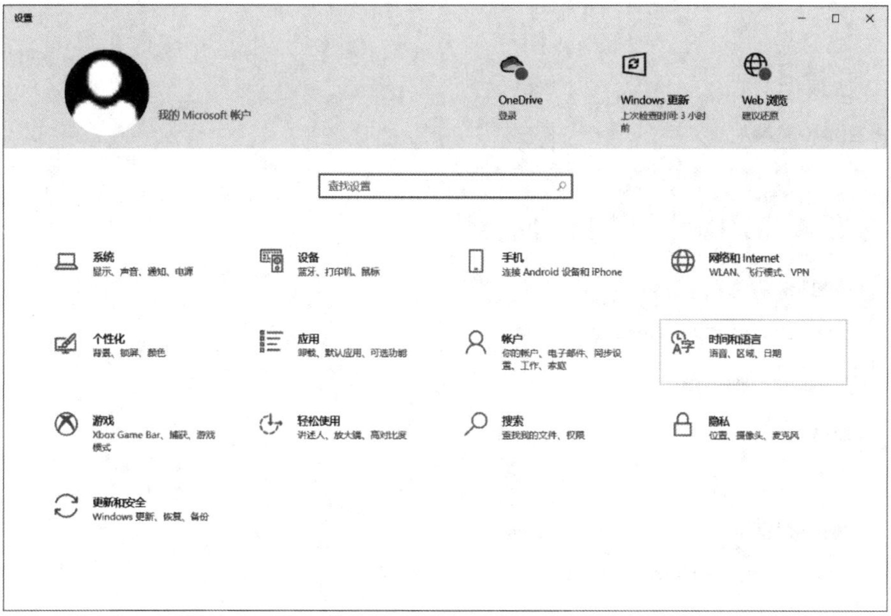

图 1-12 “设置”窗口

Step 3 在新的设置界面中选择左侧的“语言”选项(图 1-13),再单击中间的“键盘”按钮打开“键盘”设置窗口,如图 1-14 所示。

Step 4 在“键盘”设置窗口中,单击“使用语言列表(推荐)”下拉列表选择“讯飞输入法”,即可将讯飞输入法设置为默认输入法。

Step 5 在“键盘”设置窗口中,选择“语言栏选项”,打开“文本服务和输入语言”窗口(图 1-15)。在此窗口中可以设置语言栏悬浮于桌面上或停靠于任务栏,还可以隐藏语言栏。

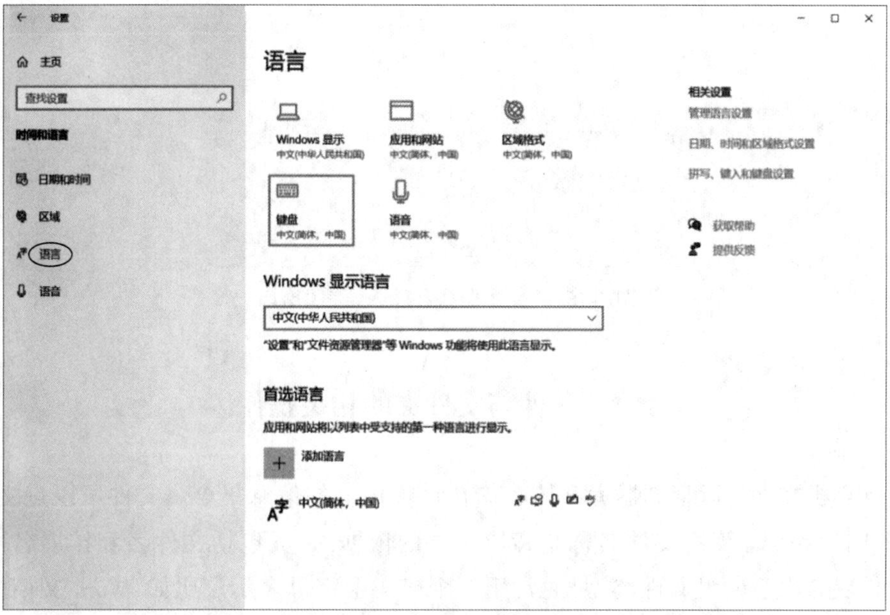

图 1-13 “语言”设置窗口

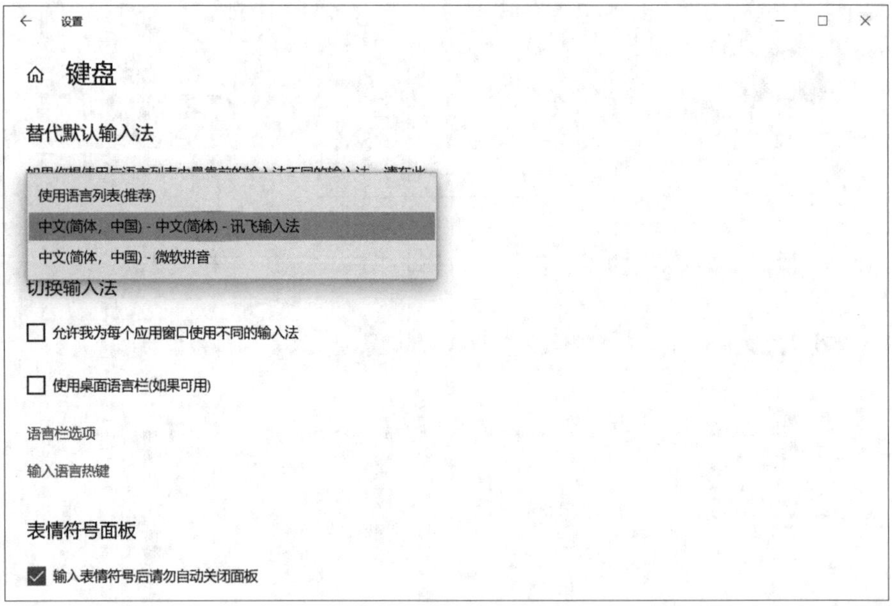

图 1-14 “键盘”设置窗口

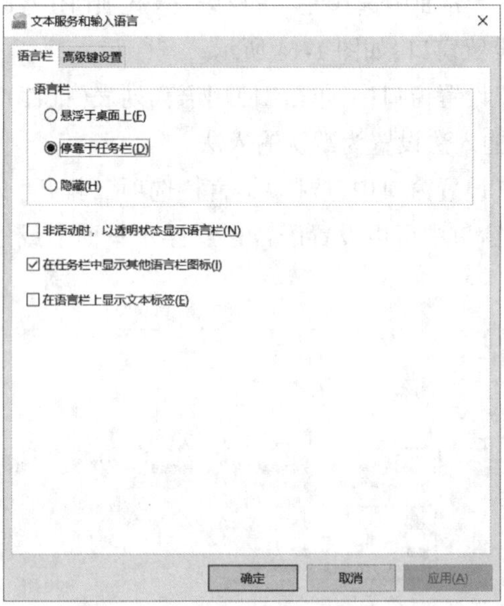

图 1-15 “文本服务和输入语言”窗口

1.4 文件与文件夹的相关操作

计算机文件是以存储器为载体存储在计算机上的信息集合。文件可以是文档、程序、图片等。计算机文件名称是存取文件的依据,一般包括文件名和扩展名两部分。扩展名用于说明文件类型,通常用 3 个或 4 个字母表示。比如,Word 文档的扩展名为“. docx”,可执行文件的扩展名为“. exe”,图片的扩展名有“. jpg”“. png”等。

计算机里的文件非常多，并且随着计算机的使用文件会越来越多。如果将文件杂乱无章地存放在一起，那么对文件的查找、使用会变得非常困难，所以有必要对文件进行科学的组织与管理。

为高效科学地使用、组织文件，用户至少需要掌握以下相关操作：新建、复制与移动文件及文件夹；删除文件及文件夹；修改文件及文件夹属性；重命名文件与文件夹；隐藏与显示文件与文件夹；搜索文件与文件夹。

下面一一介绍实现以上操作的方法。

【任务 1】新建文件夹并重命名

在“D:\一级考试”文件夹中新建“全国计算机一级考试”文件夹。

Step 1 双击桌面上的“此电脑”图标打开“此电脑”窗口。

Step 2 在打开的窗口中双击 D 盘图标。

Step 3 在 D 盘窗口中双击“一级考试”文件夹图标。

Step 4 在“一级考试”文件夹空白处单击鼠标右键，在打开的快捷菜单中选择“新建”命令，在下一级快捷菜单中选择“文件夹”命令（图 1-16）。此时，在“一级考试”窗口中新建了文件夹，文件夹名默认为“新建文件夹”且高亮显示，如图 1-17 所示。

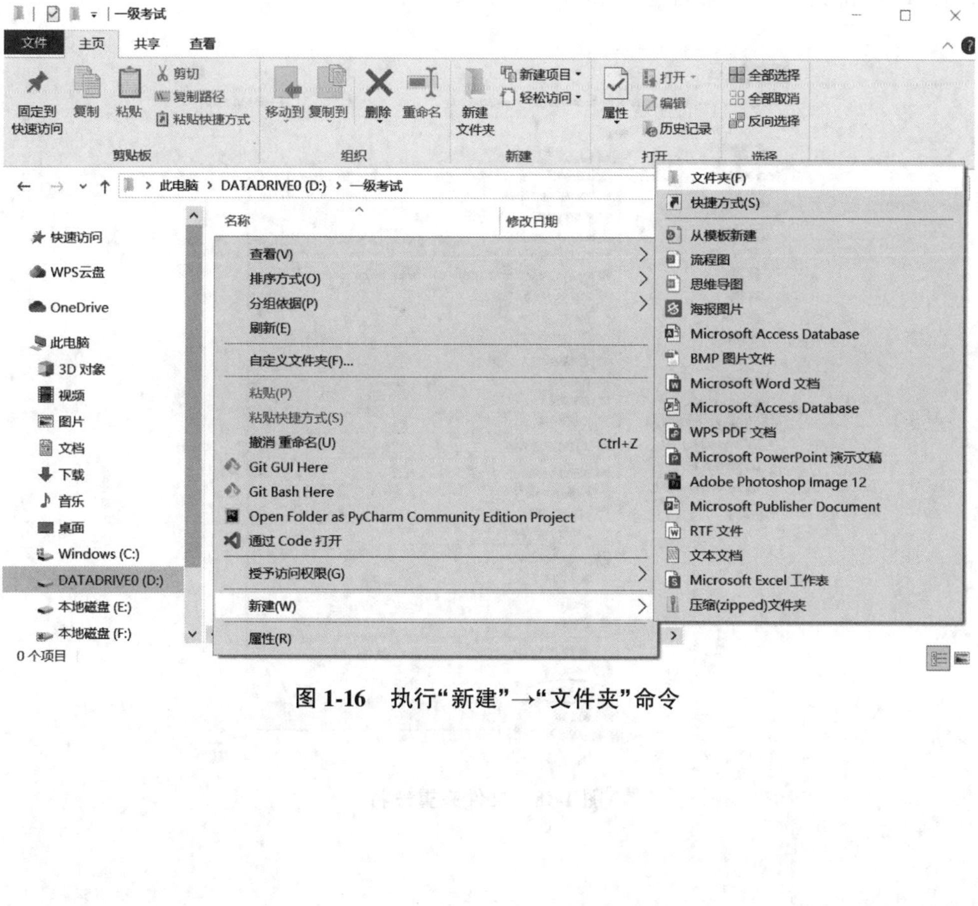

图 1-16　执行“新建”→“文件夹”命令

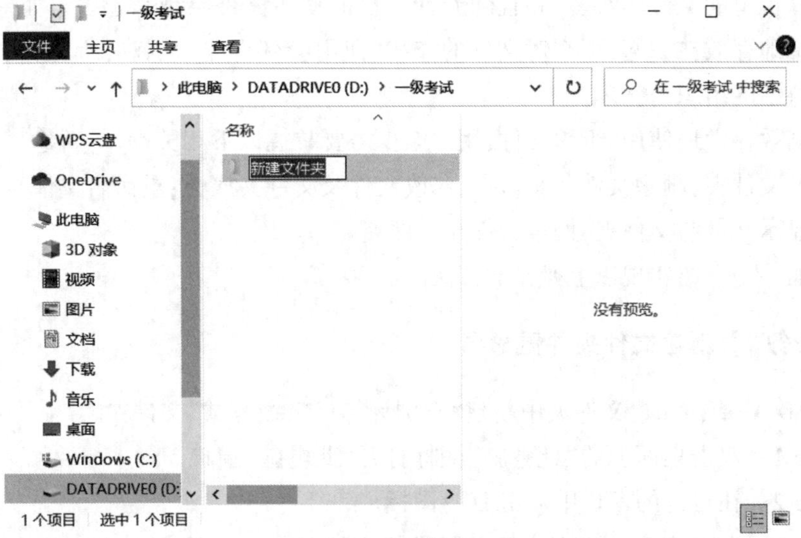

图 1-17　新建的文件夹

Step 5　当文件夹名高亮显示时可直接键入新的文件夹名“全国计算机一级考试”。若文件夹名没有高亮显示,则将鼠标移动至文件夹图标处,鼠标右键单击文件夹,在弹出的快捷菜单中选择“重命名”命令,如图 1-18 所示。此时文件夹名呈高亮状态,即可将文件夹重命名为“全国计算机一级考试”。

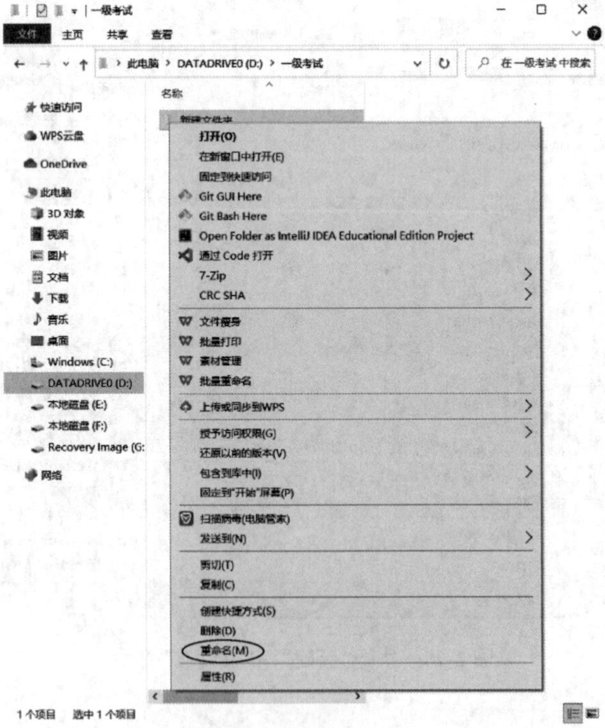

图 1-18　文件夹重命名

【任务 2】复制、粘贴文件夹

复制“D:\一级考试\全国计算机一级考试”文件夹后，将其粘贴在“D:\一级考试”文件夹中，并将文件夹重命名为“江苏省计算机一级考试”。

Step 1 打开“一级考试”文件夹，鼠标右键单击“全国计算机一级考试”文件夹，在弹出的快捷菜单中选择“复制”命令。

Step 2 在“一级考试”窗口中空白处单击鼠标右键，在弹出的快捷菜单中选择“粘贴”命令，此时窗口中出现一个新的文件夹，文件夹名默认为“全国计算机一级考试-副本”，修改文件夹名为“江苏省计算机一级考试”。

【任务 3】新建文件并重命名

在“D:\一级考试\全国计算机一级考试”文件夹中新建文件“一级考试大纲.txt”和“一级考试大纲.docx”。

Step 1 打开“全国计算机一级考试”文件夹。

Step 2 在“全国计算机一级考试”窗口空白处单击鼠标右键，在弹出的快捷菜单中选择“新建”，然后在右方显示的文件类型中根据需要可以选择文本文档、PPT、Word、图片等不同文件类型的选项，此处选择“文本文档”选项，新建文件的文件名默认为“新建文本文档.txt”。

Step 3 采用与文件夹重命名相同的方法，将该文件重命名为“一级考试大纲.txt”。

Step 4 重复 Step 1～3，但在 Step 2 中不选择“文本文档”选项，而是选择“Microsoft Word 文档”选项，此时新建文件的文件名默认为“新建 Microsoft Word 文档.docx”，将该文件重命名为“一级考试大纲.docx”。

【任务 4】复制文件

将“D:\一级考试\全国计算机一级考试\一级考试大纲.docx”文件复制到“D:\一级考试\江苏省计算机一级考试”文件夹中。

Step 1 打开“全国计算机一级考试”文件夹，鼠标右键单击“一级考试大纲.docx”文件，在弹出的快捷菜单中选择“复制”命令。

Step 2 单击地址栏中的“一级考试”回到“一级考试”文件夹，也可以单击“上移”按钮 或“返回”按钮 回到“一级考试”文件夹，如图 1-19 所示。

Step 3 双击“江苏省计算机一级考试”文件夹图标打开该文件夹。

Step 4 在“江苏省计算机一级考试”窗口空白处单击鼠标右键，在弹出的快捷菜单中选择“粘贴”命令。此时在“全国计算机一级考试”和“江苏省计算机一级考试”文件夹中各有一个“一级考试大纲.docx”文件。

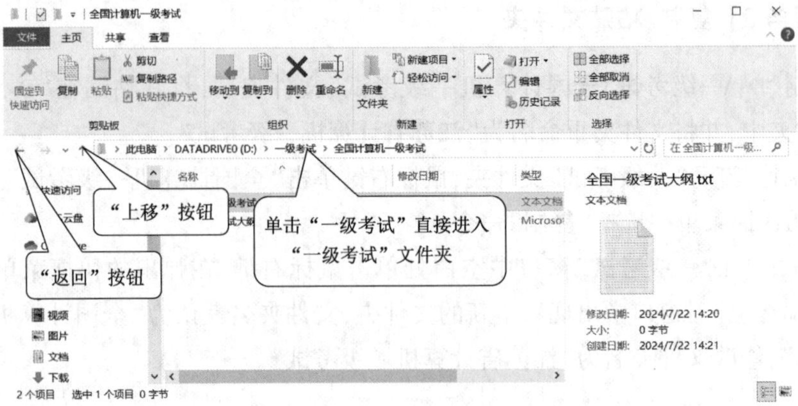

图 1-19　返回“一级考试”文件夹

【任务 5】移动文件或文件夹

将“D:\一级考试\全国计算机一级考试\一级考试大纲.docx”文件移动到“D:\一级考试\江苏省计算机一级考试”文件夹中。移动文件夹的方法与移动文件一样。

Step 1　打开“江苏省计算机一级考试”文件夹，鼠标右键单击“一级考试大纲.docx”文件，在弹出的快捷菜单中选择“删除”命令项，这是为移动文件做准备。

Step 2　单击“江苏省计算机一级考试”窗口的“返回”按钮 ← 回到“一级考试”文件夹。

Step 3　双击“全国计算机一级考试”文件夹图标打开该文件夹。

Step 4　右击“一级考试大纲.docx”文件，在弹出的快捷菜单中选择“剪切”命令。此时“一级考试大纲.docx”文件图标颜色变暗。

Step 5　单击“全国计算机一级考试”窗口的“上移”按钮 ↑ 回到“一级考试”文件夹。

Step 6　双击“江苏省计算机一级考试”文件夹图标打开该文件夹。

Step 7　在“江苏省计算机一级考试”窗口空白处单击鼠标右键，在弹出的快捷菜单中选择“粘贴”命令。此时文件移动完成。

Step 8　回到“全国计算机一级考试”文件夹，此时该文件夹中已没有“一级考试大纲.docx”文件。

【任务 6】查看、修改文件或文件夹的属性

查看“D:\一级考试\江苏省计算机一级考试\一级考试大纲.docx”文件并将其属性修改为“只读”且“隐藏”。

Step 1　打开“江苏省计算机一级考试”文件夹。

Step 2　鼠标右键单击“一级考试大纲.docx”文件，在弹出的快捷菜单中选择“属性”命令（图 1-20）。

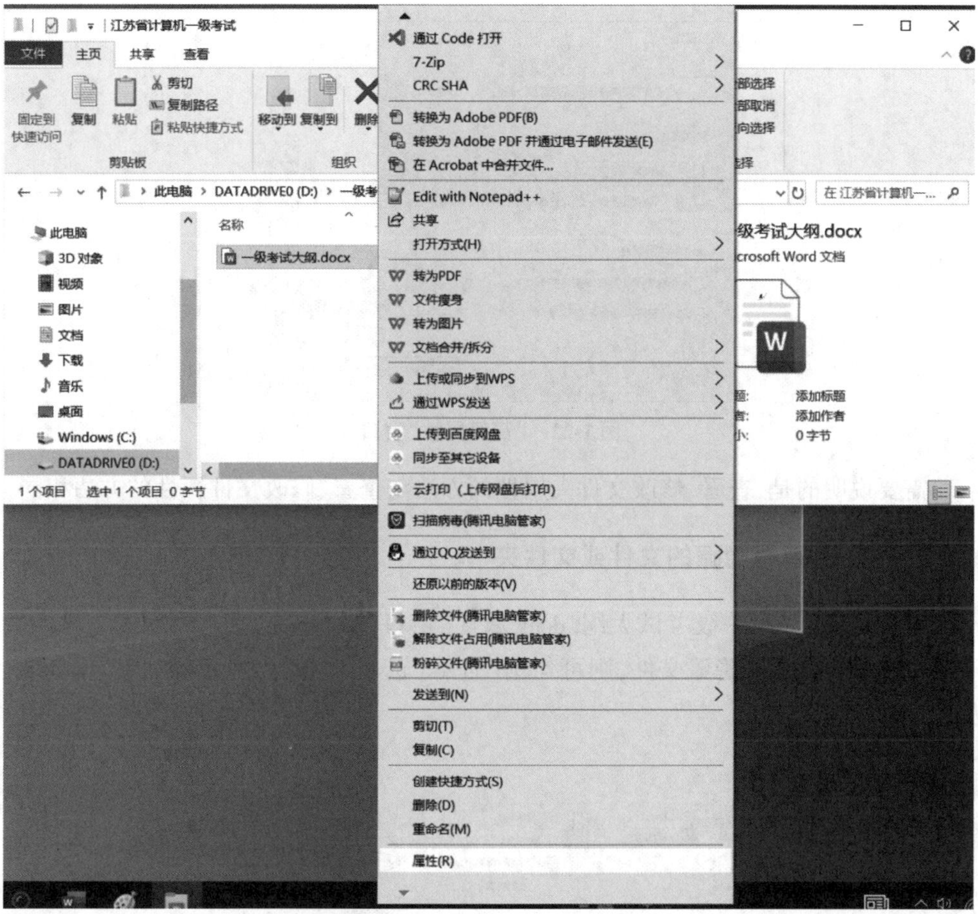

图 1-20 “属性”命令项

Step 3 在“一级考试大纲 . docx 属性”窗口中可查看文件属性，选中“属性”选项中的“只读”和“隐藏”复选框修改文件的只读属性和隐藏属性，如图 1-21 所示。勾选“只读”复选框以后，不能对该文件进行修改。若要修改，则需修改“只读”属性。勾选“隐藏”复选框后，该文件将不可见。

Step 4 在“一级考试大纲. docx 属性”窗口中单击“高级”按钮，打开“高级属性”窗口，在此窗口中可进行更多设置，如图 1-22 所示。

图 1-21 “一级考试大纲 . docx 属性”窗口

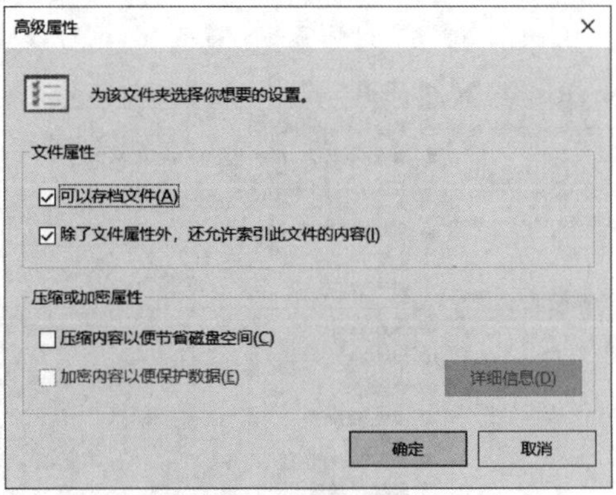

图 1-22 “高级属性”窗口

需要说明的是,查看、修改文件夹属性的方法与查看、修改文件属性的方法相同。

【任务 7】查看隐藏的文件或文件夹

Method 1 在“一级考试大纲. docx 属性”窗口中勾选“隐藏”复选框后,文件将不可见。若要查看该隐藏文件,则可勾选“查看”选项卡中的“隐藏的项目”复选框,如图 1-23 所示。

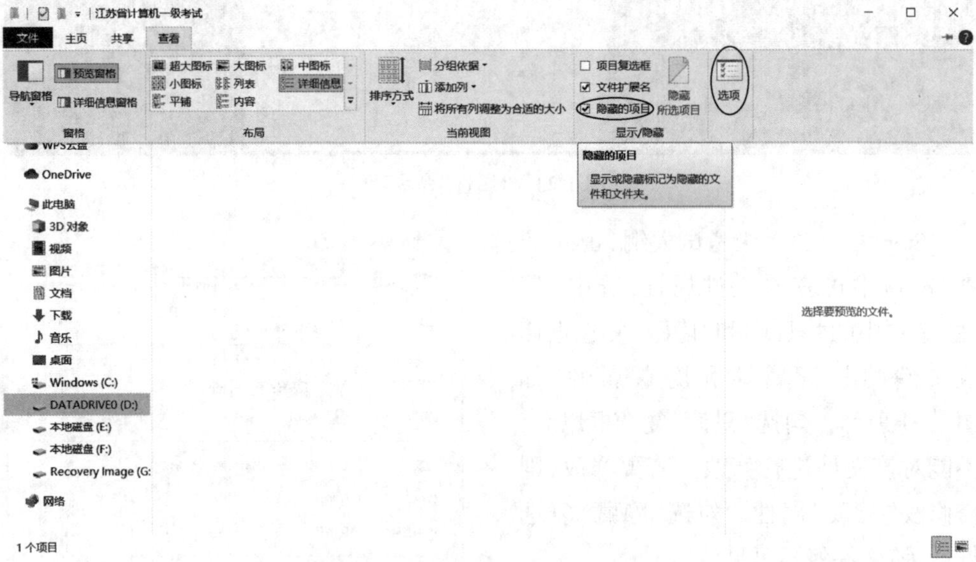

图 1-23 勾选“隐藏的项目”复选框

Method 2 单击“查看”选项卡中的“选项”按钮(图 1-23),在打开的“文件夹选项”窗口中勾选“显示隐藏的文件、文件夹和驱动器”复选框(图 1-24),然后单击“确定”按钮。此时可以看见该隐藏文件,但文件图标的颜色变暗。

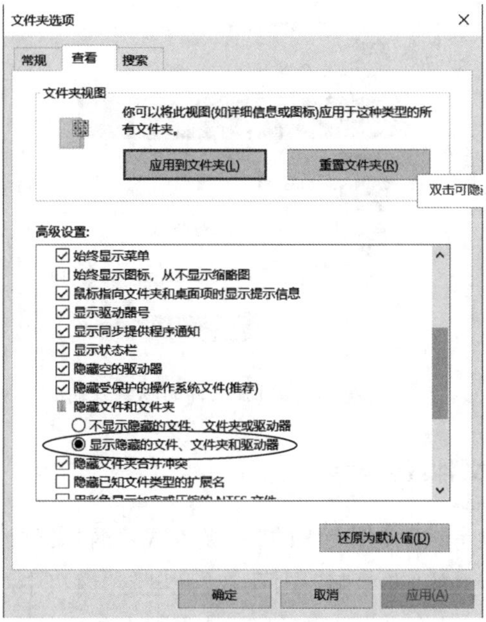

图 1-24 “文件夹选项”窗口

【任务 8】显示和隐藏文件的扩展名

在“文件夹选项”窗口中还有一个常用复选按钮,即“隐藏已知文件类型的扩展名”,此按钮可显示、隐藏文件的扩展名,效果如图 1-25 所示。通过勾选或取消勾选“查看”选项卡中“文件扩展名”复选框也可以显示或隐藏文件的扩展名。

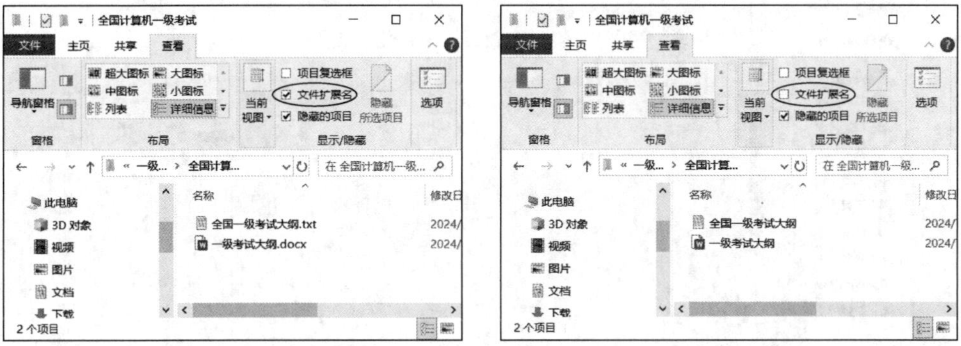

(a) 显示文件扩展名 (b) 隐藏文件扩展名

图 1-25 显示/隐藏文件的扩展名

【任务 9】选择打开文件的默认方式

鼠标右键单击要修改的文件,在弹出的快捷菜单中选择“属性”命令,在“属性”窗口中单击“更改”按钮,在弹出的窗口中选择打开文件的默认方式,如图 1-26 所示。

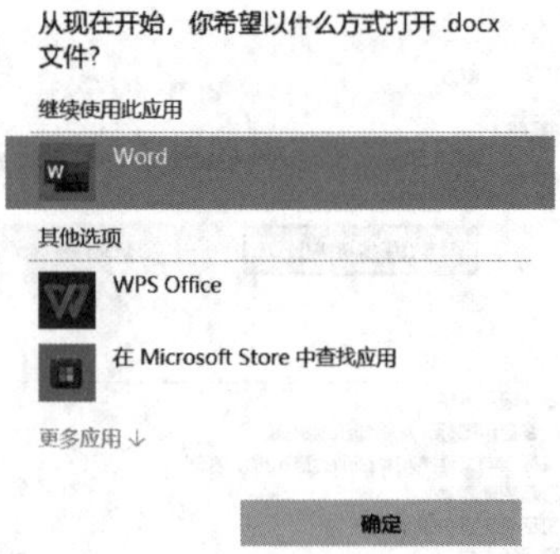

图 1-26　选择打开文件的默认方式

【任务 10】搜索文件或文件夹

查找存储在“一级考试”文件夹中的“一级考试大纲”文件或文件夹。

Step 1　双击桌面上的“此电脑”图标，在“此电脑”窗口中双击 D 盘图标，在 D 盘窗口中双击“一级考试”文件夹图标打开该文件夹。在窗口右上角的搜索栏中输入“一级考试大纲”，然后按 Enter 键开始在“一级考试”文件夹范围内搜索“一级考试大纲”，搜索结果为所有包含字符串“一级考试大纲”的文件和文件夹，如图 1-27 所示。

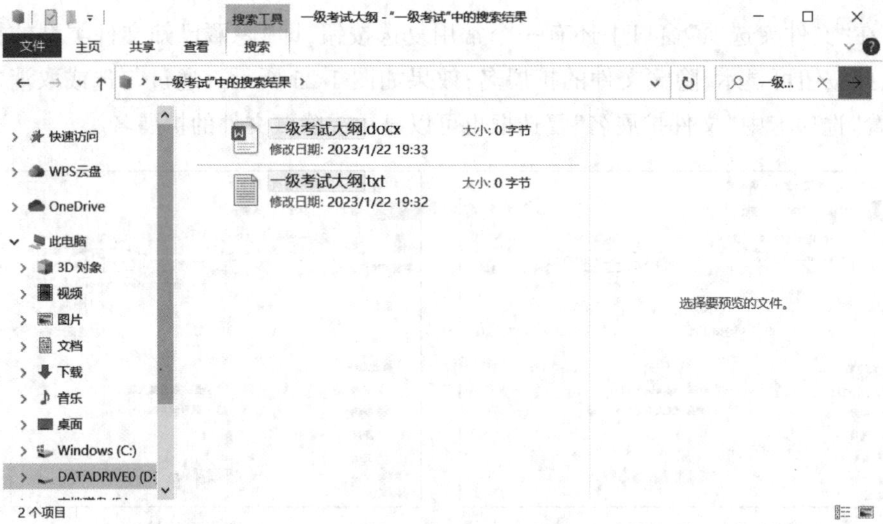

图 1-27　搜索结果

Step 2　重复上一步骤，但搜索内容改为“一级考试大纲 . docx”，则搜索结果为所有包含字符串“一级考试大纲”的 Word 文档。

Step 3　搜索“ * . docx”，则搜索结果列表中出现搜索位置中所有 . docx 文件。此处“ * ”号是通配符，它可以代替任意一个字符串，因此不管文件名前面是什么字符，只要最后 5 个字符是“. docx”，这些文件都将出现在搜索结果列表中。除此之外，还有一个通配符是“?”，它代表任意一个字符。如果搜索“ * 计算机 ? 级考试 * ”，则说明要搜索的文件名中至少包含 7 个字符的字符串。这个字符串中包含“计算机”和

“级考试”,中间的“?”代替任意一个字符。另外,这7个字符前后都可以有任意字符或字符串。

小贴士

在搜索内容中可以使用一些运算符组合出需要的条件,使搜索更加灵活方便。常用的运算符有“AND”(与运算)、“OR”(或运算)和“NOT”(非运算),还可以使用空格和“<”“>”运算符。关系运算符必须大写。例如,若输入搜索内容“一级 OR 二级 NOT *. pptx”,则搜索结果为名称中包含字符串“一级”或者“二级”的非“. pptx”类型的所有文件和文件夹。

【任务11】创建文件或文件夹的快捷方式

当文件夹的层级大于两级时,打开该文件夹就有一点烦琐,此时用户可以在桌面上创建该文件夹的快捷方式,当要打开该文件夹时只需双击桌面上的快捷方式图标。假设“一级考试”是常用的文件夹,在桌面上创建“一级考试”文件夹的快捷方式。

Method 1 鼠标右键单击“一级考试”文件夹,在弹出的快捷菜单中选择“发送到”→“桌面快捷方式”命令,如图1-28所示。此时桌面上多了一个“一级考试-快捷方式”图标。双击此图标即可直接打开“一级考试”文件夹,而无须先打开“此电脑”进入D盘再打开“一级考试”文件夹。

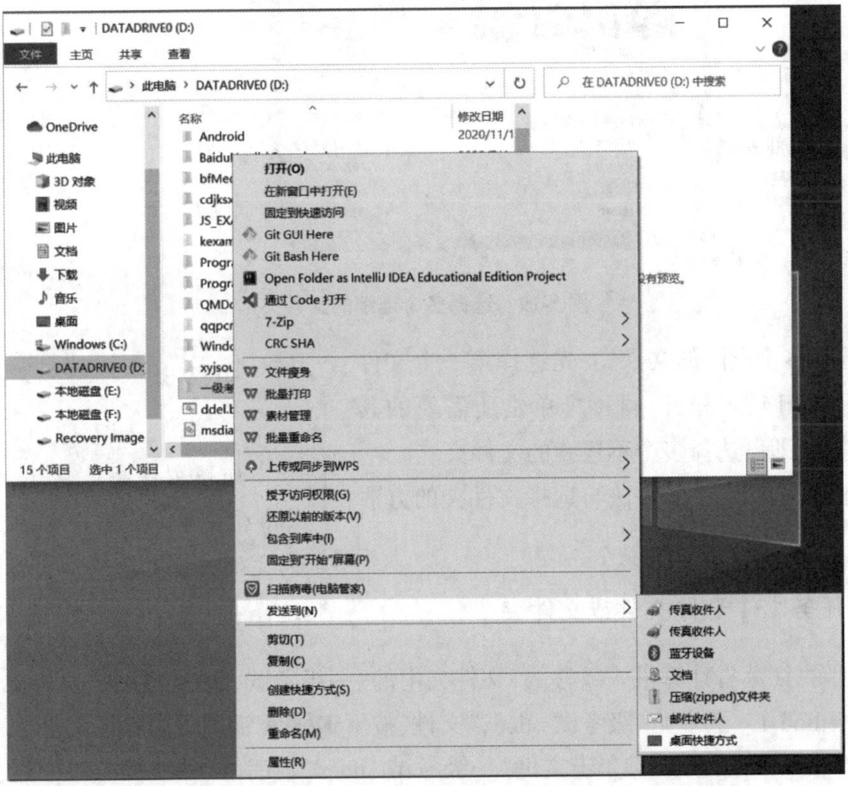

图1-28 创建桌面快捷方式

Method 2 鼠标右键单击“一级考试”文件夹,在弹出的快捷菜单中选择“创建快捷方式”命令,此时在当前目录创建快捷方式,然后将此快捷方式剪切并粘贴到桌面上。

注意:文件快捷方式的创建方法与文件夹快捷方式的创建方法相同。

【任务 12】选择文件或文件夹

选择文件或文件夹的操作看似很简单,但也有一些技巧需要掌握。下面介绍在 C 盘根目录下同时选择多个间隔的文件和多个连续的文件夹的方法。双击“此电脑”图标,在“此电脑”窗口中打开 C 盘。

选择一个文件夹:鼠标左键单击要选择的文件夹即可。

选择多个连续的文件夹:将鼠标放置在空白处,按住鼠标左键不放并拖动鼠标,此时会出现一个矩形方块,用此方块包含所需要的所有文件夹(图 1-29),松开鼠标左键,即可将多个文件夹同时选中。也可以先单击第一个文件夹,然后按住 Shift 键不松开,再单击最后一个文件夹,即可选择多个连续的文件夹。

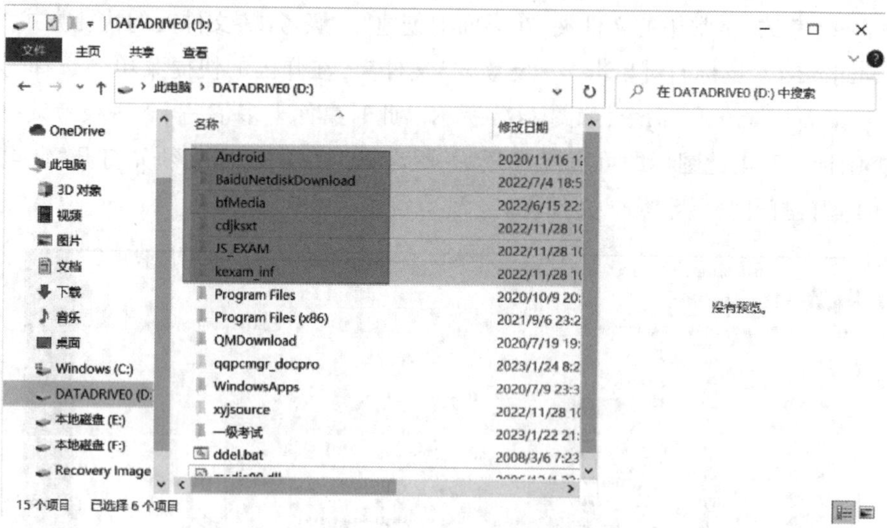

图 1-29 选择多个连续的文件夹

选择多个间隔的文件夹:先选择第一个文件夹,按住 Ctrl 键不松开,再逐个单击所需要的其他文件夹,即可选择多个不连续的文件夹。

注意:选择文件的方法与选择文件夹的方法相同。

> **小贴士**
>
> 如果文件夹选错了,按住 Ctrl 键不松开,再次单击选错的文件夹就可取消该文件夹的选择。

【任务 13】删除文件或文件夹

删除“江苏省计算机一级考试”文件夹中的“一级考试 . docx”文件。

Method 1 选中“一级考试 . docx”文件,按下 Delete 键即可删除该文件。

Method 2 鼠标右键单击文件“一级考试 . docx”,在弹出的快捷菜单中选择“删除”命令即可删除该文件夹。

1.5　文件资源管理器的使用

在 Windows 系统中，“此电脑”和“文件资源管理器”是管理计算机资源的有力工具，它们可以方便地实现文件和文件夹的操作。文件资源管理器的地址栏使用级联按钮取代传统的纯文本方式，将不同层级的路径通过不同按钮进行分割，用户通过单击相应的按钮即可实现目录的跳转。通过文件资源管理器，用户可以完成对计算机资源的各种操作。

Step 1　选择“开始”→“Windows 系统”→“文件资源管理器”命令（图 1-30），打开文件资源管理器；也可以右击“开始”按钮，从弹出的快捷菜单中选择“文件资源管理器”命令（图 1-31）即可打开文件资源管理器。

图 1-30　单击“开始”按钮

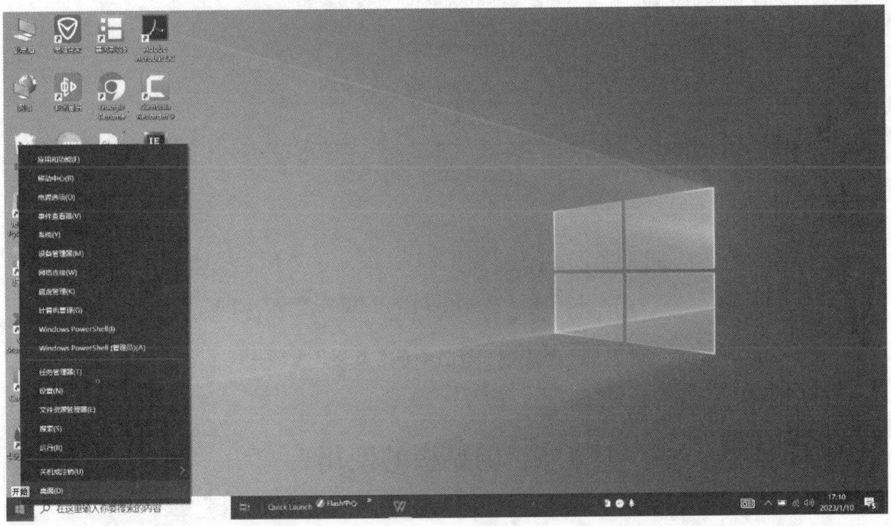

图 1-31　右击“开始”按钮弹出快捷菜单

Step 2 “文件资源管理器”的界面如图 1-32 所示。在“文件资源管理器”窗口左边的导航窗格中,有“快速访问”“此电脑”“网络”等链接,用户可以使用这些链接快速跳转到选定的位置。“快速访问”中会显示最近使用的文件或文件夹。

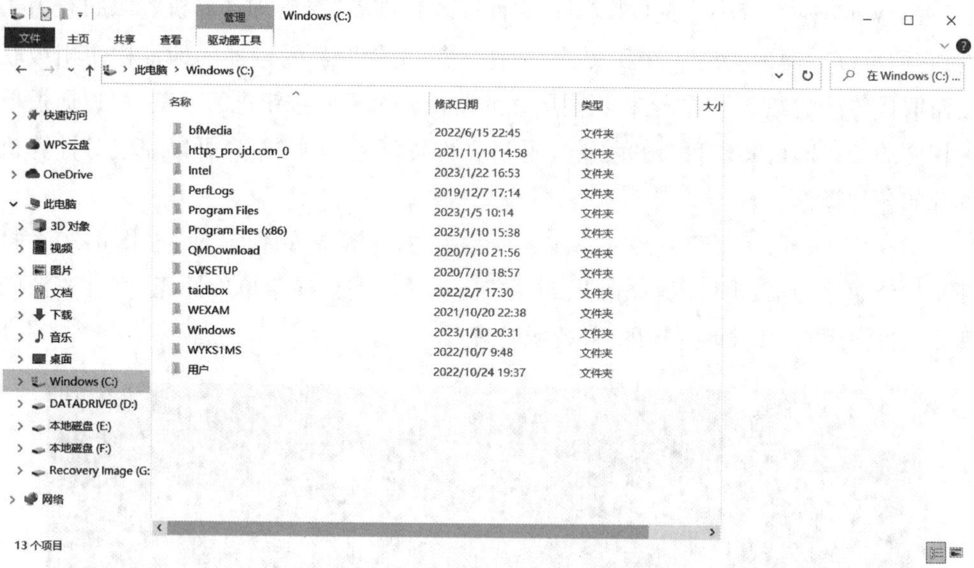

图 1-32 文件资源管理器界面

Step 3 通过“管理”窗口中的“查看”选项卡可以修改内容的布局、排序方式等,如图 1-33 所示。

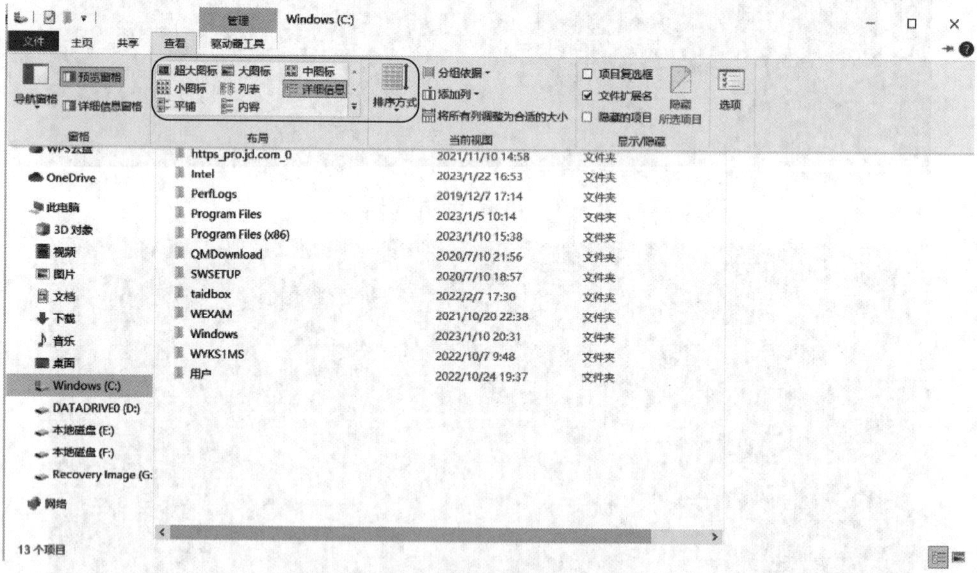

图 1-33 “管理”窗口中的“查看”选项卡

1.6 剪贴板的使用

剪贴板是 Windows 系统中一段可连续的、随存放信息的大小而变化的内存空间,用来临时存放信息。这个空间内置在 Windows 系统中,并且使用系统的内部资源 RAM 或虚拟内存来临时保存剪切和复制的信息。剪贴板可以存放的信息种类是多种多样的。

剪贴板上的信息,只有在再次剪切或复制另外的信息,或停电,或退出 Windows,或用户有意清除时,才会被更新或清除,这意味着利用剪贴板只需复制一次,就可以粘贴多次。在 Windows 系统内部,不同的应用程序共享同一剪贴板,因此在不同的应用程序之间可以共享信息。

常用的剪贴板快捷键组合: Ctrl + X 代表剪切, Ctrl + C 代表复制, Ctrl + V 代表粘贴。

在桌面上新建文件夹 a 和 b,打开文件夹 a,新建文本文件 xx. txt,打开该文本文件,输入内容“这是一个测试。”,然后保存并关闭该文件;将 xx. txt 文件复制到文件夹 b 中,并重命名为 yy. txt;将 yy. txt 文件的扩展名改为“. doc”。

Step 1 在桌面空白处单击鼠标右键,在弹出的快捷菜单中选择“新建”→“文件夹”命令。

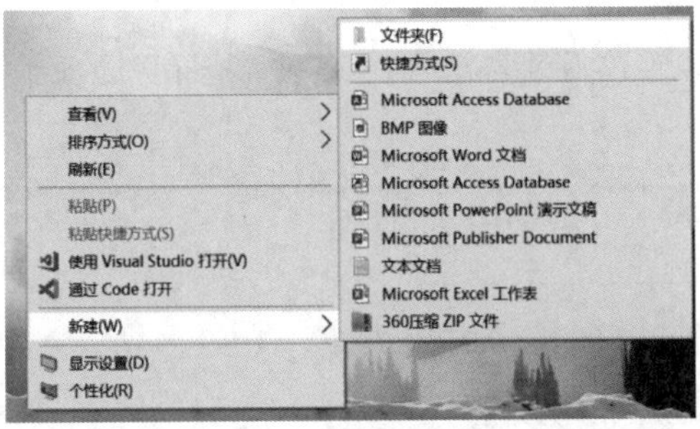

图 1-34　新建文件夹 a

Step 2 将该文件夹命名为 a,采用同样的方法创建文件夹 b。

Step 3 打开文件夹 a,单击鼠标右键,在弹出的快捷菜单中选择“新建”→“文本文档”命令。将该文档命名为 xx. txt。

Step 4 打开 xx. txt 文档,输入文字“这是一个测试。”,然后保存并关闭该文档。

Step 5 单击 xx. txt 文档图标选中该文档,然后单击工具栏中的“复制”按钮,或者用鼠标右键单击该文档,在弹出的快捷菜单中选择“复制”命令。用户也可先选中该文档,再按下键盘上的 Ctrl + C 组合键进行复制。

Step 6 打开文件夹 b,单击工具栏中的“粘贴”按钮,或在窗口空白处右击打开快捷菜单选择“粘贴”命令),或按下键盘上的 Ctrl + V 组合键,即可将 xx. txt 文档粘贴到文件夹 b 中。

Step 7 要改变文件的扩展名,应先在文件夹选项中显示文件的扩展名。一般系统默认不显示扩展名,因此要在“查看”标签栏中单击“选项”按钮(图 1-35),打开“文件夹选项”对话框。

Step 8 在“文件夹选项”对话框中,将“查看”选项卡下的高级设置中的“隐藏已知文件类型的扩展名”的复选框中的“√”去掉,然后单击“确定”按钮关闭对话框

（图 1-36）。此时，文件名“xx”后面出现了文本文件的扩展名“. txt”。

Step 9　选中 xx. txt 文档，单击鼠标右键，在弹出的快捷菜单中选择“重命名”命令，将“. txt”改为“. doc”。系统跳出“重命名”提示对话框，单击“是”按钮即可，如图 1-37 所示。

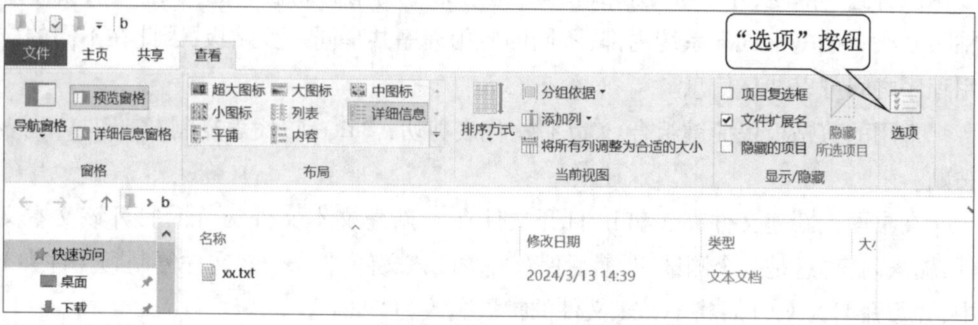

图 1-35　文件查看选项设置

小贴士

Step 7 和 Step 8 可以通过勾选图 1-35 中“查看”选项卡中“文件扩展名”复选框来实现。

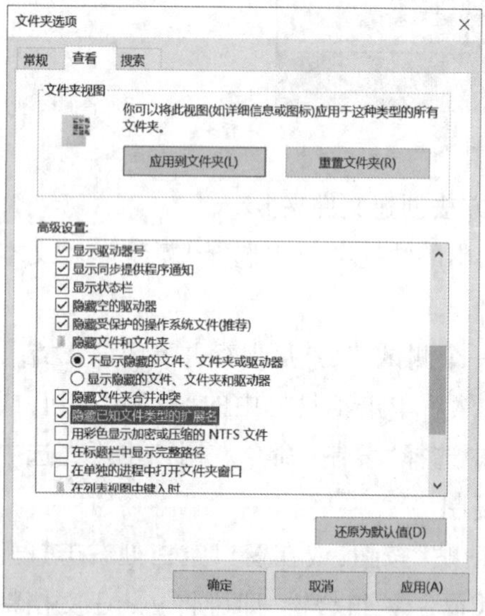

图 1-36　“文件夹选项”对话框

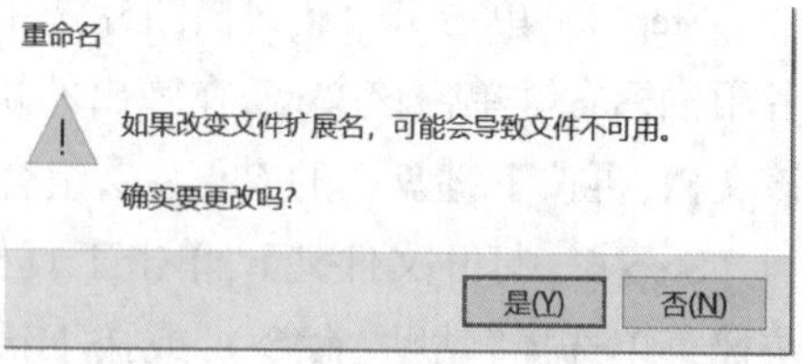

图 1-37　“重命名”提示对话框

2

文字处理软件的功能和使用

Word 是 Microsoft Office 办公系统软件之一。它具有以下特点：① 文字处理功能强大，用户可以在其中输入、复制、粘贴、删除和移动文本，轻松创建和编辑文档；② 可以对文本进行格式化，如加粗、斜体、下划线等，以及调整字体、字号和行距，使文档更加美观易读；③ 允许用户在文档中插入图片、形状、图表等元素，并进行精细的排版和调整，实现图文混排的效果；④ 表格处理功能强大，用户可以轻松创建和编辑表格，进行排序、筛选和计算等操作；⑤ 可以将文档打印出来或分享到其他平台或应用程序中，方便用户与他人共享和协作。总的来说，Word 是一款功能全面、易于使用的文字处理软件，能够满足用户的各种文档编辑和排版需求。

学习重点

1. 文档的基本操作：新建、打开、保存、关闭文档。

2. 文字的输入、编辑与格式化：字体、字号、颜色、加粗、倾斜、下划线等的设置。

3. 段落格式的设置、页面的设置：纸张大小、页边距、页面边框、页眉页脚等的设置。

4. 段落的排版：缩进、行距、分栏、边框、底纹等的设置。

5. 项目符号和编号的应用。

6. 文本的查找与替换。

7. 图片、图形、艺术字等对象的插入与编辑。

8. 表格的制作与编辑：单元格的合并与拆分、行（列）的插入与删除、公式的运用等。

学习概要

文字处理软件的功能和使用

本章将通过制作一张电子海报(图 2-1)来介绍 Word 的基本使用方法。

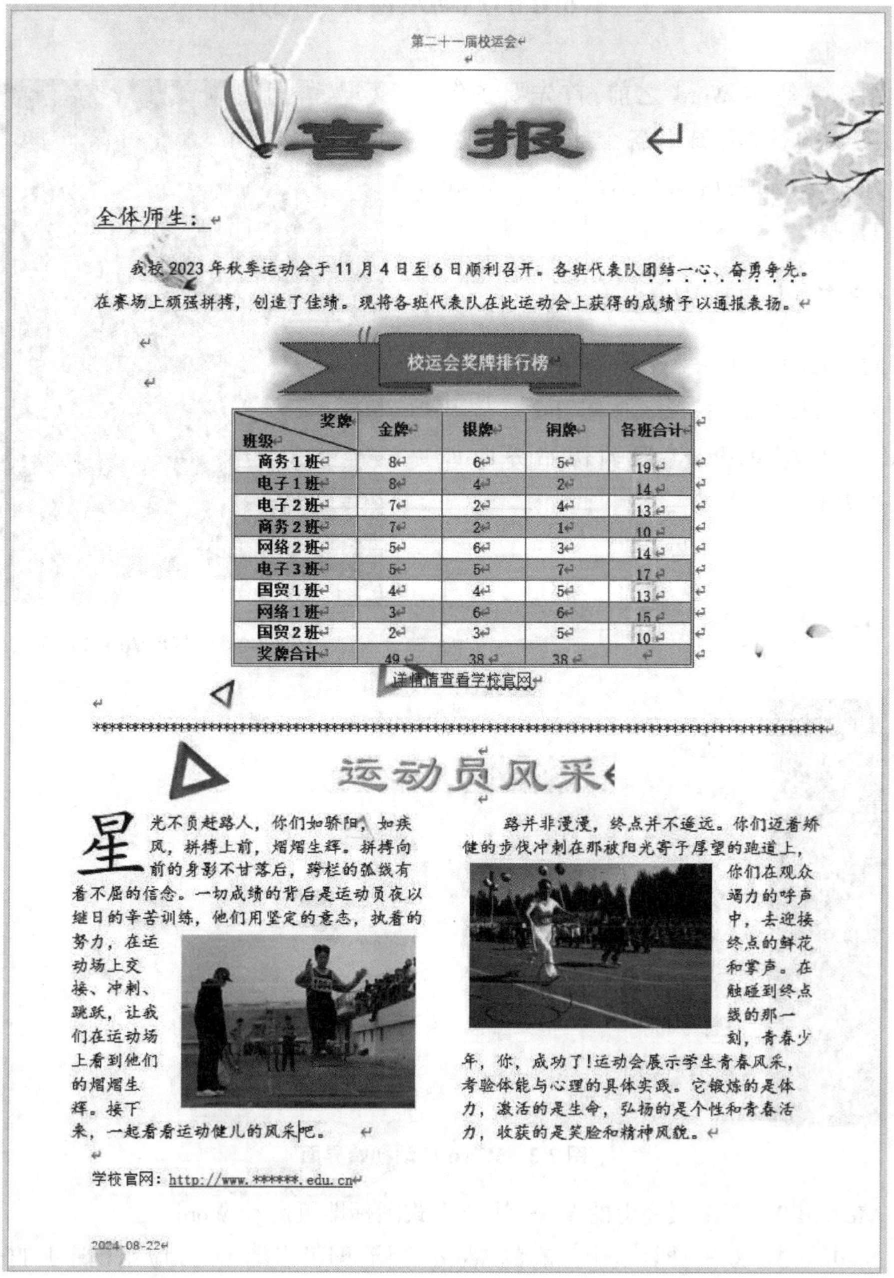

图 2-1　电子海报效果图

2.1　Word 的启动及窗口功能介绍

用户在使用 Word 之前，首先要了解 Word 界面的基本组成和各个部分的功能。下面介绍 Word 的启动与退出，以及 Word 窗口的构成。

【任务 1】启动 Word

Method 1　单击“开始”按钮，打开项目列表，选择“Word”命令（图 2-2），打开 Word 应用程序，Word 启动初始界面如图 2-3 所示。

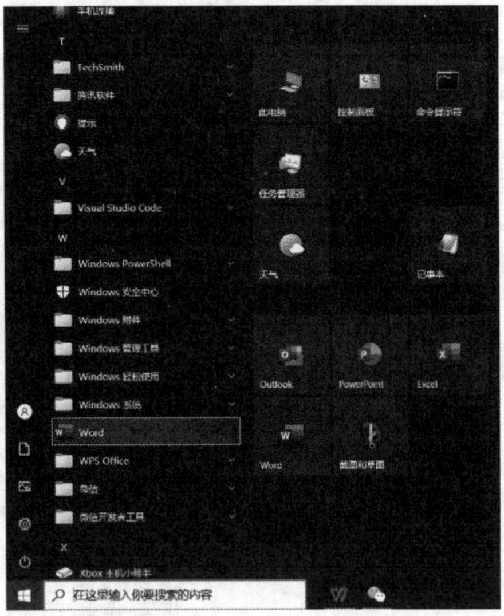

图 2-2　选择“Word”命令

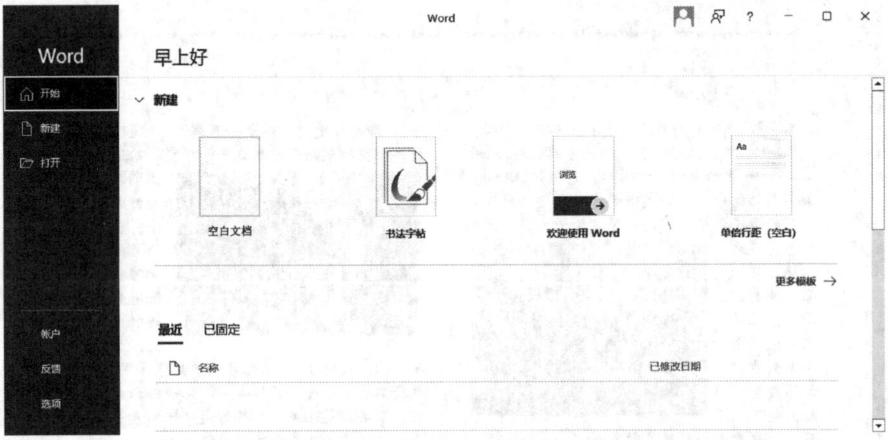

图 2-3　Word 启动初始界面

Method 2　双击桌面上的 Word 快捷方式图标即可启动 Word。

Method 3　双击计算机中已有的 Word 文档，即可启动 Word 应用程序并打开相应的文档。

小贴士

如果桌面上没有 Word 快捷方式图标，则打开“开始”菜单，将光标移动到“Word”，按下鼠标左键不要松开，将其拖到桌面后松开鼠标，即可在桌面上创建 Word 的快捷方式。

【任务 2】了解 Word 窗口的构成

单击图 2-3 中所示的“空白文档”，打开 Word 窗口，如图 2-4 所示。下面简单介绍 Word 窗口的各个组成部分及其功能。

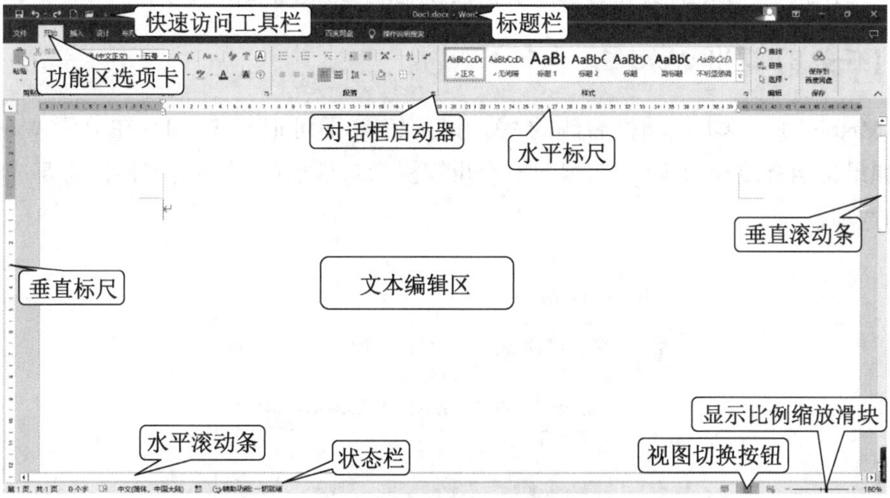

图 2-4　Word 窗口

标题栏：位于窗口的最上方，主要有如下 3 个作用。

① 显示文档的名称（如 Doc1. docx）和应用程序名（Word）。

② 调整窗口位置和大小。标题栏最右侧是控制按钮，分别是“最小化”按钮 − 、“还原”按钮 ⧉ 和“关闭”按钮 × 。拖动标题栏可以移动窗口的位置。

③ 快速访问。标题栏左侧是快速访问工具栏，单击其中的按钮可以实现相应的操作。快速访问工具栏中的按钮可通过“自定义快捷访问工具栏”按钮进行添加和删除。单击该按钮会弹出下拉列表，在下拉列表中选择或取消选择其中的选项就可以修改快速工具栏中的按钮。

功能区选项卡：位于标题栏的下方，一般由文件、开始、插入、设计、布局、引用等选项卡组成。所有命令以选项卡的形式分门别类地放在一起，每个选项卡有多组按钮，每个按钮代表一条命令。如图 2-5 所示，每个按钮分组的右下角有一个对话框启动器（也称“扩展”按钮），单击它可以打开相应的对话框。

图 2-5　选项卡及按钮分组

工作区：显示正在编辑的文档内容，用户在此处进行文本输入、编辑、排版等操作。

标尺:窗口中有水平标尺和垂直标尺,利用标尺可以对正文进行排版。打开“视图”选项卡,在“显示”组中勾选或取消“标尺”复选框即可显示或隐藏标尺。

滚动条:窗口中有垂直滚动条和水平滚动条,滚动条用来调整文档的显示位置。

状态栏:位于窗口的最下方,其左侧显示当前插入点所在的页面、总页数、文档总字数、工作状态等信息,右侧有视图切换按钮、显示比例缩放滑块等。

【任务 3】退出 Word

Method 1 单击标题栏右侧的“关闭”按钮 × 即可退出 Word。在关闭 Word 之前,如果文档有改动但未保存,退出时会出现提示对话框(图 2-6),可根据需要选择相应的选项。

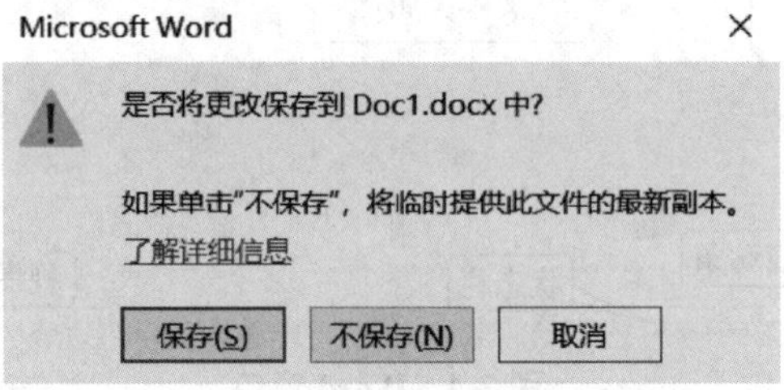

图 2-6 提示对话框

Method 2 鼠标右键单击 Word 窗口的标题栏,在弹出的快捷菜单中选择“关闭”命令,即可退出 Word 应用程序。

Method 3 使用 Alt + F4 组合键可以关闭 Word 应用程序。

Method 4 单击“文件”菜单,在菜单列表中选择“关闭”命令。

Method 5 双击 Word 窗口左上角的空白区域也可以关闭 Word 应用程序。

Method 6 光标移动到任务栏中的 Word 文档按钮停留片刻,在展开的文档窗口缩略图中单击“关闭”按钮。

2.2 文档的基本操作

Word 文档的基本操作包括文档的创建和保存,插入点的移动,文本和符号的插入,文本的选定、复制、剪切、粘贴、删除、查找、替换,操作的撤销、重复和恢复等。

【任务 1】创建文档

创建一个新的文档并输入图 2-7 所示的内容,要求每段开头不空格,每行末尾不按 Enter 键,每段末尾按 Enter 键。

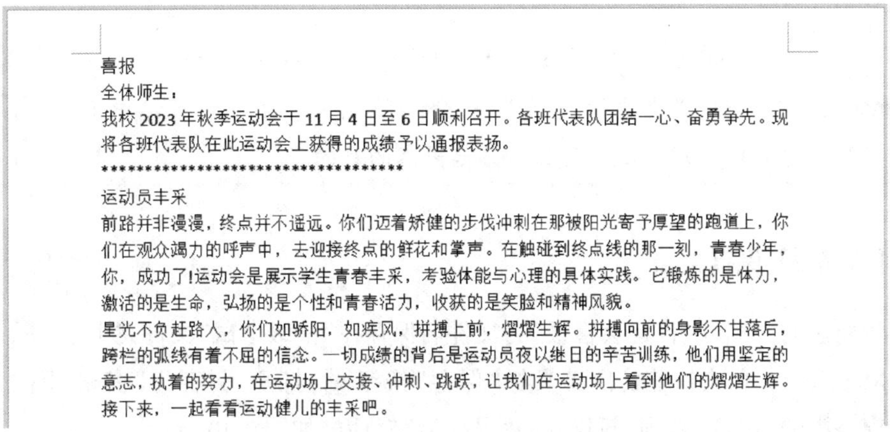
喜报
全体师生：
我校2023年秋季运动会于11月4日至6日顺利召开。各班代表队团结一心、奋勇争先。现将各班代表队在此运动会上获得的成绩予以通报表扬。
****
运动员丰采
前路并非漫漫，终点并不遥远。你们迈着矫健的步伐冲刺在那被阳光寄予厚望的跑道上，你们在观众竭力的呼声中，去迎接终点的鲜花和掌声。在触碰到终点线的那一刻，青春少年，你，成功了!运动会是展示学生青春丰采，考验体能与心理的具体实践。它锻炼的是体力，激活的是生命，弘扬的是个性和青春活力，收获的是笑脸和精神风貌。
星光不负赶路人，你们如骄阳，如疾风，拼搏上前，熠熠生辉。拼搏向前的身影不甘落后，跨栏的弧线有着不屈的信念。一切成绩的背后是运动员夜以继日的辛苦训练，他们用坚定的意志，执着的努力，在运动场上交接、冲刺、跳跃，让我们在运动场上看到他们的熠熠生辉。
接下来，一起看看运动健儿的丰采吧。

图 2-7　在新文档中按要求输入的内容

Step 1　Word 启动后，屏幕右侧会列出一些常用的内置 Word 文档模板，单击某个图标即可按该模板新建一个 Word 文档，默认文件名为"Doc1. docx"，窗口标题栏显示"文档 1"。本任务选择单击"空白文档"按钮创建新文档(图 2-8)。

图 2-8　新建空白文档

小贴士

如果在编辑文档的过程中，还需要另外创建一个或多个新文档，可以执行"文件"→"新建"命令，或者按 Ctrl + N 组合键创建新文档。新建多个文档会默认以"文档 1""文档 2""文档 3"……作为临时的文件名。

Step 2　在新文档中按要求输入文字，注意每段开头不要空格，每行末尾不按 Enter 键，每段末尾按 Enter 键。

小贴士

在输入时应注意以下问题：

① 空格在文档中占的宽度，不但与字体和字号有关，也与"半角"或"全角"输入方式有关。在半角方式下，空格占一个字符位置；在全角方式下，空格占两个字符位置。

② 输入文字到行尾时会自动转到下一行显示，为了有利于自动排版，不要人为地在每行末尾按 Enter 键，只在每个自然段结束时按 Enter 键，表示一个段落的结束。按 Enter 键后显示回车符为 ↵。

③ 如果要另起一行,但不另起一个段落,可以输入换行符 ↓ ,通过按 Shift + Enter 组合键实现,或者执行“布局”→“分隔符”命令。在下拉菜单中单击“自动换行符”,也可以实现另起一行但不另起段落的目的。

【任务 2】保存文档

将新建的文档以“校运会喜报”为文件名保存在“一级考试”文件夹中。

Method 1 单击快速访问工具栏“保存”按钮,打开“另存为”窗格(图 2-9)。选择窗格中的“浏览”选项,新打开的“另存为”对话框如图 2-10 所示。

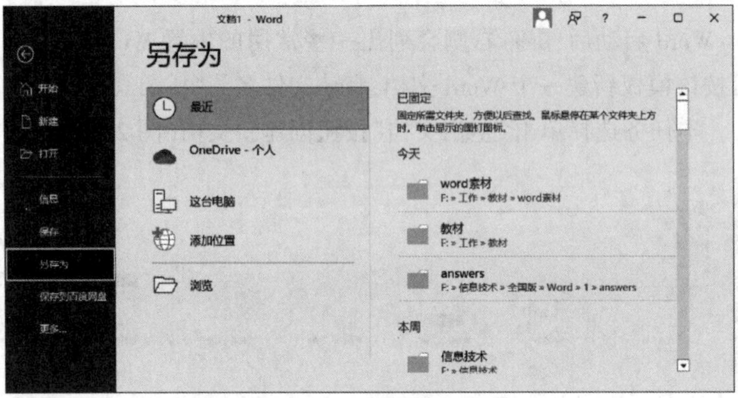

图 2-9 “另存为”窗格

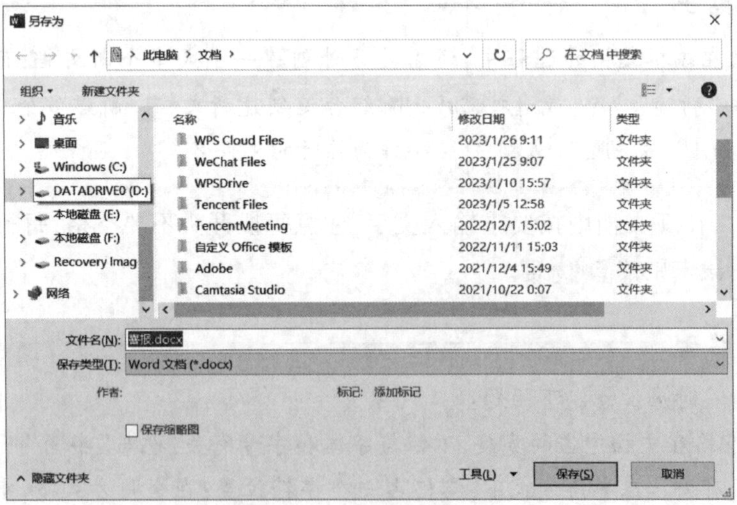

图 2-10 “另存为”对话框

将窗口中的左侧滚动条向下拖动直至看到 D 盘,选择 D 盘,在右侧窗口中双击“一级考试”文件夹,在“文件名”文本框中输入“校运会喜报”(图 2-11),单击“保存”按钮即可保存文档。

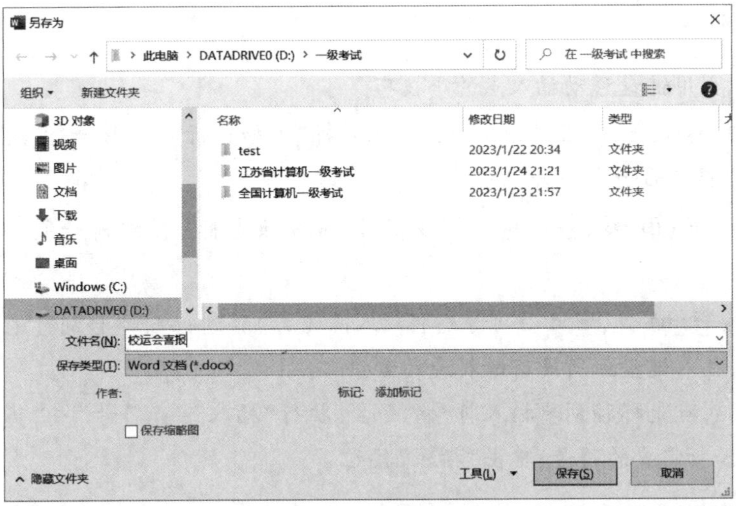

图 2-11　修改文档名

小贴士

① 如果文档已保存过，则不会打开“另存为”窗口，而是在文档原位置以当前文件名保存修改过的内容。

② 第一次保存文档时，默认文件名是文档中第一行的文字，所以对话框中的文件名输入框中一开始自动填充“喜报.docx”为文件名，重新输入文件名时不需要输入扩展名，保存类型选择为 Word 文档(.docx)。

Method 2　执行“文件”→“保存”命令保存文档。

Method 3　按 Ctrl + S 组合键保存文档。

Method 4　若把原有文档以另一个名字保存，则可以执行“文件”→“另存为”命令。

【任务 3】移动插入点、插入文本和符号

打开“校运会喜报”文档，在“……奋勇争先。”和“现将各班代表队……”之间插入“，在赛场上顽强拼搏，创造了佳绩”。

Step　打开“校运会喜报”文档。在文档的开始位置有一个不断闪烁着的黑色竖条 I ，这是插入点光标，从键盘输入的文本和符号将插入在此位置。若要在“……奋勇争先”后面插入文本和符号，则必须将插入点光标移到“……奋勇争先”后面。当光标移动到文本区时，它的形状会变成“I”形，单击鼠标后，插入点光标将移动到单击的位置。将鼠标移动到“……奋勇争先”后面，单击鼠标，并在该位置输入“，在赛场上顽强拼搏，创造了佳绩”。

小贴士

(1) 利用键盘移动插入点的小技巧

① 按 ↑ ↓ ← → 键可分别将插入点光标“上移一行”“下移一行”“移到前一个字符”“移到后一个字符”。

② 按 PaUp 键、PaDn 键可分别将插入点光标“移到前一页”“移到后一页”。

③ 按 Home 键、End 键可分别将插入点光标“移到行首”“移到行尾”。

(2) 插入键盘上所没有的符号的方法

将插入点光标移到要插入符号的位置,执行“插入”→“符号”→“其他符号”命令,选择所需要的符号,单击“插入”按钮。

【任务4】选定文本

选定文本中的一串星号的方法:将光标移动到第一个星号的左边,按住鼠标左键不松开,拖动至最后一个星号的右边时松开鼠标,此时一串星号呈高亮状态,即选中状态。

小贴士

① 若要对文档中任一元素进行修改,则首先应选中该元素,然后才能对其进行修改。

② 若要选择的内容过多,不方便用鼠标拖动选取,则先将“I”形鼠标指针拖动到要选定文本区域的开始处并单击鼠标,然后按键盘上的 Shift 键,拖动窗口右侧的滚动条,直至选定文本区域的末尾出现在窗口中。在没有松开 Shift 键的情况下,单击选定文本区域的末尾,则文本被选定。

③ 若要选定一个句子,则先按 Ctrl 键,再将鼠标指针移到所要选句子的任意处单击一次。

④ 若要选定一个段落,则将鼠标指针移到所要选定段落的任意处连击3次,或者将鼠标指针移到所要选定段落左侧选定区,当鼠标指针变成向右上方的箭头↗时双击。

⑤ 若要选定一行或多行文本,则将“I”形鼠标指针移到这行文本左端的文档选定区,当鼠标指针变成向右上方的箭头↗时单击即可选定一行文本。如果按下鼠标左键并拖动鼠标,则可选定多行文本。

⑥ 若要选定所有文本,则按 Ctrl + A 组合键。

【任务5】复制、剪切、移动和粘贴文本

将选中的一串星号复制并粘贴在行尾，将文本中最后两段文字互换位置。

Step 1　将光标移动到选中的一串星号位置处，单击鼠标右键，在弹出的快捷菜单中选择“复制”命令，即可将这一串星号复制在剪贴板中。

小贴士

剪贴板(clip board)是内存中的一块区域，是 Windows 系统中内置的一个非常有用的工具。通过剪贴板，在程序内部、程序之间传递和共享信息成为可能。当使用粘贴命令时，就可以看见剪贴板中的内容。

Step 2　将光标移动到星号串最后并单击鼠标左键，此时插入点定位在星号串末尾。单击鼠标右键，在弹出的快捷菜单中选择“粘贴”命令，此时“ * ”的个数是原来的两倍。这串星号起分隔作用。

Step 3　将光标移动到最后一段文字的首字符左边，按下鼠标左键不松开并拖动鼠标至段尾，此时最后一段文字呈高亮状态。将光标移动到选中区域内，单击鼠标右键，在弹出的快捷菜单中选择“剪切”命令。

Step 4　将光标移动到“前路并非漫漫……”前面，单击鼠标左键，按下键盘上的 Enter 键，段落下移一行，按下键盘方向键中的“上移”键 ↑，光标上移一行。

Step 5　单击鼠标右键，在弹出的快捷菜单中选择“粘贴”命令，此时文中最后两段内容位置互换。

【任务6】查找、替换文本

将“校运会喜报”文档中的所有“丰采”替换为“风采”。

Step 1　打开“校运会喜报”文档，执行“开始”→“替换”命令(图2-12)，弹出“查找和替换”对话框。

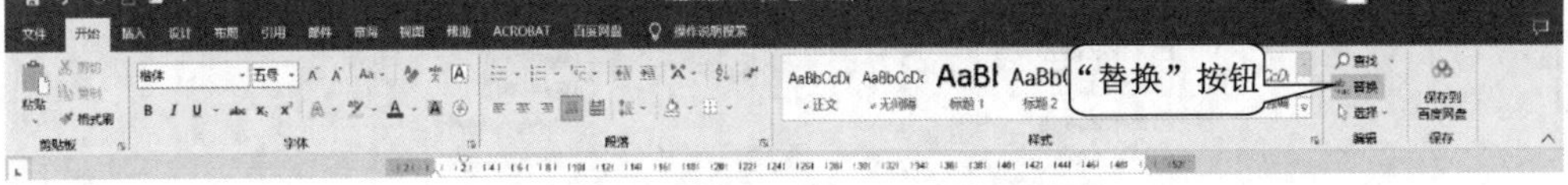

图2-12　执行“开始”→“替换”命令

Step 2　在“查找和替换”对话框中，在“查找内容”输入框中输入“丰采”，在“替换为”输入框中输入“风采”(图2-13)，单击“全部替换”按钮可将文中所有“丰采”替换为“风采”。

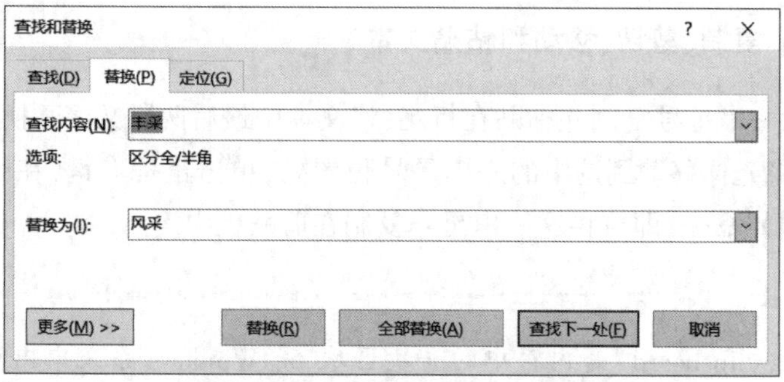

图 2-13 “查找和替换”对话框

小贴士

① 如果要将文中有的“丰采”替换为“风采”,有的不需要替换,则检查当前位置的“丰采”是否需要替换。如果是,则单击“替换”按钮将当前位置的“丰采”替换;如果不是,则单击“查找下一处”按钮。如此循环,即可替换掉所有需要替换的文本。

② 如果要查找指定格式的文本,比如只替换红色的“丰采”,其他颜色的“丰采”不替换,则先将“查找内容”输入框中的文本选中,再执行“更多”→“格式”命令(图 2-14),并在格式下拉菜单中选中所需命令以指定文本“丰采”的格式。

③ 如果需要替换为指定格式的文本,则先将“替换为”输入框中的文本选中,再执行“更多”→“格式”命令,并在格式下拉菜单中选中所需命令以指定文本“风采”的格式。

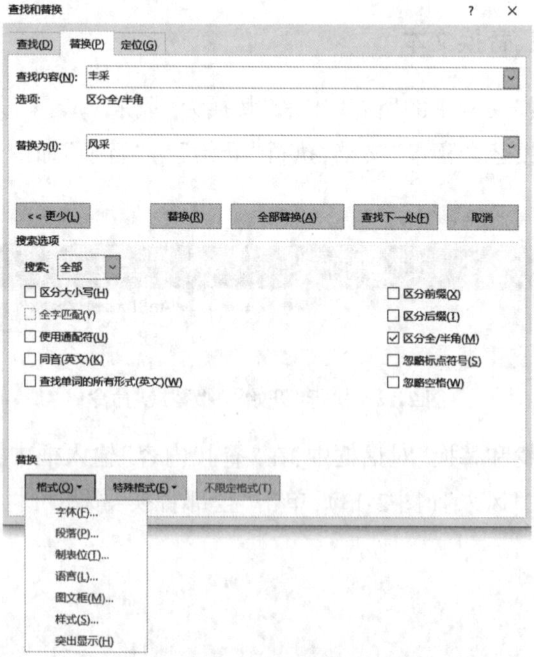

图 2-14 指定格式文本的查找和替换

【任务7】删除文本

删除“校运会喜报”文档中最后一段落中的“你”和“成功了”之间的逗号。

Step 打开文档,将插入点定位至“你”后面,按下键盘上的 Delete 键即可删除逗号。

小贴士

① 如果要删除插入点后面的字符,则按下键盘上的 Delete 键即可。

② 如果要删除插入点前面的字符,则按下键盘上的 Backspace 键即可。

③ 如果要删除连续多个字符,则先用鼠标选中这些字符,再按下键盘上的 Delete 键即可。

④ 如果要删除的文本后续还需要用,则先用鼠标选中文本再单击鼠标右键,在弹出的快捷菜单中选择“剪切”命令。

⑤ 如果删除文本后想恢复所删除的文本,则单击快速访问工具栏中的“撤销”按钮,或者按组合键 Ctrl + Z 即可。

【任务8】撤销操作、重复操作和恢复操作

在星号串末尾输入“=”,依次单击“撤销”按钮、“恢复”按钮、“重复”按钮,理解并掌握撤销操作、恢复操作、重复操作的方法。

Step 快速访问工具栏中的“撤销”按钮和“重复”按钮(“重复”按钮位置有时是“恢复”按钮)分别代表“撤销操作”和“重复操作”(或“恢复操作”)命令。打开“校运会喜报”文档,在文档中的一串星号末尾输入一个“=”号,此时快速访问工具栏中显示“撤销”按钮和“重复”按钮,单击“撤销”按钮,“=”被删除,此时“撤销”按钮右边变成“恢复”按钮,单击“恢复”按钮,“=”出现在星号串末尾,此时“恢复”按钮变成“重复”按钮,单击“重复”按钮,再次输入“=”。尝试以上操作后删除“=”。

2.3 文字格式设置

在 Word 文档中,关于文字格式的设置主要包括以下操作:设置字体、字形、字号和颜色,设置文字效果,改变字符的宽度、间距和位置,添加下划线、着重号、边框和底纹,复制和清除格式。通过这些操作,文档会更加美观易读。

【任务1】设置字体、字形、字号和颜色

将第一行文字“喜报”字体设置为隶书,字号设置为“初号”,颜色设置为“红色”,字形设置为加粗。效果如下:

喜报

将“全体师生:”“运动员风采”字体设置为“楷体”,字号设置为“三号”。将文中其他文字字体设置为“宋体”,字号设置为“小四”。

Step 1 选中“喜报”二字。

Step 2 在“开始”选项卡“字体”组(图 2-15)中,单击“字体”列表框的下拉按钮,在下拉列表中选择“隶书”。

Step 3 单击“字号”列表框的下拉按钮,在下拉列表中选择“初号”。

Step 4 单击“加粗”按钮。

Step 5 单击“字体颜色”列表框的下拉按钮,在下拉列表中选择标准色“红色”。

Step 6 参照以上方法设置其他段落文字的字体及字号。

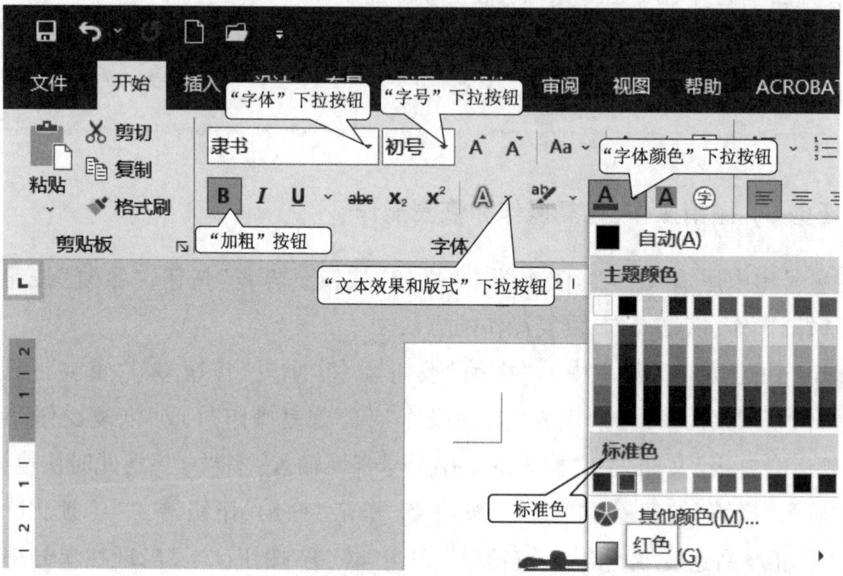

图 2-15 “字体”组

小贴士

更多的设置可以通过“字体”对话框实现。单击“字体”组右下角的扩展按钮,如图 2-16 所示。

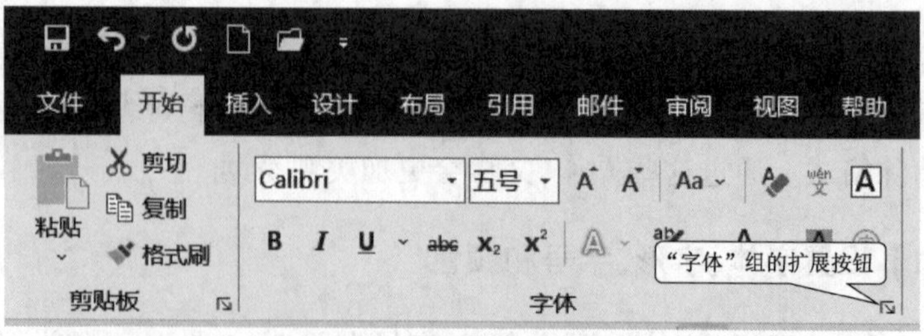

图 2-16 “字体”扩展按钮

打开的“字体”对话框如图 2-17 所示。在“字体”对话框中，可以进行字体、字形、字号、颜色等的设置，也可以在对话框底部单击“文字效果”按钮，打开“设置文本效果格式”命令列表进行文本填充、轮廓样式等的设置。

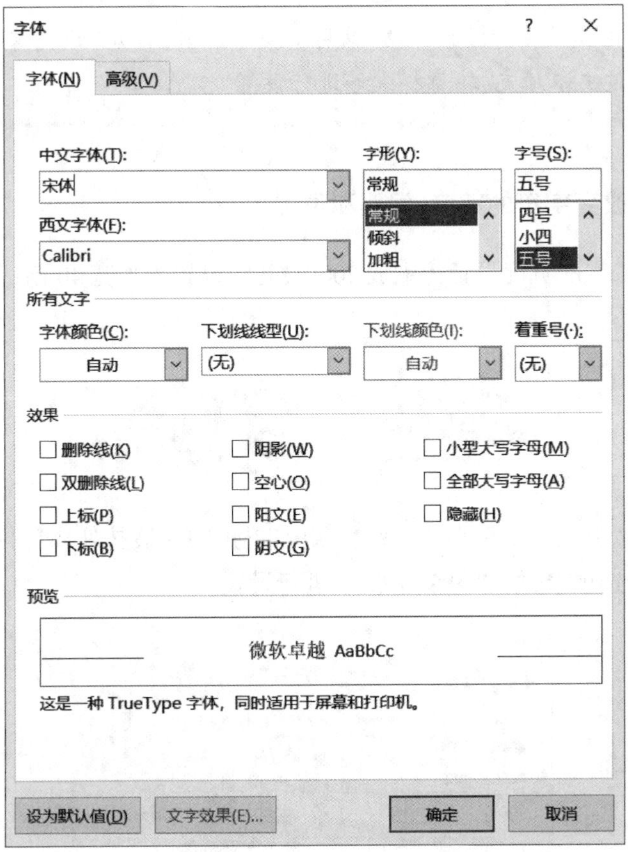

图 2-17　“字体”对话框

【任务 2】设置文本效果

为第一行文字“喜报”添加文字外部偏移向上的阴影效果，添加发光变体效果，发光颜色为金色(主题色 4)，发光宽度为 18 磅。效果如下：

Step 1　选中“喜报”二字，单击“文本效果和版式”下拉按钮，打开列表后依次选择“阴影”→“外部”→“偏移：上”。

Step 2　在“喜报”二字被选中的状态下，再次单击“文本效果和版式”下拉按钮，打开列表后依次选择“发光”→“发光变体”→“发光：18 磅；金色，主题色 4”。

小贴士

文本效果的设置可以通过以下三种途径实现:

① 通过"字体"组中的"文本效果和版式"下拉按钮实现,如图 2-15 所示。

② 通过"字体"对话框进行设置。

③ 单击"字体"对话框底部的"文字效果"按钮,打开"设置文本效果格式"命令列表,通过文本填充、轮廓样式等进行设置。

【任务 3】改变字符的宽度、间距和位置

将"喜报"二字的宽度设置为缩放 200%,间距设置为加宽 40 磅,位置设置为下降 10 磅。效果如下:

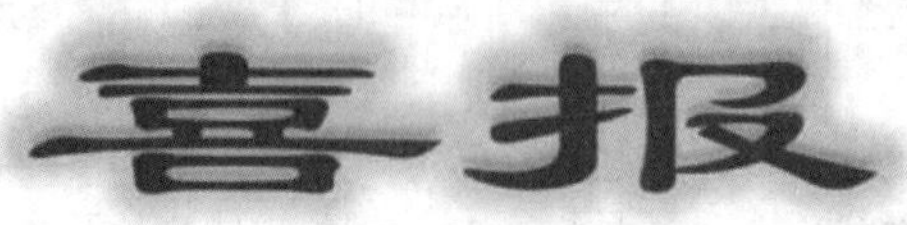

Step 选中"喜报"二字,单击"字体"组右下角的扩展按钮,打开"字体"对话框,单击"高级"选项卡,按如图 2-18 所示进行设置。

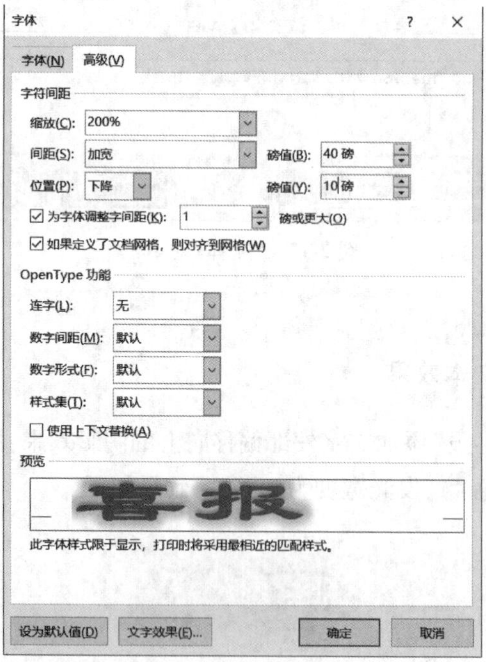

图 2-18 "字体"对话框中的"高级"选项卡

【任务 4】添加下划线、着重号、边框和底纹

给文本中的"全体师生:"加下划线,效果如下:

全体师生：

给"团结一心、奋勇争先"加着重号，效果如下：

团结一心、奋勇争先

给"运动员风采"加边框和底纹，边框为 3 磅斜条纹，颜色为"橙色，个性色 6"，效果如下：

运动员风采

Step 1 选中"全体师生："，单击"下划线"下拉按钮，选中第一个选项，如图 2-19 所示。

Step 2 选中"团结一心，奋勇争先"，单击"字体"组的扩展按钮 ，打开"字体"对话框(图 2-17)。在"所有文字"分组中，单击"着重号"设置下的下拉按钮，在下拉列表中选择"·"。

Step 3 选中"运动员风采"，在"段落"组中单击"边框和底纹"下拉按钮，选择最下面的"边框和底纹"，打开"边框和底纹"对话框，按照图 2-20 所示进行设置。

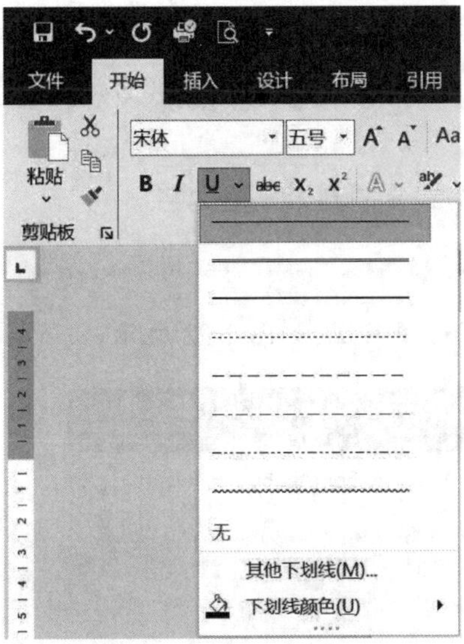

图 2-19 "下划线"下拉按钮

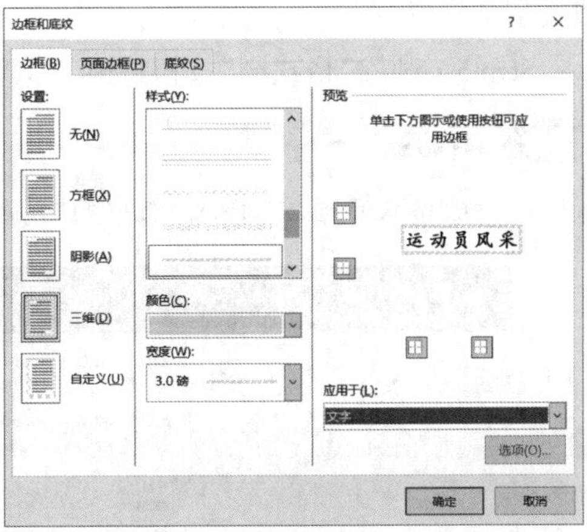

图 2-20 "边框和底纹"对话框

小贴士

在"边框和底纹"对话框中，单击"应用于"选项的下拉按钮，当选择"文字"时，边框围绕在文字周围；当选择"段落"时，边框将围绕整行，效果如下：

运动员风采

【任务 5】复制和清除格式

将第一段文字“我校……表扬”的字体设置为楷体，字号设置为四号，将此文字的格式复制到其余两个段落。

Step 1 选中第一段文字“我校……表扬”，单击“字体”列表框的下拉按钮，在下拉列表中选中“楷体”。

Step 2 单击“字号”列表框的下拉按钮，在下拉列表中选择“四号”。

Step 3 确认第一段文字“我校……表扬”处于选中状态，单击“开始”选项卡“剪贴板”组中的“格式刷”按钮，如图 2-21 所示。

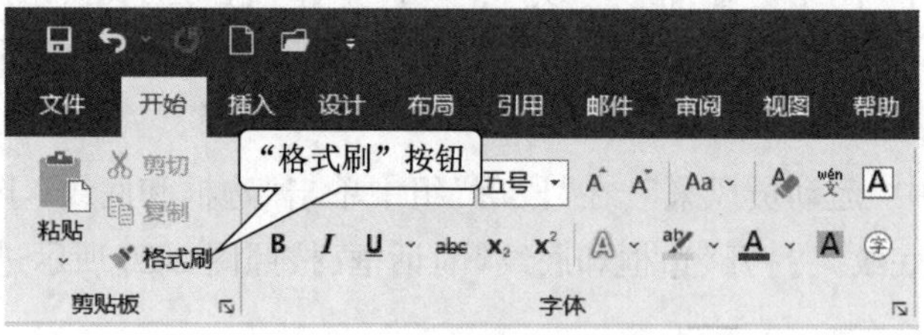

图 2-21 “格式刷”按钮

Step 4 选中第二段文字“星光……风采吧”，即将第一段文字的格式复制到第二段文字。

Step 5 利用“格式刷”按钮将第二段文字的格式复制到第三段文字。

小贴士

清除格式可通过“样式”组中的“清除格式”选项实现，如图 2-22 所示。

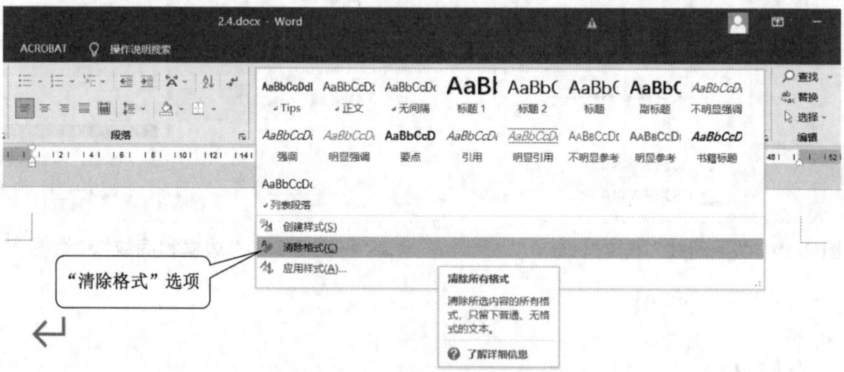

图 2-22 “清除格式”选项

2.4 段落格式设置

Word 段落格式设置主要包括以下几个方面：段落缩进、行间距和段间距、对齐方式的设置，段落首字下沉的设置，段落分栏的设置等。在 Word 中，可以通过“段落”

组中的快捷按钮或“段落”对话框来进行段落格式的设置，并根据需要调整相关参数，以达到满意的排版效果。

【任务 1】设置段落缩进、间距和对齐方式

将“喜报”二字居中显示；将第一段“我校……表扬。”设置为左、右各缩进 1 字符，首行缩进 2 字符，段前、段后间距为 0.5 行，行距为 1.2 倍行距。

Step 1　将光标定位在“喜报”二字所在行，单击“开始”选项卡中“段落”组的“居中”对齐按钮。

此时注意“水平标尺”的“首行缩进”标记、“左缩进”标记和“右缩进”标记是否在标尺白色区域的两端（图 2-23）。如果标尺有缩进，则会影响居中效果。如果看不到标尺，则选择“视图”选项卡，在“显示”组选中“标尺”选项即可显示。

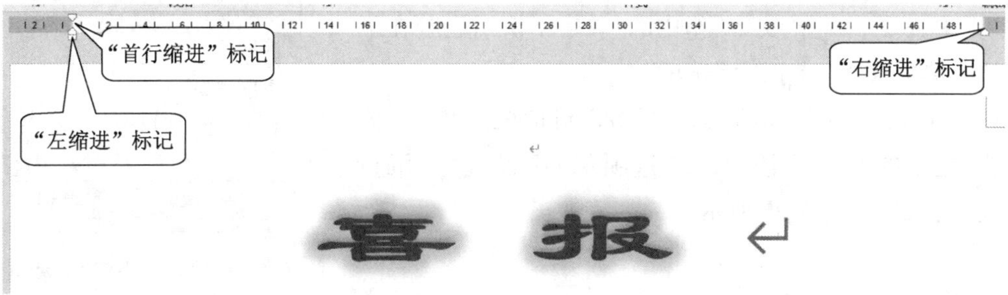

图 2-23　“首行缩进”标记、“右缩进”标记与“左缩进”标记

Step 2　将光标移至第一段落，单击“开始”选项卡中“段落”组右下角的“段落”扩展按钮，弹出“段落”对话框。

Step 3　选择“缩进和间距”选项卡，在“常规”组中设置“对齐方式”为“左对齐”。

Step 4　在“缩进”组中，将左侧、右侧缩进值均设置为“1 字符”。

Step 5　单击“特殊”设置下的下拉按钮，在下拉列表中选择“首行”，将“缩进值”设置为“2 字符”。

Step 6　在“间距”分组中，将段前、段后间距设置为“0.5 行”，“行距”设置为“多倍行距”，“设置值”设置为“1.2”，如图 2-24 所示。

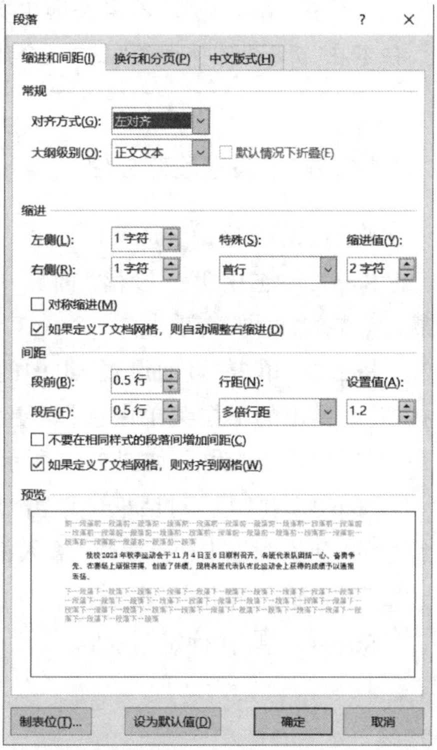

图 2-24　“段落”对话框

小贴士

① 在“缩进和间距”选项卡中可以设置段落的大纲级别,设置正确的大纲级别有助于长文档自动生成目录。

② 各设置值可以通过按钮设置,也可以手动输入。

【任务 2】设置首字下沉

将第二段文字的首字符“星”设置为“首字下沉”两行。

Step 1 将光标移至第二段落“星光……风采吧。”任意位置。选择“插入”选项卡。

Step 2 单击“文本”组中的“首字下沉”按钮,在下拉菜单中选择“首字下沉选项”。

Step 3 在打开的“首字下沉”对话框中单击“位置”组中的“下沉”按钮,在“选项”组中设置“下沉行数”为“2”,如图 2-25 所示。

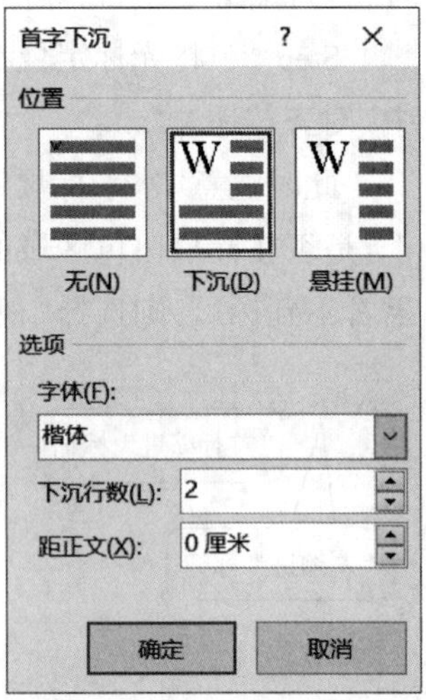

图 2-25 “首字下沉”对话框

小贴士

设置“首字下沉”不需要选中首字,光标处于该段落即可,但“首字下沉”按钮不在“开始”选项卡的“段落”分组中,而是在“插入”选项卡的“文本”分组中。

【任务 3】设置段落分栏

将第三段文字设置成两栏。

Step 1 选中第三段落“前路……风貌。”,选择“布局”选项卡。

Step 2 单击“页面设置”组中的“栏”按钮,在弹出的下拉菜单中选择“更多栏”命令打开“栏”对话框,如图 2-26 所示。

Step 3 在“栏”对话框中单击“预设”组中的“两栏”按钮,在“栏数”输入框中输入“2”,勾选“栏宽相等”复选框。

Step 4 单击“确定”按钮。

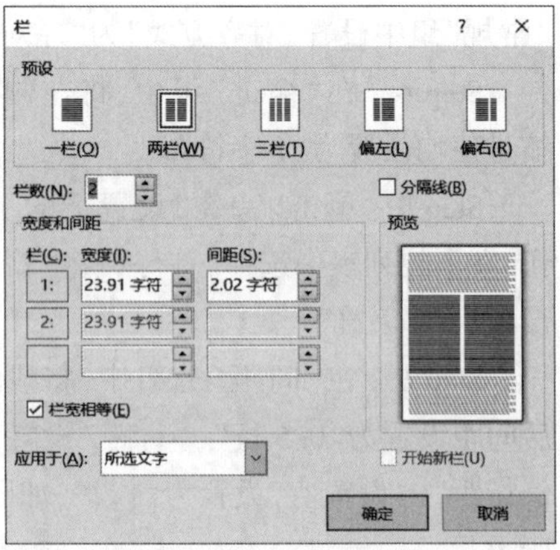

图 2-26 “栏”对话框

小贴士

在段落设置分栏前，检查该段落后是否有2个回车符，如果只有一个，则在该段落后加上一个回车符，如图2-27所示。

前路并非漫漫，终点并不遥远。你们迈着矫健的步伐冲刺在那被阳光寄予厚望的跑道上，你们在观众竭力的呼声中，去迎接终点的鲜花和掌声。在触碰到终点线的那一刻，青春少年，你，成功了！运动会展示学生青春风采，考验体能与心理的具体实践。它锻炼的是体力，激活的是生命，弘扬的是个性和青春活力，收获的是笑脸和精神风貌。↵
↵

图2-27　确保最后段落后有两个回车符

加上回车符后才能保证段落正确分栏，否则该段落文字在分栏后会全部居于左列，如图2-28所示。

前路并非漫漫，终点并不遥远。你们迈着矫健的步伐冲刺在那被阳光寄予厚望的跑道上，你们在观众竭力的呼声中，去迎接终点的鲜花和掌声。在触碰到终点线的那一刻，青春少年，你，成功了！运动会展示学生青春风采，考验体能与心理的具体实践。它锻炼的是体力，激活的是生命，弘扬的是个性和青春活力，收获的是笑脸和精神风貌。↵

图2-28　错误的分栏

2.5　制作表格

在Word中，制作表格的常用操作包括：创建表格，输入数据，设置表格的行高及列宽，设置表格中文本的字体、字号及对齐方式，设置单元格边距，合并单元格及手动添加表格线条，设置表格边框，对数据进行排序和计算，为表格添加底纹、应用预设样式以美化表格等。

【任务1】创建表格、输入数据与编辑数据

在第一段文字下方插入表2-1，并使表格居中显示。

表2-1　校运会奖牌排行榜

校运动会奖牌排行榜				
奖牌 班级	金牌	银牌	铜牌	各班合计
商务1班	8	6	5	
电子1班	8	4	2	
电子2班	7	2	4	

续表

校运动会奖牌排行榜				
奖牌 班级	金牌	银牌	铜牌	各班合计
商务 2 班	7	2	1	
网络 2 班	5	6	3	
电子 3 班	5	5	7	
国贸 1 班	4	4	5	
网络 1 班	3	6	6	
国贸 2 班	2	3	5	
奖牌合计				

Step 1 将光标定位在第一段文字末尾，按 Enter 键。

Step 2 选择“插入”选项卡，单击“表格”按钮。

Step 3 在弹出的下拉菜单中选择“插入表格”命令，在打开的“插入表格”对话框中按照图 2-29 所示进行设置。

Step 4 单击表格左上角的移动控点选择整个表格。

Step 5 单击“开始”选项卡中“段落”组的“居中”按钮，表格居中显示。

Step 6 输入表 2-1 中的数据，第 1 行及第 2 行第 1 列暂不处理。

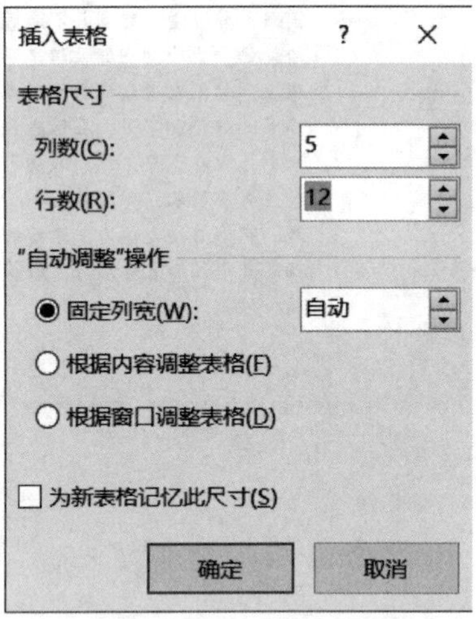

图 2-29 “插入表格”对话框

小贴士

① 当文本有类似表格的结构时，可通过“表格”下拉菜单中的“文本转换为表格”选项实现文本到表格的转换。

② 当需要增加或删除行或列时，将光标定位于要增加或删除行或列的位置，单击鼠标右键，在弹出的快捷菜单中选择“插入”命令可以增加行或列，选择“删除单元格”命令可以删除行或列。

【任务 2】设置表格行的高度及列的宽度

设置表格第 1、2 行的行高为 1 厘米，其余行的行高为 0.5 厘米；第 1 列的宽度为 3 厘米，其余列的宽度为 2 厘米。

Step 1 将光标移至表格第 1 行第 1 列左侧，当光标由“I”形变成形状时，按下鼠标左键不松开,拖动鼠标至第 2 行第 1 列左侧,此时表格第 1、2 行呈选中状态。

Step 2 单击“表格工具”下“布局”选项卡中“单元格大小”组右下角的扩展按钮。

Step 3 在打开的“表格属性”对话框中,选择“行”选项卡,设置行高为 1 厘米,如图 2-30 所示。

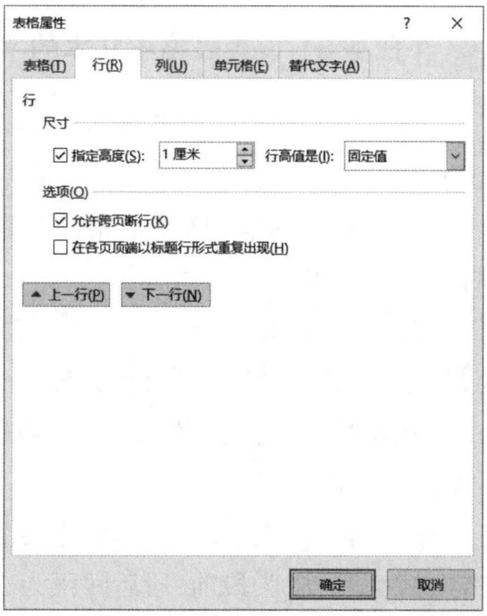

图 2-30 “表格属性”对话框

Step 4 重复步骤 Step 1~3,将第 3~12 行的行高设置为 0.5 厘米。

Step 5 将光标移至第 1 列上方,当光标从“I”形变成形状时,按下鼠标左键选中第 1 列。

Step 6 单击“表格工具”下的“布局”选项卡,在“单元格大小”组中的“宽度”输入框中输入“3 厘米”(图 2-31),也可以在“表格属性”对话框中的“列”选项卡中设置列宽。

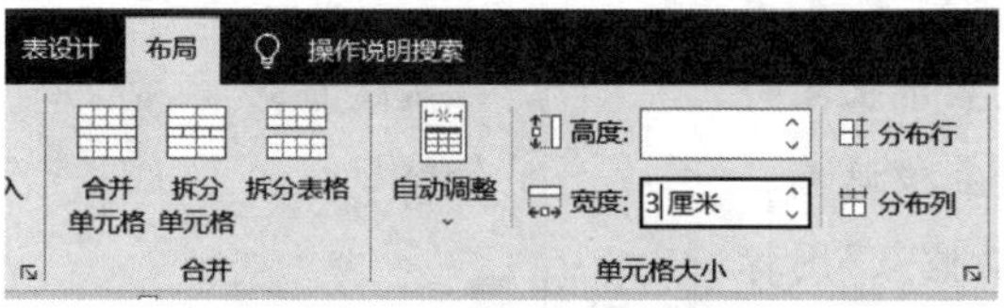

图 2-31 设置表格列宽度

Step 7 将光标移至第 2 列上方,当光标从“I”形变成形状时,按下鼠标左键不松开,移动鼠标至第 5 列,松开鼠标左键,此时选中第 2~4 列。

Step 8 单击“表格工具”下的“布局”选项卡,在“单元格大小”组中的“宽度”输入框中输入“2 厘米”。

小贴士

① 行高、列宽可以手动调整。方法如下:在行间移动鼠标,当光标变成形状时,按下鼠标左键不松开,上下拖曳鼠标即可改变行高。在列间移动鼠标,当光标变成形状时,按下鼠标左键不松开,左右拖曳鼠标即可改变列宽。

② 设置完行高与列宽后,若文本显示不完全,则可通过单元格的设置改变行高或列宽以显示完整的文本。

③ Step 2 和 Step 3 的操作可直接在高度输入框中实现,Step 6 的操作可在“表格属性”对话框中“列”选项卡中设置。

【任务 3】设置表格中文本的字体、字号及对齐方式

设置单元格中的文本字体为“宋体”，字号为“五号”，在水平及垂直方向上居中显示。

Step 1 单击表格左上角的“移动控点”图标选中表格的所有内容。

Step 2 选择“开始”选项卡，在“字体”组中设置字体为“宋体”，字号为“五号”。

Step 3 单击“段落”组右下角的扩展按钮，弹出“段落”对话框。

Step 4 在“段落”对话框中设置文本的对齐方式为“居中”，段前、段后间距为 0 行，如图 2-32 所示。

小贴士

如果看不到“移动控点”图标，则将光标移入表格，“移动控点”即会出现在表格左上角。

小贴士

① 由于表格的行高只有 0.5 厘米，若段前距离不为零，则会使文字仅显示上面一部分，下面一部分会被遮盖。

② 单击“移动控点”图标选中表格，此时单击“段落”组中的“居中”按钮并不能使表格中的文字在单元格内居中显示，而会使整个表格在页面居中。这是因为“移动控点”选中的是整个表格，所以此时“居中”按钮操作的默认对象是整个表格。

③ 如果按照任务 2 中 Step 1 的方法选中表格的第 1、2 行，则可利用“段落”组中的“居中”按钮使单元格中的文字居中显示。

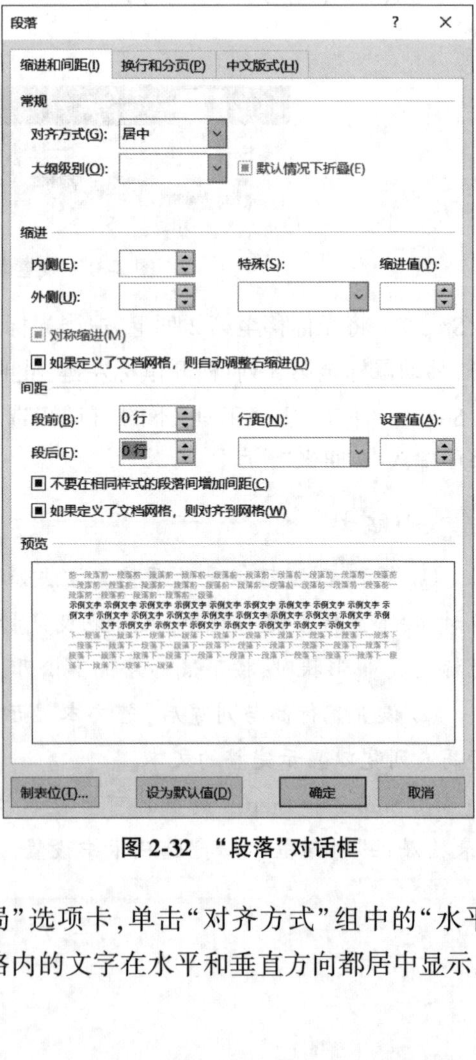

图 2-32 “段落”对话框

Step 5 选择“表格工具”下的“布局”选项卡，单击“对齐方式”组中的“水平居中”按钮(图 2-33)，“水平居中”使单元格内的文字在水平和垂直方向都居中显示。

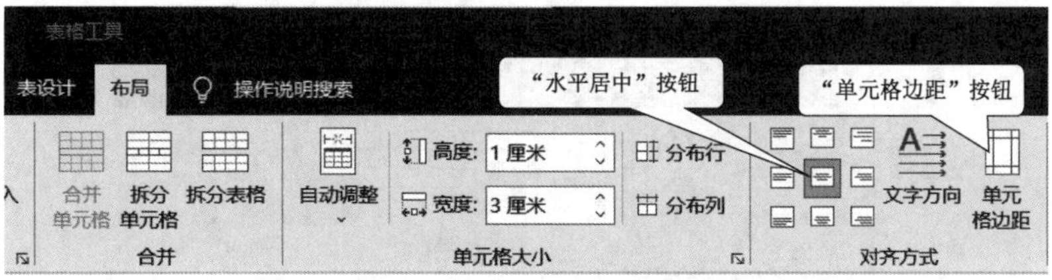

图 2-33 “水平居中”按钮

【任务 4】设置单元格边距

影响单元格中文字显示的因素除了文本的对齐方式,缩进,段前、段后的间距外,还有单元格的边距。若出现部分文字被遮挡的情况,用户可以通过改变单元格边距来解决。下面进行设置单元格的上、下、左、右边距为 0 厘米的操作。

Step 1 单击表格左上角的“移动控点”图标选中表格的所有内容。

Step 2 选择“表格工具”下的“布局”选项卡,单击“对齐方式”组中的“单元格边距”按钮。

Step 3 在打开的“表格选项”对话框中,将“默认单元格边距”中的上、下、左、右边距都设置为 0 厘米,如图 2-34 所示。

Step 4 单击“确定”按钮,完成单元格边距的设置。

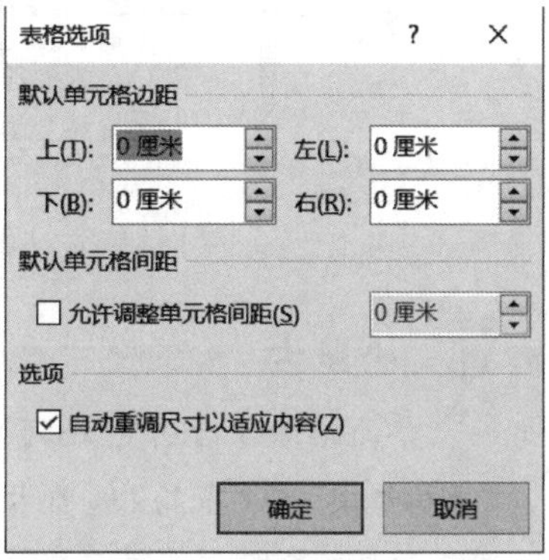

图 2-34 “表格选项”对话框

【任务 5】合并单元格及手动添加表格线条

将第 1 行的 5 个单元格合并成 1 个单元格,并输入“校运动会奖牌排行榜”;在第 2 行第 1 列单元格加一根斜线,并输入“班级”和“奖牌”,如表 2-1 所示。

Step 1 将光标移至第 1 行第 1 列并按下鼠标左键不松开。拖动鼠标至第 1 行第 5 列并松开鼠标左键,此时选中第 1 行的 5 个单元格。

Step 2 选择“表格工具”下的“布局”选项卡,单击“合并”组中的“合并单元格”按钮,如图 2-31 所示。

Step 3 在第 1 行单元格中输入“校运动会奖牌排行榜”。

Step 4 将光标定位在第 2 行第 1 列单元格,选择“表格工具”下的“表设计”选项卡。

Step 5 单击“边框”组中的“边框”下拉按钮,在弹出的下拉列表中选择“斜下框线”,如图 2-35 所示。

Step 6 在第 2 行第 1 列单元格中输入“奖牌”,单击“开始”选项卡中“段落”组的“右对齐”按钮。

Step 7 按下 Enter 键,输入“班级”,单击“开始”选项卡中“段落”组的“左对齐”按钮。

图 2-35 单元格中绘制斜线

小贴士

单元格除了合并外还可以拆分,将光标定位于要拆分的单元格,依次选择"表格工具"→"布局"选项卡→"合并"组→"拆分单元格"按钮,在弹出的"拆分单元格"对话框中设置行数、列数,即可拆分单元格。

【任务 6】设置表格边框

将表格外边框设置为双实线,内框线设置为单实心线。

Step 1 单击表格左上角的"移动控点"图标选中表格。

Step 2 选择"表格工具"下的"表设计"选项卡。

Step 3 单击"边框"组中的"边框"下拉按钮,在弹出的下拉列表中选择"边框与底纹"命令。

Step 4 在打开的"边框和底纹"对话框(图 2-36)中,单击"边框"选项卡中的"无"按钮清除表格已有边框。

Step 5 单击"边框"选项卡中的"自定义"按钮,自定义方式可以更自由地定义表格边框。

Step 6 在"样式"列表中选择双实心线,颜色和宽度取默认值。

Step 7 在"预览"组中,单击上、下、左、右边框线按钮,此时表格外边框呈双实心线状。

Step 8 在"样式"列表中选择单实心线,颜色和宽度取默认值。

Step 9 在"预览"组中,单击"内部横框线"按钮添加内部横框线。

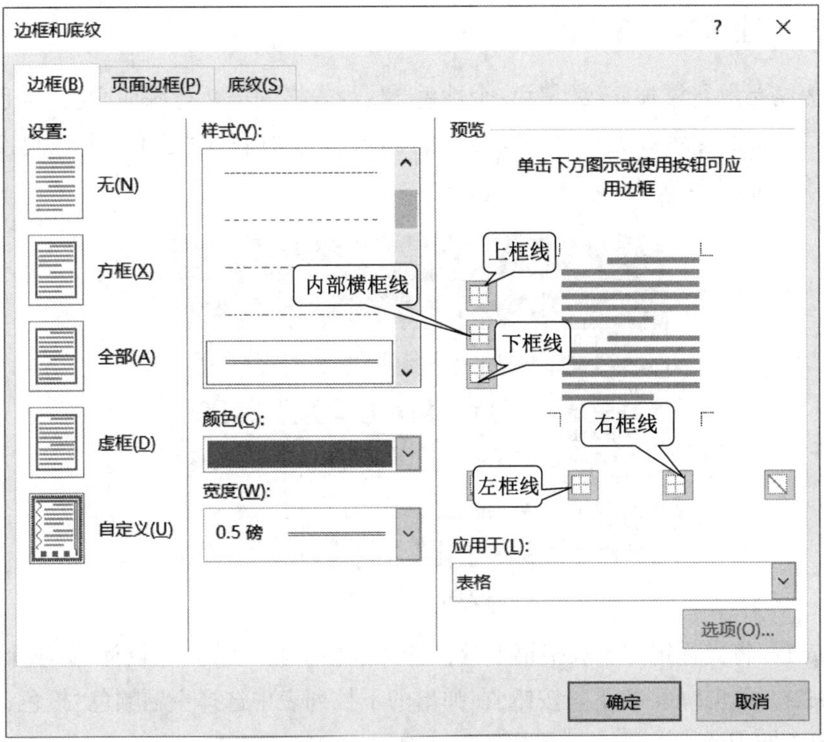

图 2-36 "边框和底纹"对话框

Step 10 单击"确定"按钮。

Step 11 在表格外部单击鼠标左键取消表格选中状态。

Step 12 将光标移至表格左侧第 2 行位置,当光标由"I"形变成"↗"形状时,按下鼠标左键不松开,拖动鼠标至第 12 行第 1 列左侧,此时表格第 2 ~ 12 行呈选中状态。

Step 13 单击"边框"组中的"边框"下拉按钮,在弹出的下拉列表中选择"边框与底纹"命令。

Step 14 在打开的"边框和底纹"对话框中,在"预览"组中可以看到有"内部竖框线"按钮。

Step 15 单击"边框"选项卡中的"自定义"按钮,在"样式"列表中选择单实心线,颜色和宽度取默认值。

Step 16 在"预览"组中,单击"内部竖框线"按钮添加内部竖框线。

Step 17 单击"确定"按钮。

小贴士

对表格进行部分框线的修改时,可以通过"边框"下拉列表的其他选项进行快捷设置。

【任务 7】添加表格底纹

为表格标题行添加底纹“橙色,个性色 2”;为表格的第 2 行添加底纹“橙色,个性色 2,淡色 80%”;除标题行外,为表格的偶数行添加底纹“橙色,个性色 2,淡色 60%”,效果如图 2-37 所示。

校运动会奖牌排行榜				
奖牌 班级	金牌	银牌	铜牌	各班合计
商务 1 班	8	6	5	
电子 1 班	8	4	2	
电子 2 班	7	2	4	
商务 2 班	7	2	1	
网络 2 班	5	6	3	
电子 3 班	5	5	7	
国贸 1 班	4	4	5	
网络 1 班	3	6	6	
国贸 2 班	2	3	5	
奖牌合计				

图 2-37　表格样式

Step 1　将光标定位于表格第 1 行,选择“表格工具”下的“表设计”选项卡。

Step 2　单击“底纹”下拉按钮,在弹出的下拉列表中选择主题颜色“橙色,个性色 2”,如图 2-38 所示。

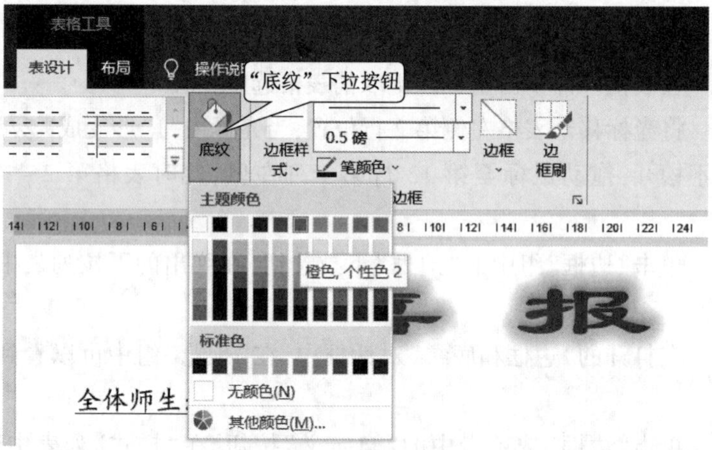

图 2-38　设置底纹

Step 3　将光标定位于第 2 行第 1 列,按下鼠标左键不松开,拖动鼠标至第 2 行第 5 列,松开鼠标左键,此时选中表格第 2 行。

Step 4　单击“底纹”下拉按钮,在弹出的下拉列表中选择主题色“橙色,个性色 2,淡色 80%”。

Step 5　将光标移至表格第 4 行第 1 列的左侧,当光标由“I”形变成“↗”形状时,单击鼠标左键。

Step 6　按下 Ctrl 键不松开,将光标移至表格第 6 行第 1 列的左侧,当光标由“I”形变成“↗”形状时,单击鼠标左键。按同样的方法隔行选中其余行,即第 8、10、12

行。注意:选中所有偶数行后再松开 Ctrl 键。

小贴士

如果需要选中不连续的单元格、行、列等元素,通过配合使用 Ctrl 键,可实现不连续元素的选中;通过配合使用 Shift 键,可实现连续元素的选中。

Step 7 单击“底纹”下拉按钮,在弹出的下拉列表中选择主题色“橙色,个性色 2,淡色 60%”。

Step 8 其余奇数行保持原背景色不变。

【任务 8】应用表格的预设样式

Word 提供了一些预设的表格样式,利用预设样式可以方便地为表格添加样式。下面进行为表格应用样式“网格表 5 深色-着色 2”的操作。

Step 1 单击表格左上角的“移动控点”图标选中表格。

Step 2 选择“表格工具”下的“表设计”选项卡,单击“表格样式”下拉按钮。

Step 3 在下拉列表中选择“网格表”组中的“网格表 5 深色-着色 2”。此样式中表格是左对齐的。

Step 4 再次单击表格左上角的“移动控点”图标选中表格。

Step 5 单击“开始”选项卡中“段落”组的“居中”按钮。

小贴士

如果对表格的样式不满意,则选中表格后可以通过“表格样式”列表中的“清除”选项清除表格的样式。

通过鼠标右键单击列表中的任一样式,在弹出的快捷菜单中选择“修改表格样式”“删除表格样式”等命令可以对表格样式进行修改、删除等,如图 2-39 所示。

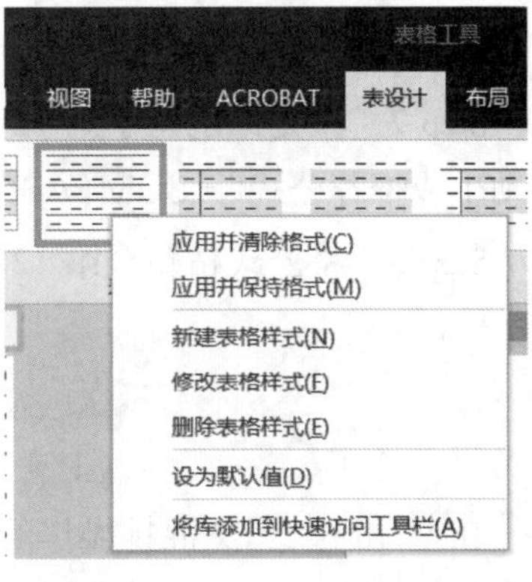

图 2-39 表格样式设计快捷菜单

【任务 9】排序和计算数据

计算各班的奖牌总数,并分别计算金牌、银牌、铜牌的总数。

Step 1 将光标定位于表格的第 3 行第 5 列。

Step 2 选择“表格工具”下的“布局”选项卡。

Step 3 单击“数据”组中的“公式”按钮,弹出“公式”对话框(图 2-40)。

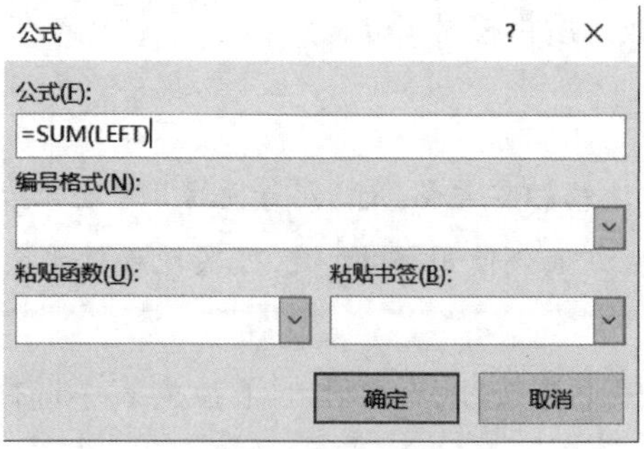

图 2-40 “公式”对话框

> **小贴士**
>
> 图 2-40 所示的“公式”对话框中的公式可修改，方法如下：删除公式输入框中除等号以外的内容，然后单击“粘贴函数”的下拉按钮，在下拉列表中选择合适的公式。

Step 4 复制“公式”输入框中的公式，单击“确定”按钮。

Step 5 将光标定位于第 4 行第 5 列单元格，按下鼠标左键不松开，拖动鼠标将光标移至第 11 行第 5 列单元格，松开鼠标左键，选中连续单元格。

Step 6 同时按下 Ctrl + V 组合键粘贴公式。然后再按 F9 键更新单元格中的内容，才能使所有单元格获取正确的值。

> **小贴士**
>
> 用鼠标选中公式，同时按下键盘上的 Ctrl + C 组合键即可复制公式。

Step 7 将光标定位于第 12 行第 2 列，重复 Step 2 和 Step 3，在“公式”对话框中自动生成推荐公式“ =SUM(ABOVE)”。复制该公式，单击“确定”按钮。

Step 8 将公式粘贴至第 12 行的第 4、5 列单元格，并按 F9 键。

2.6 图文混排

在 Word 中，图文混排操作的形式非常丰富，常用的操作有以下几种：插入形状、文本框、艺术字、图片、超链接和书签等。设置它们与文本之间的布局关系，可使文档更加生动、美观。

【任务 1】插入形状并编辑

在插入形状之前需删除表格第 1 行标题行，方法如下：将光标移至表格第 1 行左侧，当光标由“I”形变成“↗”形状时，单击鼠标左键选中第 1 行，单击鼠标右键弹出快捷菜单，选择“删除行”命令。

下面介绍如何在表格上方插入“形状：星与旗帜”组的“带形：上凸”；设置填充色

为“橙色,个性色 2”;设置形状轮廓为原点;输入文字“校运会奖牌排行榜”,设置字体颜色为“白色”,字体为“微软雅黑”,字号为“五号”;设置发光效果为“发光变体”组的“发光:18 磅;金色,主题色 4”。效果如图 2-41 所示。

图 2-41　插入形状效果图

Step 1　在第 1 段落与表格之间插入空行。

Step 2　将光标置于表格上方并居中,在“插入”选项卡中单击“形状”按钮。

Step 3　在“星与旗帜”组中选择“带形:上凸”。

Step 4　将光标移至表格上方,按下鼠标左键不松开,向右下方拖动鼠标,形状大小如图 2-41 所示。

Step 5　选择“绘图工具”下的“形状格式”选项卡,如图 2-42 所示 。

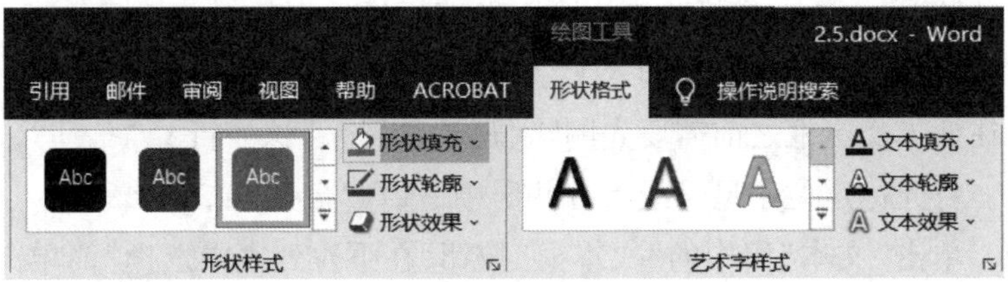

图 2-42　“形状格式”选项卡

Step 6　单击“形状填充”下拉按钮,在弹出的下拉列表中选择“主题颜色”选项下的“橙色,个性色 2”。

Step 7　单击“形状轮廓”下拉按钮,在弹出的下拉列表中选择“虚线”选项的子选项“原点”。

小贴士

如果文字不能完全显示,可通过以下几种方法完全显示文字:

① 设置图形内文字段落的段前、段后距离为 0 厘米。

② 设置段落左、右缩进为 0 厘米。

③ 选中图形后单击鼠标右键,在弹出的快捷菜单中选择“设置形状格式”命令,再依次选择“形状选项”→“布局属性”,设置上、下、左、右边距为 0 厘米,如图 2-43 所示。

④ 鼠标单击图形以选择图形,将光标移至图形右下角的控制点,使光标形状变为 ,按下鼠标左键向右下方拖曳鼠标以放大图形。

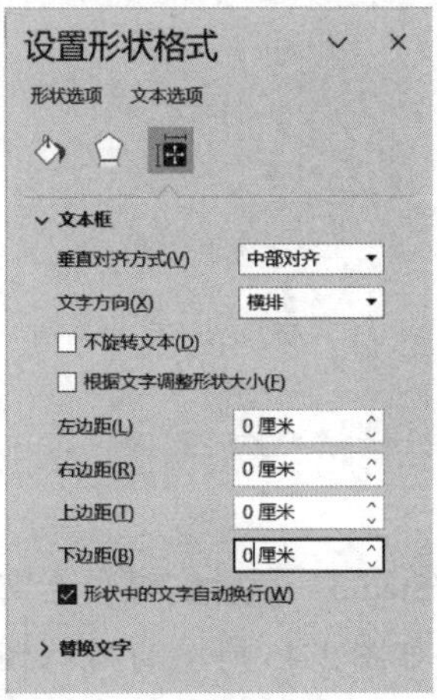

图 2-43　“设置形状格式”对话框

Step 8 单击“形状效果”下拉按钮,在弹出的下拉列表中选择“发光”选项下的“发光变体”组中的“发光:18 磅;金色,主题色 4”。

Step 9 鼠标右键单击图形,在弹出的快捷菜单中选择“编辑文字”选项,在图形中输入文字“校运会奖牌排行榜”。

Step 10 选中文字“校运会奖牌排行榜”,设置文字颜色为“白色”,字体为“微软雅黑”,字号为“五号”。

小贴士

如果要改变图形位置,可将光标移至图形上,当光标形状变成 时按下鼠标左键不松开,拖曳鼠标,将图形移至合适的位置。

【任务 2】插入文本框

文本框是一个独立的对象,框中的文字和图片可随文本框移动。文本框与文字加边框是不同的概念。下面进行插入文本框的操作。在星号线“ * * * * * * * ”下方插入文本框并设置文本框格式,输入文字“运动员风采”,并设置文字格式。

注意:在插入文本框之前需要先删除“运动员风采”这一行。

Step 1 将光标定位于星号线下方并居中,选择“插入”选项卡。

Step 2 单击“文本”组中的“文本框”按钮,在下拉列表中选择“简单文本框”,如图 2-44 所示。

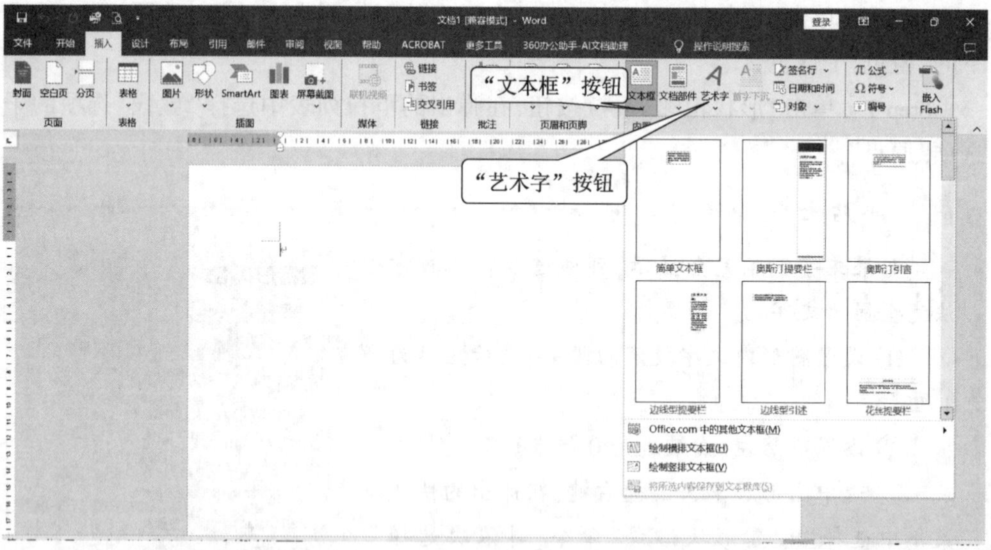

图 2-44 插入简单文本框

Step 3 鼠标右键单击文本框,在弹出的快捷菜单中选择“设置形状格式”命令,打开如图 2-45 所示的“设置形状格式”窗格。

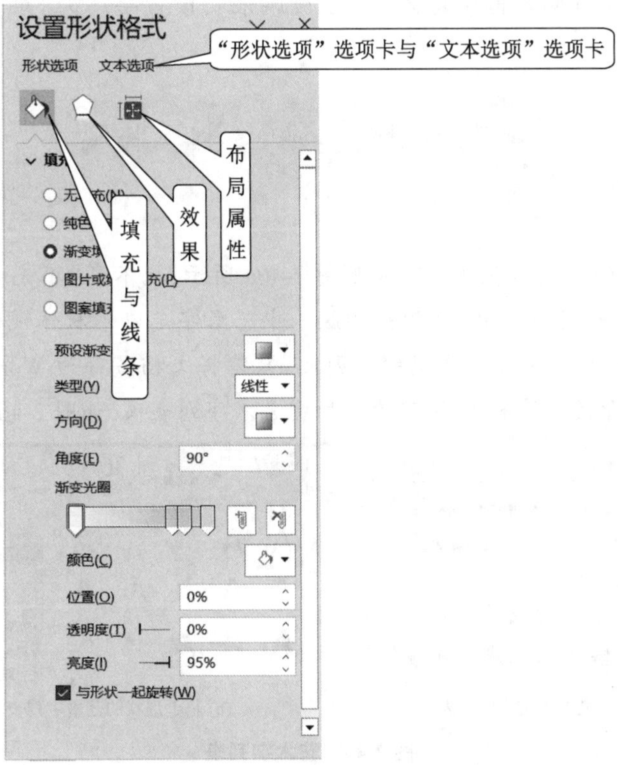

图 2-45 "设置形状格式"窗格

小贴士

在"设置形状格式"窗格中有"形状选项"和"文本选项"两个选项卡。"形状选项"选项卡中有"填充与线条""效果""布局属性"三个子选项卡,"文本选项"选项卡中有"文本填充与轮廓""文字效果""布局属性"三个子选项卡。

Step 4 在"设置形状格式"窗格中,依次选择"形状选项"→"填充"→"渐变填充"→"预设渐变:浅色渐变-个性色 4" →"线条:实线"→"颜色:橙色,个性色 2→"宽度:2 磅" →"复合类型:双线" →"短划线类型:圆点",其余采用默认值。

Step 5 鼠标右键单击文本框,在弹出的快捷菜单中选中"编辑文字",删除文本框中原有的默认文字,输入"运动员风采"。

Step 6 选中文字"运动员风采",设置字体为"隶书",字号为"三号",颜色为"红色"。

【任务 3】插入艺术字

在星号线" ******* "下方插入艺术字并设置格式。

注意:在任务实施之前删除任务 2 中所插入的文本框。

Step 1 将光标定位于星号线下方并居中,选择"插入"选项卡。

Step 2 单击"文本"组中的"艺术字"下拉按钮,在下拉列表中选择"填充:金色,主题色 4;软棱台"。

Step 3　在文本输入框中输入“运动员风采”,设置字体为“隶书”,字号为“小初”,效果如下:

运动员风采

小贴士

Step 2 中的下拉列表显示可能如图 2-46a 所示,找不到“填充:金色,主题色 4;软棱台”,这是因为在 Word 的最初版本中艺术字是以形状体现的,而在 Word 2010 以上版本中是以文本体现的。因此,只需将文档另存为 Word 1997—2003 文档,重新打开插入艺术字,即可看见所需艺术字列表项,如图 2-46b 所示。

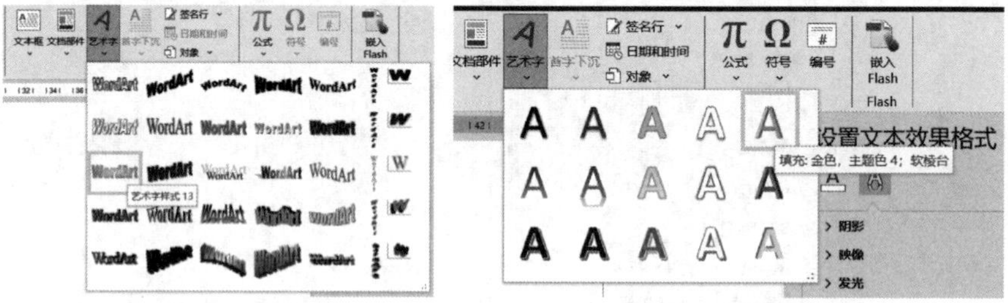

(a) 基于文本的艺术字列表　　(b) 基于形状的艺术字列表

图 2-46　艺术字列表

【任务 4】插入图片

在插入图片之前应用任务 3 中介绍的方法,先将最后两段文字设置成两栏显示,效果如图 2-47 所示。

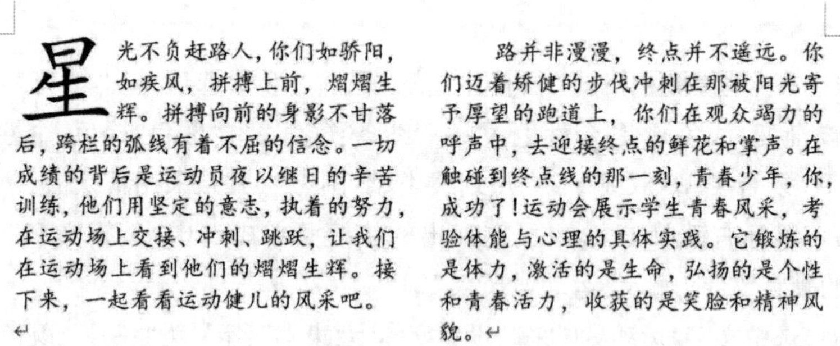

星光不负赶路人，你们如骄阳，如疾风，拼搏上前，熠熠生辉。拼搏向前的身影不甘落后，跨栏的弧线有着不屈的信念。一切成绩的背后是运动员夜以继日的辛苦训练，他们用坚定的意志，执着的努力，在运动场上交接、冲刺、跳跃，让我们在运动场上看到他们的熠熠生辉。接下来，一起看看运动健儿的风采吧。↵

路并非漫漫，终点并不遥远。你们迈着矫健的步伐冲刺在那被阳光寄予厚望的跑道上，你们在观众竭力的呼声中，去迎接终点的鲜花和掌声。在触碰到终点线的那一刻，青春少年，你，成功了！运动会展示学生青春风采，考验体能与心理的具体实践。它锻炼的是体力，激活的是生命，弘扬的是个性和青春活力，收获的是笑脸和精神风貌。↵

图 2-47　设置效果

在最下面两段文本中各插入一张图片,将“环绕文字”方式设置为“四周型”,效果如图 2-48 所示。

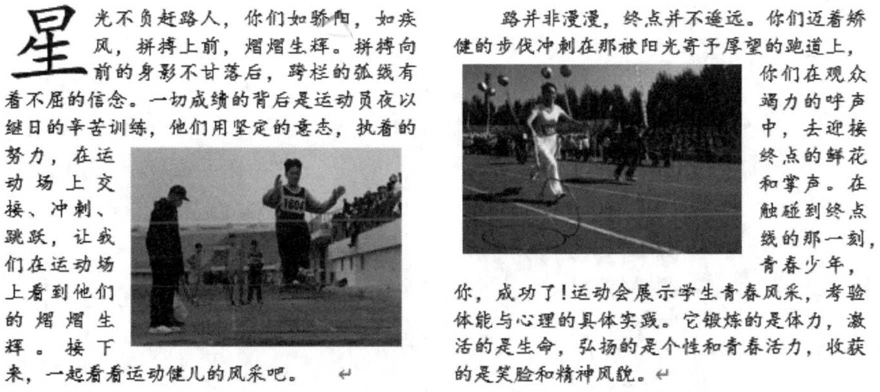

图 2-48　插入图片后的效果

Step 1　将光标定位在左栏文本中。

Step 2　选择“插入”选项卡，单击“插图”组中的“图片”按钮，在下拉列表中选中“此设备”命令，打开“插入图片”对话框，如图 2-49 所示。

图 2-49　“插入图片”对话框

Step 3　在“插入图片”对话框中，通过左边的“组织”栏定位图片所在位置，单击要插入的图片，再单击对话框右下角的“插入”按钮。

Step 4　鼠标右键单击左栏文本中的图片，在弹出的快捷菜单中选择“环绕文字”选项，在弹出的子菜单中选择“四周型”选项，如图 2-50 所示。

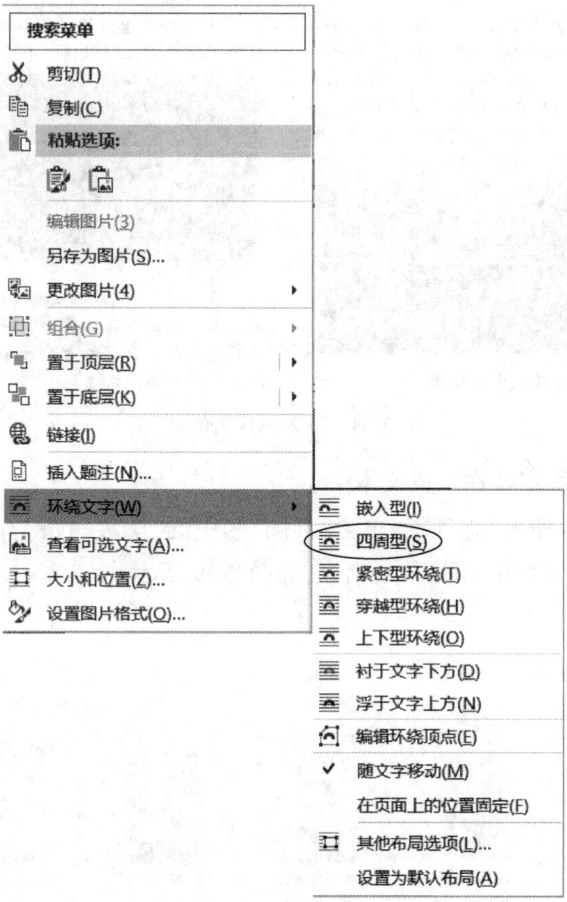

图 2-50 “环绕文字”的方式

Step 5 将图片移动至合适的位置。

Step 6 重复 Step 1～5 插入右栏中的图片。

小贴士

① 除了移动图片位置及设置文字环绕方式，利用 Word 还可以对图片进行简单处理，单击图片即可选中图片，在“图片工具”下的“图片格式”选项卡中可删除图片背景，对图片进行颜色、艺术效果等设置，还可以裁剪图、调整图片大小等，如图 2-51 所示。

图 2-51 图片工具

② 如果要改变图片大小，可用鼠标左键单击图片，将光标移至图片右下角的控制点，当光标变成↘形状时，按下鼠标左键不松开，拖曳鼠标即可改变图片大小。

【任务5】插入超链接

Word 中的“超链接”一般分为文档内和文档外两种，分别应用于文档内部内容的跳转和对文档以外文件或网页的访问。下面将在海报底部加入学校官网链接。

Step 1　将光标定位在海报最下面一行，输入文字“学校官网：”。

Step 2　选择“插入”选项卡，单击“链接”组中的“链接”按钮，打开如图 2-52 所示的“编辑超链接”对话框。

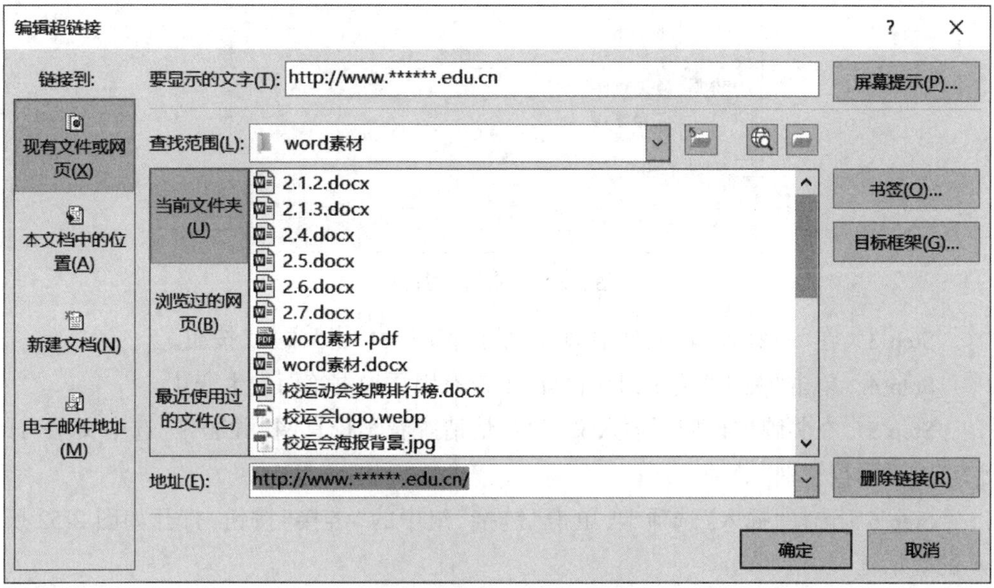

图 2-52　“编辑超链接”对话框

Step 3　在对话框左侧的“链接到：”分组中单击“现有文件或网页”按钮。

Step 4　在最下方的“地址”栏中输入学校网站地址“http://www.******.edu.cn”。

Step 5　单击“确定”按钮，海报最下面一排出现学校的链接地址。按住 Ctrl 键并将光标移至官网超链接位置，光标变成手型，此时单击鼠标左键可打开浏览器并进入官网。

【任务6】插入书签

Word 中的书签主要用于帮助用户在 Word 长文档中快速定位至特定位置，或者引用同一文档（也可以是不同文档）中的特定文字。在 Word 文档中，文本、段落、图形图片、标题等都可以添加书签。下面在海报底部的学校官网链接处添加书签“学校官网”，在奖牌排行榜下输入文字“详情见学校官网”并设置超链接至书签“学校官网”。

Step 1　将光标定位在海报最下面的超链接上。

Step 2　选择“插入”选项卡，单击“链接”组中的“书签”按钮，打开如图 2-53 所示的“书签”对话框。

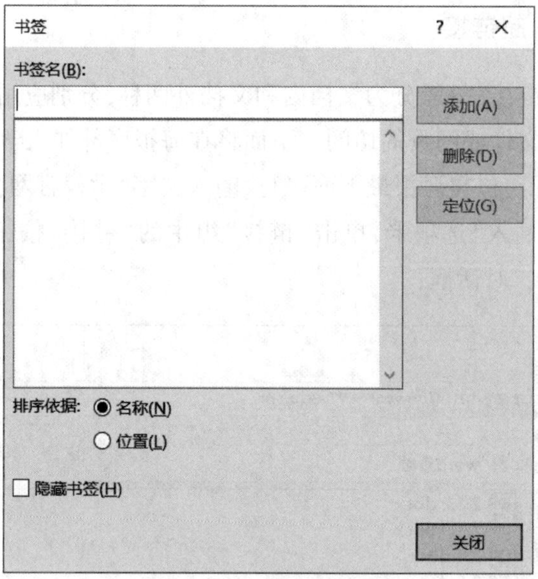

图 2-53 “书签”对话框

Step 3 在“书签名”输入框中输入“学校官网”,单击“添加”按钮。

Step 4 单击“关闭”按钮,此时页面上没有因添加书签而发生变化。

Step 5 在奖牌排行榜下输入文字“详情请查看学校官网”并居中,选中文字“详情请查看学校官网”。

Step 6 选择“插入”选项卡,单击“链接”组中的“链接”按钮,打开如图 2-52 所示的对话框。

Step 7 选中对话框左侧“链接到:”分组中的“本文档中的位置”,在“请选择文档中的位置”选项栏中选择“书签”→“学校官网”,单击“确定”按钮,如图 2-54 所示。

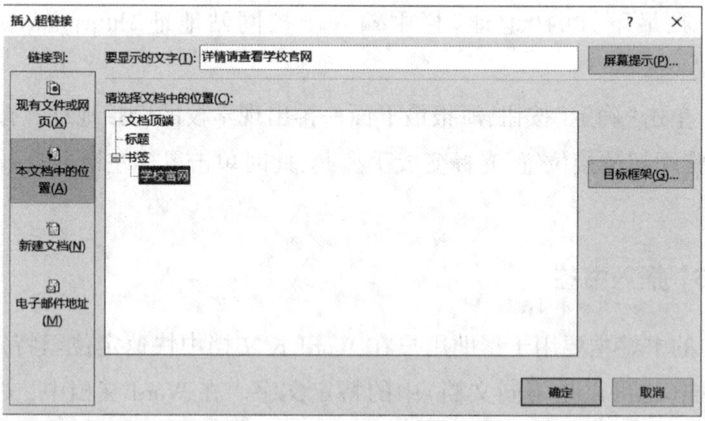

图 2-54 插入超链接定位至书签

Step 8 将光标移至“详情请查看学校官网”,按下键盘上的 Ctrl 键不松开,当光标变成时单击鼠标左键,光标会自动移至学校官网书签处。

2.7　页面设计

Word 页面设计的常用操作包括：设置文档背景；插入页眉、页脚；设置文档页面等。这些操作可以更好地设计 Word 文档的页面布局和样式，使文档更加美观和易读。

【任务 1】设置文档背景

为海报添加背景图片。

Step 1　选择“设计”选项卡，单击“页面背景”组中的“页面颜色”按钮打开下拉列表，如图 2-55 所示。

Step 2　选中列表最下面的“填充效果”选项，打开“填充效果”对话框，如图 2-56 所示。

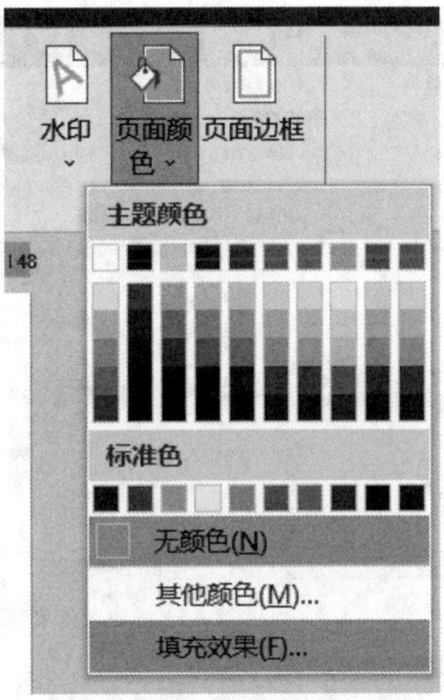

图 2-55　“页面颜色”下拉列表

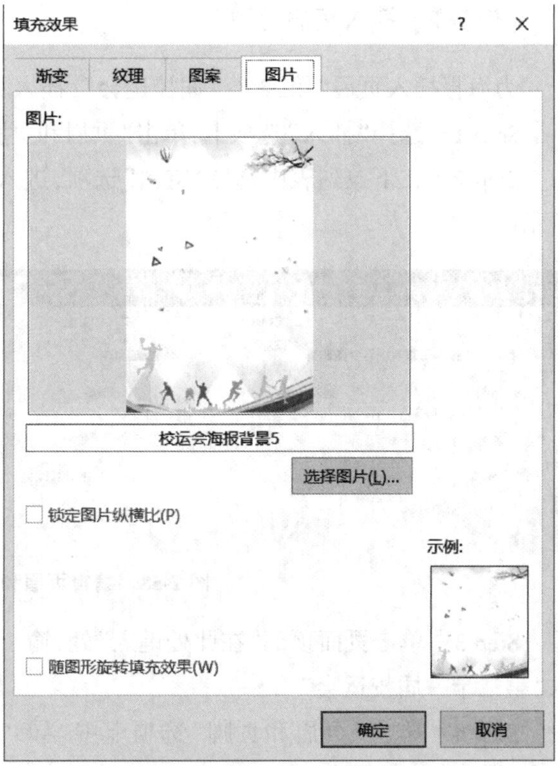

图 2-56　“填充效果”对话框

Step 3　选择“填充效果”对话框中的“图片”选项卡，单击“选择图片”按钮，打开“插入图片”对话框，如图 2-57 所示。

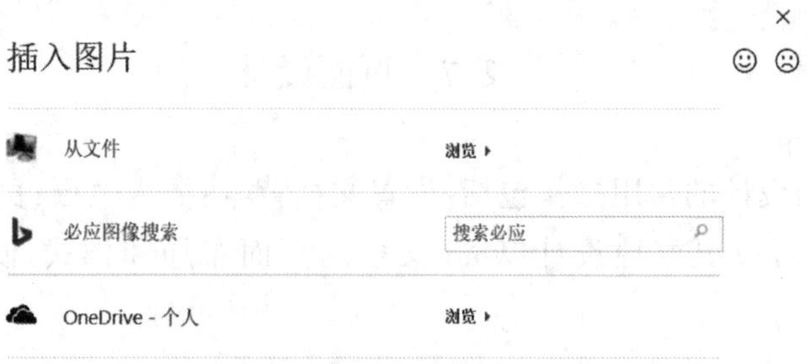

图 2-57 “插入图片”对话框

Step 4 在“插入图片”对话框中单击“浏览”按钮，在弹出的“选择图片”对话框中选择所需图片，单击“插入”按钮。

Step 5 单击“填充效果”对话框中“图片”选项卡的“确定”按钮。

> **小贴士**
>
> 通过“页面颜色”按钮，页面背景可设置为预设颜色、纹理和图案。

【任务 2】插入页眉、页脚

为海报插入页眉“第二十一届校运会”，插入页脚，内容为当前日期。

Step 1 选择“插入”选项卡，单击“页眉和页脚”组中的“页眉”按钮。

Step 2 在下拉列表中选择“空白”选项，进入页眉和页脚的编辑状态，如图 2-58 所示。

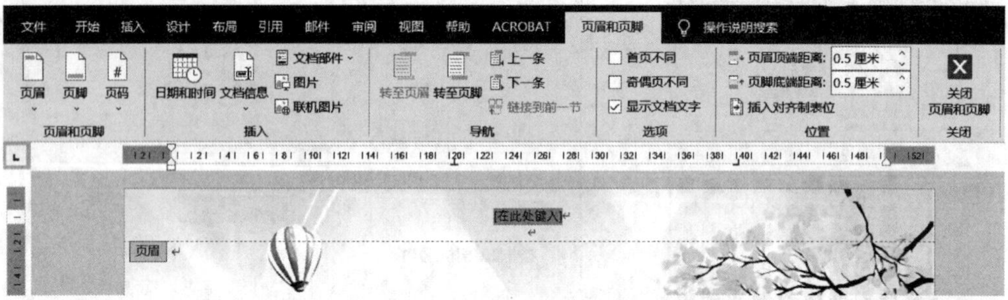

图 2-58 编辑页眉和页脚

Step 3 单击页面顶部“在此处键入”处，输入“第二十一届校运会”。

Step 4 单击“页眉和页脚”选项卡中“导航”组的“转至页脚”按钮。

Step 5 单击“页眉和页脚”选项卡中“插入”组的“日期和时间”按钮，打开如图 2-59 所示的对话框。

Step 6 在左侧“可用格式”栏中选择“年-月-日”格式，根据需要可选择“自动更新”复选框。

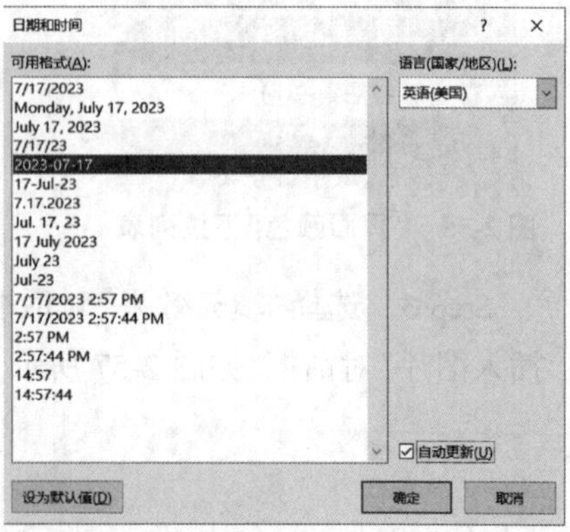

图 2-59 “日期和时间”对话框

Step 7 设置“页眉顶端距离”为“0.5 厘米”，设置“页脚底端距离”为“0.5 厘米”（图 2-58）。

Step 8 单击“关闭页眉和页脚”按钮，完成页眉、页脚的设置。

> **小贴士**
>
> 可对页眉和页脚进行字体、字号、颜色的设置，奇偶页可设置不同的页眉、页脚，还可单独设置首页的页眉、页脚。

【任务 3】设置文档页面

将页面设置为 A4 纸大小，上、下、左、右边距为 1.5 厘米。

Step 1 选择“布局”选项卡，单击“页面设置”组中的“纸张大小”按钮。

Step 2 在弹出的下拉列表中选择“A4”选项。

> **小贴士**
>
> 如果下拉列表中没有所需的纸张大小，可以单击最下面的“其他纸张大小”选项自定义纸张的大小。

Step 3 单击“页面设置”组中的“页边距”按钮，在弹出的下拉列表中选择“自定义页边距”选项，打开如图 2-60 所示的“页面设置”对话框，根据图中所示进行页边距设置。

Step 4 单击“确定”按钮。

> **小贴士**
>
> 在“布局”选项卡中，用户还可以对文字方向、纸张方向、分栏等进行设置。在“页面设置”对话框中的“文档网格”选项卡中，用户可设置文档是否使用网格，若启用网格，则可设置每页的行数、每行的字数。

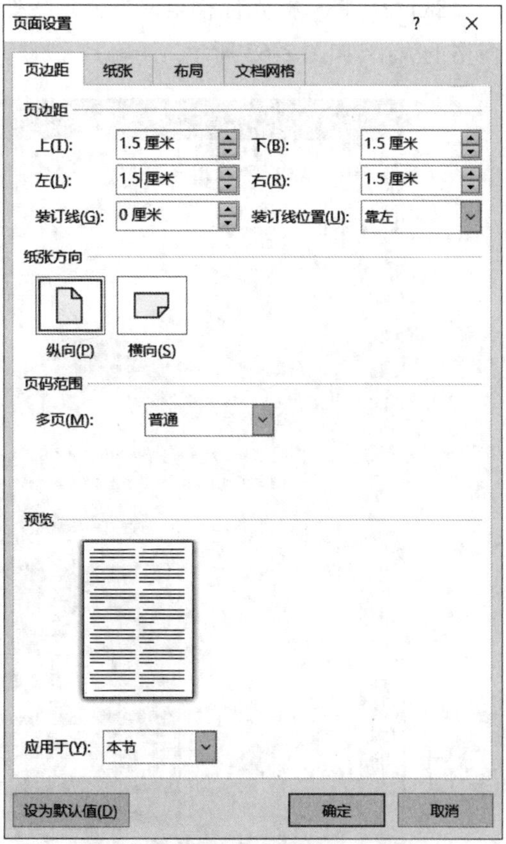

图 2-60 “页面设置”对话框

2.8　多窗口编辑

在 Word 中可以对同一文档的多窗口进行编辑,还可以对多个不同文档同时进行编辑。Word 的多窗口编辑功能为用户提供了更加高效、便捷和灵活的文档处理体验。

【任务 1】多窗口编辑同一文档

若文档信息量过多,导致文档长度过长,而又需要对文档的前后内容进行比较,则可以将文档拆分成两个窗口。下面将打开的文档进行窗口拆分,以利于对照编辑。

Step 1　打开需要拆分的文档,切换至“视图”选项卡(图 2-61),单击“窗口”组中的“拆分”按钮。

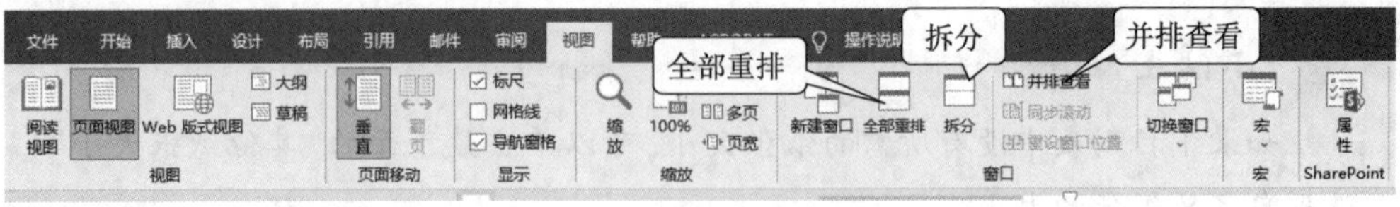

图 2-61　“视图”选项卡

Step 2　将鼠标光标移至窗格分割线处,当鼠标指针变成≑时,可拖动鼠标调整窗格的大小,如图 2-62 所示。

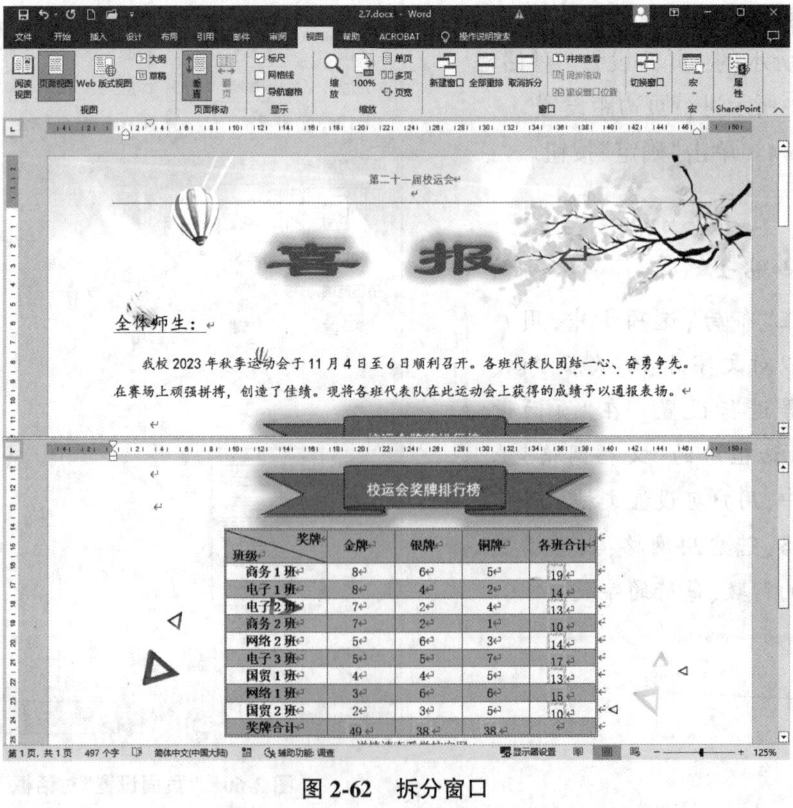

图 2-62　拆分窗口

Step 3 拖动窗口右侧上下两个滚动条,可以显示文档的不同部分。

Step 4 当窗口拆分成两个时,“拆分”按钮变成“取消拆分”按钮,编辑完成后单击“取消拆分”按钮。

【任务2】同时编辑多个不同文档

当同时编辑两个甚至多个不同文档时,为避免来回切换文档,可以利用 Word 提供的多窗口重排功能。下面同时打开两个文档,重新排列窗口以便同时编辑文档。

Step 1 在 Word 中打开电子海报,新建一个空白文档,此时有两个 Word 文档同时打开。

Step 2 切换至“视图”选项卡,单击“窗口”组中的“全部重排”按钮(图 2-60),此时两个窗口垂直排列。

Step 3 如果垂直排列查看文档不方便,可以单击“窗口”组中的“并排查看”按钮,此时两个窗口水平排列。

小贴士

在“并排查看”按钮下方有一个“同步滚动”按钮,当处于“并排查看”状态时,单击“同步滚动”按钮,则两个窗口中的文档同步上下滚动。

2.9 引用与目录

Word 的引用和目录具有丰富的功能和便捷的操作方式,能够大大提高文档编辑的效率和准确性。同时,这些功能还支持多种自定义设置,可以满足不同用户的需求。

【任务1】应用题注与交叉引用

文档中常常有对图的引用,若在文档的修改过程中图的编号发生变化,则可能会产生引用错误,Word 提供的交叉引用功能可以很好地避免产生此类错误。下面进行为图插入题注,并在文档中交叉引用该图的操作。如图 2-63 所示,图片下方的“图 1 搜索音乐”和“图 2 存储音乐”是题注,在图片上方一行文字的末尾“图 1”和“图 2”是对两张图片的引用。

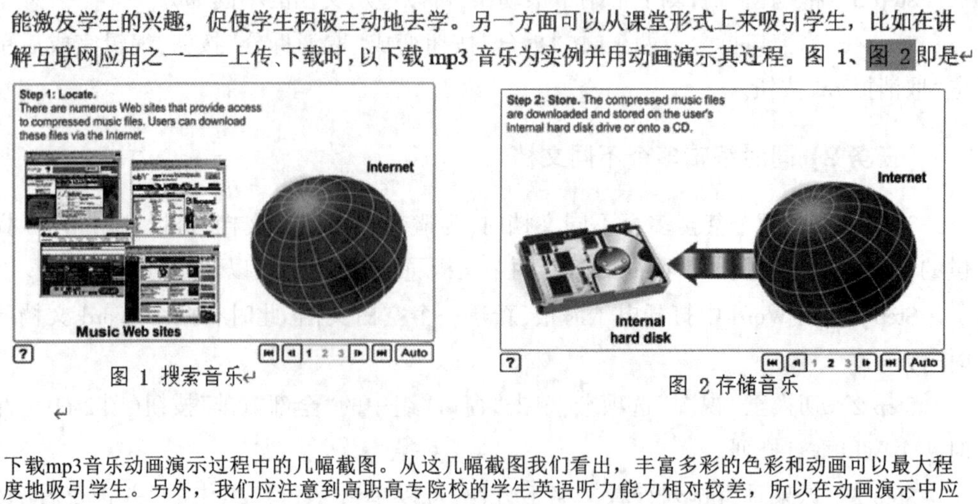
能激发学生的兴趣，促使学生积极主动地去学。另一方面可以从课堂形式上来吸引学生，比如在讲解互联网应用之一——上传、下载时，以下载 mp3 音乐为实例并用动画演示其过程。图 1、图 2 即是

图 1 搜索音乐

图 2 存储音乐

下载mp3音乐动画演示过程中的几幅截图。从这几幅截图我们看出，丰富多彩的色彩和动画可以最大程度地吸引学生。另外，我们应注意到高职高专院校的学生英语听力能力相对较差，所以在动画演示中应

图 2-63 题注与交叉引用的应用

Step 1 打开文档,将光标定位在图片下方。

Step 2 单击“引用”选项卡“题注”组中的“插入题注”按钮,打开“题注”对话框,如图 2-64 所示。

Step 3 在“题注”对话框中,单击“标签”下拉按钮,在下拉列表中选择“图”选项,则“题注”输入框中自动生成题注编号,单击“确定”按钮。

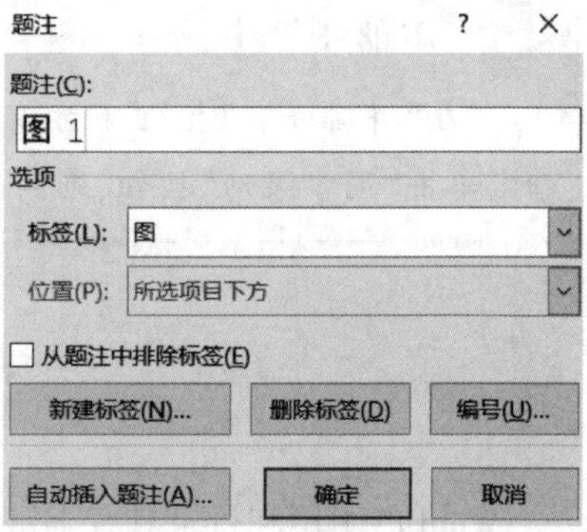

图 2-64 “题注”对话框

小贴士

如果希望题注中包含章节编号,可单击“题注”对话框中的“编号”按钮,在打开的“题注编号”对话框中勾选“包含章节号”,如图 2-65 所示。

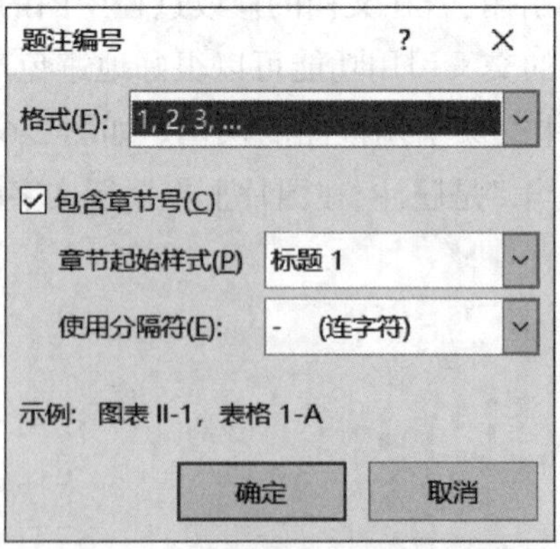

图 2-65 “题注编号”对话框

Step 4　将光标定位在文档中引用图片的位置，选择“引用”选项卡，单击“题注”组中的“交叉引用”按钮。

Step 5　在打开的“交叉引用”对话框中，“引用类型”选择“图”，“引用内容”选择“仅标签和编号”，“引用哪一个题注”选择“图 1”（图 2-66），单击“插入”按钮。

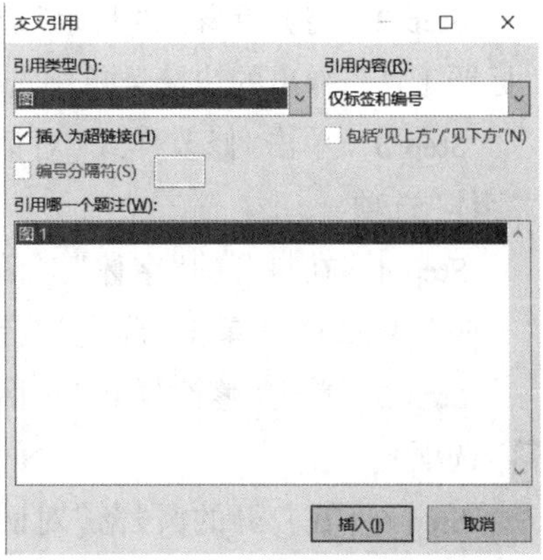

图 2-66　“交叉引用”对话框

小贴士

交叉引用的引用类型还有编号项、标题、书签、脚注、尾注、表格、公式、图表等。

【任务 2】自动生成目录

目录通常是长文档不可缺少的部分，用户通过目录就可以了解文档的内容和层次结构等。Word 提供了自动生成目录的功能，若文档发生改变，还可以利用更新目录的功能来适应文档的变化。

Word 一般是利用标题或者大纲级别来创建目录的。因此，在创建目录之前，应确保希望出现在目录中的标题应用了包含大纲级别的样式或者自定义的样式。

下面为文档（计算机专业英语教学方法的思考 . docx）自动生成目录，该文档的标题结构如图 2-67 所示。

0. 引　言
1. 计算机专业英语的重要地位和作用
    1.1　计算机专业英语无处不在
    1.2　计算机专业英语的专业性非常强
    1.3　专业英语是基础英语的后续课程
2. 高职高专计算机专业英语教改的思考
    2.1　明确教学目标
    2.2　选取适当的教材
    2.3　激发学生的学习兴趣
    2.4　采用任务为中心的模块式教学
    2.5　自身业务能力的提高
3. 结束语

图 2-67　文档的标题结构

Step 1　打开文档，并在文档的开始处插入一页空白页用于放置目录。

Step 2 将光标移至“开始”选项卡下“样式”组中的“标题 1”样式,鼠标右键单击“标题 1”,在弹出的快捷菜单中选择“修改”命令,打开“修改样式”对话框。

Step 3 单击“修改样式”对话框左下角的“格式”下拉按钮,在下拉列表中选择“字体”选项。

Step 4 在打开的“字体”对话框中,将“中文字体”设置为“宋体”,“字号”设置为“小四”(图 2-68),单击“确定”按钮。

Step 5 单击“修改样式”对话框左下角的“格式”按钮,在弹出的列表中选择“段落”选项。

Step 6 在打开的“段落”对话框中,将“对齐方式”设置为“左对齐”,“大纲级别”采用默认值“1 级”(图 2-69),单击“确定”按钮。

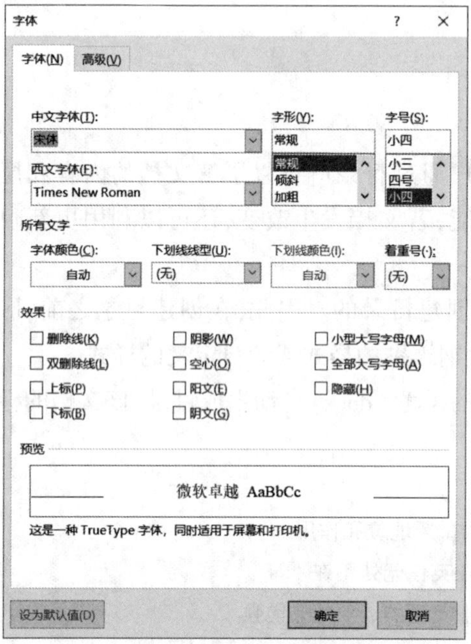

图 2-68 “字体”对话框

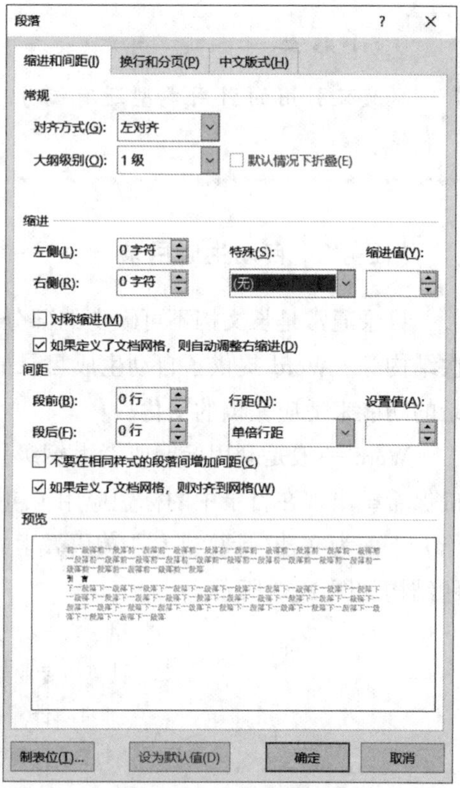

图 2-69 “段落”对话框

Step 7 重复 Step 2~6 修改标题 2 的样式,将“中文字体”设置为“楷体”,“字号”设置为“五号”,“对齐方式”设置为“左对齐”,“大纲级别”设置为“2 级”。

Step 8 将光标定位在标题“引言”行,移动鼠标至“样式”组的“标题 1”并单击鼠标左键。

Step 9 重复 Step 8 将“计算机专业英语的重要地位和作用”“高职高专计算机专业英语教改的思考”“结束语”这三个一级标题的样式设置为“标题 1”。

Step 10 重复 Step 8,将文档中二级标题的样式设置为“标题 2”。

Step 11 将光标定位在第一页第一行,单击“引用”选项卡“目录”组中的“目录”

下拉按钮，在下拉列表中选择“自动目录 1”。自动生成的目录如图 2-70 所示。

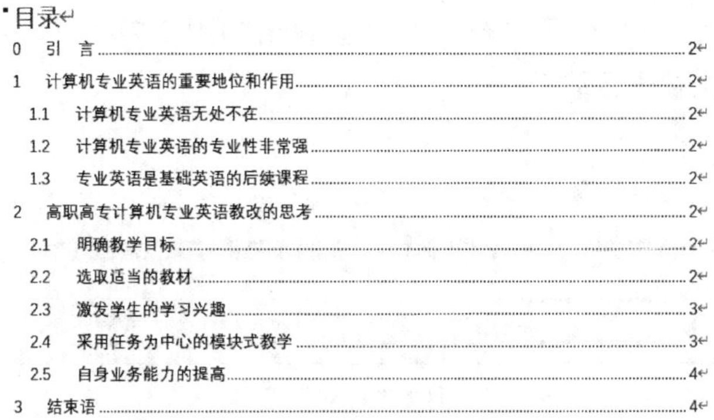
目录
0 引 言 2
1 计算机专业英语的重要地位和作用 2
1.1 计算机专业英语无处不在 2
1.2 计算机专业英语的专业性非常强 2
1.3 专业英语是基础英语的后续课程 2
2 高职高专计算机专业英语教改的思考 2
2.1 明确教学目标 2
2.2 选取适当的教材 2
2.3 激发学生的学习兴趣 3
2.4 采用任务为中心的模块式教学 3
2.5 自身业务能力的提高 4
3 结束语 4

图 2-70 自动生成的目录

小贴士

若文档的页数发生变化，则可以用鼠标右键单击目录，在弹出的快捷菜单中选择“更新域”即可自动更新目录，如图 2-71 所示。

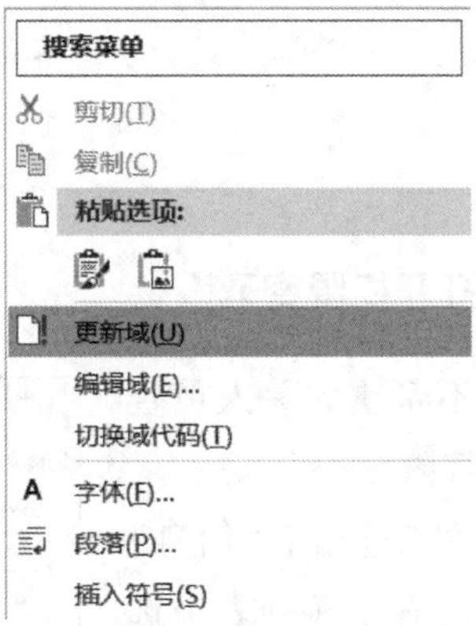

图 2-71 自动更新目录

2.10 文档保护

Word 提供了多种方式对文档进行保护，以确保文档内容的安全性和完整性。比如，将文档设置为只读文件，给文档设置“打开权限密码”“修改权限密码”等，可以根据具体需求进行组合使用，以达到最佳的文档保护效果。同时，为了确保文档的安全性，建议定期备份文档并妥善保管密码等重要信息。

【任务 1】将文档设置为只读文件

如果用户希望仅可以查看文档但不可以修改文档，则可以将文档设置为只读文件。

Step 打开文档后,选择“文件”选项卡“信息”命令中的“保护文档”下拉按钮,在下拉列表中选择“始终以只读方式打开”,然后关闭文档,注意在关闭文档之前一定要先保存文档。当文档再次被打开时会弹出如图 2-72 所示的对话框,若选择“是”,则不可对文档进行编辑。

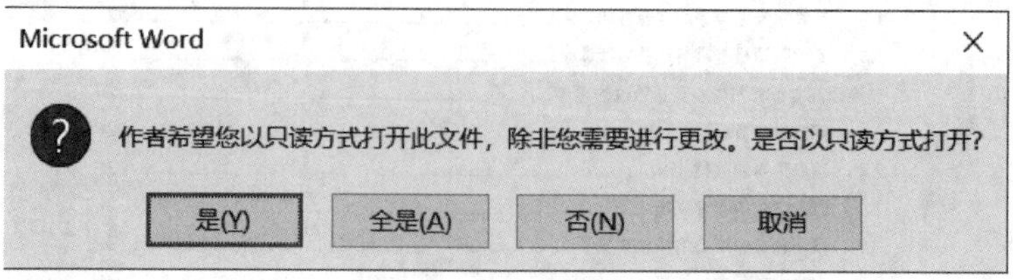

图 2-72 对话框

小贴士

如果要取消“只读方式”的设置,则打开文档后,在如图 2-72 所示的对话框中选择“否”即可。需要注意的是,若在 Word 中先将文件设置为“始终以只读方式打开”,再关闭文件,此时,在资源管理器中用鼠标右键单击该文件,在弹出的快捷菜单中选择“属性”,则在打开的对话框中发现“只读”选项未选中。因此,在 Word 中将文件设置为“始终以只读方式打开”不等同于在 Windows 中将文件属性设置为“只读”。

【任务 2】给文档设置“打开权限密码”

如果编辑的文档很重要,不希望无关人员查看,则可以给文档设置“打开权限密码”。

Step 打开文档,单击“文件”选项卡“信息”命令中的“保护文档”下拉按钮,在下拉列表中选择“用密码进行加密”,在打开的“加密文档”对话框中输入密码(图 2-73),单击“确定”按钮。此时完成文档加密操作,注意在关闭文档之前一定要先保存文档。

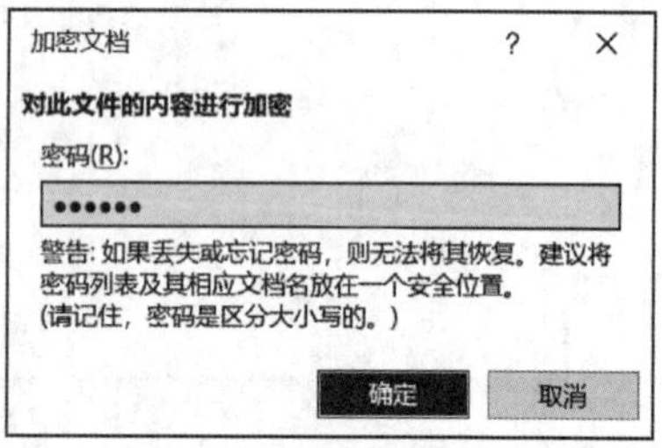

图 2-73 “加密文档”对话框

小贴士

如果要取消文档的密码,其操作方法同加密操作,只要在“加密文档”对话框中将密码输入框中原有的密码删除即可。

【任务 3】给文档设置“修改权限密码”

如果文档允许他人有部分修改权限,则可以给文档设置“修改权限密码”。

Step 1 打开文档,单击“文件”选项卡“信息”命令中的“保护文档”下拉按钮。

Step 2 在下拉列表中选择"修改权限密码",在 Word 窗口右边打开"限制编辑"窗格,如图 2-74 所示。

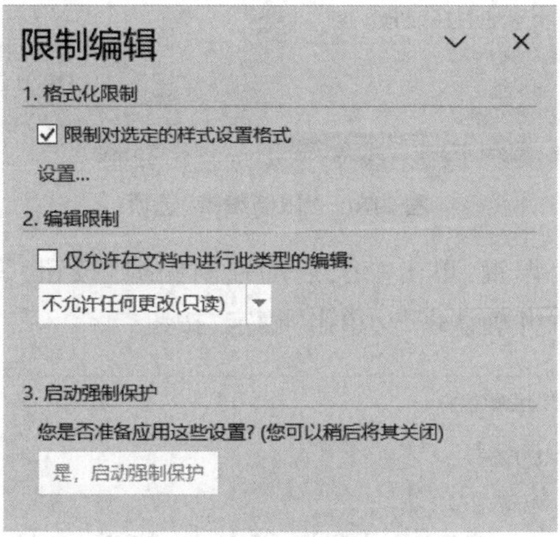

图 2-74 "限制编辑"窗格

Step 3 在"限制编辑"窗格中勾选"限制对选定的样式设置格式"复选框,对选定的样式进行修改。单击选项下面的"设置"按钮,打开如图 2-75 所示的"格式化限制"对话框,在此对话框中设定不可修改的样式,然后单击"确定"按钮。

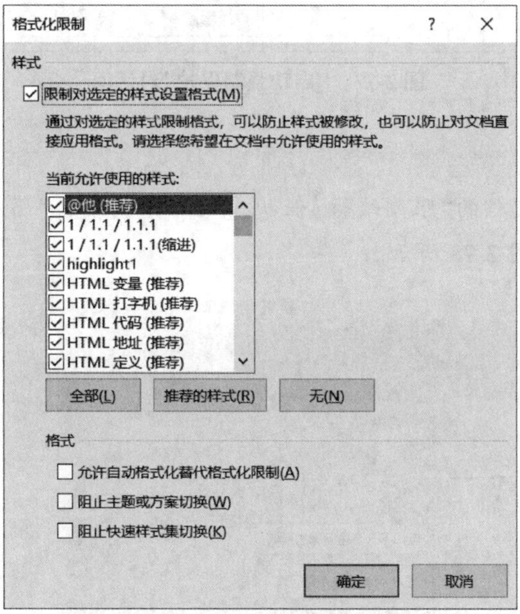

图 2-75 "格式化限制"对话框

Step 4 在"限制编辑"窗格中勾选"仅允许在文档中进行此类型的编辑"复选框,再在下拉列表中选择可编辑项目,如图 2-76 所示。

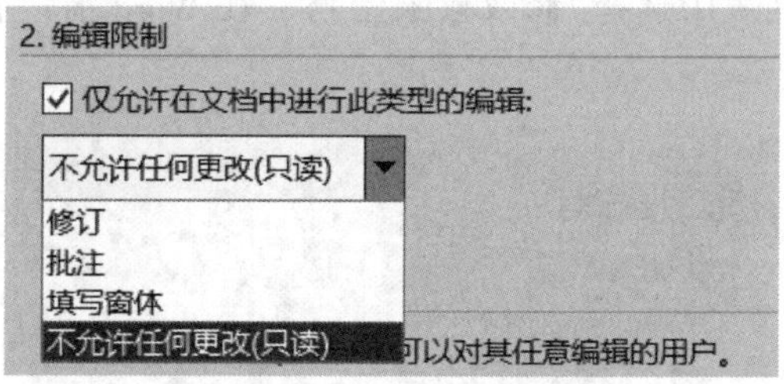

图 2-76 “限制编辑”选项

Step 5 完成以上设置,单击“是,启动强制保护”按钮,弹出“启动强制保护”(图 2-77)对话框,输入并确认密码,单击“确定”按钮。

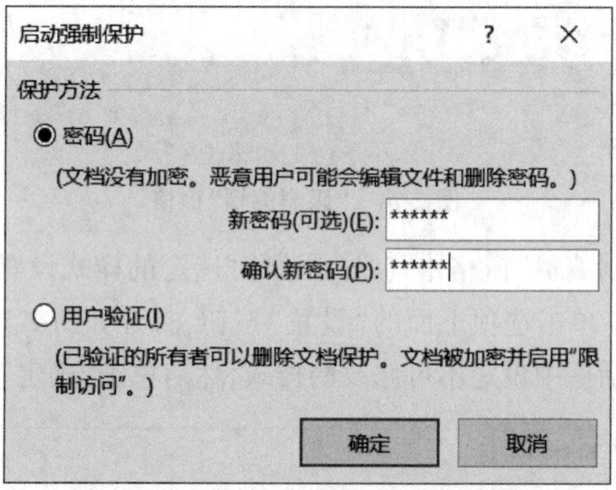

图 2-77 “启动强制保护”对话框

小贴士

如果要取消文档的“限制编辑”保护,单击“限制编辑”窗格下方的“停止保护”按钮即可,如图 2-78 所示。

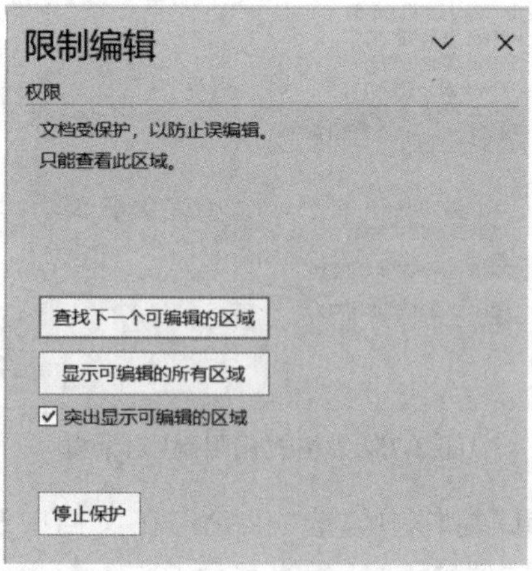

图 2-78 取消“限制编辑”保护

3

电子表格软件的功能和使用

电子表格，又称电子数据表。电子表格软件是一类模拟纸上计算表格数据的计算机应用软件。Excel 是一种常用的电子表格软件，它会显示一系列由行和列组成的数据，拥有直观的界面，方便用户操作和数据录入；数据处理功能强大，可对大量数据进行存储、计算和管理；提供了丰富多样的函数和公式，可满足各种复杂的运算需求；能轻松制作出精美的图表，让数据可视化效果更佳。数据透视表可以快速汇总和分析数据，有助于用户从不同角度洞察信息。同时，它支持多人协作编辑，有助于提高团队工作效率；还有数据筛选、排序、分组等功能，有助于用户快速找到所需数据。总之，Excel 是一种非常实用且功能强大的电子表格软件，在办公和数据处理等领域发挥着重要作用。

学习重点

1. 各种类型数据的输入，填充柄的使用。

2. 函数与公式：除了掌握求和、平均值、计数等基本函数的使用方法外，还要重点掌握 IF、COUNTIF、AVERAGEIF、SUMIF、VLOOKUP、RANK. EQ 等函数的使用，以及公式的输入和编辑。

3. 条件格式：通过设置条件格式，突出显示满足条件的数据，增强数据的可视化效果。

4. 数据排序：根据指定的列对数据进行排序，包括升序、降序和自定义排序。

5. 数据筛选：使用自动筛选和高级筛选功能，根据条件筛选出符合要求的数据。

6. 图表制作：根据数据创建各种类型的图表，如柱状图、折线图、饼图等，并对图表进行编辑和美化。

7. 数据透视表：对大量数据进行汇总和分析。

学习概要

3.1　Excel 的启动及窗口功能介绍

用户在使用 Excel 之前，首先要了解 Excel 界面的基本组成和各个部分的功能。下面介绍 Excel 的启动、退出、工作界面和视图方式。

【任务 1】启动 Excel

Method 1　单击"开始"按钮以打开项目列表，选择"Excel"命令（图 3-1），打开 Excel 应用程序，Exce 启动初始界面如图 3-2 所示。

Method 2　双击桌面上的 Excel 快捷菜单启动 Excel。

Method 3　双击计算机中已有的 Excel 文档，即可启动 Excel 应用程序并打开相应的文档。

Microsoft Office 安装之后，用户可以通过执行"开始"→"程序"→"Excel"命令，打开 Excel 软件。

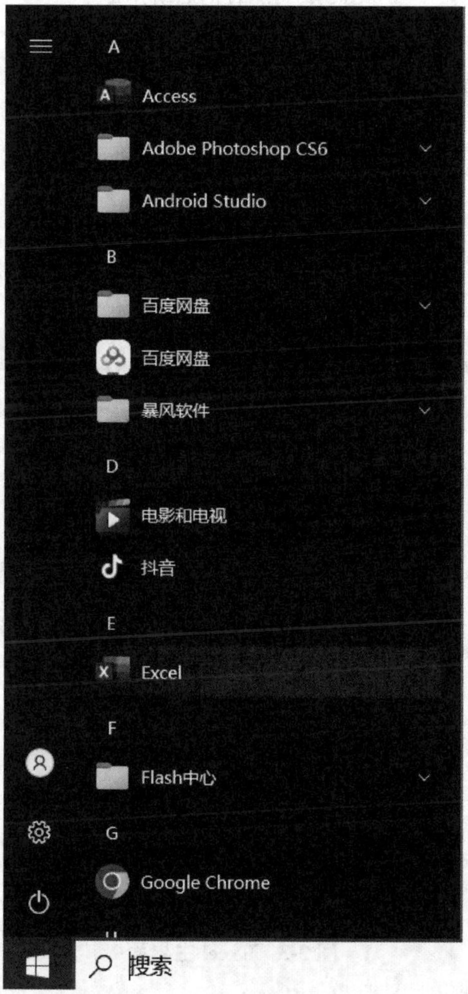

图 3-1　选择"Excel"命令

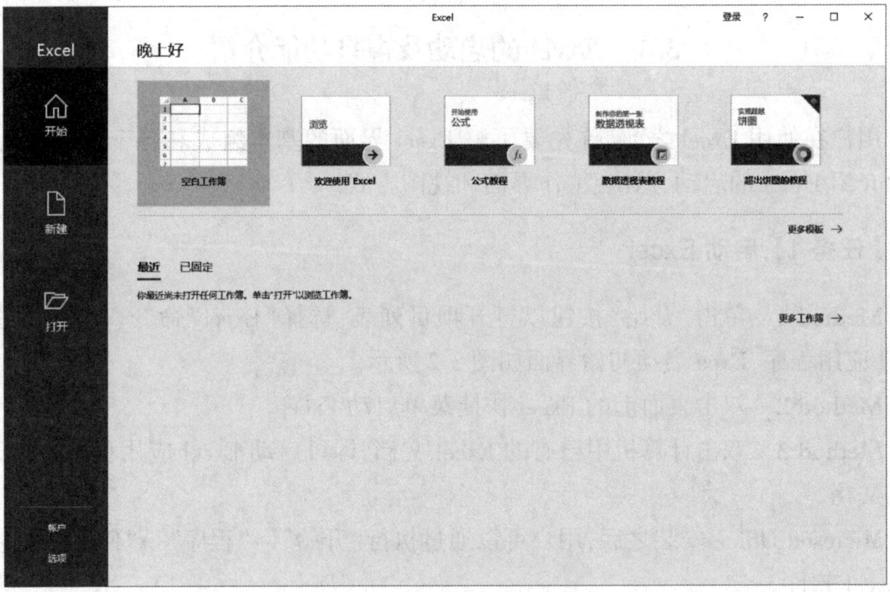

图 3-2 Excel 的启动界面

【任务 2】了解 Excel 窗口的构成

打开 Excel 后,进入如图 3-3 所示的 Excel 主界面。下面简单介绍 Excel 窗口的各个组成部分及其功能。

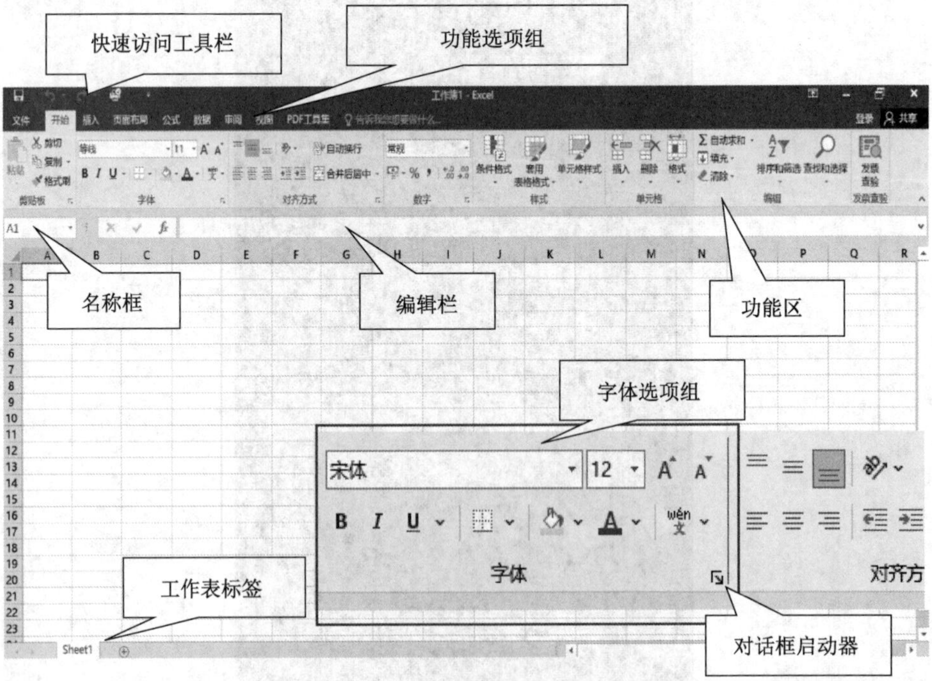

图 3-3 Excel 主界面

单元格:组成表格的最小单位。每个单元格都由它所在位置的列号和行号来标注。例如,第一列第一行的单元格,在它的名称框里显示的就是 A1(图 3-3)。

功能区:用户进行基本操作的功能键的集合区域。在不同的选项卡下,功能区的功能按钮是不同的。同时,当用户选择表格中的不同对象时,即使在同一菜单栏下,不同对象对应的功能按钮也会不同。

名称框:显示当前选中的单元格名称的区域。如果选中的是一个区域,则显示最左上单元格所在的列号和行号。如果在名称框中输入单元格所在的列号和行号,则可快速定位对应的单元格。

编辑栏:显示当前活动单元格的数据和公式,可以直接在编辑栏中输入数据及编辑函数。

工作表标签:用于显示当前工作簿中工作表的名称。一个 Excel 文件是一个工作簿,一个工作簿中可以有多张工作表,可以通过单击工作表名称旁的 + 标签添加新的工作表。工作表的默认名称是 Sheet1、Sheet2 等,依此类推。若要修改工作表的名称,则可以双击工作表名称进行重命名,或者在鼠标右键菜单中选择“重命名”。

【任务 3】退出 Excel

Method 1 单击标题栏右侧的“关闭”按钮 × 可以退出 Excel。在关闭 Excel 之前,如果文档有改动但未保存,退出时会出现提示对话框,如图 3-4 所示,可根据需要选择相应的选项。

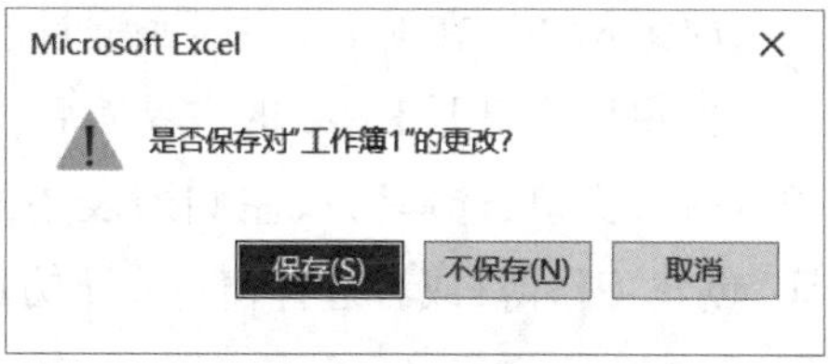

图 3-4 提示对话框

Method 2 鼠标右键单击 Excel 窗口的标题栏,在弹出的快捷菜单中选择“关闭”命令项,即可退出 Excel 应用程序。

Method 3 使用 Alt + F4 组合键可以关闭 Excel 应用程序。

Method 4 单击“文件”菜单,在菜单列表中选择“关闭”命令项。

Method 5 双击 Excel 窗口左上角的空白区域也可以关闭 Excel 应用程序。

Method 6 光标移动到任务栏中的 Excel 文档按钮停留片刻,在展开的文档窗口缩略图中单击“关闭”按钮。

3.2 工作簿的基本操作

【任务 1】新建工作簿

在 Excel 中,新建的文档称为工作簿。常用的新建工作簿的方法有两种。

Method 1 启动 Excel 程序后新建工作簿。

如果用户需要新建一个空白的工作簿,则在启动 Excel 程序后单击首页窗口中右侧的“空白工作簿”即可;如果用户需要新建固定模板的工作簿,则只要选择该界面中相应的工作簿模板即可,如图 3-5 所示。

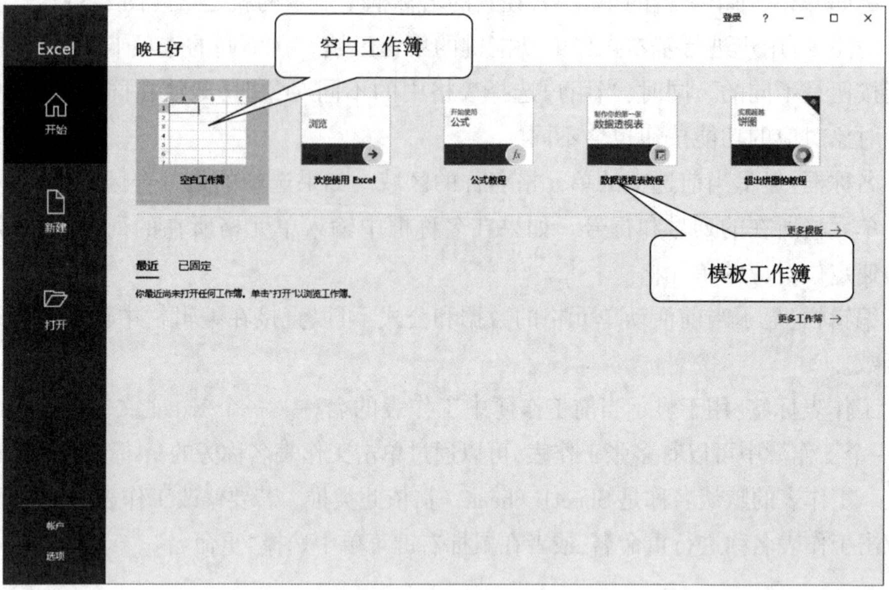

图 3-5　新建空白工作簿

Method 2　在 Excel 主界面重新创建工作簿。

如果用户打开 Excel 的主界面后,需要创建新的工作簿,则可通过单击"文件"选项卡打开窗口,选择窗口左侧列表中的"新建"项,然后点击窗口右边的"空白工作簿"创建工作簿,或者选择窗口右下方的模板来创建(图 3-6)。

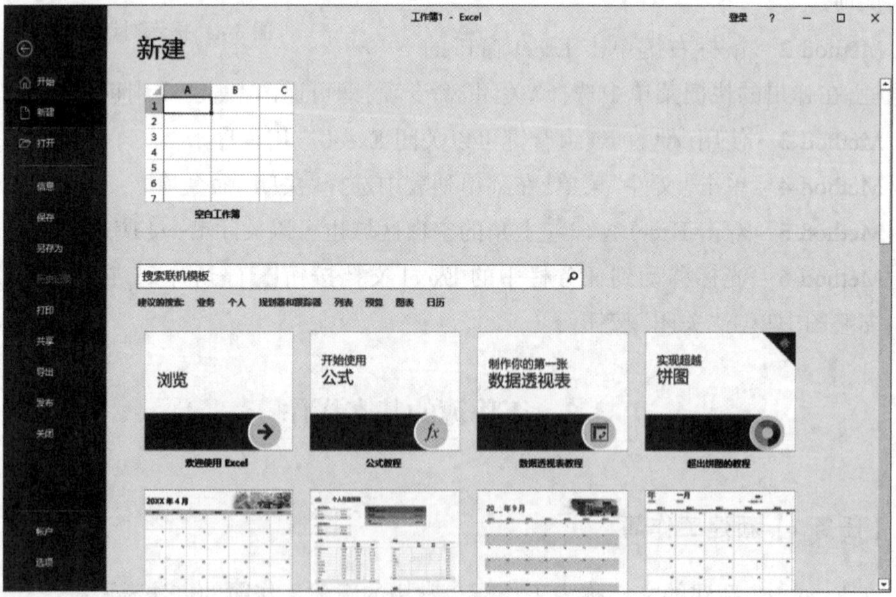

图 3-6　使用模板创建工作簿

【任务 2】打开工作簿

Step 1　进入 Excel 主界面,单击"文件"选项卡下的"打开"命令,显示如图 3-7 所示的窗口。

Step 2　单击"浏览"标签,找到并单击需要打开的工作簿即可打开。

Step 3　如果用户需要的工作簿是最近打开过的,则单击 "最近"标签,找到需要的工作簿,单击该工作簿即可打开。

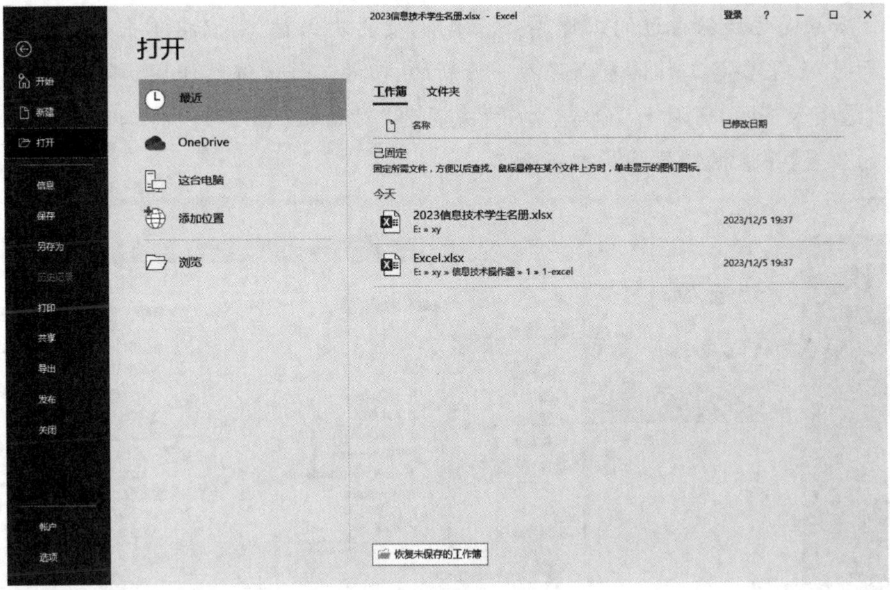

图 3-7　打开工作簿

【任务 3】保存工作簿

保存新建的工作簿的方法有以下两种。

Method 1

Step 1　单击界面左上角快速访问工具栏中的"保存"按钮(图 3-8),弹出"另存为"对话框。

图 3-8　快速访问工具栏中的"保存"按钮

Step 2　在"另存为"对话框中,选择工作簿的存储位置,给工作簿命名,保存类型默认为 Excel 工作簿,然后单击"保存"按钮。

Step 3 保存工作簿后,单击界面右上角的“关闭”按钮 × 即可退出 Excel。

Method 2

Step 1 单击“文件”选项卡选择“另存为”命令,弹出如图 3-9 所示的“另存为”对话框,选择工作簿的存储位置,给工作簿命名,然后单击“保存”按钮。

Step 2 保存工作簿后,回到主界面,单击界面右上角的“关闭”按钮 × 即可退出 Excel。

小贴士

如果是已经保存过的工作簿,修改后需要再次保存,则直接单击快捷保存按钮即可;如果要将工作簿重新保存一份新的,旧的工作簿依然保留,那么单击“文件”选项卡下的“另存为”命令,打开“另存为”对话框(图 3-9),将工作簿保存到新的位置,并根据需要将其重新命名。

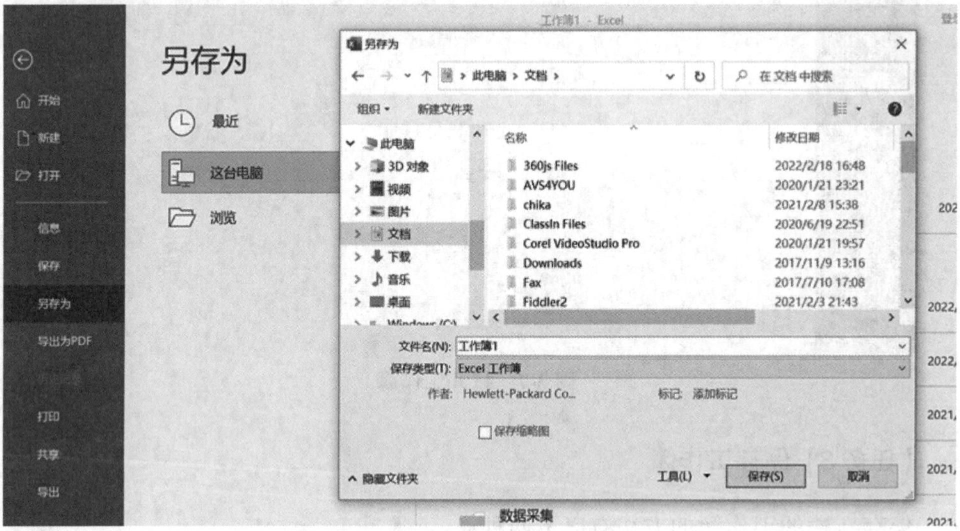

图 3-9 “另存为”对话框

3.3 工作表的基本操作

新建工作簿后,系统默认工作簿里有一个工作表,默认名称为 Sheet1。用户可以根据自己的需求对工作表进行添加、删除、重命名、隐藏等操作。

【任务 1】添加和删除工作表

(1) 添加工作表

Method 1 单击工作表标签后面的“添加工作表”按钮 ⊕,就会出现新的工作表 Sheet2,采用同样的操作可以添加多个工作表。

Method 2 在工作表标签上单击鼠标右键,在弹出的快捷菜单(图 3-10)中选择“插入”命令,系统将在所单击的工作表的前面添加一个新工作表。

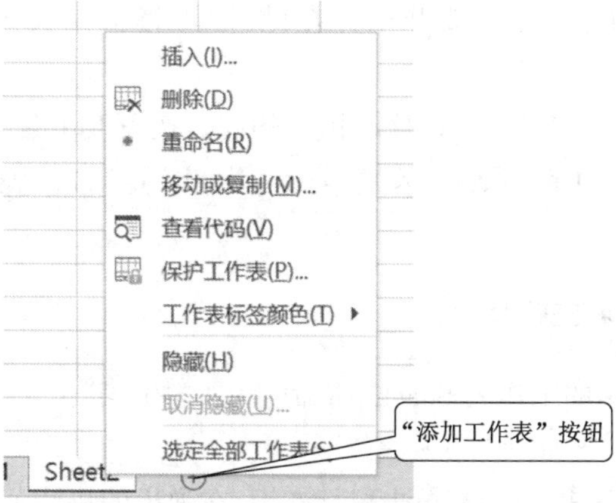

图 3-10　工作表标签右键快捷菜单

（2）删除工作表

Step　若要删除工作表，则只要在所需删除的工作表标签上单击鼠标右键，在弹出的快捷菜单中选择“删除”命令即可。

【任务 2】移动和复制工作表

将工作表 Sheet2 移动（或复制）到 Sheet1 前的方法有以下两种。

Method 1

Step 1　选中工作表 Sheet2，单击鼠标右键，在弹出的快捷菜单中选择“移动或复制”选项，打开“移动或复制工作表”对话框（图 3-11）。

Step 2　在“下列选定工作表之前”选项栏中选中“Sheet2”，单击“确定”按钮，即可将工作表 Sheet2 移动到 Sheet1 前面。

Step 3　在 Step2 的基础上，勾选对话框下方的“建立副本”，则可将工作表 Sheet2 复制到工作表 Sheet1 前，系统自动将其命名为 Sheet2（2），原来的工作表 Sheet2 位置保持不变。

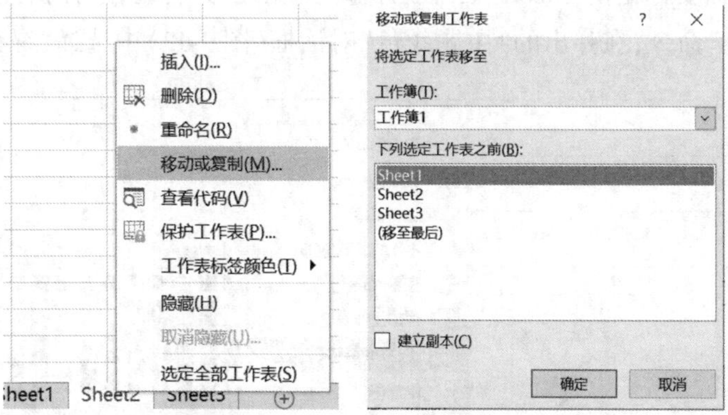

图 3-11　“移动或复制工作表”对话框

Method 2

Step 1　单击选中工作表 Sheet2 并按住鼠标左键不放，移动鼠标，将工作表

Sheet2 拖动到 Sheet1 前,然后放开鼠标左键,即可将工作表 Sheet2 移动到 Sheet1 前面。

Step 2 在 Step1 的基础上,在移动鼠标的同时按下 Ctrl 键,其他操作一样,即可将 Sheet2 复制到 Sheet1 前,系统自动将其命名为 Sheet2(2),原来的工作表 Sheet2 位置保持不变。

【任务 3】重命名工作表

将图 3-11 中所示的工作表 Sheet3 重命名为 “学生表”。

Method 1

Step 1 选中工作表 Sheet3,单击鼠标右键,在弹出的快捷菜单中选择 “重命名” 命令,Sheet3 的表名变成如图 3-12 所示的待修改模式。

Step 2 将带阴影的“Sheet3”改成“学生表”后 ,按 Enter 键确定即可。

Method 2

Step 1 双击工作表列表中的 Sheet3 标签,其表名就变成如图 3-12 所示的待修改模式。

Step 2 同 Method 1 中的 Step 2 。

图 3-12 工作表重命名

【任务 4】标记工作表

为了快速定位一些常用或特殊的表格,用户可以对这些工作表的标签进行颜色标记。如图 3-13 所示,将 Sheet2 工作表的标签设置为绿色。

Step 在需要标记的 Sheet2 工作表标签上单击鼠标右键,选择快捷菜单中的“工作表标签颜色”命令,在弹出的“主题颜色”对话框(图 3-13)中选择“绿色”即可。

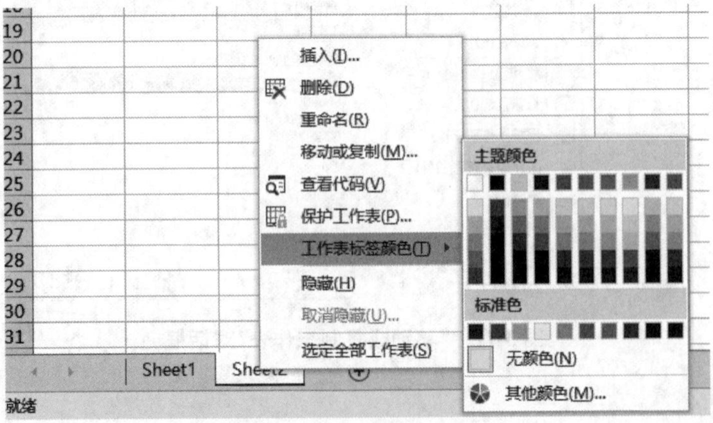

图 3-13 标记工作表

【任务 5】隐藏与恢复工作表

如果有些工作表不常用或者为了简化工作表标签栏,用户可以将某些工作表隐藏。将图 3-11 所示的 Sheet3 工作表先隐藏,再恢复。

Step 1 在 Sheet3 工作表标签上单击鼠标右键,选择快捷菜单中的“隐藏”命令即可隐藏该工作表。

Step 2 在工作表标签的右键快捷菜单中选择“取消隐藏”命令,弹出“取消隐藏”对话框(图 3-14),在“取消隐藏工作表”选项栏中选择需要显示的工作表名称,即可将其在工作表标签列表中显示出来。

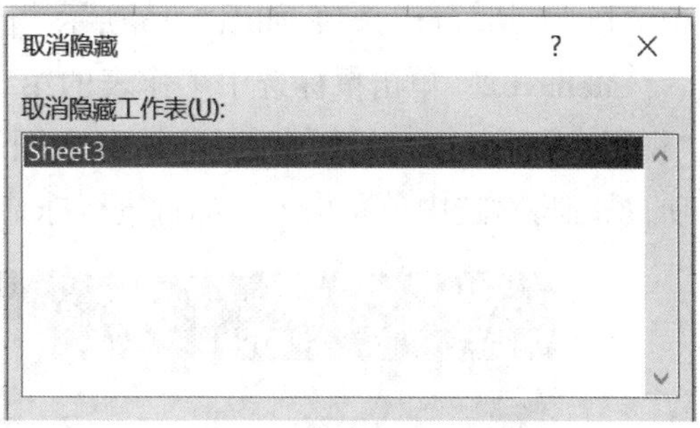

图 3-14 “取消隐藏”对话框

【任务 6】拆分和冻结工作表

(1)拆分工作表

当 Excel 工作表的内容很多,表格不能在单页显示时,为了方便查看数据,用户可以将整个表格拆分成四个部分,每个部分都有单独的滚动栏,可以方便查找需要的数据。如图 3-15 所示,以 D8 单元格为中心将工作表拆分为四个部分。

Step 单击鼠标选中 D8 单元格,然后单击“视图”选项卡“窗口”组中的“拆分”按钮,Excel 就会以该单元格的左边框线和上边框线为分隔线进行十字拆分,将工作表拆分为四个不同窗格,这些窗格拥有独立的滚动条(图 3-15)。

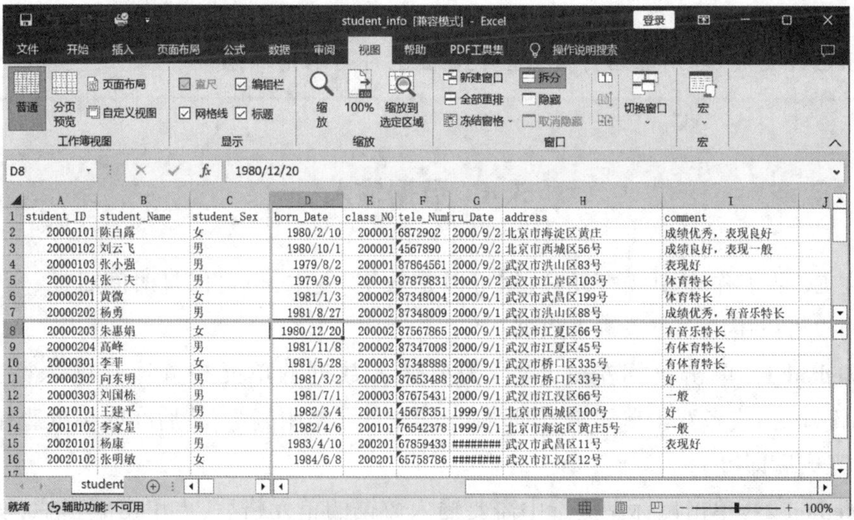

图 3-15 拆分工作表

(2) 冻结工作表

用户也可以冻结工作表的某一部分,以便在滚动浏览工作表的其余部分时,该部分保持可见。常用的是冻结首行或首列,以便在浏览其他数据时,首行的字段名能保持可见。

冻结工作表首行的方法如下:

Method 1 单击“视图”选项卡“窗口”组中的“冻结窗格”下拉按钮,在下拉列表中选择“冻结首行”选项,如图 3-16 所示。

Method 2 单击鼠标选中工作表的第二行或第二行中任何一单元格,然后单击“视图”选项卡“窗口”组中的“冻结窗格”下拉按钮,选择下拉列表中的“冻结窗格”选项,系统将对选中单元格上方的行进行冻结。

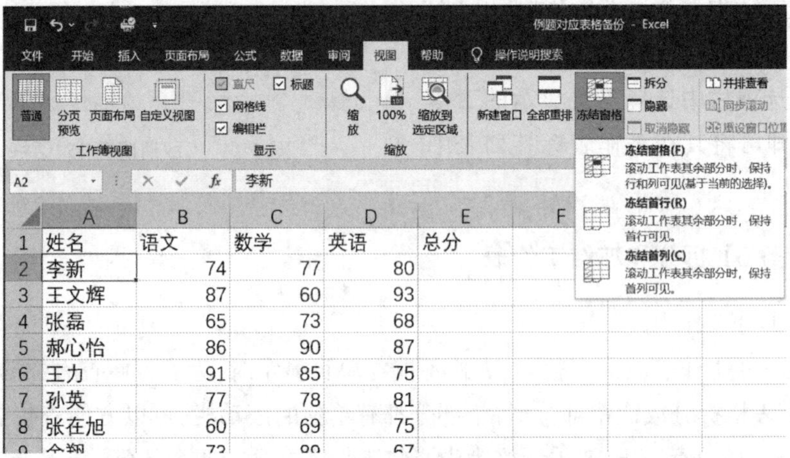

图 3-16 “冻结窗格”下拉列表

> **小贴士**
>
> 如果工作表中有窗格被冻结,用户想取消冻结,则单击“视图”选项卡“窗口”组中的“冻结窗格”按钮,发现在弹出的下拉列表选项中,原来的“冻结窗格”选项已经变成“取消冻结窗格”选项,单击它即可取消冻结。

3.4 数据输入

在 Excel 工作表中,输入的数据可以是数字、文本,也可以是时间日期、货币等。通常用户可以用以下方法输入数据:

Method 1 单击鼠标左键,选择需要输入数据的单元格并直接输入数据,按 Enter 键即可,或者双击单元格,使鼠标光标在单元格中闪烁,然后在光标处直接输入数据,完成后即可。

Method 2 单击鼠标左键选中需要输入数据的单元格后,再单击编辑栏,使得光标在编辑栏中闪烁,然后在光标处输入数据,完成后单击编辑栏左边的“输入”按钮 √ 确定。如果需要重新输入数据,则可以单击编辑栏左边的“取消”按钮 × 清除原来的数据后再重新输入。

【任务 1】输入数值

在选中的单元格里直接输入数值后，按 Enter 键即可，也可以选中单元格后，在编辑栏中输入数值，按 Enter 键或单击编辑栏左边的“输入”按钮 √ 即可输入数值。

小贴士

① 当用户输入的数字整数部分超过 11 位时，Excel 将自动转化为科学记数法。例如，12345789112 在单元格中的显示为 1. 23457E+11。

② 当用户在输入数字时，由于单元格的宽度不够，Excel 会将单元格的内容用“#”代替，如图 3-17 所示。此时，用户只要将鼠标移到单元格所在列的右侧边线上，当鼠标变成带横向箭头的十字形 ✛ 时双击鼠标，就可以改变该列的宽度，从而能够将单元格中的数字完整显示。

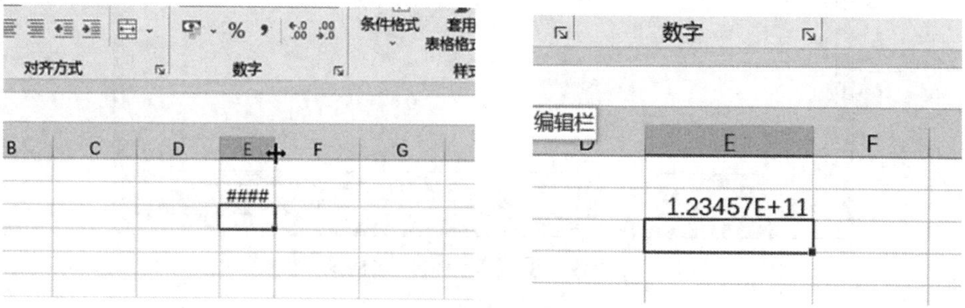

图 3-17　列宽导致数值不能正确显示

【任务 2】输入分数

在单元格中分别输入 1/4 和 3/4。

Method 1　选中目标单元格，输入 0 和空格，然后输入 1/4，按 Enter 键后单元格中显示 1/4。如果没有输入 0 和空格，则 Excel 会将输入的 1/4 默认为日期进行处理，按 Enter 键后单元格中显示“1 月 4 日”。采用同样的方法输入 3/4，如图 3-18 所示。

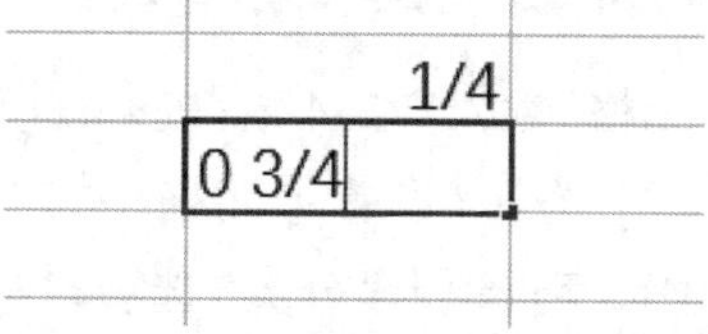

图 3-18　分数输入

Method 2　选中目标单元格，单击鼠标右键，在弹出的快捷菜单中选择“设置单元格格式”选项，打开如图 3-19 所示的“设置单元格格式”对话框，选择“数字”选项卡

“分类”选项栏中的“分数”选项,在“类型”选项栏中选择相应的分数类型,单击“确定”按钮,在单元格中分别输入 1/4 和 3/4 即可。

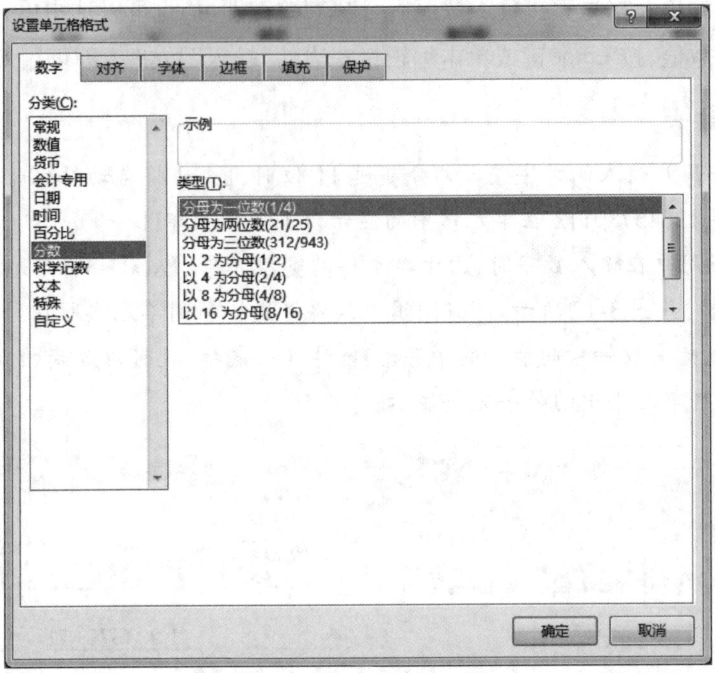

图 3-19　设置单元格分数格式

【任务 3】输入文本

在 Excel 中,如果输入的文本是汉字或字母,则用户直接在单元格中输入即可。

在单元格中输入文本 1234 的方法有以下两种。

Method 1　数字若以文本的形式显示,则需要在输入的数字前面加入一个英文字符单引号“′”。选中目标单元格,输入“′1234”后按 Enter 键。Excel 会在该单元格的左上角显示一个三角标记,表示该数字是文本类型(图 3-20)。

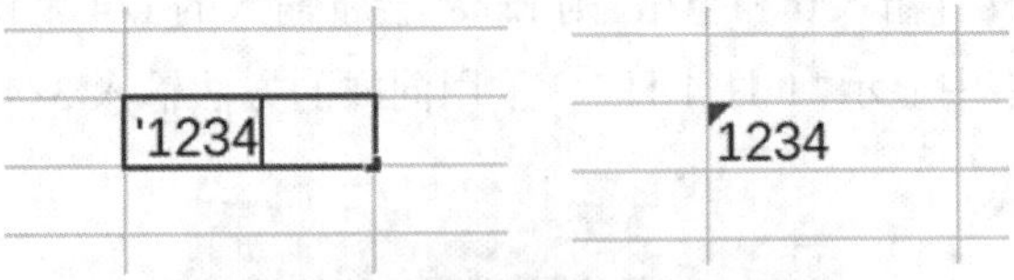

图 3-20　数字作为文本输入

Method 2　选中目标单元格,输入“1234”后按 Enter 键,然后在该单元格上单击鼠标右键,在弹出的快捷菜单中选择“设置单元格格式”选项,打开“设置单元格格式”对话框。选择该对话框中数字选项卡“分类”选项栏中的“文本”选项(图 3-21),单击“确定”按钮。

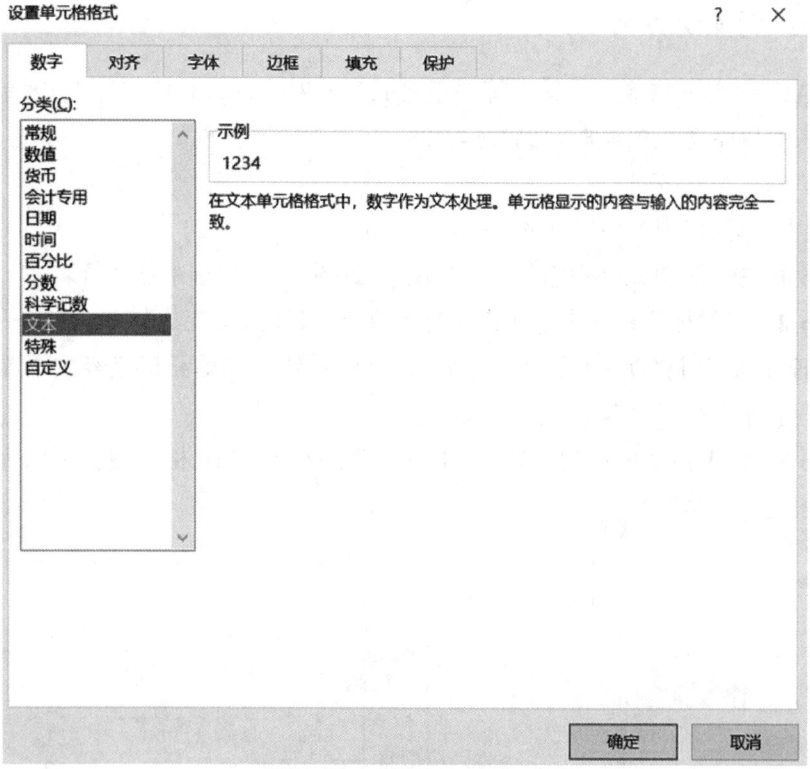

图 3-21　设置单元格文本格式

【任务 4】输入时间日期

在单元格中输入日期 2023/1/9 的方法有以下两种。

Method 1　用“/”作为分隔符，在单元格中输入日期 2023/1/9。

Method 2　用连接号“-”作为分隔符，在单元格中输入 2023-1-9，按 Enter 键确定后，单元格中的显示结果依然是 2023/1/9。

小贴士

如果需要输入特殊格式的日期，例如 2023 年 1 月 9 日，则可以选中目标单元格后单击鼠标右键，在弹出的快捷菜单中选择“设置单元格格式”选项，打开“设置单元格格式”对话框，然后在对话框中选择所需日期的特定格式（图 3-22）。

另外，货币型、百分比型等类型的输入都可以通过选择“设置单元格格式”对话框中“数字”选项卡“分类”选项栏中的选项来实现，操作方法参考日期的输入。

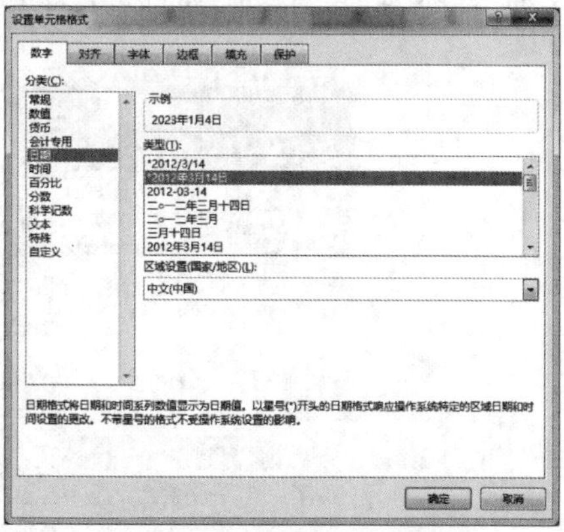

图 3-22　设置单元格日期格式

【任务 5】输入序列

在 A1:A8 单元格区域中输入等差序列 1,3,5,7,9,11,13,15;在 B1:B8 单元格区域中输入等比序列 1,2,4,8,16,32,64,128。

(1) 输入等差序列

A1:A8 单元格中等差序列的输入步骤如下:

Step 1 在 A1 单元格中输入 1,A2 单元格中输入 3,并选中这两行。

Step 2 将鼠标放在选中单元格的右下角,当鼠标指针变成如图 3-23a 所示的十字填充柄 + 状态时移动鼠标(图 3-23b),就可以看到下方单元格已经按之前等差数列的相同公差进行了数据填充。

Step 3 向下拖动鼠标到 A8 单元格时放开,A1:A8 单元格区域就可以完成等差序列的填充(图 3-23c)。

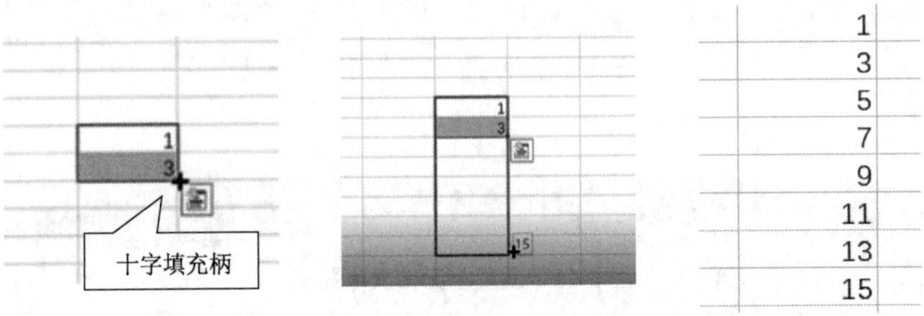

(a) (b) (c)

图 3-23 填充柄的使用

(2) 输入等比序列

B1:B8 单元格中等比序列的输入可以使用对话框进行操作(等差数列也可以使用该方法),其步骤如下:

Step 1 在起始单元格 B1 中输入第一个数值 1。

Step 2 单击"开始"选项卡"编辑"组中的"填充"下拉按钮,在下拉列表中单击"序列"命令,打开"序列"对话框(图 3-24)。

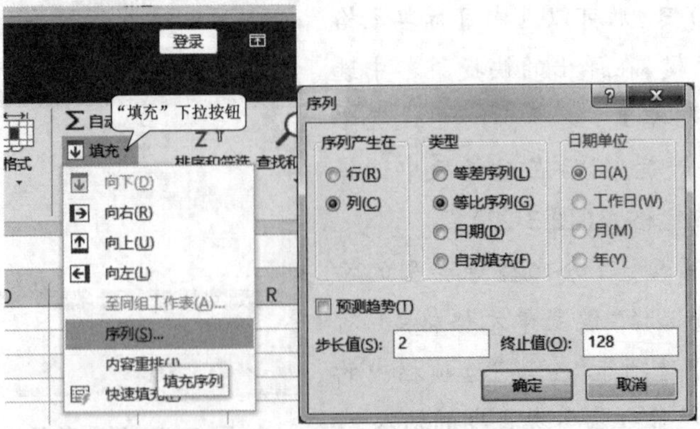

图 3-24 打开"序列"对话框

Step 3 选择“列”作为序列产生的方向,“类型”选择“等比序列”,“步长值”是指等比数列的公比,这里输入 2,“终止值”为该等比数列的最后一个值,此处输入 128,单击“确定”按钮后就可以在表格中自动填充所需的序列。

注意:该方法也适用于日期的填充。

小贴士

当用户可以确定所需填充的单元格数时,可以先在输入起始单元格的数值后,将所需填充的所有单元格选中,再打开“序列”对话框,这时“终止值”就可以不用填写。

3.5 单元格的基本操作

【任务 1】选择单元格

单元格的选择分为连续区域单元格的选择和非连续区域单元格的选择两种。用户可以直接用鼠标拖动选择连续区域单元格,如果所要选择的单元格区域范围比较大,可以借助 Shift 键完成;非连续区域单元格的选择则需要借助 Ctrl 键来完成。

(1) 选择连续区域的单元格

如图 3-25 所示,选择 C5:E13 单元格区域。

Method 1 单击鼠标左键选中 C5 单元格并按住不松开,拖动光标至 E13 单元格时松开鼠标即可。该方法适用于单元格区域能在同一屏中显示的情况。

Method 2 单击鼠标左键选中 C5 单元格,然后按下 Shift 键不松开,再用鼠标左键单击 E13 单元格,就可以看到以 C5 和 E13 单元格为对角线的这个区域被选中了,如图 3-25 所示。

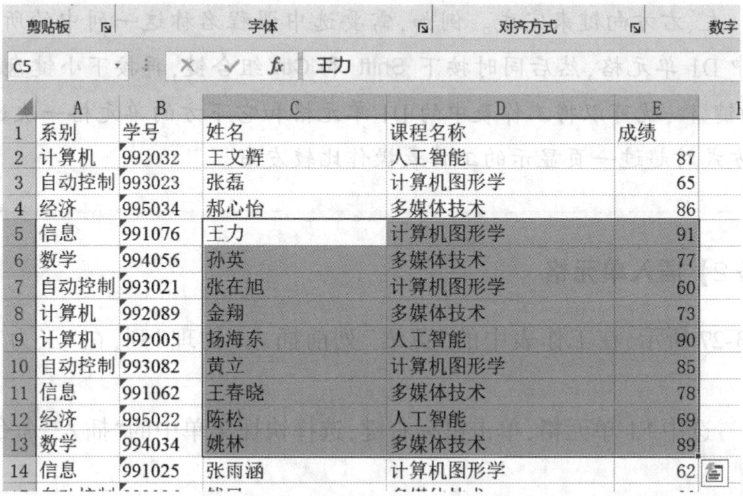

	A	B	C	D	E
1	系别	学号	姓名	课程名称	成绩
2	计算机	992032	王文辉	人工智能	87
3	自动控制	993023	张磊	计算机图形学	65
4	经济	995034	郝心怡	多媒体技术	86
5	信息	991076	王力	计算机图形学	91
6	数学	994056	孙英	多媒体技术	77
7	自动控制	993021	张在旭	计算机图形学	60
8	计算机	992089	金翔	多媒体技术	73
9	计算机	992005	扬海东	人工智能	90
10	自动控制	993082	黄立	计算机图形学	85
11	信息	991062	王春晓	多媒体技术	78
12	经济	995022	陈松	人工智能	69
13	数学	994034	姚林	多媒体技术	89
14	信息	991025	张雨涵	计算机图形学	62

图 3-25 选择连续区域的单元格

(2) 选择非连续区域的单元格

如图 3-26 所示,选择 3 块非连续的单元格区域,分别为 A7:A11,C7:C11 和 E7:E11。

Step 先用鼠标拖曳的方式选择第 1 块单元格区域 A7:A11,然后按下 Ctrl 键不松开,再用鼠标选择第 2 块单元格区域 C7:C11,接着采用同样的方法,选择第 3 块单元格区域 E7:E11。

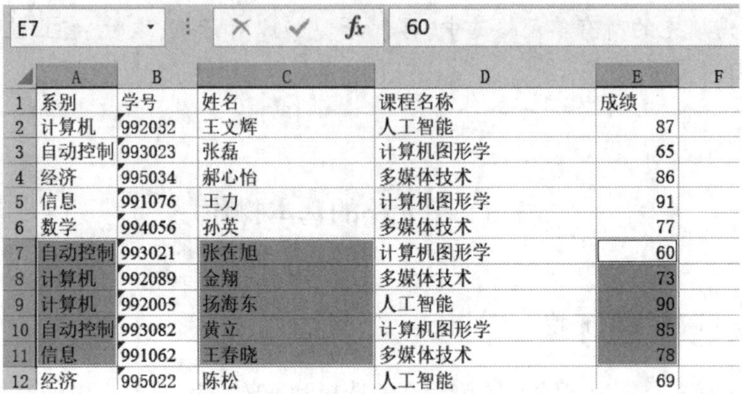

E7 | 60

	A	B	C	D	E	F
1	系别	学号	姓名	课程名称	成绩	
2	计算机	992032	王文辉	人工智能	87	
3	自动控制	993023	张磊	计算机图形学	65	
4	经济	995034	郝心怡	多媒体技术	86	
5	信息	991076	王力	计算机图形学	91	
6	数学	994056	孙英	多媒体技术	77	
7	自动控制	993021	张在旭	计算机图形学	60	
8	计算机	992089	金翔	多媒体技术	73	
9	计算机	992005	扬海东	人工智能	90	
10	自动控制	993082	黄立	计算机图形学	85	
11	信息	991062	王春晓	多媒体技术	78	
12	经济	995022	陈松	人工智能	69	

图 3-26 选择非连续区域的单元格

小贴士

① 在选择第一块单元格区域时千万不要按下 Ctrl 键,因为这种多区域单元格选择多用于插入图表前选择数据区域的操作,如果在选择第一块区域时按住 Ctrl 键,则图表不能正确生成。

② 用 Shift 键选择大块区域时,若区域不能在同一屏中显示,则先用鼠标选中左上角单元格,再滚动鼠标使得最右下角的单元格出现在屏幕中,此时按下 Shift 键,选中右下角单元格,即可完成区域选择。

③ 若要选中工作表中的整行或整列数据,则可以使用 Shift + Ctrl 组合键以及上、下、左、右方向键来完成。例如,需要选中课程名称这一列中的所有数据,则先选中 D1 单元格,然后同时按下 Shift 和 Ctrl 组合键,再按下小键盘中的“向下”方向键 ↓ ,就可以将工作表中的 D1 单元格和它下方的单元格一次选中。这种选择方式对超过一页显示的工作表操作比较友好。

【任务 2】插入单元格

如图 3-27 所示,在工作表中的“英语”列前插入“物理”列,在“王力”行前插入“王强”行。

Step 1 选中 F1 单元格,单击鼠标右键,选择快捷菜单中的“插入”命令,弹出“插入”对话框。

Step 2 选择“整列”项,单击“确定”按钮,可以看到“英语”列右移一列,然后在

F1 单元格中输入“物理”即可。

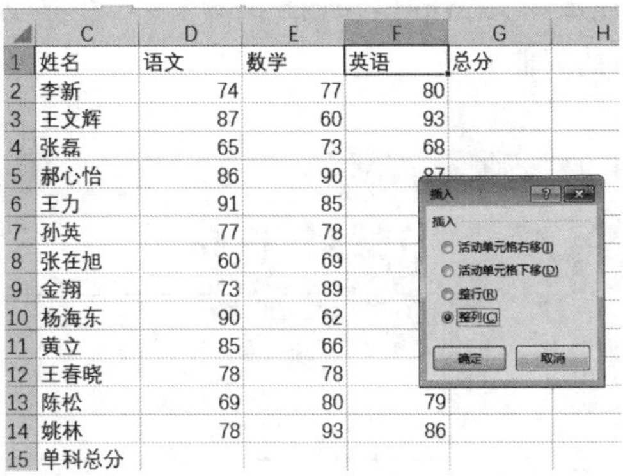

图 3-27　插入行、列

Step 3　选中 C6 单元格，单击鼠标右键，选择快捷菜单中的“插入”命令，弹出“插入”对话框。

Step 4　选择“整行”项，单击“确定”按钮，可以看到“王力”行下移一行，然后在 C6 单元格中输入“王强”即可。

小贴士

① 如果选择“整行”项，则 Excel 是在选中单元格的上方插入一行；如果选择“整列”项，则 Excel 是在选中单元格的左边插入一列。

② 单一的单元格插入可通过选中某单元格后，单击“插入”选项卡中的“活动单元格右移”和“活动单元格下移”按钮来实现；也可以单击“开始”选项卡“单元格”组中的“插入”下拉按钮，在下拉列表中选择“插入单元格”选项（图 3-28）打开“插入”对话框。

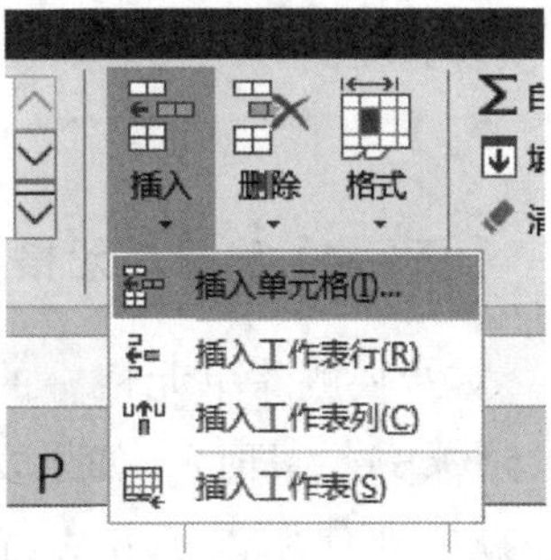

图 3-28　“插入单元格”选项

【任务 3】复制、移动单元格

将如图 3-29 所示工作表中的 C1:G5 单元格区域移动到以 K1 起始的单元格区域内。

Method 1　选中 C1:G5 单元格区域，单击鼠标右键，在弹出的快捷菜单中选择“复制”或“剪切”命令，然后用鼠标选中 K1 单元格，单击鼠标右键，在弹出的快捷菜单中选择“粘贴”命令即可完成单元格的复制或移动。

小贴士

如果选择“复制”命令，则 C1:G5 单元格区域中的数据保留；如果选择“剪切”命令，则 C1:G5 单元格区域中的数据被清除。

Method 2　选中 C1:G5 单元格区域，然后将

鼠标光标移到选中区域的边框上，当鼠标光标变成✥图标时，拖动鼠标光标到目标区域后松开鼠标即可完成单元格的移动（图 3-29）。若在移动鼠标的同时按下 Ctrl 键，则可以完成单元格的复制。

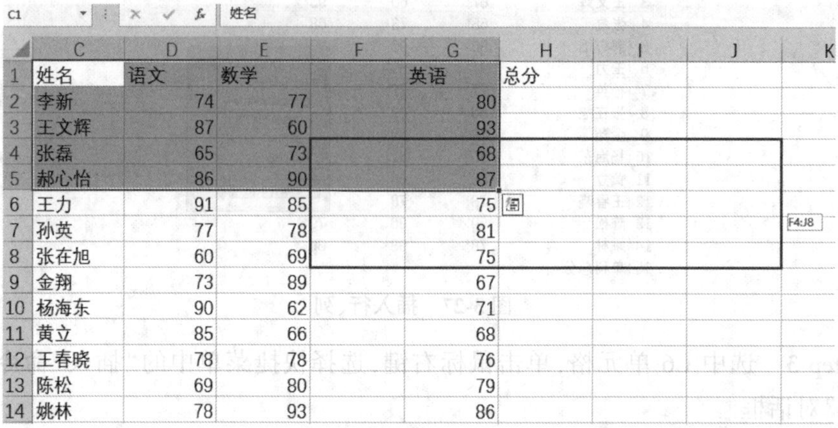

	C	D	E	F	G	H	I	J	K
1	姓名	语文	数学		英语	总分			
2	李新	74	77		80				
3	王文辉	87	60		93				
4	张磊	65	73		68				
5	郝心怡	86	90		87				
6	王力	91	85		75				
7	孙英	77	78		81				
8	张在旭	60	69		75				
9	金翔	73	89		67				
10	杨海东	90	62		71				
11	黄立	85	66		68				
12	王春晓	78	78		76				
13	陈松	69	80		79				
14	姚林	78	93		86				

图 3-29　拖动鼠标将选中的单元格移动至目标区域

小贴士

用鼠标拖动的方式进行单元格复制时，按下 Ctrl 键时可以在移动的鼠标箭头旁边看到一个“+”。

【任务 4】删除单元格

如果要删除单元格中的内容，则先选中单元格，再按下 Delete 键即可。如果要删除工作表中的部分单元格，就需要使用以下方法：首先，选中需要删除的单元格，单击鼠标右键，在弹出的快捷菜单中选择“删除”命令，打开“删除文档”对话框（图 3-30），然后根据需要选择合适的选项即可。

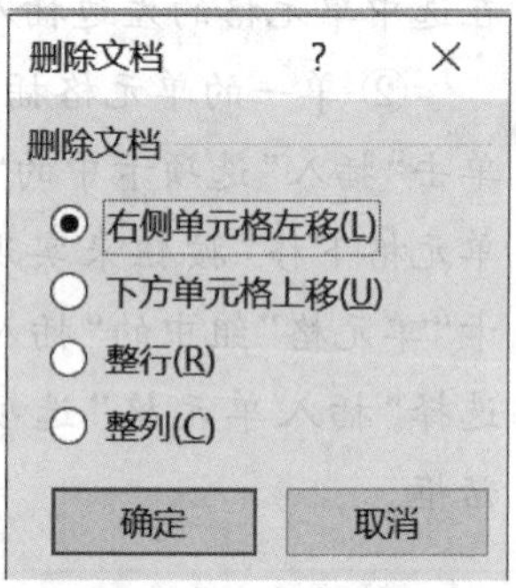

图 3-30　“删除文档”对话框

【任务 5】设置单元格的行高和列宽

如图 3-31 所示，将工作表单元格的列宽改为“9”（列宽的默认单位是字符宽度），行高改为“15”（行高的默认单位是磅）。

Step 1　选中 A1:E15 单元格区域，单击“开始”选项卡“单元格”组中的“格式”下拉按钮，打开如图 3-31 所示的“格式”下拉菜单。

Step 2　选择“行高”命令，弹出“行高”对话框，在文本框中输入“15”，单击“确定”按钮。

Step 3　单击“格式”下拉按钮打开下拉菜单，选择“列宽”命令，在弹出的“列宽”对话框中输入“9”，单击“确定”按钮。

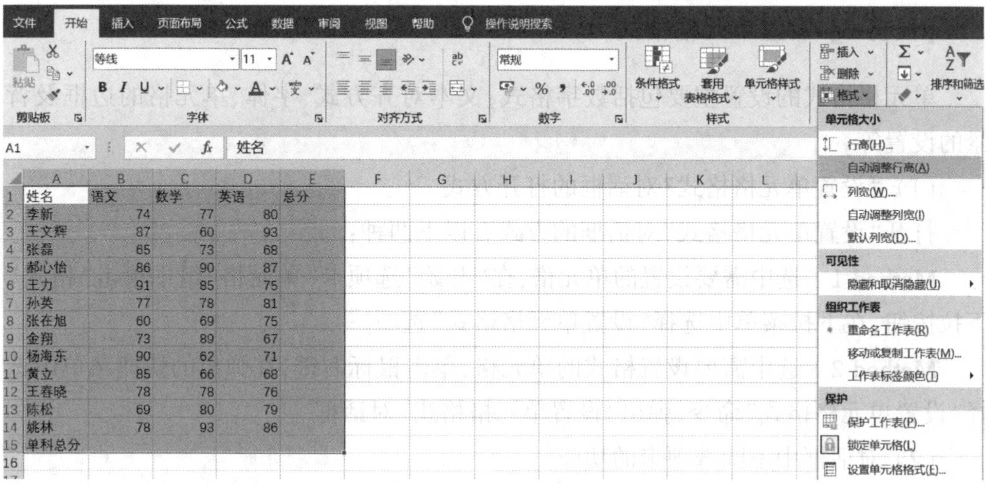

图 3-31 “格式”下拉菜单

小贴士

在 Excel 中,单元格行高的默认单位是磅,用户也可以选择其他的单位,Excel 给用户提供了另外 3 个选择:英寸、厘米、毫米。如果要改变单元格行高的默认单位,则依次单击“文件”→“选项”→“高级”→“显示”→“标尺单位”进行修改(图 3-32)。

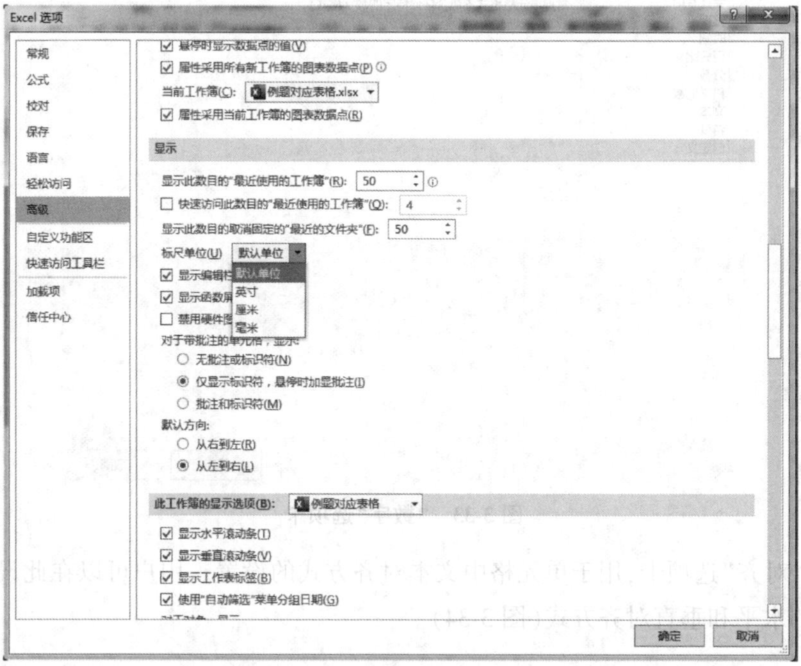

图 3-32 修改单元格行高的默认单位

【任务 6】设置单元格格式

单元格格式的设置主要包括数字格式、文本对齐方式、字体、单元格的边框及背景的设置等。

(1) “设置单元格格式”对话框的打开方式

打开“设置单元格格式”对话框的方式有以下两种:

Method 1 选中需要设置的单元格,在“开始”选项卡“单元格”组中单击“格式”下拉按钮,在下拉菜单中选择“设置单元格格式”选项。

Method 2 选中需要设置格式的单元格,单击鼠标右键,在弹出的快捷菜单中选择“设置单元格格式”命令,弹出“设置单元格格式”对话框。

(2) 对话框中不同选项卡的功能

“设置单元格格式”对话框中包含的选项卡如下:

① “数字”选项卡,用于单元格中数字格式的设置。用户可将单元格中的数字格式设置为常规、数值、货币、会计专用、日期、时间、百分比、分数、科学记数、文本等(图 3-33)。

图 3-33 “数字”选项卡

② “对齐”选项卡,用于单元格中文本对齐方式的设置。用户可以在此设置单元格文本的水平和垂直对齐方式(图 3-34)。

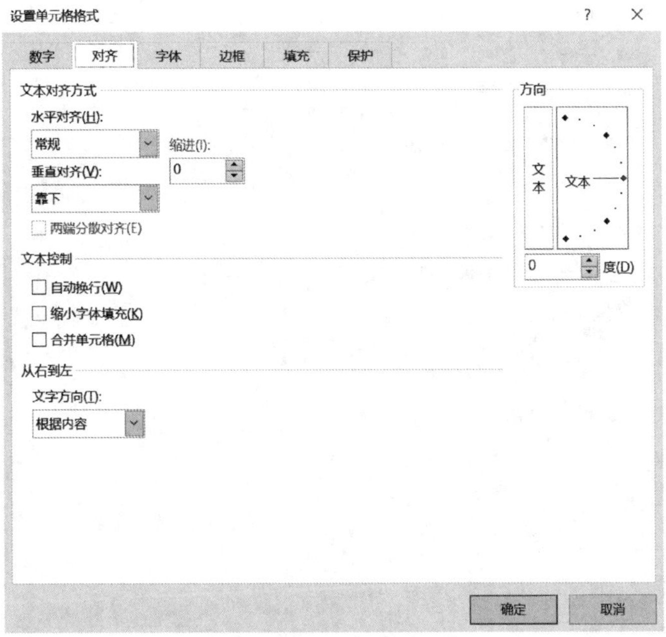

图 3-34 “对齐”选项卡

③“字体”选项卡，用于单元格中字体的设置。用户可以在此完成字体、字形、字号、下划线、颜色及特殊效果的设置(图 3-35)。

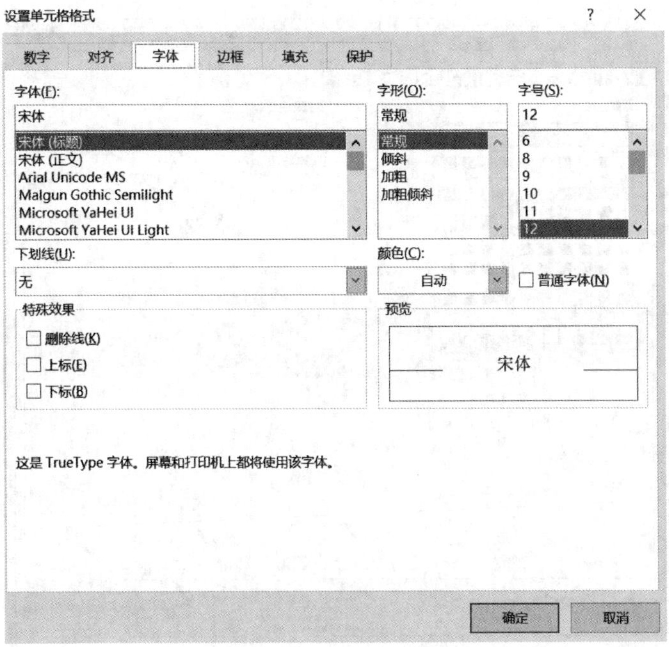

图 3-35 “字体”选项卡

④“边框”选项卡，用于单元格边框的设置。用户可以在此完成单元格外边框和内框线的设置(图 3-36)。

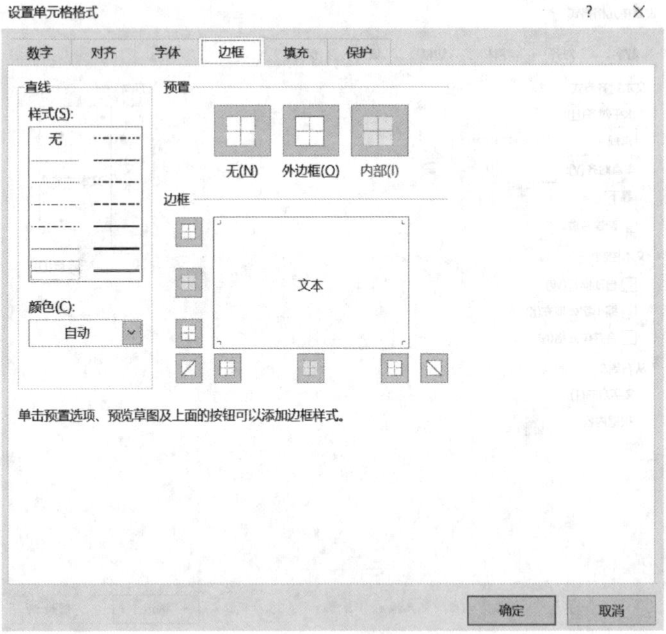

图 3-36 “边框”选项卡

⑤“填充”选项卡,用于单元格背景的填充设置。用户可以在此完成单元格的背景色或图案颜色、图案样式以及填充效果等的设置(图 3-37)。

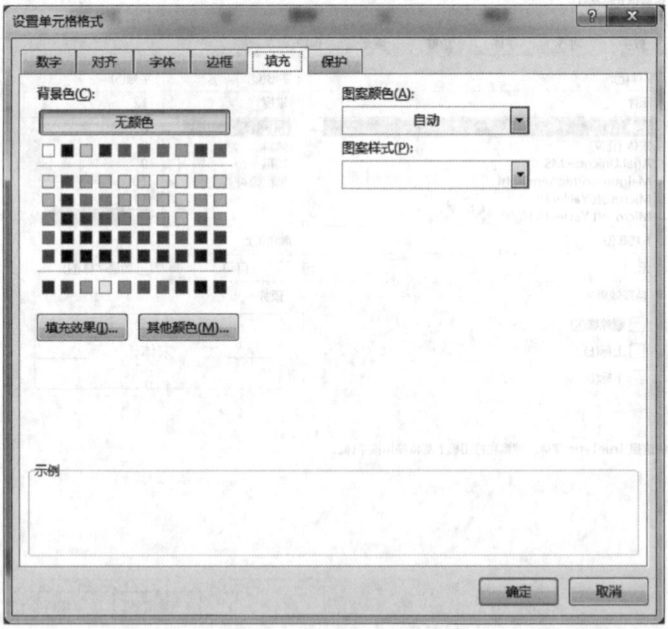

图 3-37 “填充”选项卡

以上几个选项卡的功能都可以使用“开始”选项卡下对应功能组中的扩展按钮来达到便捷设置的目的。单击每个功能组右下方的扩展按钮 ↘(图 3-38),就可以打开对应的对话框进行设置。

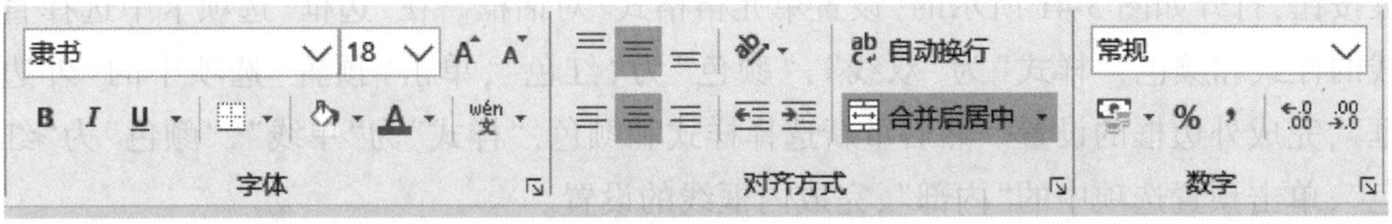

图 3-38　开始菜单中的功能栏

（3）单元格格式的设置

如图 3-39 所示，设置学生成绩表的格式，表名采用 18 号隶书居中格式，并用主题颜色中的“浅灰色，背景 2，深色 25%”填充；设置表格中内容的对齐方式为水平居中、垂直居中；设置表格外框显示 1.5 磅红色双线，内框显示 1 磅红色单线。

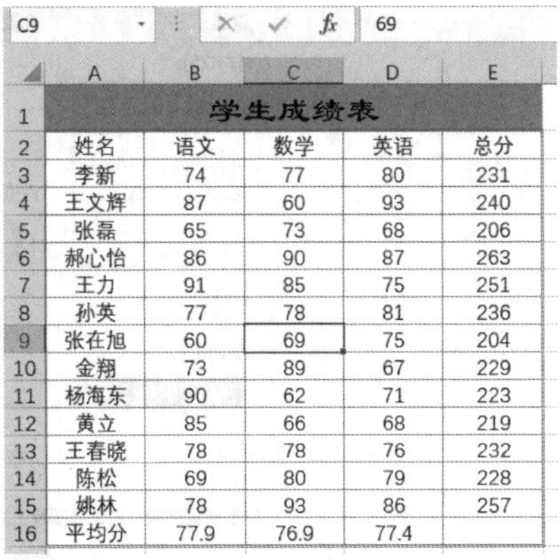

	A	B	C	D	E
1	学生成绩表				
2	姓名	语文	数学	英语	总分
3	李新	74	77	80	231
4	王文辉	87	60	93	240
5	张磊	65	73	68	206
6	郝心怡	86	90	87	263
7	王力	91	85	75	251
8	孙英	77	78	81	236
9	张在旭	60	69	75	204
10	金翔	73	89	67	229
11	杨海东	90	62	71	223
12	黄立	85	66	68	219
13	王春晓	78	78	76	232
14	陈松	69	80	79	228
15	姚林	78	93	86	257
16	平均分	77.9	76.9	77.4	

图 3-39　单元格格式的使用示例工作表

Step 1　选中 A1:E1 单元格区域，在“开始”选项卡“字体”组中设置字体为隶书，字号为 18 号。在“对齐方式”组中单击“合并后居中”按钮。

Step 2　选中 A1:E1 单元格区域，在“开始”选项卡“字体”组中单击“填充颜色”下拉按钮 ，在下拉列表中选择主题颜色“浅灰色，背景 2”列中的“浅灰色，背景 2，深色 25%”（图 3-40），完成背景填充。

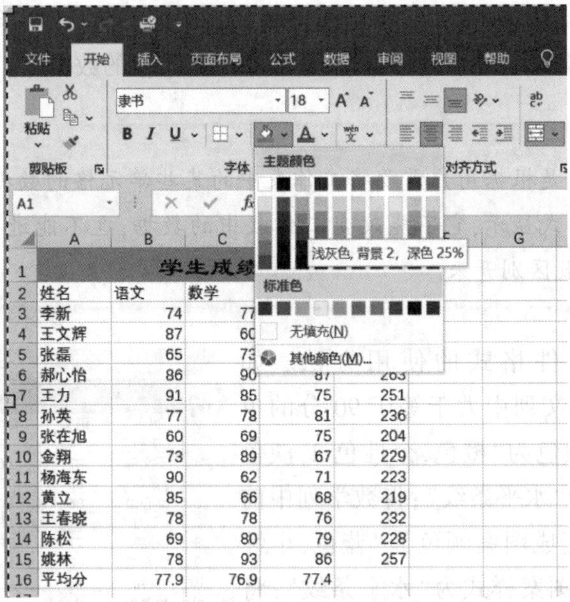

图 3-40　背景填充

Step 3　选中 A2:E16 单元格区域，在“开始”选项卡“对齐方式”组中，利用快捷按钮将水平和垂直对齐都设置为“居中”。

Step 4　选中 A2:E16 单元格区域，在“开始”选项卡“字体”组中单击右下角的扩展按钮，打开如图 3-41 所示的“设置单元格格式”对话框。在“边框”选项卡中选择直线的样式和颜色，“样式”为“双线”，“颜色”为“红色”，单击“预置”选项中的“外边框”，完成外边框的设置。然后重新选择样式和颜色，“样式”为“单线”，“颜色”为“红色”，单击预置选项中的“内部”，完成内框线的设置。

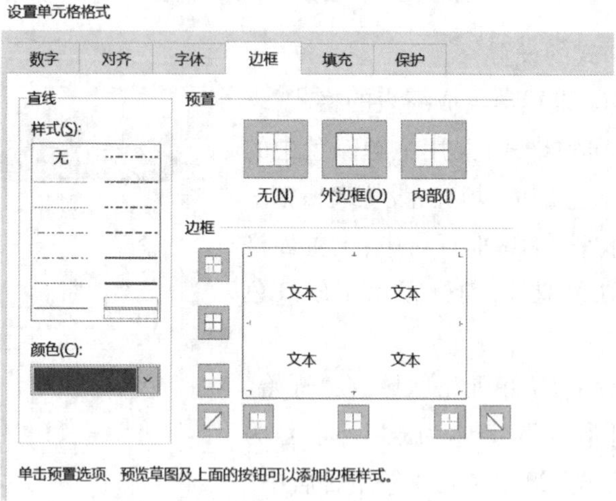

图 3-41　设置单元格的内、外边框

【任务 7】设置条件格式

在 Excel 中，条件格式是一种功能，它可以根据特定的条件自动对单元格进行格式化，使数据更加清晰、易读和具有可视化效果。例如，可以使用条件格式来突出显示重复值、前 10 名或后 10 名的数据、大于或小于某个值的数据等。

小贴士

条件格式只是根据用户需要将工作表中的某些单元格的数据用特殊的颜色或其他明显的格式显示，它不能改变工作表中的数据，也不能进行数值的填充，要将其与 IF 函数区别开来。

下面介绍条件格式的使用方法。如图 3-42 所示，将语文列中大于等于 90 分的单元格标记成图案颜色为“橙色，个性色 2，淡色 40%”，图案样式为“水平条纹”；将数学列中前三名的单元格标记成图案颜色为“蓝色，个性色 1，淡色 40%”，图案样式为“水平条纹”；将英语列用渐变填充-绿色数据条标记。

Step 1　选择 B3：B15 单元格区域，单击“开始”选项卡“样式”组中的“条件格式”下拉按钮，选择下拉菜单中“突出显示单元格规则”

	A	B	C	D	E
1	学生成绩表				
2	姓名	语文	数学	英语	总分
3	李新	74	77	80	231
4	王文辉	87	60	93	240
5	张磊	65	73	68	206
6	郝心怡	86	90	87	263
7	王力	91	85	75	251
8	孙英	77	78	81	236
9	张在旭	60	69	75	204
10	金翔	73	89	67	229
11	杨海东	90	62	71	223
12	黄立	85	66	68	219
13	王春晓	78	78	76	232
14	陈松	69	80	79	228
15	姚林	78	93	86	257
16	平均分	77.9	76.9	77.4	
17					

图 3-42　条件格式的使用示例工作表

选项右侧的“其他规则”选项(图 3-43)。

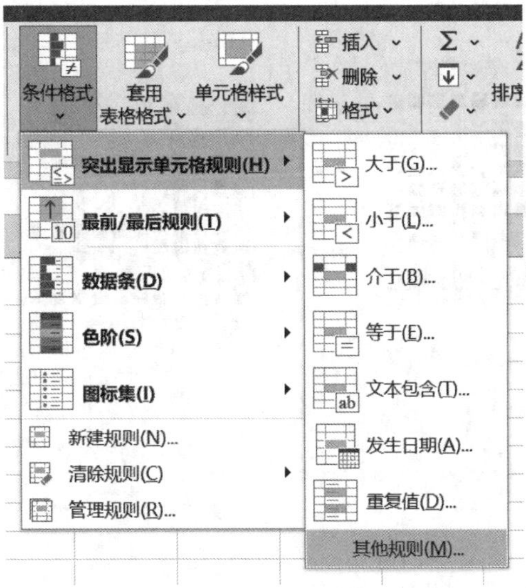

图 3-43　“突出显示单元格规则”设置

Step 2　打开“新建格式规则”对话框,在“编辑规则说明”栏中分别选择“单元格值”“大于或等于”,在第三个文本框中输入“90”,然后单击“格式”按钮(图 3-44)。

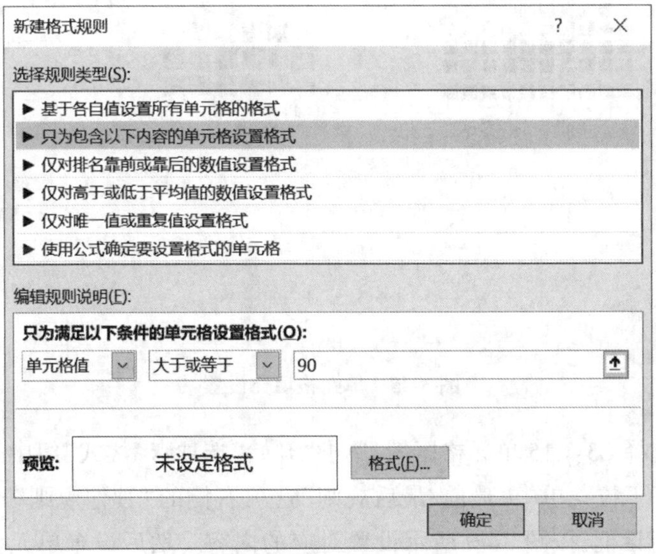

图 3-44　格式规则设置

Step 3　在弹出的“设置单元格格式” 对话框中,选择“填充”选项卡,选择图案颜色为“橙色,个性色 2,淡色 40%”,图案样式为“水平条纹”,如图 3-45 所示。

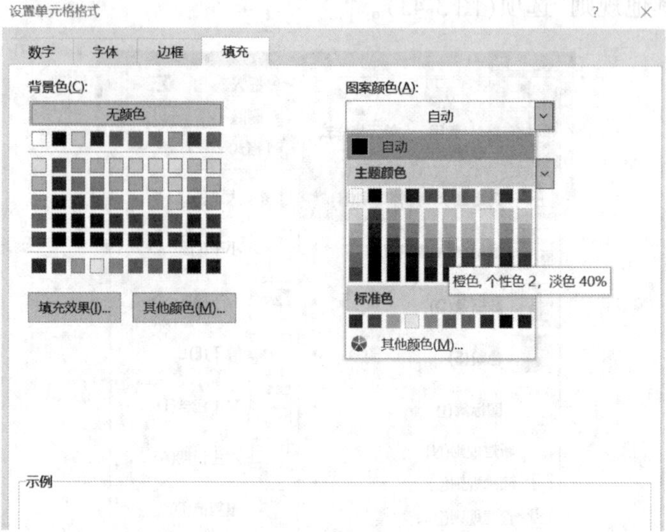

(a)

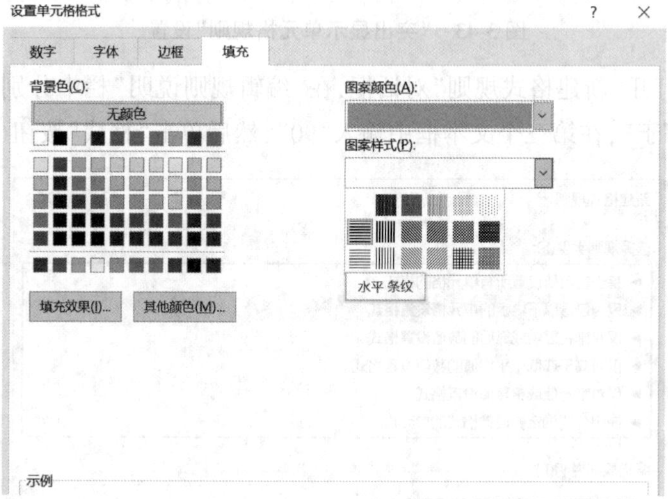

(b)

图 3-45　单元格填充设置

Step 4　选择 C3:C15 单元格区域,单击“开始”选项卡“样式”组中的“条件格式”下拉按钮,选择下拉菜单中“最前/最后规则”选项右侧的“其他规则”选项,弹出“新建格式规则”对话框,按图 3-46 所示设置对应的内容。然后设置单元格的图案颜色为“蓝色,个性色 1,淡色 40%”,图案样式为“水平条纹”,操作方法同 Step 3。

Step 5　选择 D3:D15 单元格区域,单击“开始”选项卡“样式”组中的“条件格式”下拉按钮,选择下拉菜单中“数据条”选项右侧的“渐变填充-绿色数据条”选项(图 3-47)。

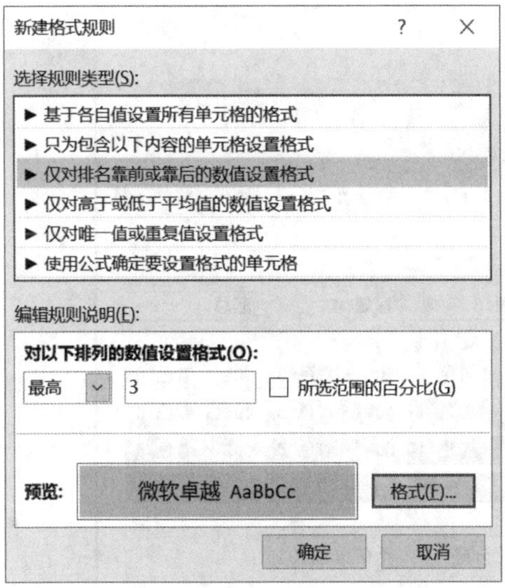

图 3-46　靠前数值格式设置

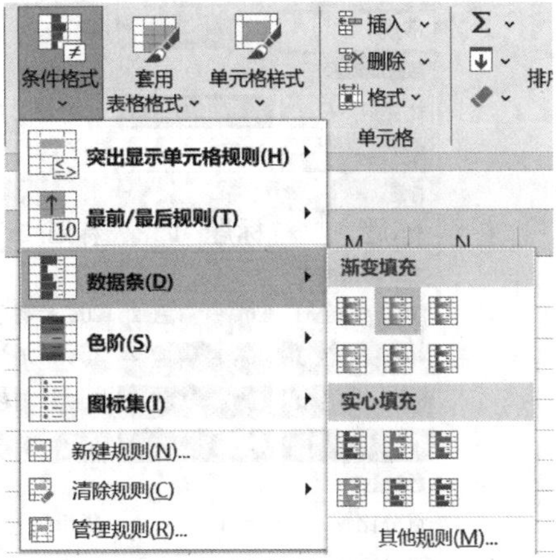

图 3-47　数据条格式设置

3.6　美化单元格

【任务 1】使用单元格样式

在 Excel 中,可以使用内置的单元格样式或自定义单元格样式来设置单元格的格式,包括字体、字号、颜色、对齐方式、边框等。

(1) 使用内置单元格样式

将图 3-48 所示工作表的标题行设置为“标题 1”样式,将“总分”列数值设置为“40%-着色 1”。

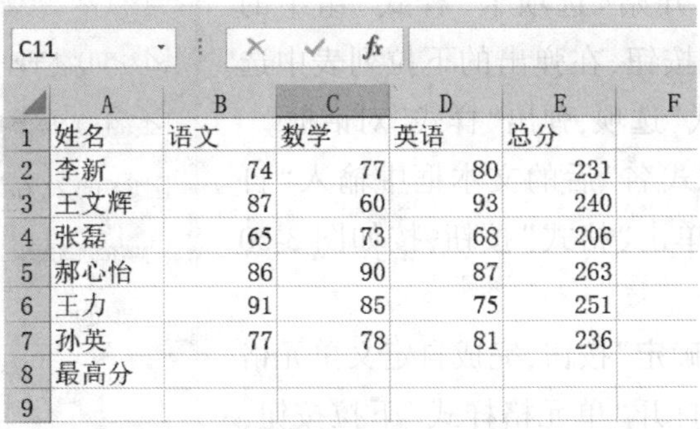

	A	B	C	D	E	F
1	姓名	语文	数学	英语	总分	
2	李新	74	77	80	231	
3	王文辉	87	60	93	240	
4	张磊	65	73	68	206	
5	郝心怡	86	90	87	263	
6	王力	91	85	75	251	
7	孙英	77	78	81	236	
8	最高分					
9						

图 3-48　需要设置的工作表

Step 1　选中标题 A1:E1 单元格区域,单击“开始”选项卡“样式”组中的“单元格样式”下拉按钮,弹出如图 3-49 所示的下拉列表。选择标题分组中的“标题 1”样式,完成对标题行的样式设置。

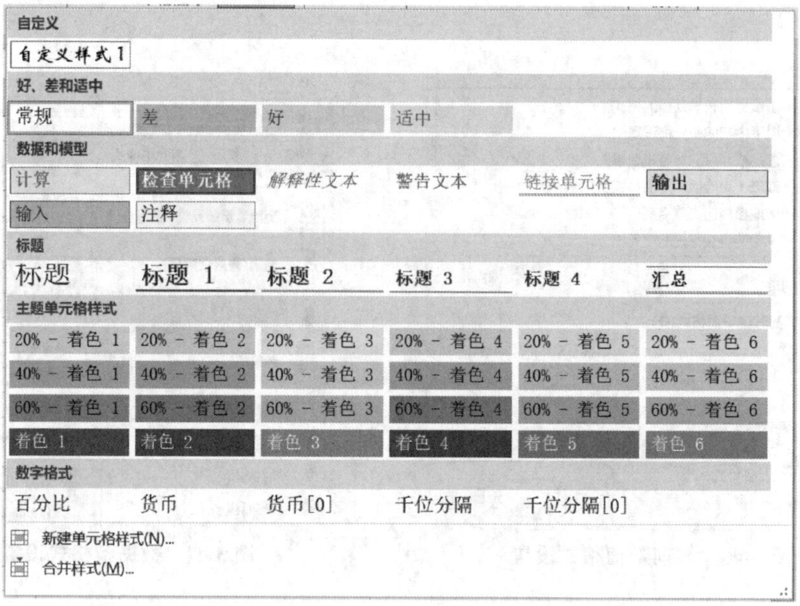

图 3-49　单元格样式列表

Step 2　选中“总分”列数值单元格区域 E2:E7,单击“开始”选项卡“样式”组中的“单元格样式”下拉按钮,在弹出的下拉列表中选择“主题单元格样式”分组中的“40%-着色 1”样式,完成“总分”列的单元格样式设置。

(2) 新建自定义单元格样式

新建自定义样式 1 包括:单元格数字百分比保留 2 位小数;对齐方式为“水平居中,垂直居中”;字体为“华为新魏 12 号”;边框为“外边框红色单线”。

Step 1　单击“开始”选项卡“样式”组中的“单元格样式”下拉按钮,在弹出的下拉列表中选择“新建单元格样式”选项,弹出“样式”对话框。

Step 2　在“样式名”后的文本框中输入“自定义样式 1”,然后单击“格式”按钮,按如图 3-50 所示要求设置样式。

Step 3　单击“确定”按钮,完成自定义单元格样式的设置。再次打开“单元格样式”下拉按钮,就可以在最上方看到“自定义”分组中有刚才定义的“自定义样式 1”选项,如图 3-49 所示。

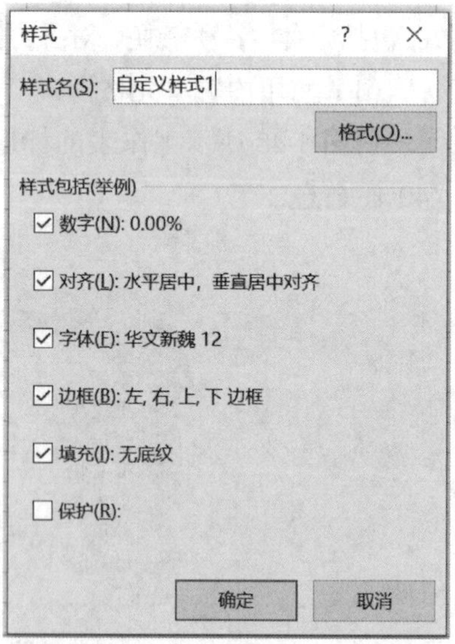

图 3-50　自定义样式 1 的设置

【任务 2】套用表格格式

在 Excel 中,套用表格格式可以快速美化表格并增强数据的可读性。

Step 1　选择要套用格式的表格区域。

Step 2 单击“开始”选项卡“样式”组中的“套用表格格式”下拉按钮，在弹出的下拉菜单中有多种表格样式可供选择（图 3-51）。

Step 3 选择需要的表格样式，在弹出的对话框中确认表格数据的范围，并根据需要勾选“包含标题”等选项。

Step 4 单击“确定”按钮，表格就会应用所选的样式。

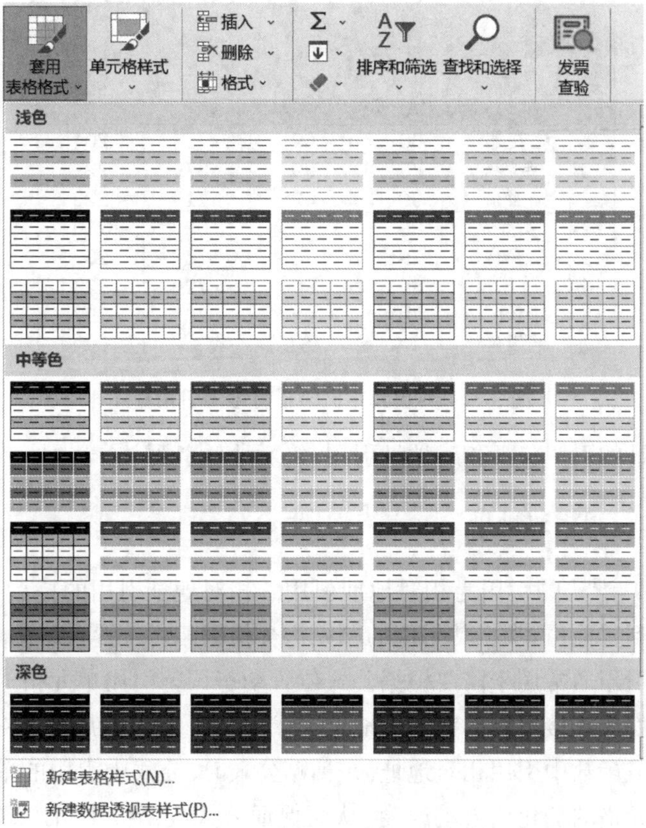

图 3-51 套用表格格式的下拉菜单

3.7 单元格地址引用

用户可以在单元格内输入数据，而数据所在的单元格地址代表数据所在的位置。若用户在公式中需要引用单元格数据，则可以用该单元格的地址进行引用。根据前面的叙述，单元格的列是用大写的英文字母序列表示的，单元格的行是用阿拉伯数字表示的，比如 B2 代表第 2 行第 2 列，C4 代表第 4 行第 3 列。

如果要对表格中的某个区域进行地址标注，则用该区域的对角线头尾单元格地址加上引用运算符“:”（注意：这里使用的“:”必须是英文半角字符）表示。如果对行或列进行地址标注，就用头尾单元格地址加上“:”表示。例如，A1:E8 表示如图 3-52 所示的阴影区域，E2:E15 表示图中“总分”这一列。

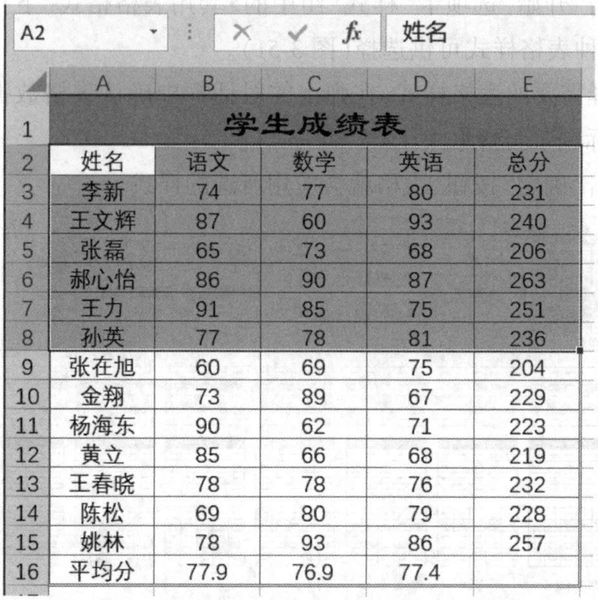

	A	B	C	D	E
1	学生成绩表				
2	姓名	语文	数学	英语	总分
3	李新	74	77	80	231
4	王文辉	87	60	93	240
5	张磊	65	73	68	206
6	郝心怡	86	90	87	263
7	王力	91	85	75	251
8	孙英	77	78	81	236
9	张在旭	60	69	75	204
10	金翔	73	89	67	229
11	杨海东	90	62	71	223
12	黄立	85	66	68	219
13	王春晓	78	78	76	232
14	陈松	69	80	79	228
15	姚林	78	93	86	257
16	平均分	77.9	76.9	77.4	

图 3-52　对单元格区域进行地址引用标注

单元格地址的引用包括相对地址引用、绝对地址引用、混合地址引用三种。

【任务 1】引用相对地址

在 Excel 中,默认的引用为相对地址引用。相对地址引用的特点:当公式或函数被复制或移动到其他位置时,其引用的单元格会根据相对位置自动调整。

相对地址引用通常用于需要根据公式位置动态调整引用单元格的情况。用户在公式或函数中如果直接引用单元格的地址(如 B1、B2、C3),就属于相对地址引用。如果用户在公式或函数中引用相对地址,在粘贴公式时,公式中引用的单元格的地址就会随着结果单元格的变化而自动改变,从而保证公式或函数中引用的单元格与结果单元格的相对位置保持不变(这里“相对位置”的参照单元格是“结果单元格”)。

如图 3-53 所示,要求在 E 列计算每位同学三门功课的成绩总分。

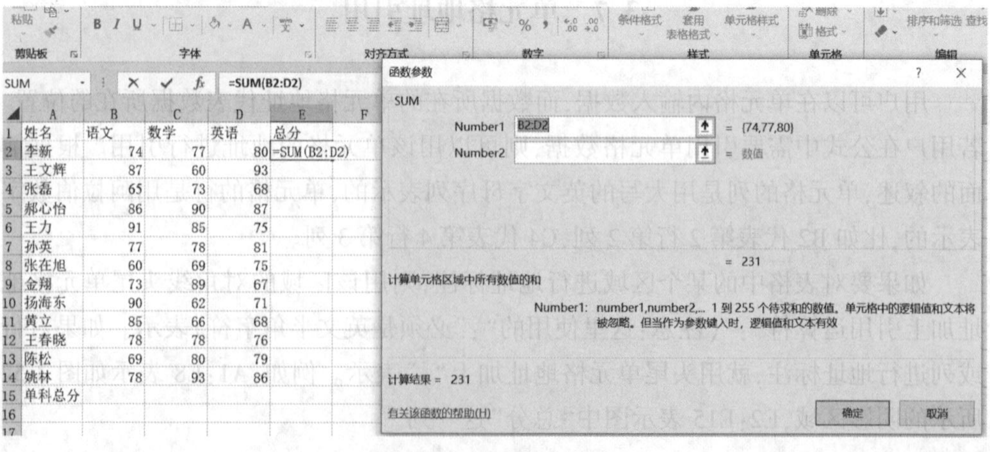

	A	B	C	D	E
1	姓名	语文	数学	英语	总分
2	李新	74	77	80	=SUM(B2:D2)
3	王文辉	87	60	93	
4	张磊	65	73	68	
5	郝心怡	86	90	87	
6	王力	91	85	75	
7	孙英	77	78	81	
8	张在旭	60	69	75	
9	金翔	73	89	67	
10	扬海东	90	62	71	
11	黄立	85	66	68	
12	王春晓	78	78	76	
13	陈松	69	80	79	
14	姚林	78	93	86	
15	单科总分				

图 3-53　相对地址引用

Step 1 在 E2 单元格中输入公式“=SUM(B2:D2)”,如图 3-53 所示。

Step 2 将指针移至 E2 单元格右下角,当鼠标指针变成十字填充柄 + 状态时,按住鼠标左键不松开并向下拖动,即可完成整列的公式填充,也可以双击鼠标完成整列的公式填充。

小贴士

公式中 B2:D2 的地址是相对地址,若结果单元格 E2 和公式中的单元格的相对位置确定,则当用户利用十字填充柄将 E3:E14 的数据填充好后,将鼠标放在其中任一结果上观察其中的公式,会发现每个公式中都自动调整了地址,以保证结果单元格和公式中引用的单元格的相对位置不变(图 3-54),即总是求结果单元格左边三个单元格的和。

E2 =SUM(B2:D2)

	A	B	C	D	E
1	姓名	语文	数学	英语	总分
2	李新	74	77	80	231
3	王文辉	87	60	93	
4	张磊	65	73	68	
5	郝心怡	86	90	87	
6	王力	91	85	75	
7	孙英	77	78	81	
8	张在旭	60	69	75	
9	金翔	73	89	67	
10	杨海东	90	62	71	
11	黄立	85	66	68	
12	王春晓	78	78	76	
13	陈松	69	80	79	
14	姚林	78	93	86	
15	单科总分				

=SUM(B3:D3)

C	D	E
数学	英语	总分
77	80	231
60	93	240
73	68	206
90	87	263
85	75	251
78	81	236
69	75	204
89	67	229
62	71	223
66	68	219
78	76	232
80	79	228
93	86	257

图 3-54 利用相对地址粘贴公式

【任务 2】引用绝对地址

在 Excel 中,绝对地址是指在公式或函数中使用的固定单元格地址。绝对地址引用的特点:无论公式或函数被复制或移动到何处,其引用的单元格地址都不会改变。

使用绝对地址引用时,需要在单元格地址的行号和列号前加上“ $ ”符号,比如 E8 单元格使用绝对地址引用后写成 $E$8。

下面以在 C 列中求出每个地区销售额占总销售额的百分比(图 3-55)为例说明绝对地址的引用步骤。

SUM =B2/$B$7

	A	B	C	D
1	地区	销售额(万)	地区占比	
2	北京	4234	=B2/$B$7	
3	上海	5678	26%	
4	南京	3456	16%	
5	武汉	3921	18%	
6	苏州	4562	21%	
7	总额(万	21851		

图 3-55 绝对地址引用

Step 1 在 C2 单元格中输入公式

“=B2/$B$7”,如图 3-49 所示。

Step 2 双击 C2 单元格右下角的十字填充柄,完成 C3:C6 单元格的公式填充。

小贴士

① 公式中 B2 是相对地址,这个地址会随着结果单元格的变化而自动改变,而 B7 在公式中是不能变的,因为各地区的销售额都要除以 B7 这个总额算出百分比。所以,B7 在公式中需要把位置固定,即使用绝对地址。

② 当公式中需要将相对地址变成绝对地址时,可以借助 F4 辅助功能快捷键。如图 3-55 所示,在 C2 单元格中输入完 B2/B7 后,将鼠标光标放在 B7 前(后)或 B 与 7 的中间,然后按下 F4 键,会发现每按一下,Excel 就自动在 4 种地址形式之间切换,此时根据要求选择所需的形式即可。

【任务3】引用混合地址

在 Excel 中,绝对地址和相对地址也可以混合使用,可以使用“$”符号单独锁定行或列。单独将行锁定,则行是绝对地址、列是相对地址,行不变而列变,如 B$2、C$2、D$2 等。单独将列锁定,则列是绝对地址、行是相对地址,列不变而行变,如 $B2、$B3、$B4 等。

下面使用混合地址引用计算不同产品的折扣价格。

Step 1 在 C2 单元格中输入公式“=$B2*C$1”,如图 3-56 所示。

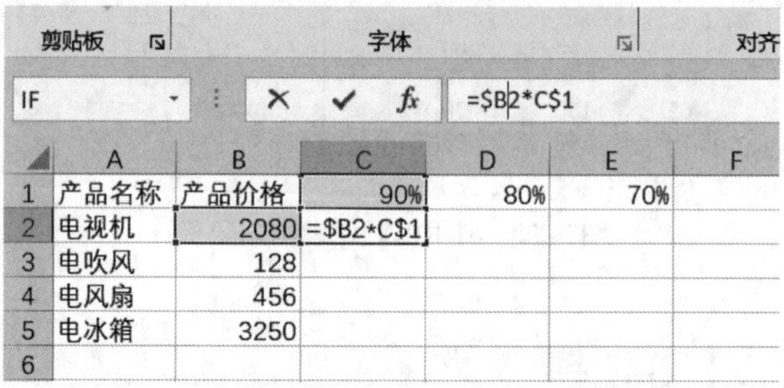

图 3-56 在 C2 单元格中输入公式

Step 2 C2:E5 中剩下的单元格全部用十字填充柄粘贴公式的方式进行填充,结果如图 3-57 所示。

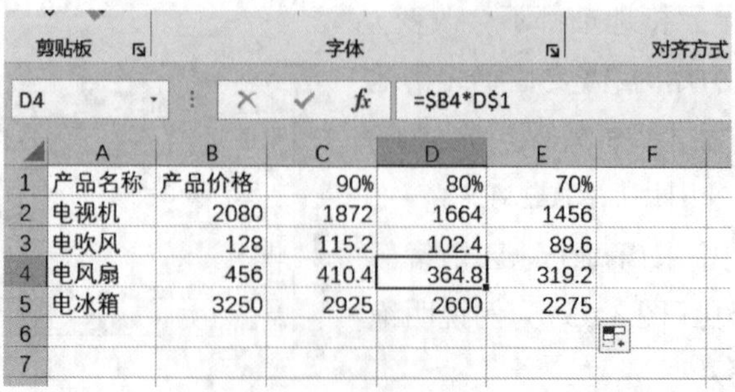

图 3-57 填充结果

小贴士

若用户在填充 C2:E5 单元格区域的内容时，总是取 B 列的产品单价乘以结果单元格第 1 行的折扣率，则在公式中要将 B 列以及第 1 行锁定，从而使填充结果不因结果单元格的位置变化而改变。本任务中，B 列和第 1 列在公式中用的是绝对地址，而其他地址用的是相对地址。

【任务 4】跨工作表引用地址

如果公式中需要引用的单元格不在结果单元格所在的工作表中，用户就需要进行跨工作表引用地址。

如图 3-58 所示，引用 Sheet2 工作表“产品单价”单元格中的内容，计算 Sheet1 工作表 C1 单元格中销售额的值。

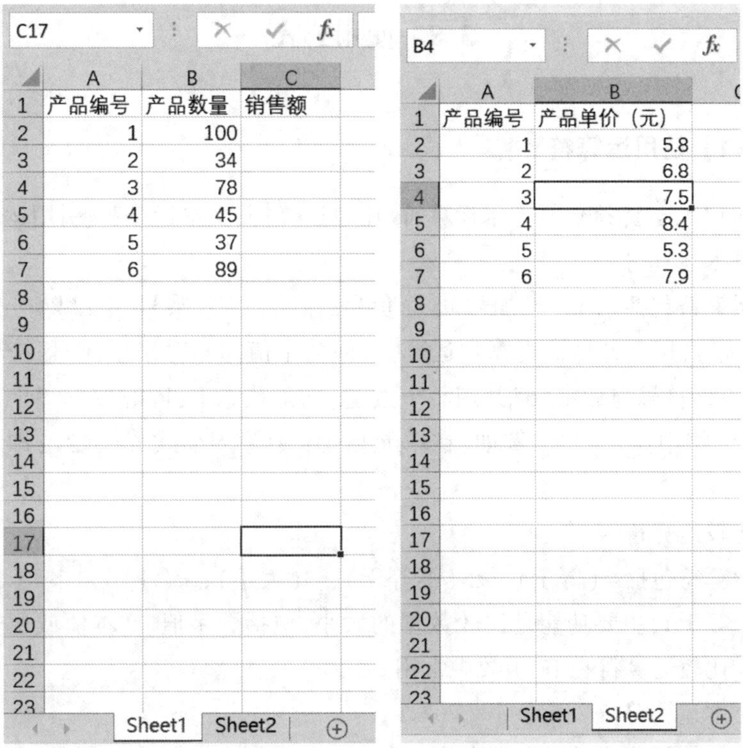

图 3-58　跨工作表引用地址

Step 1　选中结果单元格 C3，输入“=”，单击 B2 单元格，公式变成“=B2”，继续输入“=B2*”，然后单击工作表列表中的“Sheet2”，再单击 Sheet2 中的 B2 单元格，可以在 Sheet2 表中的公式栏中看到公式显示“=B2*Sheet2!B2”（图 3-59），单击该公式栏左边的“输入”按钮 ✓，系统自动跳转到 Sheet1 表中，完成公式的输入。

C2 =B2*Sheet2!B2

	A	B	C	D	E
1	产品编号	产品数量	销售额		
2	1	100	580		
3	2	34	231.2		
4	3	78	585		
5	4	45	378		
6	5	37	196.1		
7	6	89	703.1		

图 3-59　在公式栏中显示公式

Step 2　用十字填充柄完成 C3:C7 单元格区域内容的填充。

需要注意的是，跨表格引用地址时，被引用的表格和工作表必须处于打开状态，否则无法引用。

3.8　使用公式

【任务 1】使用运算符

在 Excel 中，运算符包括算术运算符、比较运算符、文本运算符、引用运算符。

(1) 算术运算符

算术运算符包括+（正号、加号）、-（负号、减号）、*（乘号）、/（除号）、%（百分号）和 ^（乘幂），用于各种常规算术运算，返回数字值。相对来说，乘幂符号“^”较少使用，键盘上该符号与数字“6”共用一个按键，半角状态下，同时按下 Shift 键和数字 6 即可在单元格中输入“^”。例如，在单元格 D1 中输入公式“=3^2”，即计算“3 的 2 次方”。

(2) 比较运算符

比较运算符包括=（等于）、<>（不等于）、>（大于）、<（小于）、>=（大于等于）和<=（小于等于），主要功能是比较数据的大小，包括数字值、文本值或逻辑值等，返回逻辑值。比较运算符在 IF 函数中常用。

(3) 文本运算符

文本运算符的功能是连接两个或多个文本字符串，产生一个新的文本值。例如，在如图 3-60 所示的单元格 C2 中输入公式“=A2&$B$1&B2”，用 3 个文本运算符“&”连接三项文本数据，合并生成了一个连续的文本值（公式中 B1 使用了绝对地址）。

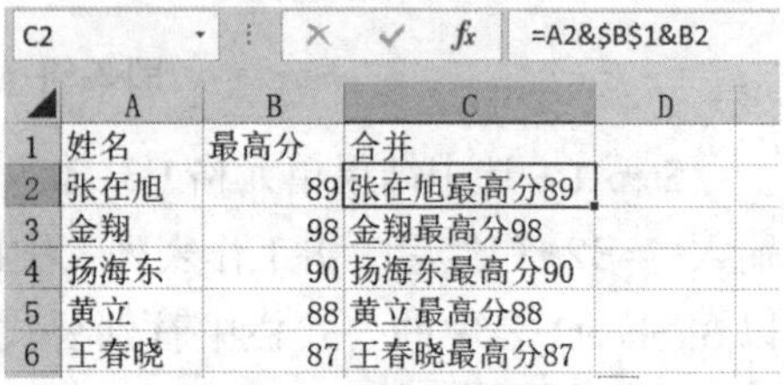

C2 =A2&$B$1&B2

	A	B	C	D
1	姓名	最高分	合并	
2	张在旭	89	张在旭最高分89	
3	金翔	98	金翔最高分98	
4	扬海东	90	扬海东最高分90	
5	黄立	88	黄立最高分88	
6	王春晓	87	王春晓最高分87	

图 3-60　文本运算符的使用

(4) 引用运算符

引用运算符是 Excel 特有的运算符，包括区域运算符冒号（:）、联合运算符（,）和交叉运算符( ),主要作用是对工作表中的单元格或者区域产生引用。举例说明如下。

区域运算符:引用冒号前、后两个单元格形成的连续矩形区域。例如,在图 3-61 所示的单元格 B8 中输入公式“=SUM(B2:B7)”,则返回 B2:B7 单元格区域数据的和。

B8 名称框 =SUM(B2:B7)

	A	B	C	D	E
1	姓名	语文	数学	英语	物理
2	李新	74	77	80	62
3	王文辉	87	60	93	66
4	张磊	65	73	68	78
5	郝心怡	86	90	87	80
6	王力	91	85	75	93
7	孙英	77	78	81	78
8	总分	480			

图 3-61 区域运算符的使用

联合运算符:引用逗号前、后两个单元格或者区域的合集,可以是连续的区域,也可以是分开的。例如,在图 3-62 所示的单元格 B9 中输入公式“=SUM(B2:B7,D2:D7)”,则返回图中 B2:B7 和 D2:D7 两个单元格区域数据的和。

C9 =SUM(B2:B7,D2:D7)

	A	B	C	D	E
1	姓名	语文	数学	英语	物理
2	李新	74	77	80	62
3	王文辉	87	60	93	66
4	张磊	65	73	68	78
5	郝心怡	86	90	87	80
6	王力	91	85	75	93
7	孙英	77	78	81	78
8	总分	480		484	
9	语文英语总分		964		

图 3-62 联合运算符的使用

交叉运算符:引用空格前、后两个区域共同的单元格。例如,在图 3-63 所示的单元格 B8 中输入公式“=SUM(B2:C7 C2:D7)”,则返回 C2:C7 单元格区域数据的和。

B8 =SUM(B2:C7 C2:D7)

	A	B	C	D	E
1	姓名	语文	数学	英语	物理
2	李新	74	77	80	62
3	王文辉	87	60	93	66
4	张磊	65	73	68	78
5	郝心怡	86	90	87	80
6	王力	91	85	75	93
7	孙英	77	78	81	78
8	总分	463			

图 3-63 交叉运算符的使用

【任务 2】应用公式

(1) 输入公式

在 Excel 中,输入公式时需要注意以下三点:

① 用“=”作为公式开始的标记。

② 若在输入的公式中需要引用某单元格,只要用鼠标单击该单元格,系统就会自动将该单元格的地址写入公式中。

③ 引用单元格的值是通过将该单元格的地址代入公式中来操作的。所有公式中用到的符号均须在英文输入法状态下输入。

公式的输入可以在编辑栏中进行,输入完成后单击编辑栏前面的“输入”按钮 √ 即可,也可以在单元格内编辑,输入完成后按 Enter 键确认。

(2) 复制和移动公式

复制公式时,先选中需要复制公式的单元格,再使用快捷键 Ctrl + C ,或者用右键快捷菜单中的“复制”命令进行复制,最后通过快捷键 Ctrl + V ,或者用右键快捷菜单中的“粘贴”命令将其粘贴到目标单元格中。

公式的移动与复制类似,可以使用快捷键 Ctrl + X 和 Ctrl + V (表 3-1),或者用右键快捷菜单中的“剪切”和“粘贴”命令完成公式的移动。

表 3-1 公式复制和移动使用的快捷键

操作类型	快捷键	
	源单元格	目标单元格
复制	Ctrl + C	Ctrl + V
移动	Ctrl + X	Ctrl + V

对于连续单元格区域公式的复制,使用十字填充柄会更加方便快捷。

小贴士

对于整列的公式复制,只要将这列的第一个单元格的公式输入完成后,把鼠标放在该单元格右下角黑色小正方形的位置(图 3-64),当鼠标变成十字填充柄时,双击鼠标即可完成整列的公式填充。

对于整行的公式复制,可以使用鼠标拖拉十字填充柄来进行填充。

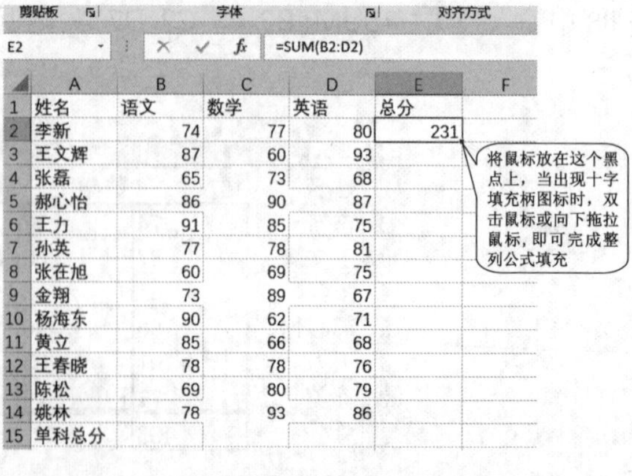

	A	B	C	D	E	F
1	姓名	语文	数学	英语	总分	
2	李新	74	77	80	231	
3	王文辉	87	60	93		
4	张磊	65	73	68		
5	郝心怡	86	90	87		
6	王力	91	85	75		
7	孙英	77	78	81		
8	张在旭	60	69	75		
9	金翔	73	89	67		
10	杨海东	90	62	71		
11	黄立	85	66	68		
12	王春晓	78	78	76		
13	陈松	69	80	79		
14	姚林	78	93	86		
15	单科总分					

图 3-64 用填充柄复制单元格公式

【任务3】使用函数

为了方便用户处理数据,Excel 提供了大量的函数供用户使用。函数是系统预先编制好的用于数值计算和数据处理的公式。函数可以简化或缩短工作表中的公式,为用户处理工作表数据提供方便。

用户可以选择手动输入函数或使用系统提供的函数对话框使用函数。推荐用户使用系统提供的函数对话框使用函数,因为手动输入函数时,用户必须记住每种函数的参数格式,既不方便又容易出错。

下面具体说明不同函数的使用方法。

(1) 求和函数 SUM

函数的形式为

SUM(number1,number2,…)

该函数返回参数类表中所有参数之和。参数可以是一个单元格的值,也可以是一个单元格区域的引用。

下面以求解每位同学的成绩总分(图 3-65)为例,说明求和函数的使用方法。

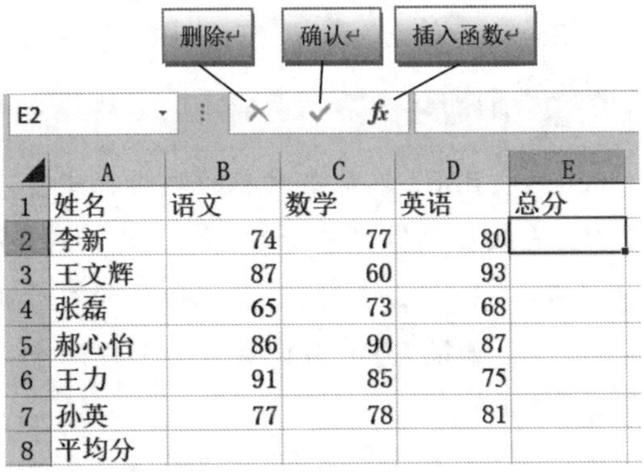

图 3-65　利用求和函数计算单元格的值

Step 1　选中结果单元格 E2,输入"=",然后继续输入求和函数的首字母 S,在弹出的函数提示列表栏中双击 SUM 函数,接着单击公式编辑栏中的"插入函数"按钮 *fx* ,系统自动打开"函数参数"对话框(图 3-66)。

Step 2　在图 3-66 中可以看到系统默认的单元格为 B2:D2,这正是 E2 单元格需要求和的单元格区域。

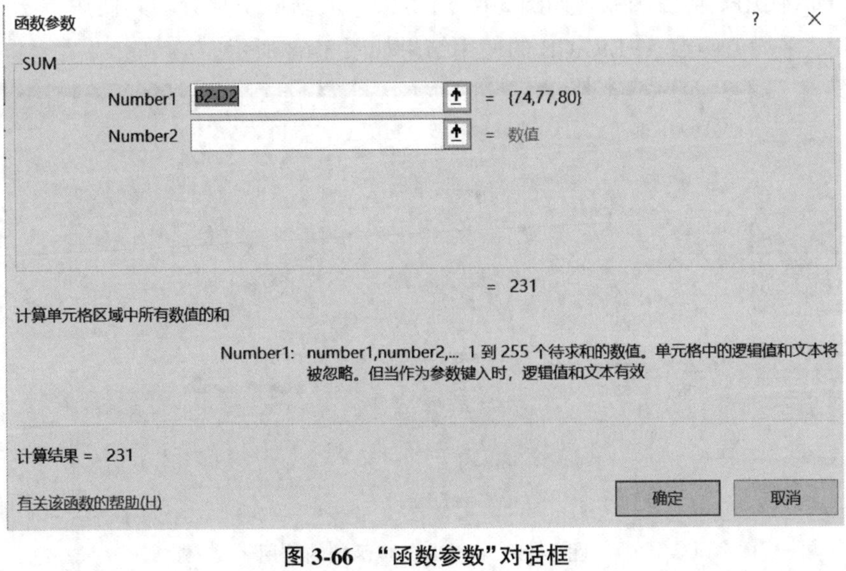

图 3-66　"函数参数"对话框

Step 3 如果系统默认的地址区域不是用户需要的,则可以单击 Number1 参数文本框右边的按钮,“函数参数”对话框会变成简化版模式(图 3-67),此时用户可以使用鼠标在表格中选择自己需要的单元格区域,选好后单击“函数参数”对话框右边的按钮,即可展开回到“函数参数”对话框。

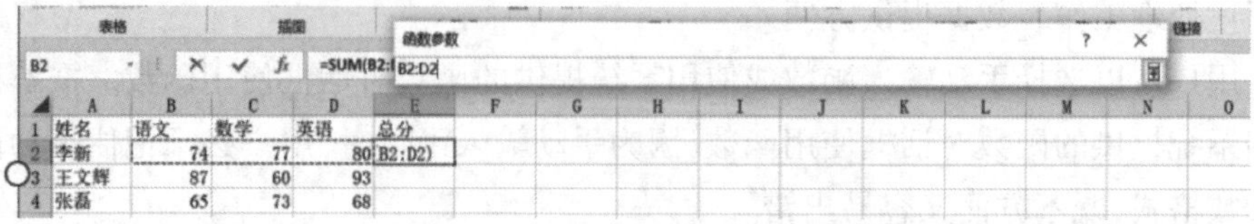

图 3-67 用户自设定 SUM 函数的参数

Step 4 单击“确定”按钮,用户即可在 E2 单元格中看到最终求和结果“231”。

小贴士

① 在 E2 单元格对应的编辑栏中可以看到显示“=SUM(B2:D2)”,也就是说,直接在编辑栏中输入“=SUM(B2:D2)”也可以得到同样的效果。需要注意的是,在输入公式时,要保证输入的符号都是英文半角模式。

② 如果 SUM 函数要对两个或两个以上的区域求和,那么可使用多个 Number 参数。

(2) 平均值函数、最大值函数、最小值函数

① 平均值函数 AVERAGE。

AVERAGE 函数的形式为

AVERAGE(number1,number2,…)

该函数返回参数类表中所有参数的平均值。参数可以是一个单元格的值,也可以是一个单元格区域的引用。

例如,使用平均值函数求如图 3-65 所示语文成绩的平均分。其使用方法类似求和函数。平均值函数 AVERAGE 的使用结果如图 3-68 所示。

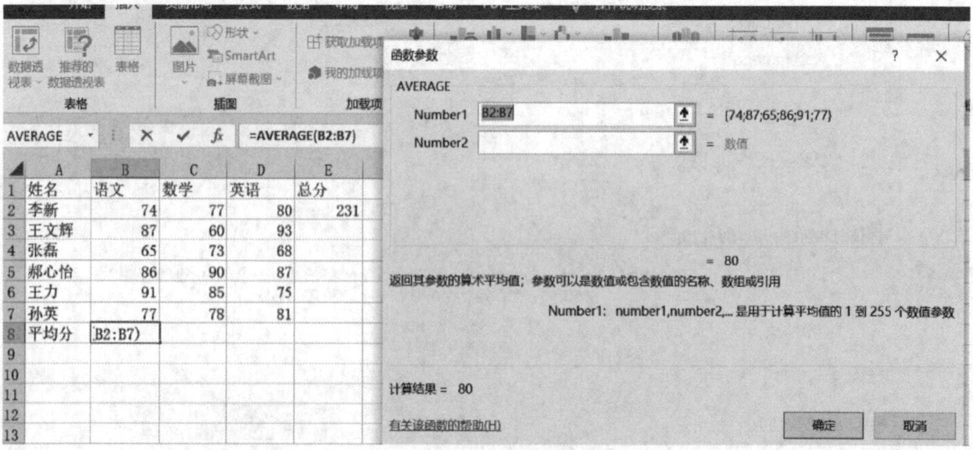

图 3-68 AVERAGE 函数的使用

② 最大值函数 MAX。

MAX 函数的形式为

MAX(number1,number2,…)

该函数返回参数列表中所有参数的最大值。

例如,使用 MAX 函数求如图 3-65 所示中语文成绩的最高分。其使用方法类似求和函数。最大值函数 MAX 的使用结果如图 3-69 所示。

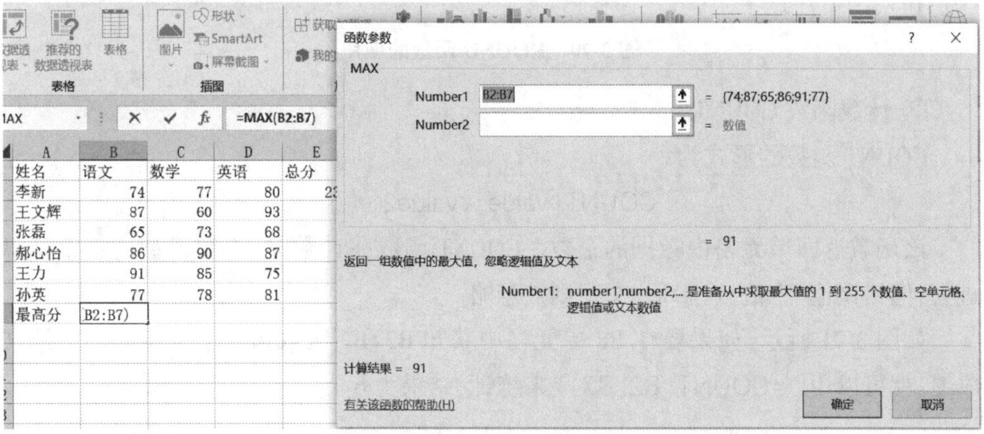

图 3-69　MAX 函数的使用

③ 最小值函数 MIN。

MIN 函数的形式为

MIN(number1,number2,…)

该函数返回参数列表中所有参数的最小值。其使用方法和 MAX 函数类似。

(3) 四舍五入函数、计数函数

① 四舍五入函数 ROUND。

ROUND 函数的形式为

ROUND(number,num_digits)

其中,number 是指要进行四舍五入的数值;num_digits 是指定的小数位数。如果为 num_digits 正数,则表示保留的小数位数;如果为 0,则表示将数字四舍五入到最接近的整数;如果为负数,则表示将数字四舍五入到小数点左边相应的位数。

如图 3-66 所示,在单元格 D2 取 B2 的数据四舍五入,保留小数点后 1 位小数。

Step 1　选中 D2 为结果单元格,输入“=RO”,在弹出的函数提示列表中选中 ROUND 函数并双击鼠标,然后单击公式编辑栏中的“插入函数”按钮 *fx* ,系统自动打开“函数参数”对话框。

Step 2　按照如图 3-70 所示输入对应参数值,然后单击“确定”按钮。

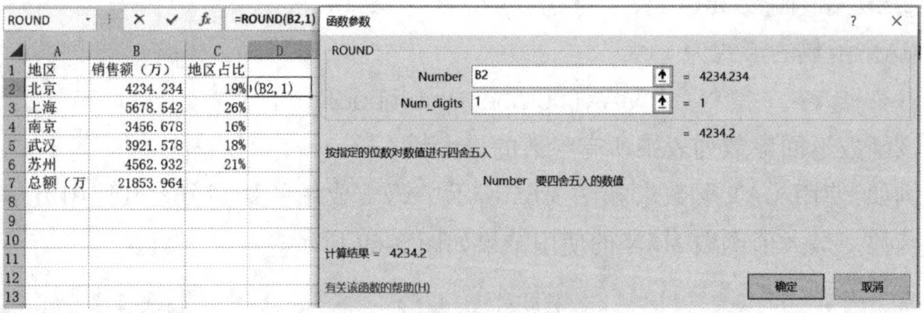

图 3-70　ROUND 函数的使用

② 计数函数 COUNT。

COUNT 函数的形式为

COUNT(value1,value2,…)

该函数返回单元格内数据的个数。COUNT 函数在计数时,将数值型的数字计算进去,但错误值、空值、逻辑值、文字则被忽略。

如图 3-71 所示,如果要在 B8 单元格中获知 B2:B7 区域包含多少位同学的语文成绩,就可以用"=COUNT(B2:B7)"来统计,结果为 6。

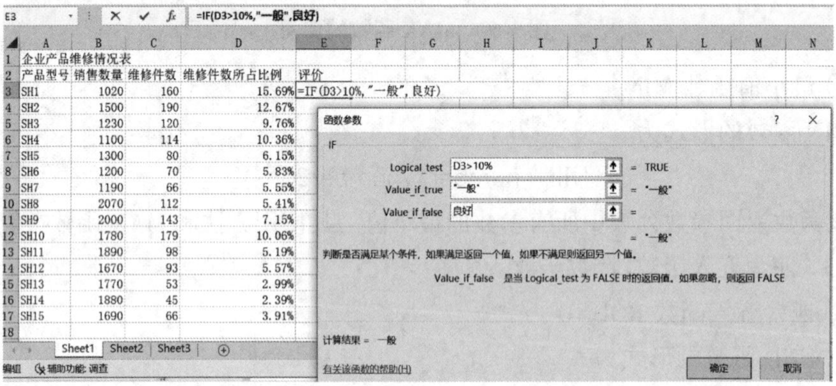

图 3-71　COUNT 函数的使用

(4) 有条件填充函数 IF

Excel 中的逻辑函数执行真假值判断,根据逻辑计算的真假值返回不同结果。用户可以使用 IF 函数对数值和公式进行条件检测。

IF 函数的形式为

IF(logical_test,value_if_true,value_if_false)

其中,logical_test 表示计算结果为"TRUE"或"FALSE"的任意值或表达式;value_if_true 表示 logical_test 为"TRUE"时返回的值;value_if_false 表示 logical_test 为"FALSE"时返回的值。

下面举例说明 IF 函数的使用方法。

如图 3-72 所示,根据维修件数所占比例来判定填充评价列的值。

条件是：当维修件数所占比例大于10%时，对应评价列填写“一般”，否则为“良好”。

Step 1　选中E3单元格，单击公式编辑栏中的“插入函数”按钮 *fx* ，在弹出的“插入函数”对话框中选择“IF”函数，打开“函数参数”对话框。

Step 2　在Logical_test的参数文本框中，首先单击表格中的D3单元格，D3单元格的地址就自动显示在参数文本框中，然后手动输入后面的“>10%”。

Step 3　在Value_if_true的参数文本框中输入“一般”，在Value_if_false的参数文本框中输入“良好”，然后单击“确定”按钮。

Step 4　双击E3单元格的十字填充柄即可完成E4:E17单元格区域的填充。

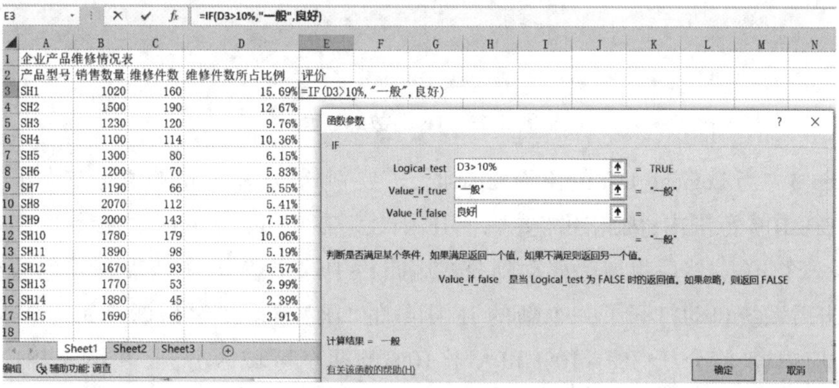

图3-72　IF函数的使用

小贴士

① 在“函数”参数对话框中的所有符号一定要在英文半角字符状态下输入。

② Logical_test参数对话框中引用的单元格地址可以直接在表中选取，也可以手动输入。

③ 在Value_if_true和Value_if_false参数对话框中输入汉字后系统会自动添加双引号，用户只需输入内容即可。

另外，IF函数还可以嵌套使用，在Excel中最多允许嵌套7个IF函数。

在上例中，如果E列中的填充要求进一步细化，例如，要求维修件数所占比例≤3%，评价为优秀；所占比例为3%~10%，评价为良好；所占比例大于10%，评价为一般，则操作步骤如下。

Step 1　选中结果单元格E3，单击公式编辑栏中的“插入函数”按钮 *fx* ，在弹出的“插入公式”对话框中选择“IF”函数，打开“函数参数”对话框。

Step 2　在Logical_test的参数文本框中，首先单击表格中的D3单元格，D3单元格的地址自动显示在参数文本框中，然后手动输入后面的“<=3%”，在Value_if_true的参数文本框中输入“优秀”，当D3≤3%这个结果为真时，直接填充“优秀”结果，也就是Value_if_true中填写的内容。IF函数的嵌套如图3-73所示。

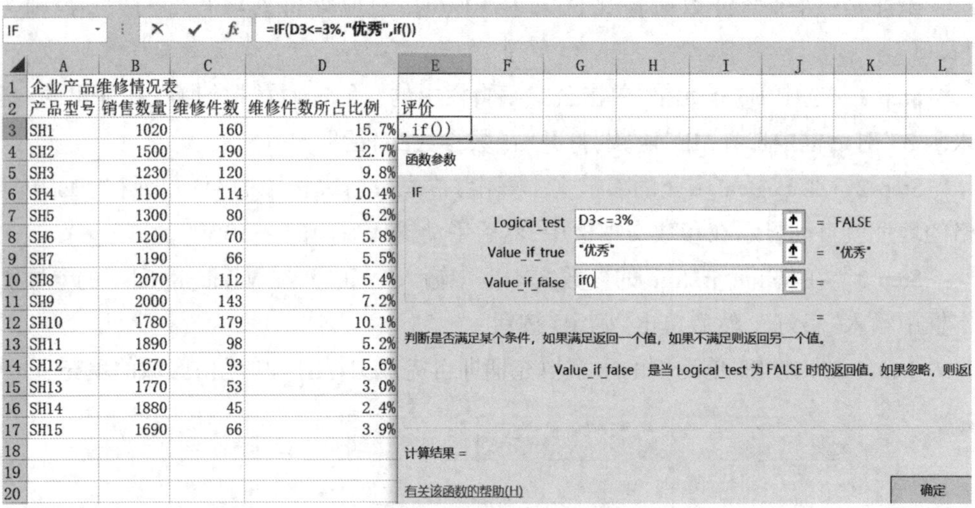

图 3-73　IF 函数的嵌套

Step 3　当 Logical_test 的值为 false 时，需要判断 D3 单元格的值是在大于 10%还是在 3%～10%范围内，因此还需要一个 IF 函数。在 Value_if_false 的参数文本框中手动输入一个 if( )，然后将鼠标移动到公式编辑栏中这个空 IF 函数带有颜色的空括号里，单击后系统自动打开了一个新的 IF 函数的"函数参数"对话框。如图 3-74 所示输入对应内容，将介于 3%～10%和大于 10%的两个区域区分开，并填充相应内容。单击"确定"按钮后就可以完成两个 IF 函数的嵌套操作。多个 IF 函数的嵌套操作也是以此类推。操作原则是每使用一个 IF 函数将一个确定项找出来，后面的继续用 IF 函数进一步判断，直到最后只有两种情况时结束。

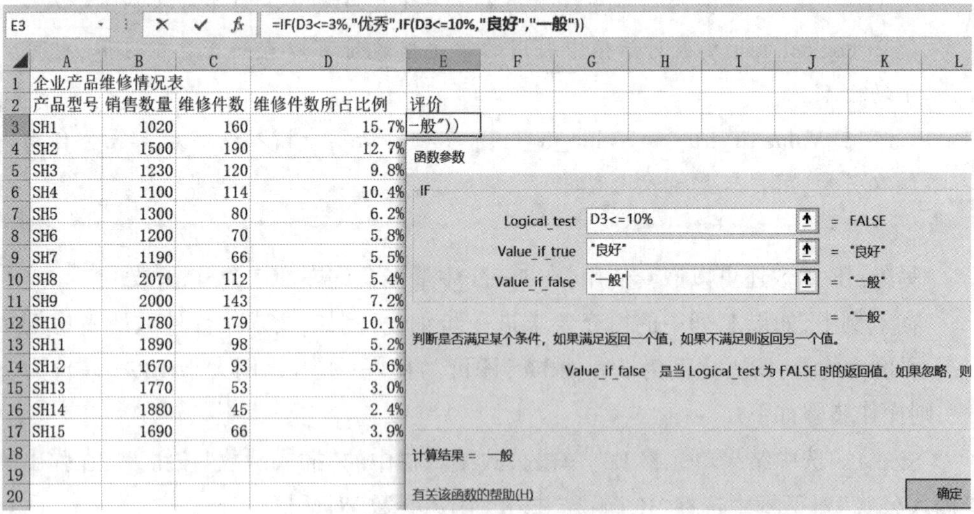

图 3-74　嵌入第二个 IF 函数

小贴士

当在 IF 函数中嵌套第 2 个 IF 函数时，除了在 Value_is_false 的参数文本框中直接输入一个 if( )，还可以将鼠标插入点放在第一个 IF 函数的 Value_is_false 参数文本框中，然后单击地址栏的下拉按钮选择 IF 函数，这样系统就直接跳转到新的 IF 函数的“函数参数”对话框中，如图 3-75 所示。

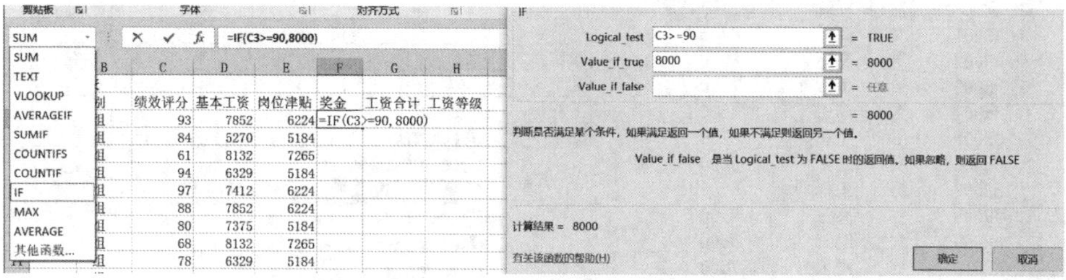

图 3-75　嵌入 IF 函数的便捷操作

(5) 有条件计数函数 COUNTIF

COUNTIF 函数用于统计某单元格区域中满足给定条件的单元格个数。简单地说，就是在一定区域中统计某一类的个数。用户在使用该函数时要确定两个参数，一个是统计区域，另一个是统计类别。

COUNTIF 函数的形式为

COUNTIF(range, criteria)

其中，range 表示要进行统计计数的区域，criteria 参数是用于确定在选中区域中统计的类别。

如图 3-76 所示，在 G5:G7 单元格区域中分类统计表中职称分别为高工、工程师、助工的职工人数。

	A	B	C	D	E	F	G	H
2	职工号	性别	职称	基本工资（元）				
3	HR001	女	高工	8700				
4	HR002	男	高工	8200		职称	人数	基本工资平均值（元）
5	HR003	男	工程师	7100		高工		
6	HR004	男	高工	8500		工程师		
7	HR005	男	工程师	6500		助工		
8	HR006	女	助工	5600				
9	HR007	男	工程师	6700				
10	HR008	女	高工	8100				
11	HR009	女	助工	4600				
12	HR010	男	高工	7800				
13	HR011	女	工程师	6500				
14	HR012	男	高工	8700				
15	HR013	男	工程师	6300				
16	HR014	女	工程师	6100				
17	HR015	女	高工	8200				
18	HR016	男	高工	8500				
19	HR017	女	工程师	6900				
20	HR018	男	工程师	7200				
21	HR019	男	助工	5100				
22	HR020	女	工程师	7200				

图 3-76　COUNTIF 函数的使用实例表格

Step 1 选中 G5 为结果单元格,输入“ =cou”,在弹出的函数提示列表(图 3-77)中选中 COUNTIF 函数并双击鼠标,然后单击公式编辑栏中的“插入函数”按钮 *fx*,系统自动打开 COUNTIF 函数的“函数参数”对话框。

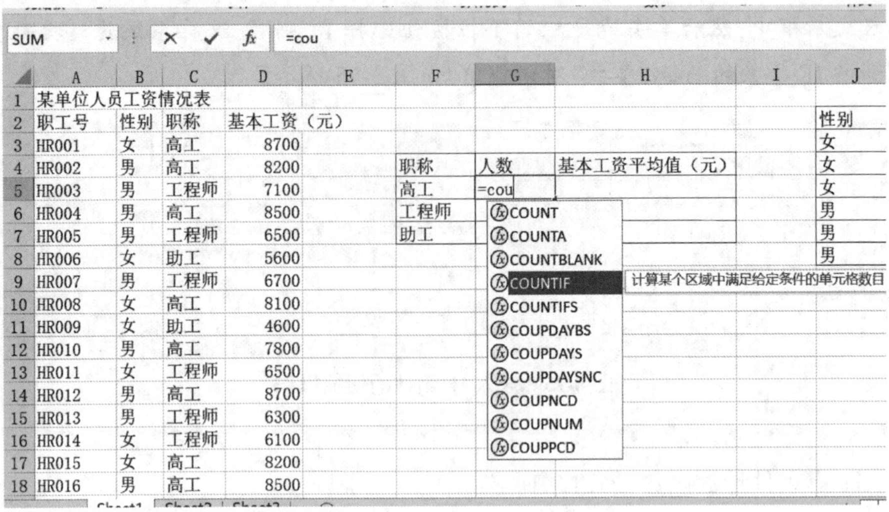

图 3-77　输入 COUNTIF 函数

Step 2 统计范围的确定:用鼠标单击 Range 参数文本框右边的黑色箭头收起“函数参数”对话框,在表中选择 C3:C22 单元格区域,则 Range 参数文本框中显示该区域的地址 C3:C22。因为是在同一个范围内统计各个职称的人数,所以该区域的引用需要使用绝对地址 \$C\$3:\$C\$22(以保证粘贴公式后范围不会改变)。用鼠标选中地址后,按下 F4 功能键完成绝对地址的切换,再用鼠标单击“函数参数”对话框右边的箭头展开对话框(图 3-78)。

Step 3 统计对象的确定:单击 Criteria 参数文本框右边的黑色箭头,在表中选择 F5 单元格,再回到对话框中单击“确定”按钮即可。

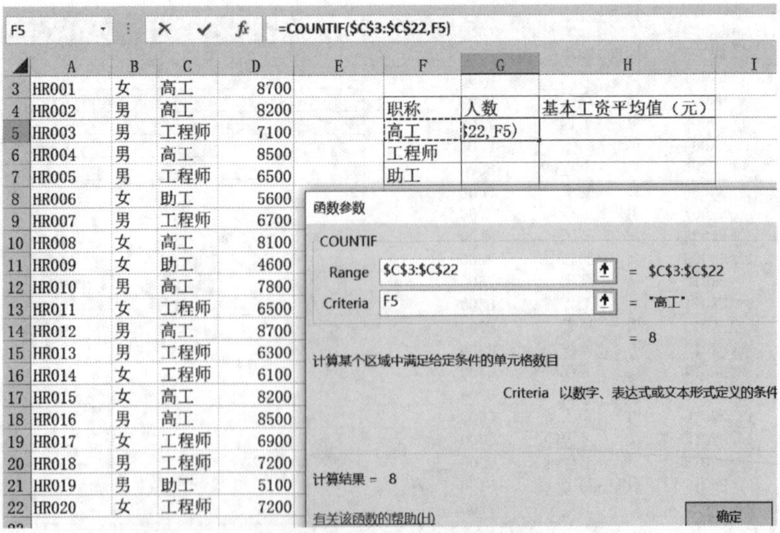

图 3-78　COUNTIF 函数的使用

Step 4 双击 F5 单元格右下角的十字填充柄后，就可以通过粘贴公式来完成 G6、G7 单元格的结果填充。

> **小贴士**
>
> 如果用户只需要统计某一类对象，则可在 Criteria 参数文本框中直接输入，例如“高工”。本任务中，因为还要统计工程师和助工的人数，也就是说 G6 和 G7 是需要粘贴公式的，所以需要在 G5 公式中引用相对地址，以便后面可以粘贴公式来完成工程师和助工人数的统计。

（6）多条件计数函数 COUNTIFS

COUNTIFS 函数的形式为

COUNTIFS(criterial_range1,criteria1,criterial_range2,criteria2,…)

COUNTIFS 函数用于统计一组满足给定条件的单元格个数，最多可以给定 127 个条件。

用户在使用该函数时，只要明确有多少个条件，每个条件对应一个筛选区域即可。注意：选择条件筛选区域时不要将表的字段名选进去。例如，本任务中选择“高工”筛选区域 C3:C22 时不要把“职称”这个字段名选进去。

如图 3-79 所示，在上例给定条件的基础上添加条件“基本工资”。要求在单元格 H4 中统计职称为高工且基本工资大于等于 8500 的职工人数。单元格 H5、H6 中要统计的结果可类推。

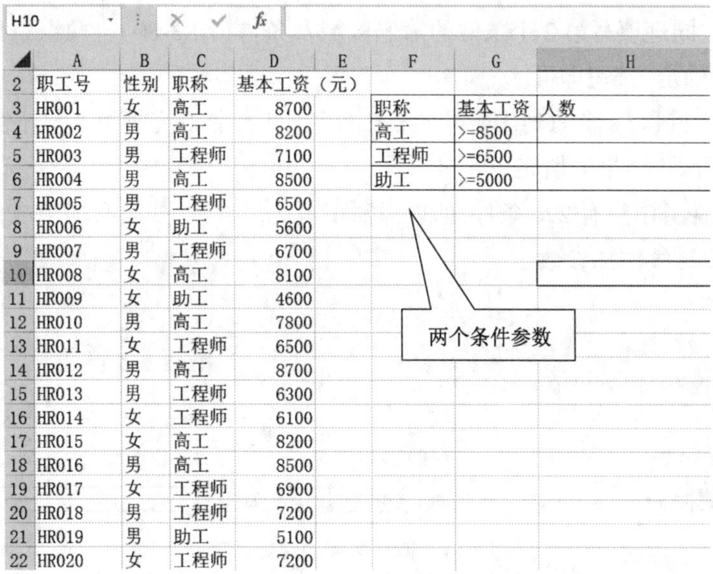

	A	B	C	D	E	F	G	H
2	职工号	性别	职称	基本工资（元）				
3	HR001	女	高工	8700		职称	基本工资	人数
4	HR002	男	高工	8200		高工	>=8500	
5	HR003	男	工程师	7100		工程师	>=6500	
6	HR004	男	高工	8500		助工	>=5000	
7	HR005	男	工程师	6500				
8	HR006	女	助工	5600				
9	HR007	男	工程师	6700				
10	HR008	女	高工	8100				
11	HR009	女	助工	4600				
12	HR010	男	高工	7800				
13	HR011	女	工程师	6500				
14	HR012	男	高工	8700				
15	HR013	男	工程师	6300				
16	HR014	女	工程师	6100				
17	HR015	女	高工	8200				
18	HR016	男	高工	8500				
19	HR017	女	工程师	6900				
20	HR018	男	工程师	7200				
21	HR019	男	助工	5100				
22	HR020	女	工程师	7200				

图 3-79　COUNTIFS 函数的使用实例表格

图 3-76 中的 A2:D22 是要统计数据的区域，F3:H6 是统计数据的条件及结果。

Step 1 选中活动单元格 H4，输入“=cou”，在弹出的函数提示列表中选择 COUNTIFS 函数并双击鼠标，然后单击公式编辑栏中的“插入函数”按钮 *fx*，系统自动打开 COUNTIFS 函数的“函数参数”对话框(图 3-80)。

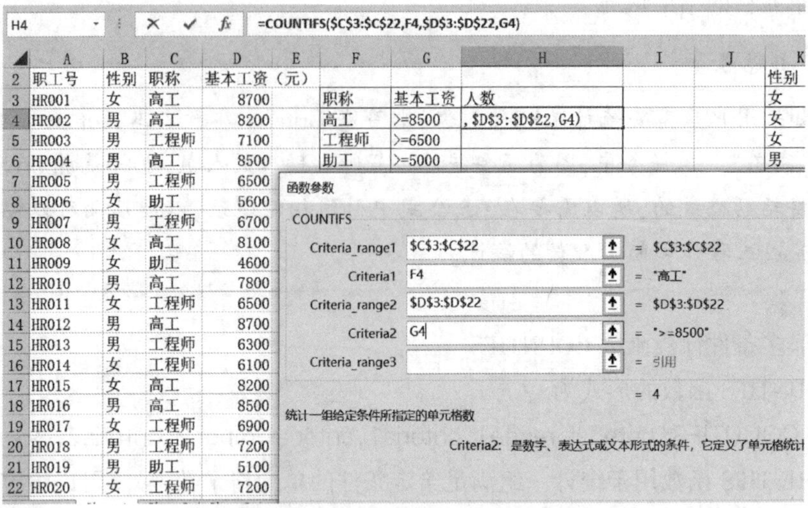

图 3-80　COUNTIFS 函数的使用

Step 2　单击 Criteria_range1 参数文本框右边的黑色箭头,在表中选择“高工”所在的职称列 C3:C22,然后单击回到对话框界面。因为该单元格区域地址在粘贴公式时是固定不变的,所以需要使用绝对地址 $C$3:$C$22。用鼠标选中 C3:C22 单元格区域后,再按下 F4 功能键将相对地址改为绝对地址。

Step 3　Criteria1 引用“高工”所在单元格地址 F4。因为这个值在粘贴公式时需要根据结果单元格位置的改变而改变,所以用相对地址。

Step 4　同理填写第 2 个条件的筛选区域及条件(图 3-80)。两组条件都填写完成后,单击“确定”按钮即可。

Step 5　将鼠标移动到 H4 单元格右下角的十字填充柄并双击,就能完成如图 3-81 所示两个结果的填充。

因为本任务中只有 2 个条件,所以只需填写 2 组参数,如果有 3 个或 3 个以上条件,用户可以继续添加参数。

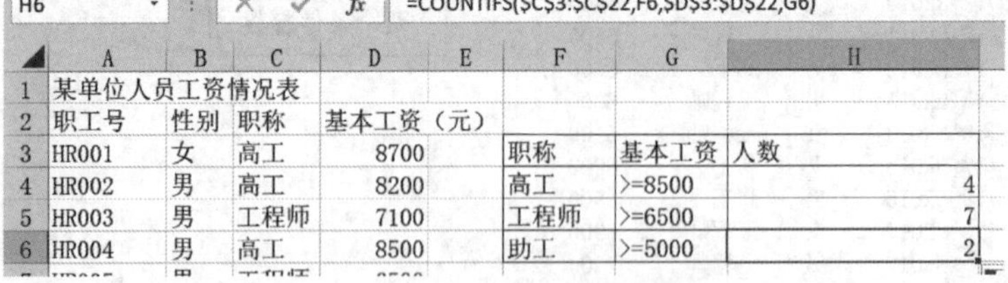

图 3-81　两个条件的统计结果

(7) 条件求和函数 SUMIF

SUMIF 函数有 3 个参数。SUMIF 函数的形式为

SUMIF(range,criteria,sum_range)

其中,range 为条件区域,表示需要进行条件判断的单元格区域,用户可在这个区域中

确定哪些单元格满足特定条件;criteria 表示确定哪些单元格将被相加的条件,可以是数值、文本、表达式等;sum_range 为求和范围,表示实际要进行求和计算的单元格区域。

如图 3-82 所示,左边是某企业年度产品销售情况表,在右边的表格中需要分别统计三种产品的销售额。

	A	B	C	D	E	F	G	H
1	某企业年度产品销售情况表							
2	销售组	产品名称	销售数量	单价	销售额			
3	A组	东12	46	246	11316			
4	A组	西32	85	423	35955		产品名称	销售额
5	A组	南65	128	127	16256		东12	
6	B组	东12	67	246	16482		西32	
7	B组	西32	76	423	32148		南65	
8	B组	南65	121	127	15367		总计	
9	C组	东12	55	246	13530			
10	C组	西32	91	423	38493			
11	C组	南65	98	127	12446			

图 3-82　SUMIF 函数的使用实例表格

Step 1　选中活动单元格 H5,输入“=su”,在弹出的函数提示列表中选择 SUMIF 函数并双击鼠标,然后单击公式编辑栏中的“插入函数”按钮 fx ,系统自动打开 SUMIF 函数的“函数参数”对话框。

Step 2　该函数有 3 个参数文本框,第 1 个参数是要找到所有产品名称所在的区域。单击按钮缩小参数对话框,在表格中选中 B3:B11 单元格区域,再次单击展开参数对话框,按下 F4 功能键将 B3:B11 的地址改为绝对地址 $B$3:$B$11。

Step 3　第 2 个参数在右边表中已经列出。这里选择第一个产品“东 12”所在单元格地址 G5。

Step 4　第 3 个参数就是要统计的区域。这里选择所有销售额区域,同样要将选中区域单元格的地址改为绝对地址(图 3-83)。

Step 5　单击“确定”按钮,就能将产品“东 12”的销售额计算出来,然后用鼠标拖拉 H5 右下角的十字填充柄就可以将如图 3-83 所示的另两种产品的销售额统计出来。

	A	B	C	D	E	F	G	H	I
1	某企业年度产品销售情况表								
2	销售组	产品名称	销售数量	单价	销售额				
3	A组	东12	46	246	11316				
4	A组	西32	85	423	35955		产品名称	销售额	所占百分比
5	A组	南65	128	127	16256		东12	$E$11)	
6	B组	东12	67	246	16482		西32		
7	B组	西32	76	423	32148		南65		
8	B组	南65	121	127	15367		总计		
9	C组	东12	55	246	13530				
10	C组	西32	91	423	38493				
11	C组	南65	98	127	12446				

图 3-83　SUMIF 函数的使用

（8）单一条件求平均值函数 AVERAGEIF

单一条件求平均值函数有 3 个参数,AVERAGEIF 函数的形式为

AVERAGEIF(range,criteria,average_range)

其中,range 是要基于其指定条件的单元格范围;criteria 用于确定要包括哪些单元格进行平均值计算的条件,可以是数值、表达式、文本等;average_range 是要计算平均值的实际单元格范围。

如图 3-84 所示,按右边表格中的条件统计三种职称的基本工资平均值。

H4

	A	B	C	D	E	F	G	H
2	职工号	性别	职称	基本工资（元）				
3	HR001	女	高工	8700		职称	人数	基本工资平均值（元）
4	HR002	男	高工	8200		高工	8	
5	HR003	男	工程师	7100		工程师	9	
6	HR004	男	高工	8500		助工	3	
7	HR005	男	工程师	6500				
8	HR006	女	助工	5600				
9	HR007	男	工程师	6700				
10	HR008	女	高工	8100				
11	HR009	女	助工	4600				
12	HR010	男	高工	7800				
13	HR011	女	工程师	6500				
14	HR012	男	高工	8700				
15	HR013	男	工程师	6300				
16	HR014	女	工程师	6100				
17	HR015	女	高工	8200				
18	HR016	男	高工	8500				
19	HR017	女	工程师	6900				
20	HR018	男	工程师	7200				
21	HR019	男	助工	5100				
22	HR020	女	工程师	7200				

图 3-84　AVERAGEIF 函数的使用实例表格

Step 1　选中活动单元格 H4,输入“ =aver”,在输入过程中可以看到输入位置下方出现函数提示列表,双击其中的 AVERAGEIF 函数,H4 单元格的显示内容如图 3-85 所示。再单击公式编辑栏中的“插入函数”按钮 fx ,系统自动打开对应的“函数参数”对话框。

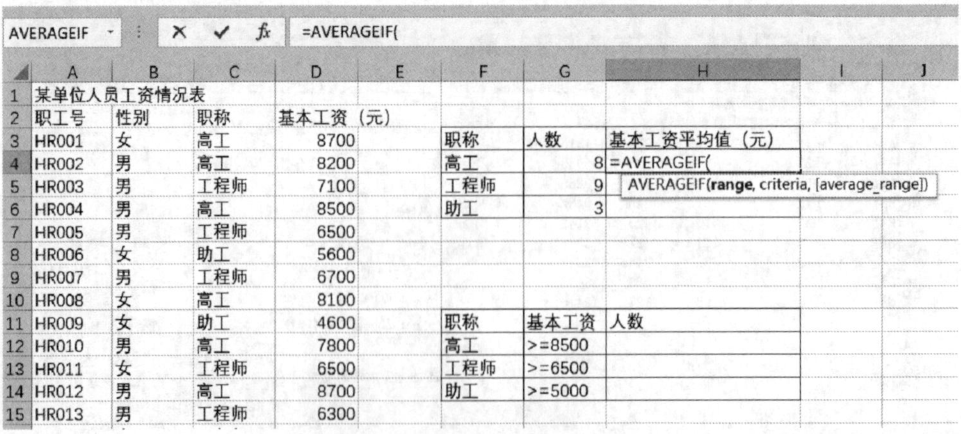

AVERAGEIF　=AVERAGEIF(

	A	B	C	D	E	F	G	H	I	J
1	某单位人员工资情况表									
2	职工号	性别	职称	基本工资（元）						
3	HR001	女	高工	8700		职称	人数	基本工资平均值（元）		
4	HR002	男	高工	8200		高工	8	=AVERAGEIF(		
5	HR003	男	工程师	7100		工程师	9	AVERAGEIF(**range**, criteria, [average_range])		
6	HR004	男	高工	8500		助工	3			
7	HR005	男	工程师	6500						
8	HR006	女	助工	5600						
9	HR007	男	工程师	6700						
10	HR008	女	高工	8100						
11	HR009	女	助工	4600		职称	基本工资	人数		
12	HR010	男	高工	7800		高工	>=8500			
13	HR011	女	工程师	6500		工程师	>=6500			
14	HR012	男	高工	8700		助工	>=5000			
15	HR013	男	工程师	6300						

图 3-85　快捷方式打开函数

注意:输入“=”时一定要用英文半角模式。在中文模式下输入“=”是不会出现函数提示列表的。

Step 2 参照 SUMIF 函数中 3 个参数的填写的方法来填写 AVERAGEIF 函数中 3 个参数的内容(图 3-86),单击“确定”按钮即可。H5:H6 单元格区域的填充双击十字填充柄就可以完成。

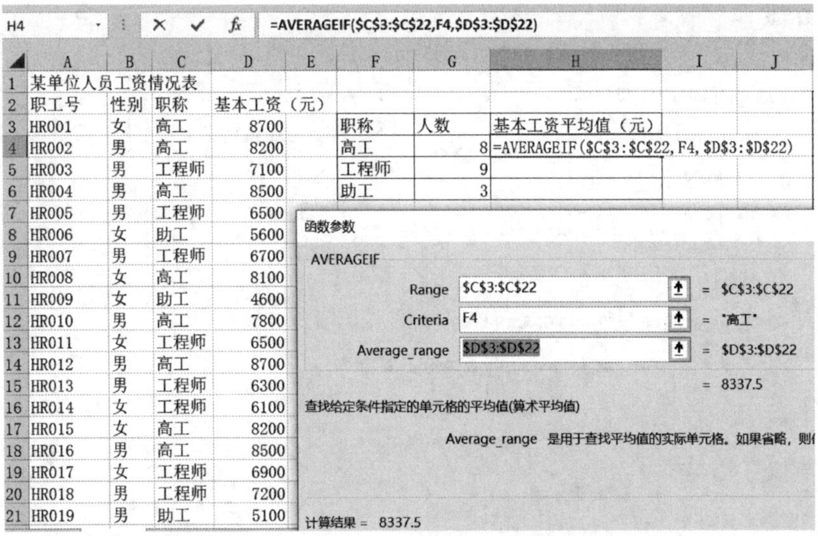

图 3-86 AVERAGEIF 函数的使用

(9) 多条件求平均值函数 AVERAGEIFS

AVERAGEIFS 函数的形式为

AVERAGEIFS(average_range, criteria_range1, criteria1, criteria_range2, criteria2,…)

如图 3-87 所示,在图中右边表格统计对应条件职工的基本工资平均值。

图 3-87 AVERAGEIFS 函数使用的实例表格

Step 1 选中活动单元格 H3,输入“ =Aver”,在下方函数提示列表中选择 AVERAGEIFS 函数并双击鼠标,再单击公式编辑栏中的“插入函数”按钮 fx ,系统自动打开对应的“函数参数”对话框,按要求分别填入对应的内容(图 3-88)。因为本任务中有两个条件需要筛选,所以除了需要提供求平均值区域外,还需要填写两个条件的筛选区域和条件。完成后单击“确定”按钮即可。

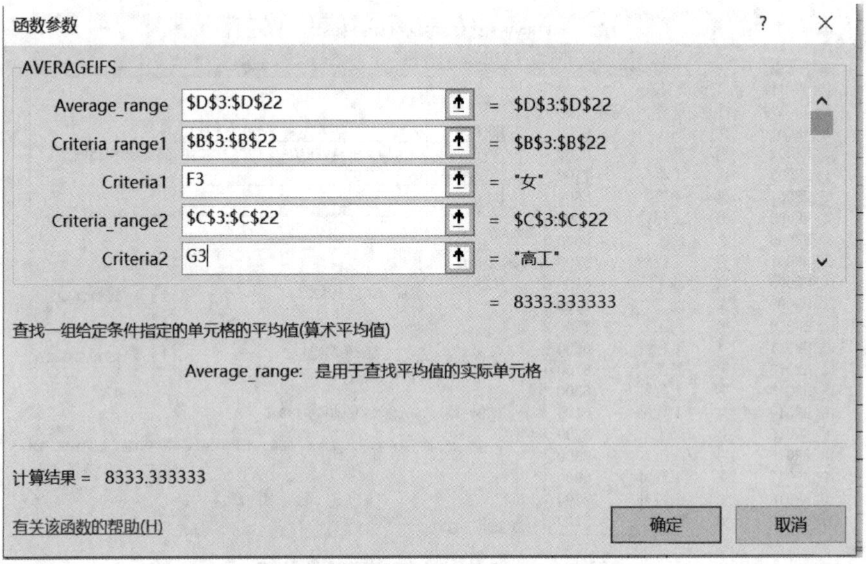

图 3-88 AVERAGEIFS 函数的参数说明

Step 2 利用十字填充柄向下填充即可完成 H4:H8 的数据统计,结果如图 3-89 所示。

H3 =AVERAGEIFS($D$3:$D$22,$B$3:$B$22,F3,$C$3:$C$22,G3)

	A	B	C	D	E	F	G	H
2	职工号	性别	职称	基本工资（元）		性别	职称	基本工资平均值（元）
3	HR001	女	高工	8700		女	高工	8333
4	HR002	男	高工	8200		女	工程师	6675
5	HR003	男	工程师	7100		女	助工	5100
6	HR004	男	高工	8500		男	高工	8340
7	HR005	男	工程师	6500		男	工程师	6760
8	HR006	女	助工	5600		男	助工	5100
9	HR007	男	工程师	6700				
10	HR008	女	高工	8100				
11	HR009	女	助工	4600				
12	HR010	男	高工	7800				
13	HR011	女	工程师	6500				
14	HR012	男	高工	8700				
15	HR013	男	工程师	6300				
16	HR014	女	工程师	6100				
17	HR015	女	高工	8200				
18	HR016	男	高工	8500				
19	HR017	女	工程师	6900				
20	HR018	男	工程师	7200				
21	HR019	男	助工	5100				
22	HR020	女	工程师	7200				

图 3-89 多条件求平均值结果显示

(10) 多条件求和函数 SUMIFS

SUMIFS 函数的形式为

SUMIFS(sum_range,criteria_range1,criteria1,criteria_range2,criteria2,…)

SUMIFS 函数的参数列表与 AVERAGEIFS 函数的参数列表相似,所以两者的使用方法也非常相似,只须将求平均值改为求和就可以了,此处不再赘述。

(11) 垂直查找函数 VLOOKUP

Excel 中,VLOOKUP 函数主要用于在表格或数据区域中按列查找数据,并返回该值在数据表中指定列的对应值。VLOOKUP 函数是 Excel 中常用且实用的函数,能大大提高数据处理和分析的效率。

VLOOKUP 函数的形式为

VLOOKUP(lookup_value,table_array,col_index_num,range_lookup)

VLOOKUP 函数中有 4 个参数,参数说明见表 3-2。

表 3-2 VLOOKUP 函数的参数说明

参数	简单说明	输入数据的类型
lookup_value	已知查找值	单元格引用或一个常量
table_array	能查到匹配项的区域(一般将已知查找值作为第 1 列)	数据表区域(包含已知查找值和返回值所在列)
col_index_num	要找的数据在查找区域的第几列	正整数
range_lookup	模糊匹配/精确匹配	true/false(或不填)

下面举例说明 VLOOKUP 函数的使用方法。如图 3-90 所示,根据企业产品维修情况表查找图中右边表格的数据。

	A	B	C	D	E	F	G	H	I
1			企业产品维修情况表						
2	序号	产品型号	销售数量	维修件数	维修件数所占比例				
3	1	SH1	1020	160	15.7%		产品型号	销售数量	维修件数所占比例
4	2	SH2	1500	190	12.7%		SH4		
5	3	SH3	1230	120	9.8%		SH7		
6	4	SH4	1100	114	10.4%		SH12		
7	5	SH5	1300	80	6.2%				
8	6	SH6	1200	70	5.8%				
9	7	SH7	1190	66	5.5%				
10	8	SH8	2070	112	5.4%				
11	9	SH9	2000	143	7.2%				
12	10	SH10	1780	179	10.1%				
13	11	SH11	1890	98	5.2%				
14	12	SH12	1670	93	5.6%				
15	13	SH13	1770	53	3.0%				
16	14	SH14	1880	45	2.4%				
17	15	SH15	1690	66	3.9%				

图 3-90 VLOOKUP 函数使用的实例表格

Step 1 如图 3-91 所示,选中 H4 单元格,输入“=v”,在弹出的函数提示列表中选择 VLOOKUP 函数并双击鼠标,然后单击公式编辑栏中的“插入函数”按钮 *fx*,系统自动打开“函数参数”对话框(图 3-92)。

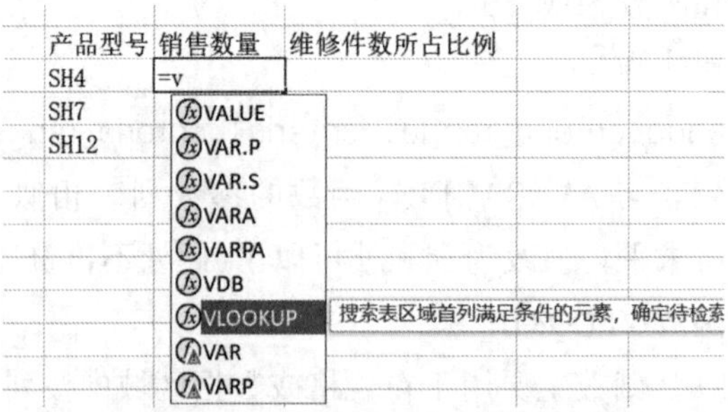

图 3-91 快捷开启 VLOOKUP 函数

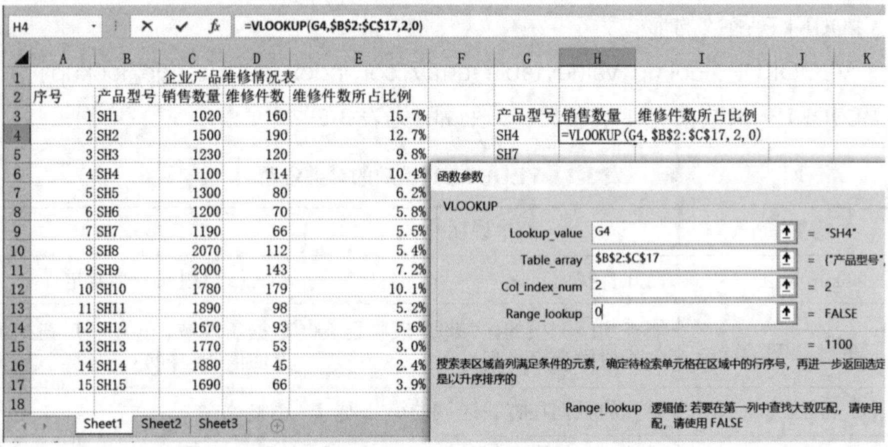

图 3-92 VLOOKUP“函数参数”对话框

Step 2 在第 1 个参数文本框中要输入已知查找值,这里引用 G4 单元格,表示要找产品编号为 SH4 的匹配项。

Step 3 第 2 个参数是在对照表中找到产品型号和销售数量所在的区域。这里首先选中表中的 B2:C17 单元格区域(将产品型号作为第 1 列),如图 3-93 中框线标注的部分(注意:这里的列名也要包含在里面)。然后通过 F4 功能键,将地址切换成绝对地址 $B$2:$C$17。

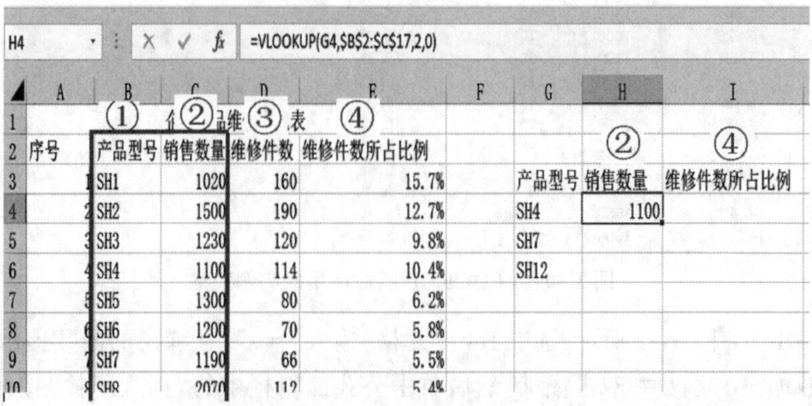

图 3-93 确定 VLOOKUP 函数的第 2、3 个参数

小贴士

① 在选择这个区域时，要将已知项“产品型号”列作为该区域的第 1 列，后面只要包括需要匹配结果的列即可。

② 因为需要向下复制公式，查找 SH7、SH12 对应的区域都是同一个公式，所以选择的区域范围要使用绝对地址。

Step 4 第 3 个参数要明确结果单元格所在列“销售数量”在第 2 个参数选择的区域里是第几列。本任务中“销售数量”是框选区域的第 2 列，所以输入“2”。

Step 5 第 4 个参数要确定是精确匹配还是模糊匹配。如果是精确匹配，则可以输入数字“0”，或者输入字符“false”；如果是模糊匹配，则输入“true”，或者缺省，什么都不填。

Step 6 4 个参数都填好后，只须单击对话框中的“确定”按钮即可。然后向下拖拉 H4 单元格的十字填充柄就可以完成 H5 和 H6 单元格的填充。

如果用粘贴公式的方法完成 H5:H6 产品型号的“销售数量”匹配后，那么“维修件数所占比例”列是不是可以用粘贴公式的方式来完成呢？答案是不可以。因为“维修件数所占比例”的 VLOOKUP 函数查找有两个参数无法粘贴，其一是 table_array 参数，其区域不同。这里要选择 \$B\$2:\$E\$17。其二是 col_index_num 参数，因为“维修件数所占比例”列在 \$B\$2:\$E\$17 区域中是第 4 列，所以在公式中，该参数的值要填“4”，而不是之前的“2”。若用粘贴 H4 的公式方式来填充 I4:I6，公式中的“2”不会自动改为“4”，则会出错。

要完成“维修件数所占比例”这列的匹配，应先在 I4 单元格中再次输入公式（图 3-94），然后向下填充公式。

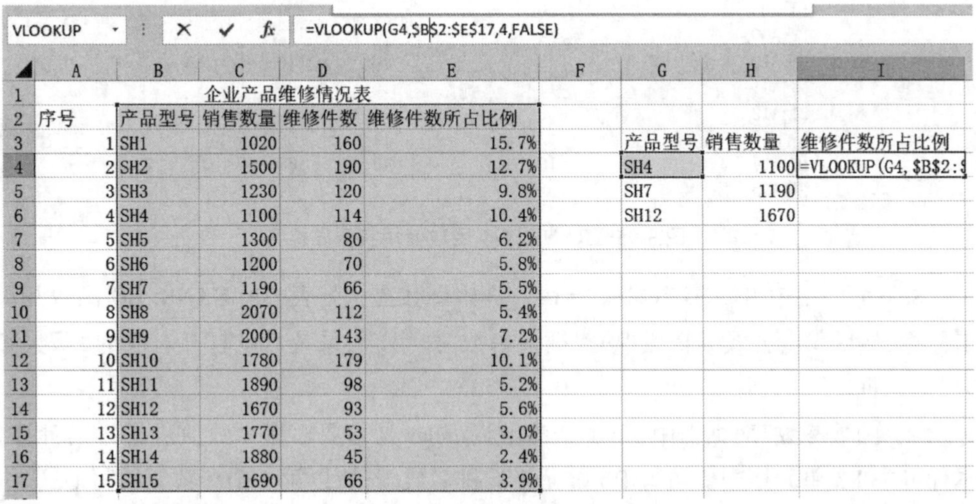

	A	B	C	D	E	F	G	H	I
1		企业产品维修情况表							
2	序号	产品型号	销售数量	维修件数	维修件数所占比例				
3	1	SH1	1020	160	15.7%		产品型号	销售数量	维修件数所占比例
4	2	SH2	1500	190	12.7%		SH4	1100	=VLOOKUP(G4, $B$2:$
5	3	SH3	1230	120	9.8%		SH7	1190	
6	4	SH4	1100	114	10.4%		SH12	1670	
7	5	SH5	1300	80	6.2%				
8	6	SH6	1200	70	5.8%				
9	7	SH7	1190	66	5.5%				
10	8	SH8	2070	112	5.4%				
11	9	SH9	2000	143	7.2%				
12	10	SH10	1780	179	10.1%				
13	11	SH11	1890	98	5.2%				
14	12	SH12	1670	93	5.6%				
15	13	SH13	1770	53	3.0%				
16	14	SH14	1880	45	2.4%				
17	15	SH15	1690	66	3.9%				

图 3-94　I4 单元格公式输入

小贴士

① Excel 中为用户提供了应用一次函数完成两列的匹配的方法,只是需要在公式中嵌套 MATCH 函数。

② 在 H4 单元格中输入公式"=VLOOKUP($G4,$B$2:$E$17,0),MATCH(I$3,$B$2:$E$2,0)"就可以用粘贴公式的方法将所有需要匹配的单元格数据进行公式粘贴。这里用到了 MATCH 函数以及混合地址的引用。

(12) 数值排名函数 RANK. EQ

在 Excel 中,RANK. EQ 函数用于返回一个数字在一组数字中的排名。

RANK. EQ 函数的形式为

RANK. EQ(number,ref,order)

其中,number 表示要查找其排名的数字;ref 表示要在其中查找排名的数字列表;order 表示一个指定数字排位方式的数字。如果 order 为 0 或省略,则按降序排名(即最大值排名为 1);如果 order 为 1,则按升序排名(即最小值排名为 1)。

下面举例说明这个函数的使用方法。如图 3-95 所示,完成成绩排名。

E3

	A	B	C	D	E
1	某班英语选择题成绩统计表(单位:道)				
2	学号	单选题数(2分/道)	多选题数(4分/道)	成绩(分)	成绩排名
3	A01	12	10	64	
4	A02	11	14	78	
5	A03	17	11	78	
6	A04	13	7	54	
7	A05	18	8	68	
8	A06	9	12	66	
9	A07	15	13	82	
10	A08	10	9	56	
11	A09	14	11	72	
12	A10	8	10	56	
13	A11	11	16	86	
14	A12	9	14	74	
15	A13	12	11	68	
16	A14	10	12	68	
17	A15	8	17	84	

图 3-95 RANK. EQ 函数使用实例表格

Step 1 在 E3 单元格中输入"=ra",选中函数提示列表中的 RANK. EQ 函数并双击鼠标,然后单击公式编辑栏中的"插入函数"按钮 fx,系统自动打开对应的"函数参数"对话框。

在"函数参数"对话框中,第 1 个参数 number 是指要对哪个数值进行排名计算。本任务中 E3 单元格中要填写 D3 单元格的排名成绩,所以第 1 个参数要填写 D3。

Step 2 第 2 个参数 ref 是指排序参照范围,也就是 number 要在哪个区域里排序。本任务中就是成绩列,所以要填写 D3:D17,考虑到后面复制公式时,虽然第 1 个参数在移动,但排序区域都是一样的,所以这里要用绝对引用,选中 ref 中的 D3:D17

用 F4 功能键切换为绝对地址 $D$3：$D$17。

Step 3　第 3 个参数 order 是可选项，用于确定是降序还是升序。当该参数值为空或者填入 0 时，会默认按降序排列；若将这个参数值修改为 1，则会按升序排列。本任务中可以不填该参数，默认降序排列。

Step 4　如图 3-96 所示填好参数后，单击“确定”按钮即可。接下来只要双击 E3 单元格右下角的十字填充柄就可以向下填充后面的数据。从图中可以看到，两个成绩为 78 分的排名都是第 4 名，但第 5 名就没有了，下一个顺序就是第 6 名。

	A	B	C	D	E
1	某班英语选择题成绩统计表(单位:道)				
2	学号	单选题数(2分/道)	多选题数(4分/道)	成绩(分)	成绩排名
3	A01	12	10	64	:$D$17)
4	A02	11	14	78	4
5	A03	17	11	78	4
6	A04	13	7	54	15
7	A05	18	8	68	8
8	A06	9	12	66	11
9	A07	15	13	82	3
10	A08	10	9	56	13
11	A09	14	11	72	7
12	A10	8	10	56	13
13	A11	11	16	86	1
14	A12	9	14	74	6
15	A13	12	11	68	8
16	A14	10	12	68	8
17	A15	8	17	84	2

图 3-96　RANK. EQ 函数的使用

（13）文本处理函数 TEXT

TEXT 函数的形式为

$$\text{TEXT(value,format\_text)}$$

其中，value 为数值、计算结果为数字值的公式，或对包含数字值的单元格的引用；format_text 为“设置单元格格式”对话框中“数字”选项卡“分类”选项栏中的文本形式的数字格式。

下面举例说明 TEXT 函数的使用方法。如图 3-97 所示，利用“日期”列的数值和 TEXT 函数，计算出“年份”列的内容（将年显示为四位数字）和“月份”列的内容（将月显示为不带前导零的数字）。

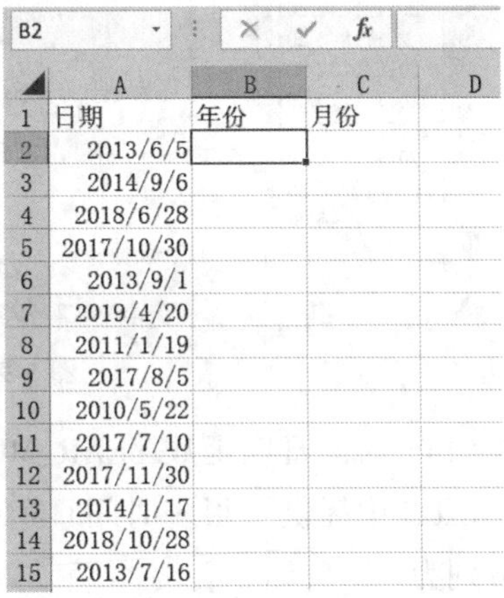

	A	B	C	D
1	日期	年份	月份	
2	2013/6/5			
3	2014/9/6			
4	2018/6/28			
5	2017/10/30			
6	2013/9/1			
7	2019/4/20			
8	2011/1/19			
9	2017/8/5			
10	2010/5/22			
11	2017/7/10			
12	2017/11/30			
13	2014/1/17			
14	2018/10/28			
15	2013/7/16			

图 3-97　TEXT 函数的使用实例表格

Step 1　在 B2 单元格中输入“ =te”，在函数提示列表中选择 TEXT 函数并双击鼠标，然后单击公式编辑栏中的“插入函数”按钮 *fx*，系统自动打开对应的“函数参数”对话框。如图 3-98 所示填写对应的参数，其中，Format_text 参数文本框中的“yyyy”格式表示用四位数字年份表示格式。最后单击“确定”按钮即可，B3：B15 单元格区域利用粘贴公式的方式填充结果。

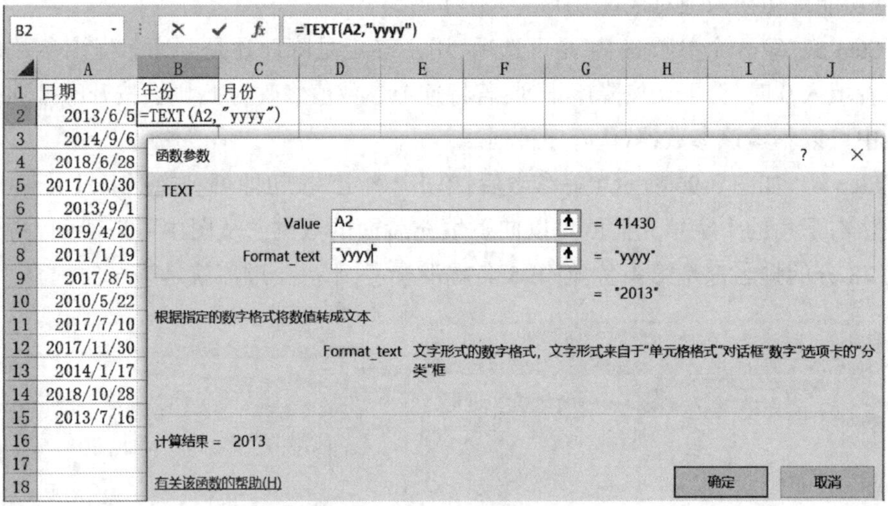

图 3-98　TEXT 函数的使用 1

Step 2　同 Step 1 的操作方法,在 TEXT 函数的“函数参数”对话框中填入如图 3-99 所示的参数,单击“确定”按钮,下方单元格利用粘贴公式即可完成填充。

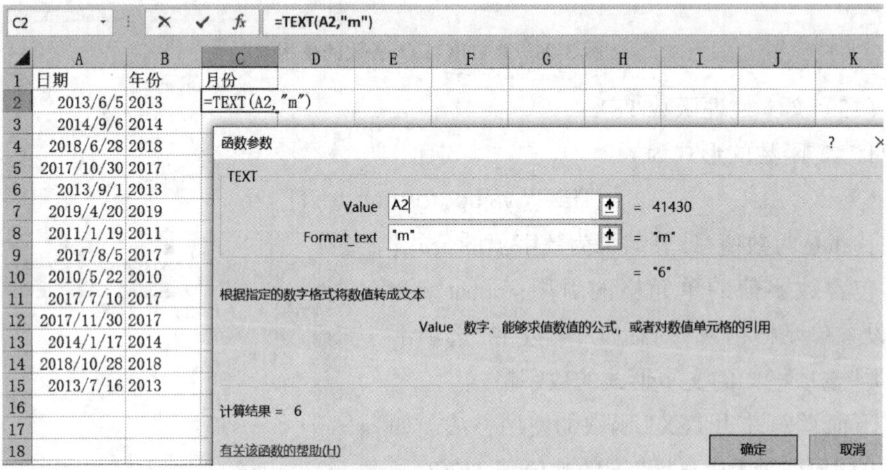

图 3-99　TEXT 函数的使用 2

(14) 时间日期函数 YEAR、MONTH、DAY

Excel 中提供了很多时间日期函数,常用的有 YEAR、MONTH 和 DAY,其函数形式分别为

YEAR(serial_number)

month(serial_number)

DAY(serial_number)

这 3 个函数可以对日期分别取对应的年、月、日(图 3-100)。

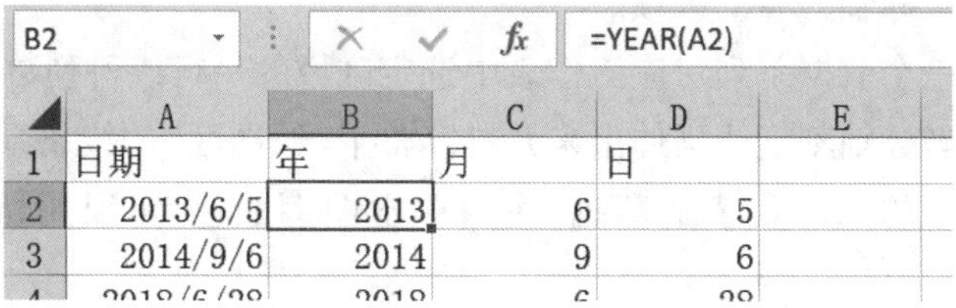

图 3-100　时间日期函数的使用

3.9　使用图表

Excel 的图表功能可以将数据直观地呈现出来，帮助用户更好地理解和分析数据。Excel 有很强的内置图表功能，可以很方便地创建各种图表。常用的图表有柱形图、折线图、饼图、条形图、面积图和散点图。

Excel 的图表可以作为对象插入数据所在的工作表，也可以插入一个新工作表。

所有的图表都依赖于生成它的工作表数据，当数据发生改变时，图表也会随之做出相应的改变。

【任务 1】认识图表的组成

图表的主要构成部分如图 3-101 所示。下面简单介绍图表的各个组成部分。

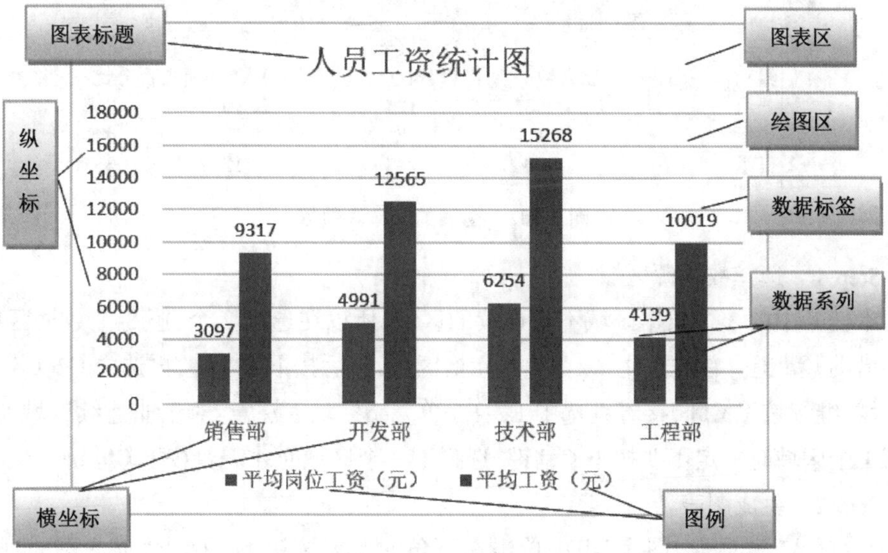

图 3-101　Excel 图表的组成

图表标题：描述图表的名称。默认在图表的顶端，可以省略。用户单击图表标题所在的文本框可以对其进行修改。

图表区：整个图表所在的背景区域。默认颜色为白色，用户可以进行调整与改变。

绘图区:以坐标轴为界的区域。

数据系列:一个数据系列对应工作表中选定区域的一行或一列数据。

网格线:从坐标轴刻度线延伸出来并贯穿整个“绘图区”的线条系列,可以省略。

图例:图表中的图形代表的数据,用户单击图例颜色,可以用所需的颜色显示数据。

纵坐标:在垂直方向上的 Y 轴。纵坐标轴上面有刻度线、刻度标签。鼠标右击纵坐标轴选择“设置坐标轴格式”命令,在弹出的“设置坐标轴格式”对话框中可以设置最大值与最小值等信息。

横坐标:在水平方向上的 X 轴。横坐标轴上面有刻度线、刻度标签,其设置方法与纵坐标轴类似。

【任务 2】创建图表

如图 3-102 所示,选取图中所示工作表的“组别”“A 所占百分比”“B 所占百分比”三列数据区域的内容生成堆积柱形图。要求:设置图表标题为“工资等级统计图”,位于图表上方;设置图例,位于底部;添加“主轴主要水平网格线”和“主轴次要水平网格线”;为数据系列添加“轴内侧”数据标签;设置坐标轴边界最大值为 1.0;设置系列绘制在主坐标轴,系列重叠 80%;利用图表样式将图表的数据系列颜色改为“彩色调色板 4”。

	A	B	C	D	E
1	工资等级表				
2	组别	工资等级A人数	A所占百分比	工资等级B人数	B所占百分比
3	一组	3	12%	9	36%
4	二组	11	28%	17	44%
5	三组	8	24%	12	35%

图 3-102 图表的工作表数据

Step 1 选择数据源区域。

本任务中的 3 个数据区域不是连续的区域,所以在选第 2 个、第 3 个数据区域时需要借助 Ctrl 键。首先选中 A2:A5 单元格区域,然后按下 Ctrl 键,再选中 C2:C5 单元格区域,继续按下 Ctrl ,接着键选中 E2:E5 单元格区域。注意:对于非连续区域,在选择第 1 个区域时一定不要按下 Ctrl 键,选择下一个区域时才需要按下 Ctrl 键。

Step 2 生成图表。

在“插入”选项卡“图表”组中单击右下角的扩展按钮 ↘ ,弹出“插入图表”对话框,选择“所有图表”选项卡“柱形图”选项中的“堆积柱形图”(图 3-103),单击“确定”按钮即可生成图表。

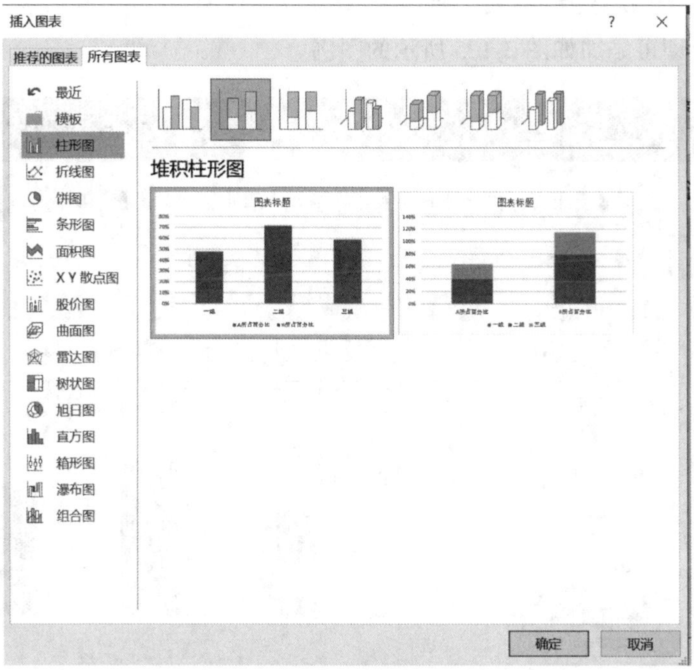

图 3-103　插入图表类型

Step 3　添加图表元素。

添加图表标题：依次选择"图表工具"→"图表设计"→"添加图表元素"→"图表标题"→"图表上方"选项，在标题文本框中将标题改为"工资等级统计图"（图 3-104）。

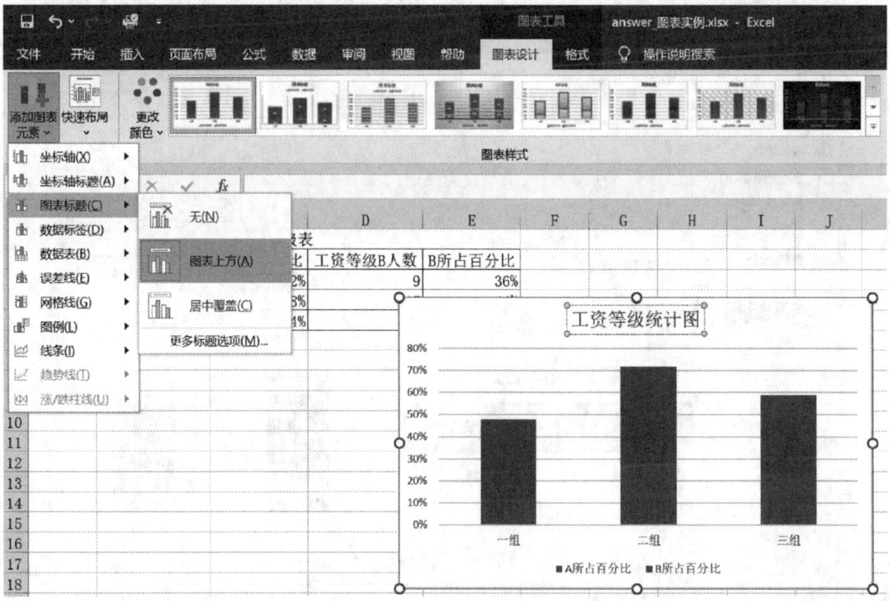

图 3-104　添加图表标题

添加图例:依次选择“图表工具”→“图表设计”→“添加图表元素”→“图例”→“底部”选项,即可添加如图 3-105 所示的图例。

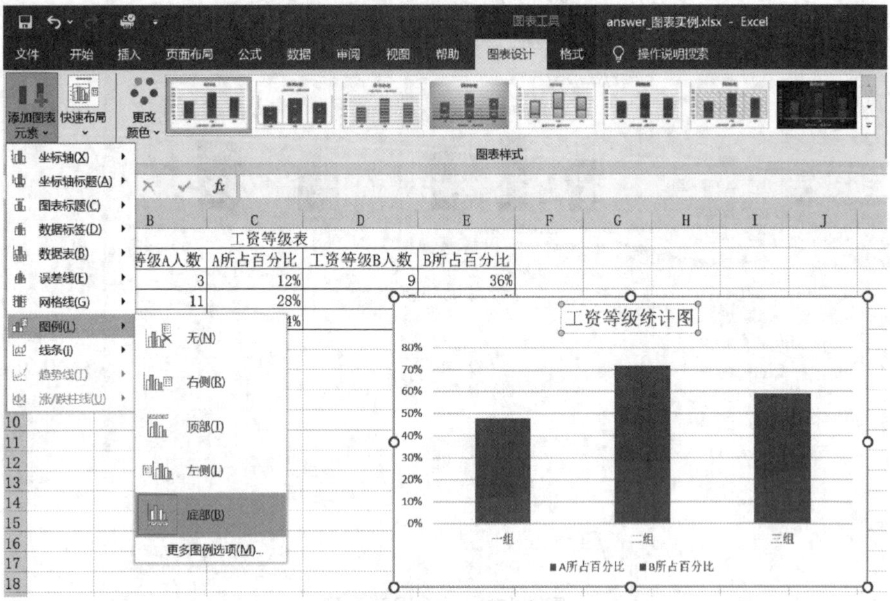

图 3-105　添加图表图例

添加网格线:依次选择“图表工具”→“图表设计”→“添加图表元素”→“网格线”→“主轴主要水平网格线”选项,即可添加主轴主要水平网格线。用同样的方法可添加主轴次要水平网格线(图 3-106)。

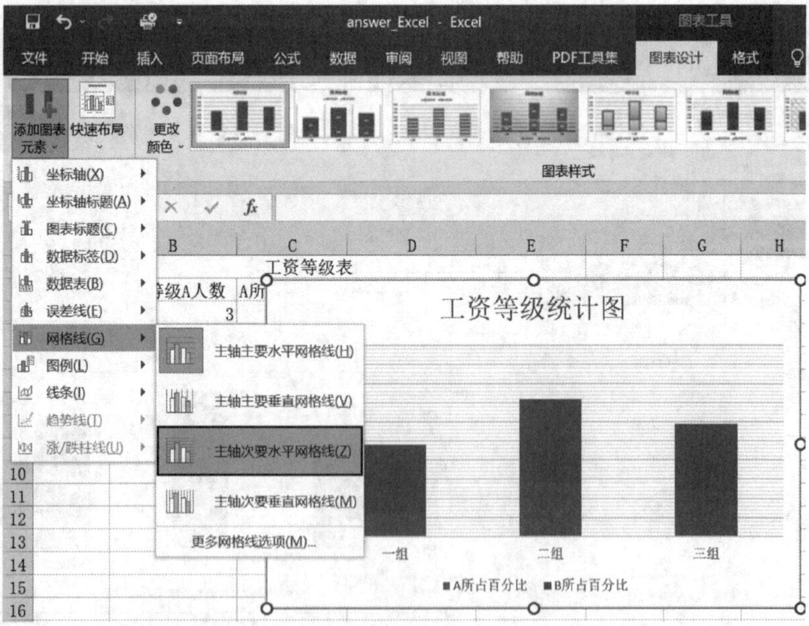

图 3-106　添加网格线

添加数据标签：依次选择“图表工具”→“图表设计”→“添加图表元素”→“数据标签”→“轴内侧”选项，即可添加数据标签。

设置坐标轴格式：双击纵坐标轴上的数字，弹出“设置坐标轴格式”窗格，选择其中的“坐标轴选项”，将“边界”的最大值改为 1.0（图 3-107）。

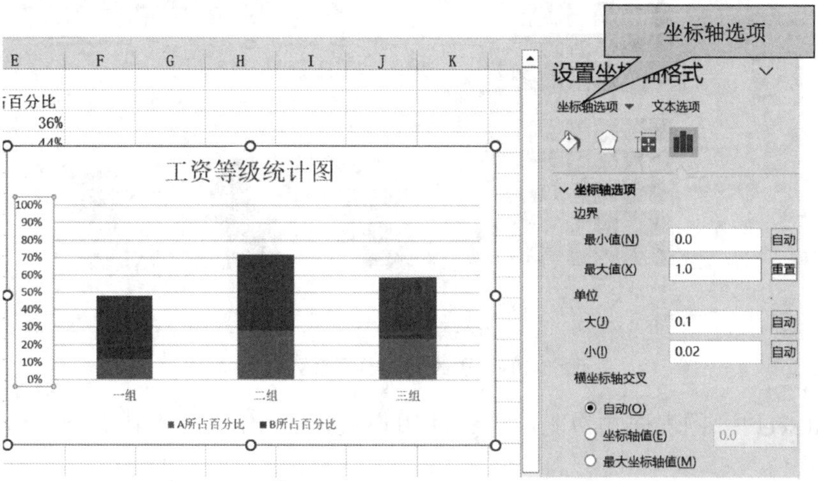

图 3-107　设置坐标轴格式

设置数据系列格式：双击数据系列区域（图 3-108 中的柱形区域），打开“设置数据系列格式”窗格，设置系列绘制在“主坐标轴”，将“系列重叠”改为“80%”（图 3-108）。

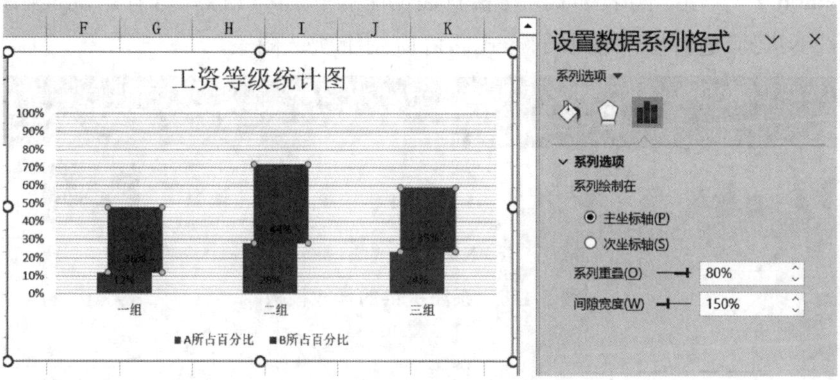

图 3-108　设置数据系列格式

图表数据系列颜色设置：依次选择“图表工具”→“图表设计”→“图表样式”→“更改颜色”命令（图 3-109），即可更改图表数据系列颜色。本任务中将数据系列的颜色改为“彩色调色板 4”。

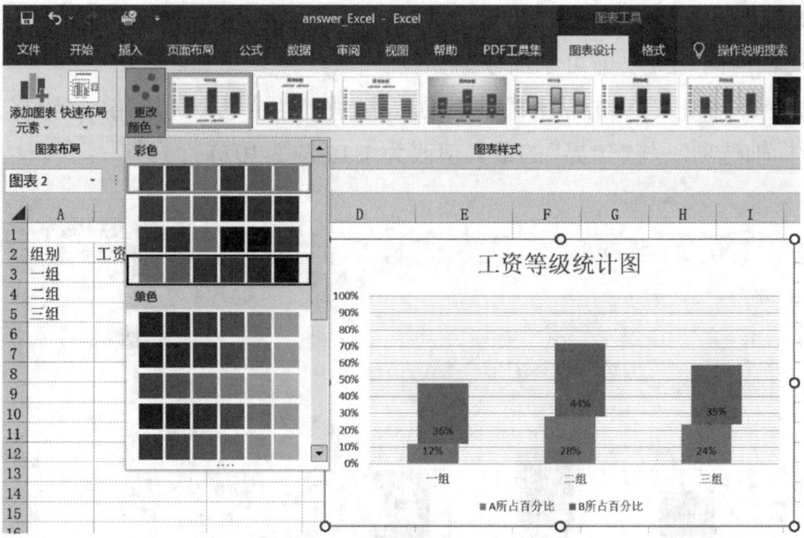

图 3-109　更改图表数据系列颜色

在 Excel 中,图表样式功能可以帮助用户快速美化图表,使其更具吸引力和可读性。

Excel 提供了多种预设的图表样式可供选择。用户可以通过以下方法应用预设图表样式:

Method 1　选中要应用样式的图表,单击“图表工具”→“图表设计”选项卡,在“图表样式”组中选择需要的样式。

Method 2　单击“图表样式”列表右边的下拉按钮,可打开所有系统提供的样式模板(图 3-110),选择其中需要的样式即可应用于所选图表。

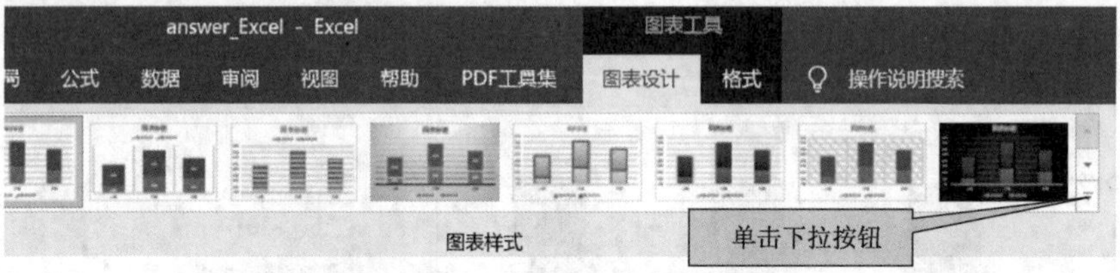

图 3-110　系统提供的样式模板

3.10　数据统计与分析

Excel 提供了丰富的数据统计与分析功能。用户可以通过记录单来增加、删除和移动数据,还能够按照数据库的管理方式对以数据清单形式存放的工作表进行各种排序、筛选、分类汇总、统计和建立数据透视表等操作。需要特别注意的是,对工作表数据进行数据管理与分析操作时,要求数据必须按“数据清单”存放。具有二维表性质的电子表格在 Excel 中被称为“数据清单”,数据清单类似于数据库表,其中行表示记录,列表示字段。数据清单中的每一行对应数据库表中的一条记录。

工作表中的数据管理与分析操作大部分通过“数据”选项卡下的命令完成。

【任务 1】数据排序

(1) 单一关键字排序

选取如图 3-111 所示的“产品销售情况表”中数据清单的内容,按主要关键字“季度”升序排序。

	A	B	C	D	E	F	G
1	季度	分公司	产品类别	产品名称	销售数量	销售额(万元)	销售额排名
2	1	西部1	D-1	电视	21	9.37	22
3	1	东部2	K-1	空调	24	8.50	24
4	2	南部1	D-1	电视	27	7.43	26
5	2	北部2	K-1	空调	37	5.11	28
6	3	东部3	D-2	电冰箱	39	9.13	23
7	2	西部1	D-1	电视	42	18.73	8
8	1	北部3	D-2	电冰箱	43	13.80	19
9	3	东部2	K-1	空调	45	15.93	15
10	2	南部3	D-2	电冰箱	45	10.53	21
11	3	南部1	D-1	电视	46	12.65	20
12	2	北部3	D-2	电冰箱	48	15.41	16
13	3	北部2	K-1	空调	53	7.31	27
14	3	北部3	D-2	电冰箱	54	17.33	14
15	1	南部2	K-1	空调	54	19.12	7
16	2	东部1	D-1	电视	56	15.40	17
17	2	西部2	K-1	空调	56	7.73	25
18	3	西部3	D-2	电冰箱	57	18.30	11
19	1	西部3	D-2	电冰箱	58	18.62	9
20	2	南部2	K-1	空调	63	22.30	5
21	3	北部1	D-1	电视	64	28.54	3
22	2	东部3	D-2	电冰箱	65	15.21	18
23	3	东部1	D-1	电视	66	18.15	12
24	1	东部1	D-1	电视	67	18.43	10
25	2	西部3	D-2	电冰箱	69	22.15	6
26	2	北部1	D-1	电视	73	32.56	2
27	3	南部3	D-2	电冰箱	75	17.55	13
28	3	西部1	D-1	电视	78	34.79	1
29	3	西部4	S-1	手机	78	2.34	29
30	2	东部2	K-1	空调	79	27.97	4

图 3-111 “产品销售情况表”数据清单

Step 1 选择“产品销售情况表”中任意单元格,单击“数据”选项卡“排序和筛选”组中的“排序”按钮,打开如图 3-112 所示的“排序”对话框。

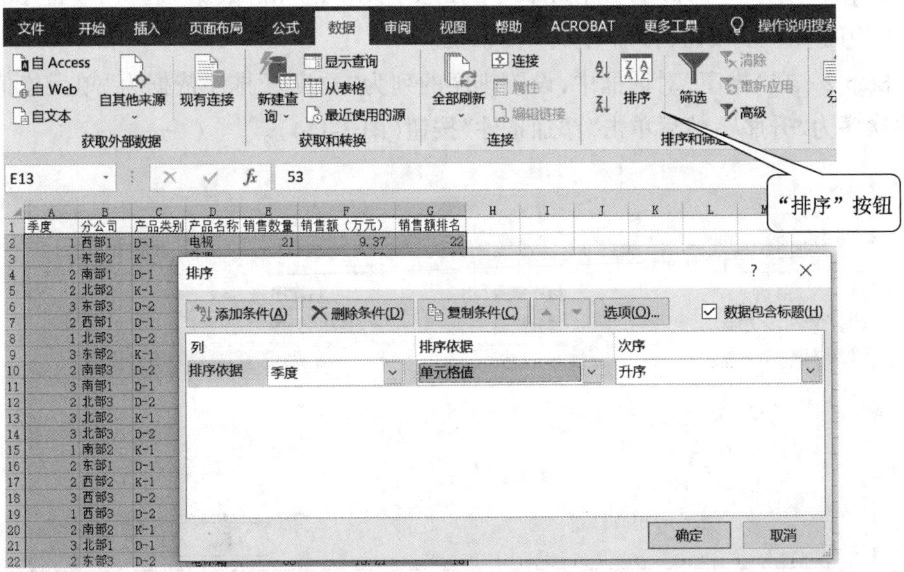

图 3-112 单一条件排序

Step 2 在“排序”对话框中，设置排序的列为“季度”，排序依据为“单元格值”，排序次序为“升序”，单击“确定”按钮。

Step 3 按“季度”升序排序后，结果如图 3-113 所示。

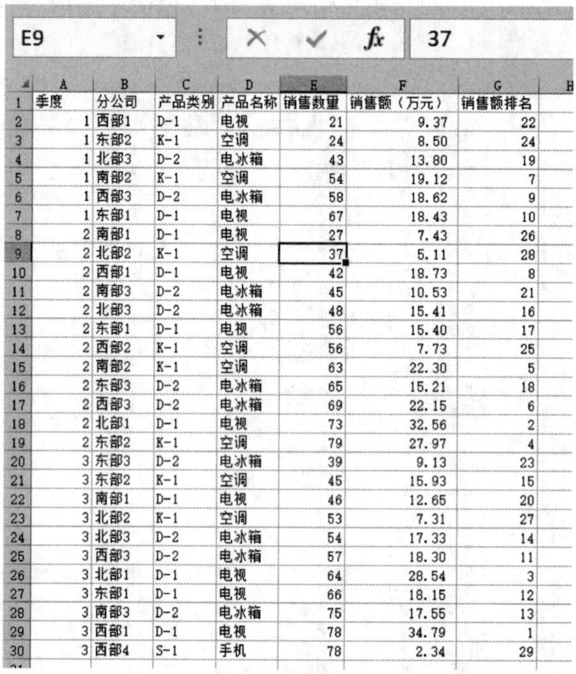

	A	B	C	D	E	F	G
1	季度	分公司	产品类别	产品名称	销售数量	销售额（万元）	销售额排名
2	1	西部1	D-1	电视	21	9.37	22
3	1	东部2	K-1	空调	24	8.50	24
4	1	北部3	D-2	电冰箱	43	13.80	19
5	1	南部2	K-1	空调	54	19.12	7
6	1	西部3	D-2	电冰箱	58	18.62	9
7	1	东部1	D-1	电视	67	18.43	10
8	2	南部1	D-1	电视	27	7.43	26
9	2	北部2	K-1	空调	37	5.11	28
10	2	西部1	D-1	电视	42	18.73	8
11	2	南部3	D-2	电冰箱	45	10.53	21
12	2	北部3	D-2	电冰箱	48	15.41	16
13	2	东部1	D-1	电视	56	15.40	17
14	2	西部2	K-1	空调	56	7.73	25
15	2	南部2	K-1	空调	63	22.30	5
16	2	东部3	D-2	电冰箱	65	15.21	18
17	2	西部3	D-2	电冰箱	69	22.15	6
18	2	北部1	D-1	电视	73	32.56	2
19	2	东部2	K-1	空调	79	27.97	4
20	3	东部3	D-2	电冰箱	39	9.13	23
21	3	东部2	K-1	空调	45	15.93	15
22	3	南部1	D-1	电视	46	12.65	20
23	3	北部2	K-1	空调	53	7.31	27
24	3	北部3	D-2	电冰箱	54	17.33	14
25	3	西部3	D-2	电冰箱	57	18.30	11
26	3	北部1	D-1	电视	64	28.54	3
27	3	东部1	D-1	电视	66	18.15	12
28	3	南部3	D-2	电冰箱	75	17.55	13
29	3	西部1	D-1	电视	78	34.79	1
30	3	西部4	S-1	手机	78	2.34	29

图 3-113 按“季度”升序排序的结果

（2）多个关键字排序

选取如图 3-111 所示的“产品销售情况表”中数据清单的内容，按主要关键字“季度”升序和次要关键字“产品名称”降序进行排序。

Step 1 选择“产品销售情况表”中任意单元格，单击“数据”选项卡“排序和筛选”组中的“排序”按钮，打开“排序”对话框。

Step 2 在“排序”对话框中，设置排序的列为“季度”，排序依据为“单元格值”，排序次序为“升序”，然后单击“添加条件”按钮（图 3-114）。

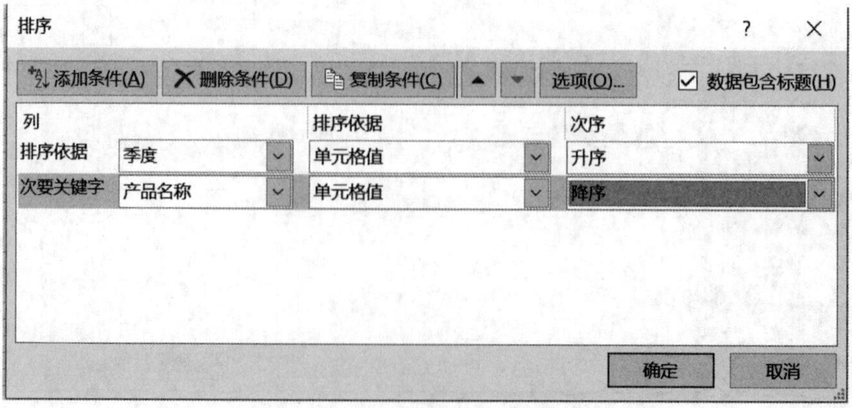

图 3-114 多个关键字排序设置

Step 3 设置次要关键字为“产品名称”，排序依据为“单元格值”，次序为“降序”，单击“确定”按钮。

Step 4 按季度升序、产品名称降序排序后，结果如图 3-115 所示。

	A	B	C	D	E	F	G
1	季度	分公司	产品类别	产品名称	销售数量	销售额（万元）	销售额排名
2	1	东部2	K-1	空调	24	8.50	24
3	1	南部2	K-1	空调	54	19.12	7
4	1	西部1	D-1	电视	21	9.37	22
5	1	东部1	D-1	电视	67	18.43	10
6	1	北部3	D-2	电冰箱	43	13.80	19
7	1	西部3	D-2	电冰箱	58	18.62	9
8	2	北部2	K-1	空调	37	5.11	28
9	2	西部2	K-1	空调	56	7.73	25
10	2	南部2	K-1	空调	63	22.30	5
11	2	东部2	K-1	空调	79	27.97	4
12	2	南部1	D-1	电视	27	7.43	26
13	2	西部1	D-1	电视	42	18.73	8
14	2	东部1	D-1	电视	56	15.40	17
15	2	北部1	D-1	电视	73	32.56	2
16	2	南部3	D-2	电冰箱	45	10.53	21
17	2	北部3	D-2	电冰箱	48	15.41	16
18	2	东部3	D-2	电冰箱	65	15.21	18
19	2	西部3	D-2	电冰箱	69	22.15	6
20	3	西部4	S-1	手机	78	2.34	29
21	3	东部2	K-1	空调	45	15.93	15
22	3	北部2	K-1	空调	53	7.31	27
23	3	南部1	D-1	电视	46	12.65	20
24	3	北部1	D-1	电视	64	28.54	3
25	3	东部1	D-1	电视	66	18.15	12
26	3	西部1	D-1	电视	78	34.79	1
27	3	东部3	D-2	电冰箱	39	9.13	23
28	3	北部3	D-2	电冰箱	54	17.33	14
29	3	西部3	D-2	电冰箱	57	18.30	11
30	3	南部3	D-2	电冰箱	75	17.55	13

图 3-115 按多个关键字条件排序的结果

(3) 自定义序列排序

将如图 3-111 所示的表格按“空调—电视—电冰箱—手机”进行自定义序列排序。

Step 1 选择数据区域中任意单元格，单击“数据”选项卡“排序和筛选”组中的“排序”按钮，在弹出的“排序”对话框中设置排序的列为“产品名称”，排序依据为“单元格值”，次序为“自定义序列”（图 3-116）。

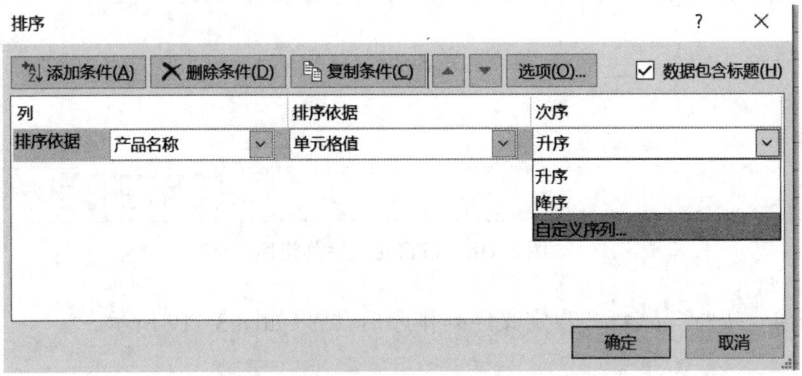

图 3-116 自定义序列排序设置

Step 2 在弹出的“自定义序列”选项栏对话框中,在左边的“自定义序列”选项栏中选择“新序列”,然后在右边的“输入序列”栏中按要求的序列将条目一一输入,注意每输入一个条目后回车换行,输入完成后单击“添加”按钮。此时左边的“自定义序列”中就会出现 “空调,电视,电冰箱,手机”顺序行,然后单击“确定”按钮返回“排序”对话框(图 3-117)。

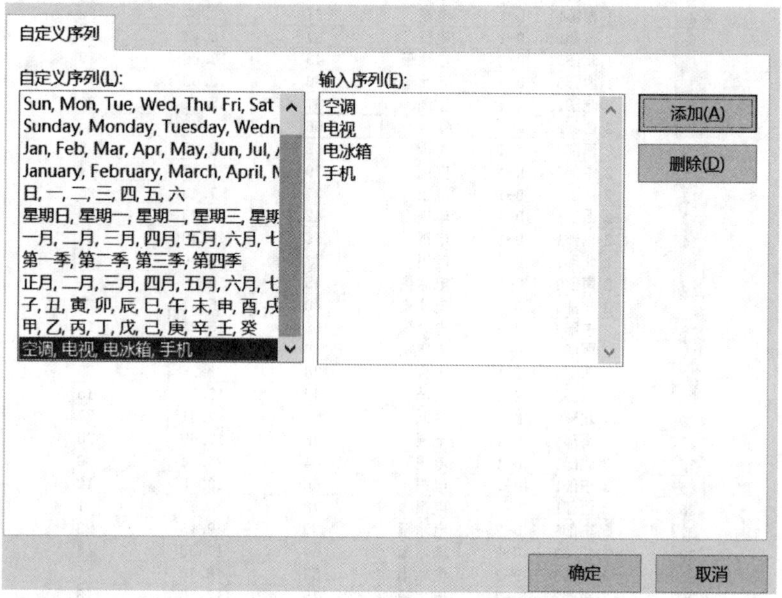

图 3-117 添加自定义序列

Step 3 在“排序”对话框中,设置“次序”为刚才自定义的次序(图 3-118),单击“确定”按钮。

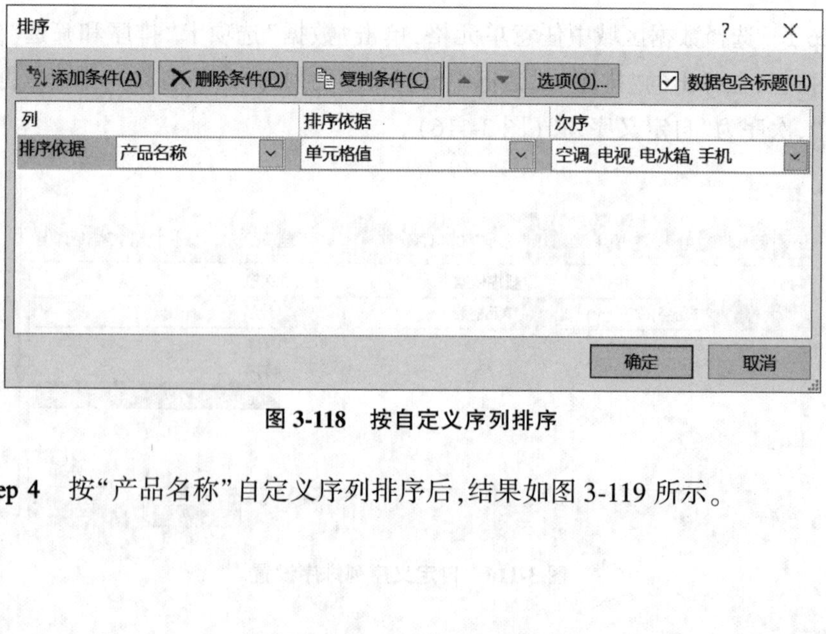

图 3-118 按自定义序列排序

Step 4 按“产品名称”自定义序列排序后,结果如图 3-119 所示。

	A	B	C	D	E	F	G
1	季度	分公司	产品类别	产品名称	销售数量	销售额（	销售额排名
2	1	东部2	K-1	空调	24	8.50	24
3	2	北部2	K-1	空调	37	5.11	28
4	3	东部2	K-1	空调	45	15.93	15
5	3	北部2	K-1	空调	53	7.31	27
6	1	南部2	K-1	空调	54	19.12	7
7	2	西部2	K-1	空调	56	7.73	25
8	2	南部2	K-1	空调	63	22.30	5
9	2	东部2	K-1	空调	79	27.97	4
10	1	西部1	D-1	电视	21	9.37	22
11	2	南部1	D-1	电视	27	7.43	26
12	2	西部1	D-1	电视	42	18.73	8
13	3	南部1	D-1	电视	46	12.65	20
14	2	东部1	D-1	电视	56	15.40	17
15	3	北部1	D-1	电视	64	28.54	3
16	3	东部1	D-1	电视	66	18.15	12
17	1	东部1	D-1	电视	67	18.43	10
18	2	北部1	D-1	电视	73	32.56	2
19	3	西部1	D-1	电视	78	34.79	1
20	3	东部3	D-2	电冰箱	39	9.13	23
21	1	北部3	D-2	电冰箱	43	13.80	19
22	2	南部3	D-2	电冰箱	45	10.53	21
23	2	北部3	D-2	电冰箱	48	15.41	16
24	3	北部3	D-2	电冰箱	54	17.33	14
25	3	西部3	D-2	电冰箱	57	18.30	11
26	1	西部3	D-2	电冰箱	58	18.62	9
27	2	东部3	D-2	电冰箱	65	15.21	18
28	2	西部3	D-2	电冰箱	69	22.15	6
29	3	南部3	D-2	电冰箱	75	17.55	13
30	3	西部4	S-1	手机	78	2.34	29

图 3-119　按自定义序列排序的结果

【任务 2】数据筛选

(1) 单一条件筛选

在如图 3-111 所示的数据清单中，将“西部 1”分公司的销售信息筛选出来。

Step 1　选择数据区域中的任意单元格，单击“数据”选项卡“排序和筛选”组中的“筛选”按钮，工作表自动进入筛选状态，每列的标题右边出现一个下拉按钮，如图 3-120 所示。

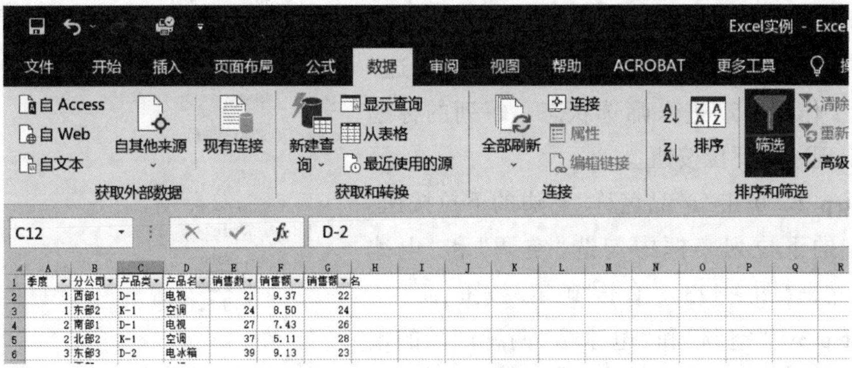

图 3-120　单击“筛选”按钮

Step 2　单击“分公司”列的下拉菜单，在弹出的下拉列表框中勾选“西部 1”复选框(图 3-121)，单击“确定”按钮。

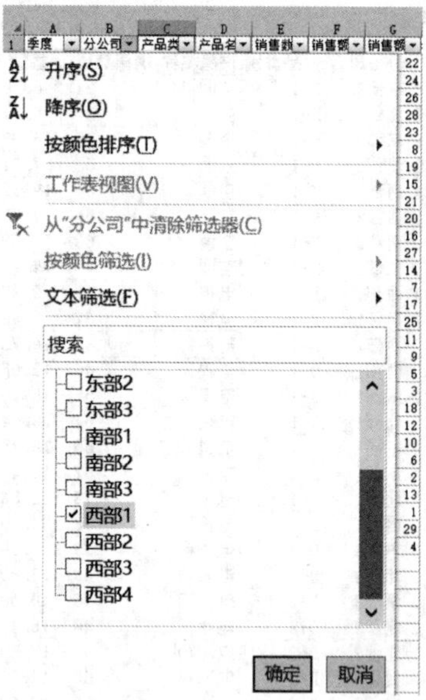

图 3-121　勾选"西部 1"复选框

Step 3　"西部 1"分公司的销售信息筛选结果如图 3-122 所示。

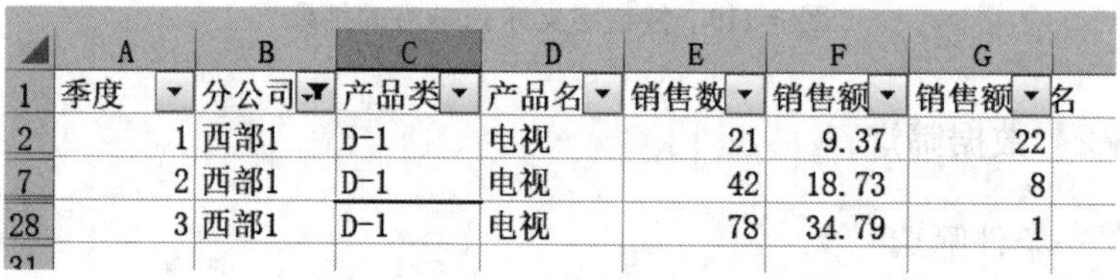

	A	B	C	D	E	F	G
1	季度	分公司	产品类	产品名	销售数	销售额	销售额名
2	1	西部1	D-1	电视	21	9.37	22
7	2	西部1	D-1	电视	42	18.73	8
28	3	西部1	D-1	电视	78	34.79	1

图 3-122　"西部 1"分公司的销售信息

(2) 多条件筛选

在如图 3-111 所示的数据清单中,将"空调"和"电冰箱"两种产品的销售信息筛选出来。

Step 1　选择数据区域中的任意单元格,单击"数据"选项卡"排序和筛选"组中的"筛选"按钮,工作表自动进入筛选状态。每列的标题右边出现一个下拉按钮。

Step 2　单击"产品名称"右边的下拉按钮,在弹出的下拉列表框中勾选"空调"和"电冰箱"复选框(图 3-123),单击"确定"按钮。

Step 3　"空调"和"电冰箱"两种产品的销售信息筛选结果如图 3-124 所示。

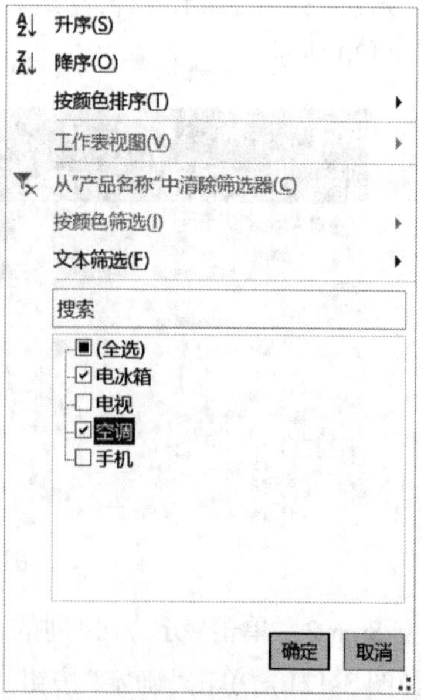

图 3-123　多条件筛选的条件选择

	A	B	C	D	E	F	G	
1	季度	分公司	产品类	产品名	销售数	销售额（万元）	销售额	名
3	1	东部2	K-1	空调	24	8.50	24	
5	2	北部2	K-1	空调	37	5.11	28	
6	3	东部3	D-2	电冰箱	39	9.13	23	
8	1	北部3	D-2	电冰箱	43	13.80	19	
9	3	东部2	K-1	空调	45	15.93	15	
10	2	南部3	D-2	电冰箱	45	10.53	21	
12	2	北部3	D-2	电冰箱	48	15.41	16	
13	3	北部2	K-1	空调	53	7.31	27	
14	3	北部3	D-2	电冰箱	54	17.33	14	
15	1	南部2	K-1	空调	54	19.12	7	
17	2	西部2	K-1	空调	56	7.73	25	
18	3	西部3	D-2	电冰箱	57	18.30	11	
19	1	西部3	D-2	电冰箱	58	18.62	9	
20	2	南部2	K-1	空调	63	22.30	5	
22	2	东部3	D-2	电冰箱	65	15.21	18	
25	2	西部3	D-2	电冰箱	69	22.15	6	
27	3	南部3	D-2	电冰箱	75	17.55	13	
30	2	东部2	K-1	空调	79	27.97	4	
31								

图 3-124　“空调”和“电冰箱”两种产品的销售信息筛选结果

（3）高级筛选

在 Excel 中，高级筛选是一种强大的数据筛选工具，可以根据复杂的条件来筛选数据。

如果筛选时用户需要同时对多个列设置筛选条件，这些条件之间既有“且”的关系，也有“或”的关系，就需要使用高级筛选。

高级筛选的条件需要用户用表格的形式表现出来，因此正确书写条件区域的内容是高级筛选的关键所在。

下面举例说明条件区域的书写格式。

示例

在如图 3-125 所示的成绩表数据清单中，不同的筛选条件对应不同的条件区域书写格式。

	A	B	C	D
1	姓名	语文	数学	英语
2	王小强	67	98	97
3	章立国	80	94	93
4	萧芳芳	69	88	83
5	张宇	87	83	77
6	肖骁	90	68	93
7	徐小霞	93	94	94
8	王立仁	45	78	80
9	宫小玉	84	86	90
10	裴菲菲	90	98	92

图 3-125　成绩表数据清单

筛选条件 1：筛选语文、数学、英语三门课的成绩全部高于 90 分的同学。

条件区域书写格式如下：

语文	数学	英语
>=90	>=90	>=90

条件 2:筛选语文成绩不低于 80 分且数学成绩不低于 90 分或英语成绩高于 90 分的同学。

条件区域书写格式如下:

语文	数学	英语
>=80	>=90	
		>90

筛选条件 3:筛选语文、数学、英语三门课至少有一门课的成绩不低于 90 分的同学。

条件区域书写格式如下:

语文	数学	英语
>=90		
	>=90	
		>=90

条件区域书写的注意事项如下:

① 条件区域第一行对应的是筛选列的列标题,要与数据源的字段名称完全一致。

② 若筛选条件表示"或"关系,则要将其写在不同的行内,同时对应列标题。若筛选条件为数值时,则可以直接使用">""<"">=""<="连接;若筛选条件为文本,则可以使用通配符"*"代表任意多个字符。

③ 对于不同字段的"与"操作,需要将筛选条件写在同一行。

在如图 3-111 所示的数据表中,将南部各分公司"电冰箱"销售额不少于 16 万元和东部各分公司"空调"销售额不少于 10 万元的数据筛选出来,并将筛选结果显示在以 I6 单元格开始的区域中。

Step 1 书写条件区域。选择原工作表中距离源数据表至少一行或一列的单元格,将筛选条件涉及的列名一一列出(也可以复制原数据表中的所有字段名,然后根据要求将条件写在对应表字段的下方)。本任务中需要的字段为分公司、产品名称、销售额,在 I1:K3 区域中写出以下列表中的筛选条件。

分公司	产品名称	销售额(万元)
南*	电冰箱	>=16
东*	空调	>=10

Step 2 选择数据区域中的任意单元格(这样做是为了让系统识别需要筛选的数

据区域)，单击“数据”选项卡“排序和筛选”组中的“高级”按钮，打开“高级筛选”对话框中，在“方式”选项区域内选择“将筛选结果复制到其他位置”，然后单击“列表区域”右边的按钮 ，选择需要的数据区域(如果一开始就如 Step 1 选择源数据区域中的一个单元格，这里就由系统自动选中。用户可以检查系统是否选择了正确的源数据区域，如果不正确，则重新选择)。

Step 3 使用同样的方法分别设置“条件区域”和“复制到”的数据区域。这里“复制到”的区域只需要选择结果表的起始单元格 I6 即可(图 3-126)，然后单击“确定”按钮。

图 3-126 高级筛选设置

Step 4 最后的筛选结果就显示在以 I6 单元格开始的区域中了(图 3-127)。

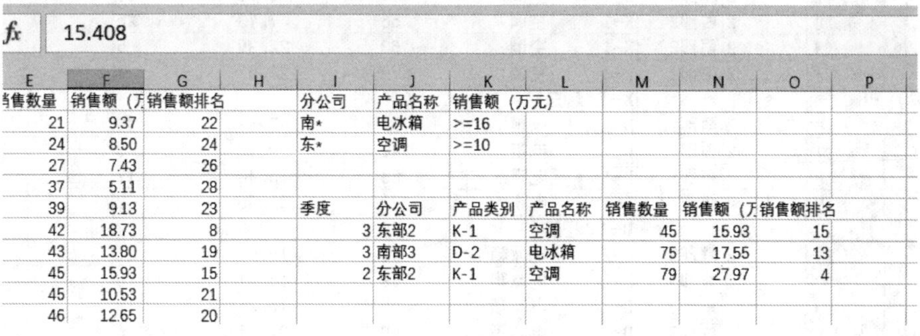

图 3-127 筛选结果

【任务 3】分类汇总

在 Excel 中，分类汇总是指按照一定的条件对数据进行分类，然后对每一类数据进行统计计算,如求和、计数、求平均值等。

分类汇总有三个要素和一个前提条件。

(1) 三要素

① 分类字段:用于对数据进行分类的字段,根据该字段的值可将数据分为不同的组。

② 汇总项:分类后需要进行汇总计算的字段,即对每个分类的哪些字段进行汇总计算。

③ 汇总方式:对数据进行汇总计算时所使用的函数和方法,如求和、平均值、最大值等。

(2) 前提条件——排序

应该说排序是手段,真正的目的是在确定分类字段后,将该字段中同一类数据放在一起,这样系统才会把所有这一类数据放在一起统计。简单地说就是“先归类,再汇总”。

系统在做分类汇总时不会自动将在不同区域的同类行放在一起统计,只会统计连续行中的同类数据,如图 3-128 所示。用户本来的目的是统计所有电视机、空调等产品的销售数量,但是实际操作后发现,系统只将在连续行的同类产品进行统计。产生这种错误的原因是用户在分类汇总之前没有按照分类字段先排序,只要使用排序的方法把同种产品放在连续行中,然后进行分类汇总,即可达到用户期望的效果。

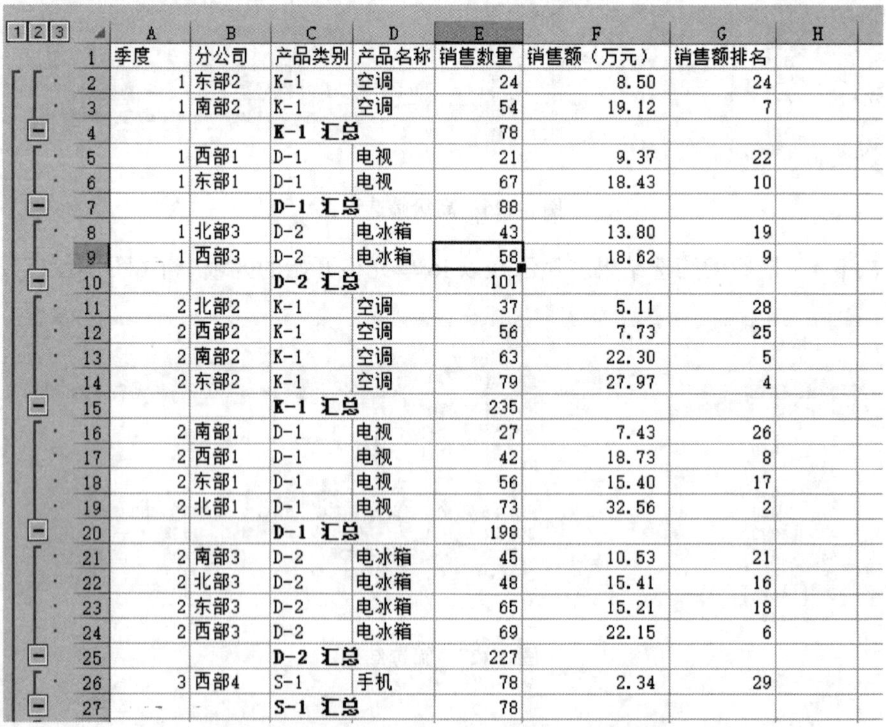

	A	B	C	D	E	F	G	H
1	季度	分公司	产品类别	产品名称	销售数量	销售额(万元)	销售额排名	
2	1	东部2	K-1	空调	24	8.50	24	
3	1	南部2	K-1	空调	54	19.12	7	
4			**K-1 汇总**		78			
5	1	西部1	D-1	电视	21	9.37	22	
6	1	东部1	D-1	电视	67	18.43	10	
7			**D-1 汇总**		88			
8	1	北部3	D-2	电冰箱	43	13.80	19	
9	1	西部3	D-2	电冰箱	58	18.62	9	
10			**D-2 汇总**		101			
11	2	北部2	K-1	空调	37	5.11	28	
12	2	西部2	K-1	空调	56	7.73	25	
13	2	南部2	K-1	空调	63	22.30	5	
14	2	东部2	K-1	空调	79	27.97	4	
15			**K-1 汇总**		235			
16	2	南部1	D-1	电视	27	7.43	26	
17	2	西部1	D-1	电视	42	18.73	8	
18	2	东部1	D-1	电视	56	15.40	17	
19	2	北部1	D-1	电视	73	32.56	2	
20			**D-1 汇总**		198			
21	2	南部3	D-2	电冰箱	45	10.53	21	
22	2	北部3	D-2	电冰箱	48	15.41	16	
23	2	东部3	D-2	电冰箱	65	15.21	18	
24	2	西部3	D-2	电冰箱	69	22.15	6	
25			**D-2 汇总**		227			
26	3	西部4	S-1	手机	78	2.34	29	
27			**S-1 汇总**		78			

图 3-128　分类汇总前不排序导致错误结果

在如图 3-111 所示的“产品销售情况表”数据清单中，分别统计不同产品的销售数量，并将汇总结果显示在数据下方。

Step 1 根据要求明确三要素：分类字段——产品名称；汇总项——销售数量；汇总方式——求和。

Step 2 按分类字段排序：选择表中任意单元格，单击“数据”选项卡“排序与筛选”组中的“排序”按钮，在弹出的“排序”对话框中设置主要关键字为“产品名称”，排序依据为“单元格值”，次序为“升序”。这里的次序选择升序或降序都可以，只要将同类排在连续行中即可。按分类字段排序的结果如图 3-129 所示。

Step 3 分类汇总：选择表中任意单元格，单击“数据”选项卡“分级显示”组中的“分类汇总”按钮，弹出如图 3-130 所示的“分类汇总”对话框，分别按照 Step 1 中确定的三要素进行设置，然后在复选框中勾选“汇总结果显示在数据下方”，单击“确定”按钮。

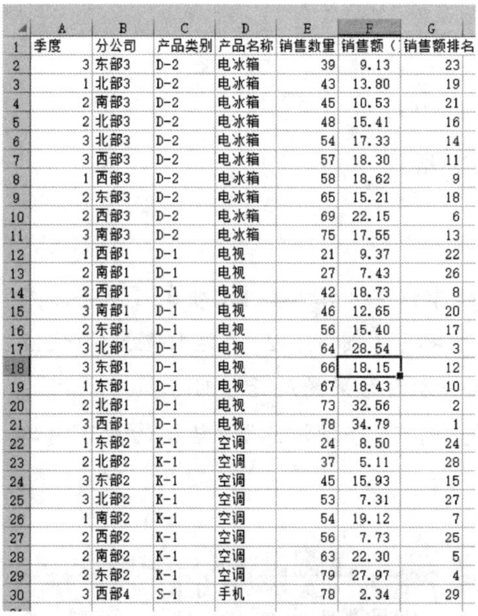

	A	B	C	D	E	F	G
1	季度	分公司	产品类别	产品名称	销售数量	销售额（	销售额排名
2	3	东部3	D-2	电冰箱	39	9.13	23
3	1	北部3	D-2	电冰箱	43	13.80	19
4	2	南部3	D-2	电冰箱	45	10.53	21
5	2	北部3	D-2	电冰箱	48	15.41	16
6	3	北部3	D-2	电冰箱	54	17.33	14
7	3	西部3	D-2	电冰箱	57	18.30	11
8	1	西部3	D-2	电冰箱	58	18.62	9
9	2	东部3	D-2	电冰箱	65	15.21	18
10	2	西部3	D-2	电冰箱	69	22.15	6
11	3	南部3	D-2	电冰箱	75	17.55	13
12	1	西部1	D-1	电视	21	9.37	22
13	2	南部1	D-1	电视	27	7.43	26
14	2	西部1	D-1	电视	42	18.73	8
15	3	南部1	D-1	电视	46	12.65	20
16	2	东部1	D-1	电视	56	15.40	17
17	3	北部1	D-1	电视	64	28.54	3
18	3	东部1	D-1	电视	66	18.15	12
19	1	东部1	D-1	电视	67	18.43	10
20	2	北部1	D-1	电视	73	32.56	2
21	3	西部1	D-1	电视	78	34.79	1
22	1	东部2	K-1	空调	24	8.50	24
23	2	北部2	K-1	空调	37	5.11	28
24	3	东部2	K-1	空调	45	15.93	15
25	3	北部2	K-1	空调	53	7.31	27
26	1	南部2	K-1	空调	54	19.12	7
27	2	西部2	K-1	空调	56	7.73	25
28	2	南部2	K-1	空调	63	22.30	5
29	2	东部2	K-1	空调	79	27.97	4
30	3	西部4	S-1	手机	78	2.34	29

图 3-129　按分类字段排序的结果

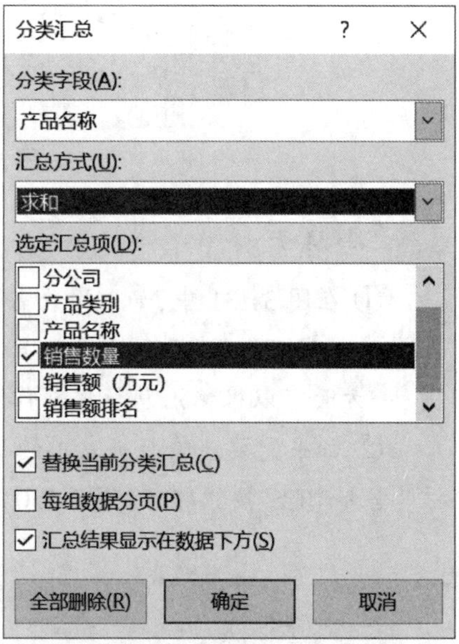

图 3-130　“分类汇总”对话框

Step 4 对“产品销售情况表”中不同产品的销售数量进行分类汇总的结果如图 3-131 所示。

	A	B	C	D	E	F	G
1	季度	分公司	产品类别	产品名称	销售数量	销售额（万元）	销售额排名
2	3	东部3	D-2	电冰箱	39	9.13	23
3	1	北部3	D-2	电冰箱	43	13.80	19
4	2	南部3	D-2	电冰箱	45	10.53	21
5	2	北部3	D-2	电冰箱	48	15.41	16
6	3	北部3	D-2	电冰箱	54	17.33	14
7	3	西部3	D-2	电冰箱	57	18.30	11
8	1	西部3	D-2	电冰箱	58	18.62	9
9	2	东部3	D-2	电冰箱	65	15.21	18
10	2	西部3	D-2	电冰箱	69	22.15	6
11	3	南部3	D-2	电冰箱	75	17.55	13
12				电冰箱 汇	553		
13	1	西部1	D-1	电视	21	9.37	22
14	2	南部1	D-1	电视	27	7.43	26
15	2	西部1	D-1	电视	42	18.73	8
16	3	南部1	D-1	电视	46	12.65	20
17	2	东部1	D-1	电视	56	15.40	17
18	3	北部1	D-1	电视	64	28.54	3
19	3	东部1	D-1	电视	66	18.15	12
20	1	东部1	D-1	电视	67	18.43	10
21	2	北部1	D-1	电视	73	32.56	2
22	3	西部1	D-1	电视	78	34.79	1
23				电视 汇总	540		
24	1	东部2	K-1	空调	24	8.50	24
25	2	北部2	K-1	空调	37	5.11	28
26	3	东部2	K-1	空调	45	15.93	15
27	3	北部2	K-1	空调	53	7.31	27
28	1	南部2	K-1	空调	54	19.12	7
29	2	西部2	K-1	空调	56	7.73	25
30	2	南部2	K-1	空调	63	22.30	5
31	2	东部2	K-1	空调	79	27.97	4
32				空调 汇总	411		
33	3	西部4	S-1	手机	78	2.34	29
34				手机 汇总	78		
35				总计	1582		

图 3-131 汇总结果

小贴士

① 在图 3-131 中，如果用户需要在表格中仅显示汇总数据，那么可以单击左上角的数字“2”，则显示结果就只有汇总数据了(图 3-132)。这样显示的优点是，一方面可以根据汇总数据制作图表，另一方面结果的展示一目了然。

② 如果需要消除数据表中的分类汇总，则在“分类汇总”对话框的左下角单击“全部删除”按钮即可(图 3-130)。

“2”在这里

	A	B	C	D	E	F
12				电冰箱 汇总	553	
23				电视 汇总	540	
32				空调 汇总	411	
34				手机 汇总	78	
35				总计	1582	
36						

图 3-132 仅显示汇总数据

【任务 4】制作数据透视表

数据透视表比分类汇总功能强大得多，它可以同时对多个字段先分类再汇总，与“分类汇总”不同的是，数据透视表不需要事先进行排序分类。在制作数据透视表之前用户只要明确有哪些分类字段，以及相应的汇总项和汇总方式即可。多个分类字段可以根据用户的需要放在行或列中。

下面说明数据透视表的制作方法。在如图 3-111 所示的“产品销售情况表”中，统计各季度不同产品的销售总额。要求将“季度”拖到行区域，将“产品名称”拖到列区域，将数据透视表放在以 I5 单元格开始的区域中。

Step 1 选择表中任意单元格，单击“插入”选项卡“表格”组中的“数据透视表”下拉按钮，在下拉列表中选择“表格和区域”（图 3-133），弹出“来自表格或区域的数据透视表”对话框（图 3-134）。

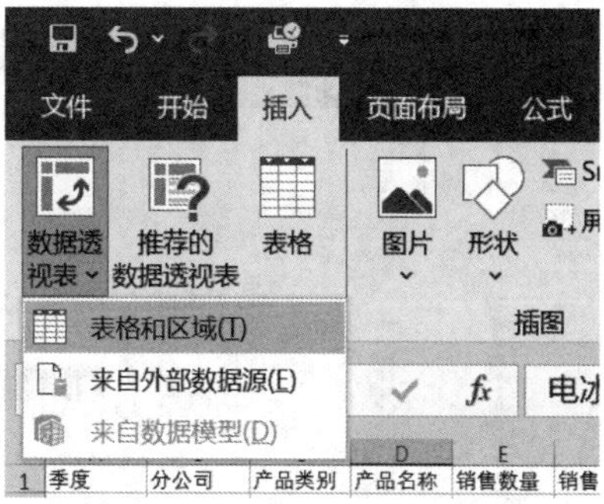

图 3-133 选择“表格和区域”

图 3-134 确定数据透视表的位置

Step 2 选择表格或区域：如果在 Step 1 中就按要求把鼠标放在数据区域，那么系统会自动选取鼠标所在的表格。如果选取的不是用户需要设置的表格，则重新设置。

Step 3 选择放置数据透视表的位置：本任务选择“现有工作表”，然后单击“位置”栏右方的箭头，选择表中的 I5 单元格（图 3-134），单击“确定”按钮，在弹出的“数据透视表字段”窗格中，确定分类字段分别是“季度”和“产品名称”，汇总项是“销售额（万元）”，汇总方式是“求和”。将字段列表中的“季度”拖到下方的“行”区域，将字段列表中的“产品名称”拖到“列”区域（图 3-135）。

图 3-135 “数据透视表字段”窗格

Step 4 设置汇总字段及汇总方式:将汇总字段“销售额(万元)”拖到“值”区域,可以看到系统自动添加了汇总方式是“求和项”。因为本任务的汇总方式就是求和,所以不用修改。生成的数据透视表结果如图 3-136 所示。

求和项:销售额（万元）	列标签				
行标签	电视	空调	电冰箱	手机	总计
1	27.791	27.612	32.421		87.824
2	74.115	63.102	63.297		200.514
3	94.132	23.244	62.307	2.34	182.023
总计	196.038	113.96	158.03	2.34	470.36

图 3-136 各季度不同产品的销售额统计结果

小贴士

如果需要修改汇总方式,则单击“汇总项”,选择菜单中的“值字段设置”选项(图 3-137a),在打开“值字段设置”对话框中,选择需要的计算类型即可(图 3-137b)。

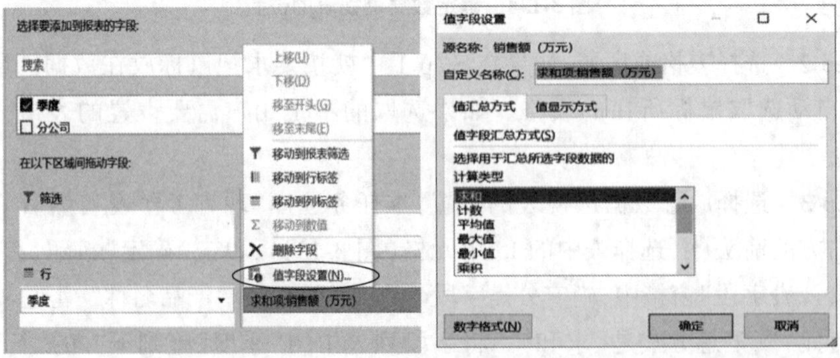

(a) (b)

图 3-137 “值字段设置”对话框

4

演示文稿软件的功能和使用

PowerPoint 是微软公司推出的一款演示文稿软件。它具有以下特点：① 功能强大，用户可以方便地创建包含文字、图片、图表、音频、视频等多种元素的演示文稿；② 易于编辑，用户能够轻松地对幻灯片的内容进行添加、修改、排版等操作；③ 包含丰富的模板和主题，可使演示文稿具有统一的风格和较好的视觉效果；④ 可以为元素添加各种动画效果，从而增强演示的生动性和吸引力；⑤ 能够流畅地进行演示播放，支持多种播放方式和切换效果。PowerPoint 广泛应用于教学、商务汇报、演讲、培训等众多领域，是进行信息展示和传播的重要工具。

学习重点

1. 幻灯片的基本操作：演示文稿的新建、打开、保存、关闭；幻灯片的插入、删除、移动、复制；在幻灯片中添加、编辑文本，设置文本格式，如字体、字号、颜色等。

2. 图片、图形、图表等对象的插入与设置：插入图片并调整大小、位置等；绘制简单图形；插入图表并编辑数据等。

3. 幻灯片动画效果的设置：为对象添加进入、强调、退出等动画效果；设置动画的顺序和时间。

4. 幻灯片的整体设置：幻灯片大小、方向等的设置；幻灯片主题与模板的设置；幻灯片切换效果等的设置。

5. 超链接的建立：建立文本或对象与其他幻灯片、文件等的链接。

学习概要

- 演示文稿软件的功能和使用
  - PowerPoint 的启动及窗口功能介绍
    - 【任务1】启动PowerPoint 155
    - 【任务2】了解PowerPoint 窗口的构成 1
    - 【任务3】认识演示文稿的视图 157
    - 【任务4】退出PowerPoint 159
  - 演示文稿的基本操作
    - 【任务1】创建、保存与关闭演示文稿 160
    - 【任务2】插入、移动、复制和删除幻灯片 162
    - 【任务3】设置幻灯片版式 164
  - 幻灯片的格式化
    - 【任务1】设置演示文稿主题 165
    - 【任务2】设置幻灯片的大小及背景 167
    - 【任务3】设置幻灯片母版 168
  - 插入艺术字、图片与形状
    - 【任务1】插入艺术字 173
    - 【任务2】插入图片 174
    - 【任务3】应用图片样式 176
    - 【任务4】设置图片效果 177
    - 【任务5】插入形状 179
  - 插入超链接与动作按钮
    - 【任务1】插入超链接 182
    - 【任务2】插入动作按钮 185
  - 插入表格与SmartArt图形
    - 【任务1】插入表格 188
    - 【任务2】插入SmartArt 图形 189
  - 演示文稿的放映设计
    - 【任务1】设置动画 192
    - 【任务2】设置切换效果及放映方式 194
    - 【任务3】将演示文稿转换成放映格式 196

本章通过制作一个演示文稿(图 4-1)来介绍 PowerPoint 的基本使用方法。

图 4-1　演示文稿效果图

4.1　PowerPoint 的启动及窗口功能介绍

PowerPoint 的特点在于其多样化的视图模式、灵活的界面布局和丰富的操作功能。这些特点使得 PowerPoint 成为一款功能强大、易于使用的演示文稿制作软件。

【任务 1】启动 PowerPoint

Method 1　单击"开始"按钮打开项目列表(图 4-2),选择"PowerPoint"命令打开 PowerPoint 应用程序(图 4-3)。

Method 2　双击桌面上的 PowerPoint 快捷方式图标启动 PowerPoint。

小贴士

如果桌面上没有 PowerPoint 快捷方式,则打开"开始"菜单,将光标移动到"PowerPoint"应用程序上,按下鼠标左键不松开,将"PowerPoint"拖到桌面后松开鼠标左键,即可在桌面上创建 PowerPoint 的快捷方式。

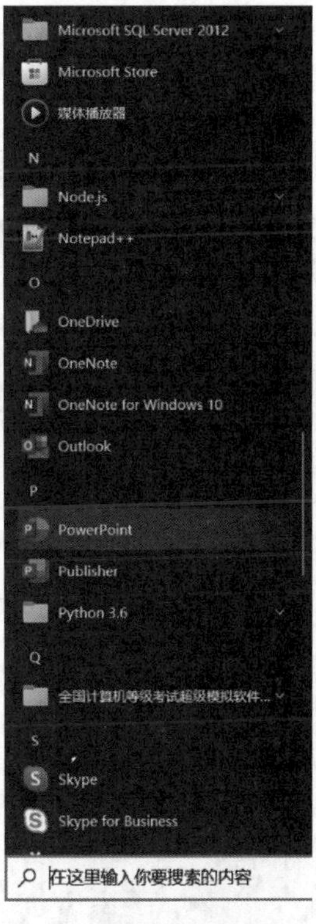

图 4-2　选择"开始"菜单中的"PowerPoint"命令

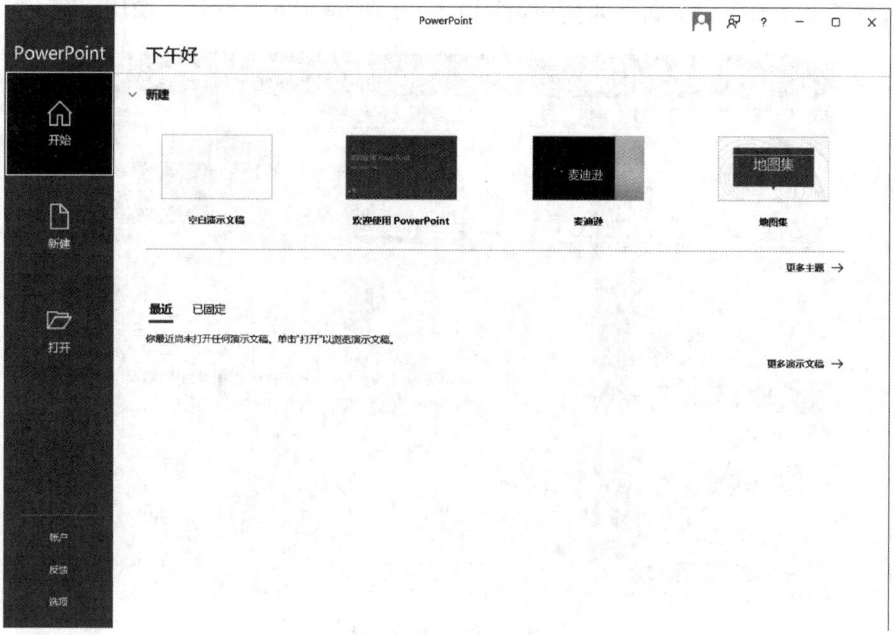

图 4-3　PowerPoint 启动的初始界面

Method 3　双击计算机中已有的 PPT 文档,即可启动 PowerPoint 应用程序并打开相应的 PPT 文档。

【任务 2】了解 PowerPoint 窗口的构成

单击如图 4-3 所示的“空白演示文稿”按钮打开 PowerPoint 工作窗口(图 4-4)。下面简单介绍 PowerPoint 窗口的各组成部分及其功能。

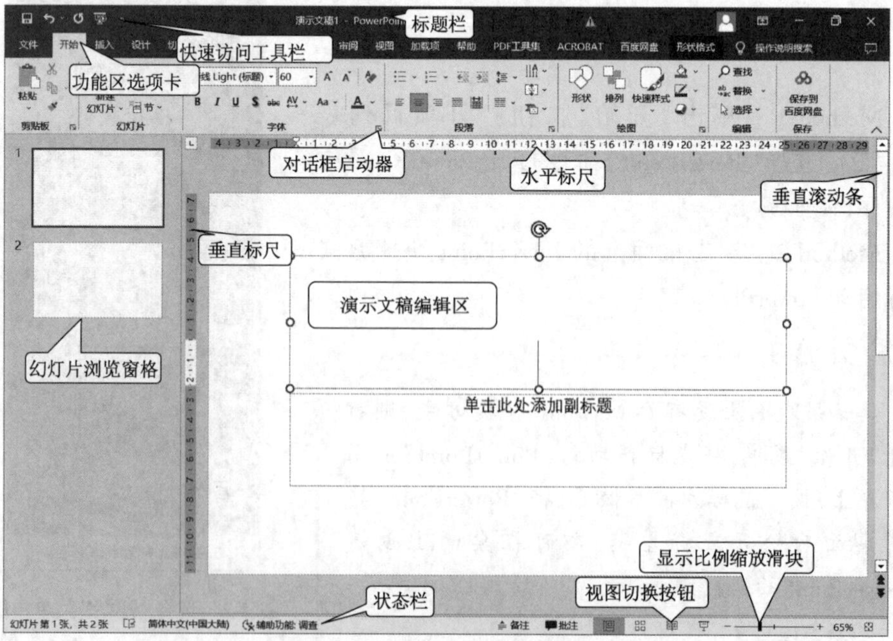

图 4-4　PowerPoint 工作窗口

标题栏：位于窗口的最上方，主要有以下三个作用。

① 显示文档的名称（演示文稿 1. pptx）和应用程序名（PowerPoint）。

② 调整窗口的位置和大小。标题栏最右侧是控制按钮，分别是“最小化”按钮、“还原”按钮和“关闭”按钮。拖动标题栏可以移动窗口的位置。

③ 快速访问。标题栏左侧是快速访问工具栏，单击其中的按钮可以实现相应的操作。快速访问工具栏中的按钮可通过“自定义快捷访问工具栏”按钮进行添加和删除。单击该按钮弹出下拉列表，在下拉列表中选择或取消选择其中的选项就可以修改快速工具栏中的按钮。

功能区选项卡：位于标题栏的下方，一般由文件、开始、插入、设计、切换、动画、幻灯片放映等选项卡组成。所有命令以选项卡的形式分门别类地放在一起，每个选项卡有多组按钮，每个按钮代表一条命令。如图 4-5 所示，每个按钮分组的右下角有一个对话框启动器（也称“扩展”按钮），单击该按钮可以打开相应的对话框。

图 4-5 选项卡及按钮分组

工作区：显示正在编辑的演示文稿内容，用户在此处进行演示文稿内容的输入、编辑、排版等操作。工作区分为 3 个部分：左侧的幻灯片浏览窗格（所有幻灯片的缩略图）、右侧上方的幻灯片窗格（显示当前幻灯片）和右侧下方的备注窗格（当前幻灯片的备注或注释内容）。拖动窗格之间的分界线可以调整窗格的大小，以便满足演示文稿编辑的需要。

标尺：窗口中有水平标尺和垂直标尺，利用标尺可以对演示文稿的正文进行排版。打开“视图”选项卡，在“显示”组中勾选或取消标尺复选框即可显示或隐藏标尺。

滚动条：窗口中有垂直滚动条和水平滚动条，滚动条用来调整文档的显示位置。

幻灯片浏览窗格：幻灯片浏览窗格显示各个幻灯片的缩略图，单击某一缩略图，可将该幻灯片设置为当前幻灯片进行编辑。

状态栏：位于窗口的最下方，其左侧显示幻灯片当前的工作状态等信息，右侧有视图切换按钮、显示比例缩放滑块等。

【任务 3】认识演示文稿的视图

为了让用户在不同场景中阅读幻灯片都能获得最佳体验，PowerPoint 提供了 5 种视图，分别为普通视图、大纲视图、幻灯片浏览视图、备注页视图和阅读视图。

普通视图：是在制作、编辑幻灯片时查看的视图（图 4-4），主要用于显示、编辑演示文稿中幻灯片的详细内容以及备注栏（备注栏用于为幻灯片添加提示信息，对使用者起备忘、提示作用，在实际播放演示文稿时看不到备注栏中的信息）。

大纲视图：用于查看、编排演示文稿的大纲。与普通视图相比，其大纲栏和备注栏被扩展，而幻灯片栏被压缩（图 4-6）。

图 4-6　大纲视图

幻灯片浏览视图：以最小化形式显示演示文稿中的所有幻灯片，用于快速调整幻灯片的顺序（图 4-7）。

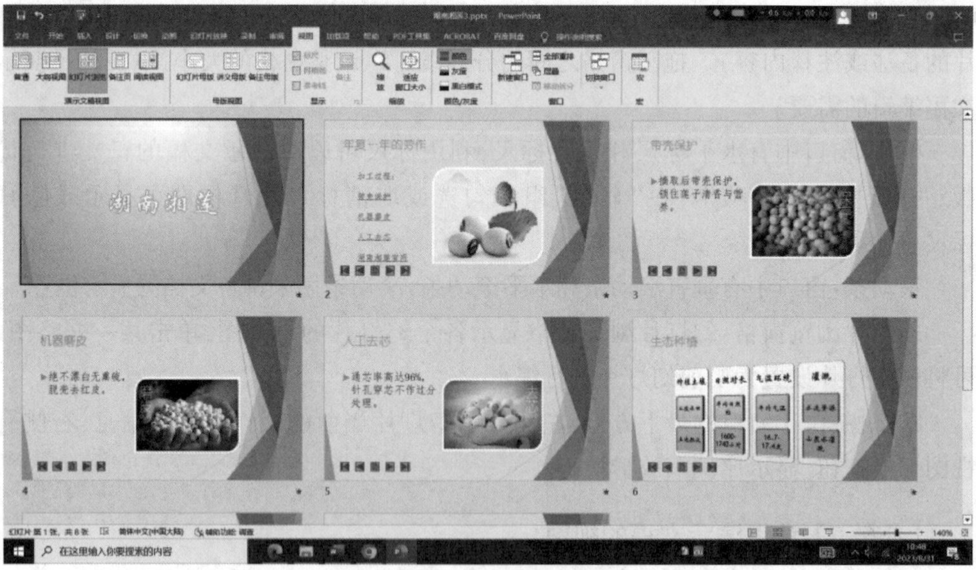

图 4-7　幻灯片浏览视图

备注页视图：可以添加对应幻灯片的备注。“备注”窗格是一个方框，位于每张幻灯片的下方。空白的“备注”窗格有“单击此处添加备注”提示文本（图 4-8）。

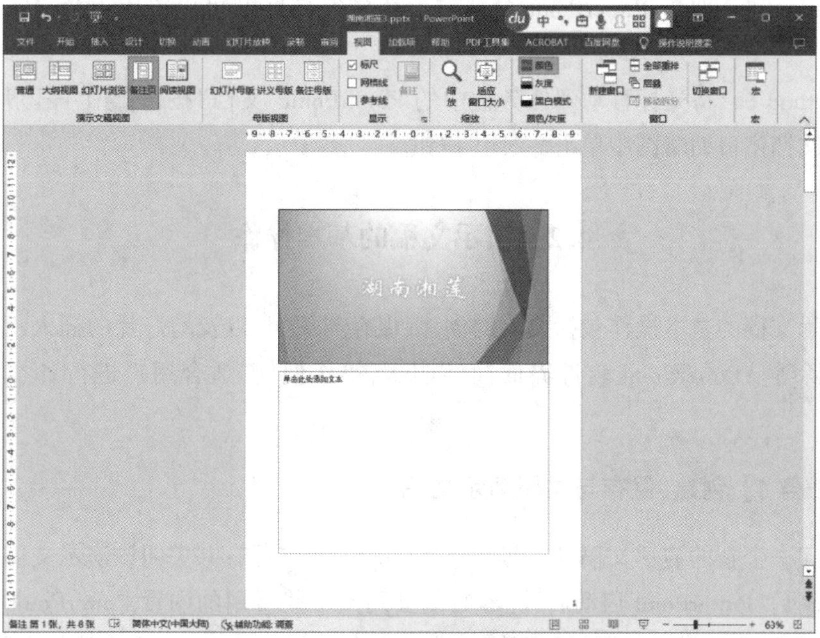

图 4-8 备注页视图

阅读视图：只保留幻灯片窗格、标题栏和状态栏（图 4-9），其他编辑功能被屏蔽，目的是在幻灯片制作完成后进行简单的放映。

图 4-9 阅读视图

在制作演示文稿时，如果需要切换视图，则单击“视图”选项卡“演示文稿视图”组中的相应按钮即可。

【任务 4】退出 PowerPoint

Method 1 单击标题栏右侧的“关闭”按钮 × 即可以退出 PowerPoint。在关闭 PowerPoint 之前，如果文档有改动但未保存，则退出时会出现提示对话框（图 4-10），可根据需要选择相应的选项。

图 4-10 提示对话框

Method 2 用鼠标右键单击 PowerPoint 窗口的标题栏，在弹出的快捷菜单中选择“关闭”命令，即可退出 PowerPoint 应用程序。

Method 3 使用 Alt + F4 组合键可以关闭 PowerPoint 应用程序。

Method 4 单击“文件”菜单，在菜单列表中选择“关闭”命令即可退出 PowerPoint。

Method 5　双击 PowerPoint 窗口左上角的空白区域可以关闭 PowerPoint 应用程序。

Method 6　将光标移动到任务栏中的 PowerPoint“文档”按钮上停留片刻,在展开的文档窗口缩略图中单击“关闭”按钮。

4.2　演示文稿的基本操作

演示文稿的基本操作包括文稿的创建、保存与关闭,以及幻灯片的插入、移动、复制和删除等。PowerPoint 软件界面简洁明了,操作便捷,适合用户进行各类文稿的处理。

【任务 1】创建、保存与关闭演示文稿

创建一个新的演示文稿,以“湖南湘莲 . pptx”为名保存并关闭该演示文稿。

Step 1　PowerPoint 启动后,屏幕右侧会列出一些常用的内置 PowerPoint 演示文稿模板,单击某个模板的图标即可按该模板新建一个 PowerPoint 空白演示文稿,默认文件名为演示文稿 1. pptx,窗口标题栏显示“演示文稿 1”。本任务采用单击“空白演示文稿”按钮的方法创建新的演示文稿(图 4-11)。

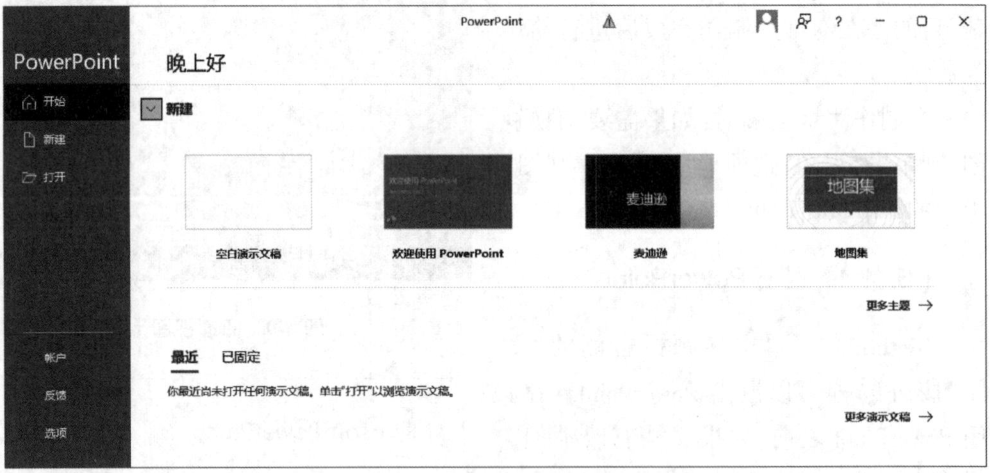

图 4-11　新建空白演示文稿

小贴士

在编辑文稿的过程中,如果还需要另外创建一个或多个新演示文稿,可以执行“文件”→“新建”命令,或者按 Ctrl + N 组合键创建。新建的多个演示文稿会默认以“演示文稿 1”“演示文稿 2”“演示文稿 3”……为临时的文件名。

Step 2　单击快速访问工具栏中的“保存”按钮,打开“另存为”窗格(图 4-12),选择窗格中的“浏览”选项,新打开的“另存为”对话框如图 4-13 所示。在“另存为”对

话框中选择文件保存的位置,在“文件名”文本框中输入“湖南湘莲”(图 4-13),单击“保存”按钮即可保存演示文稿。

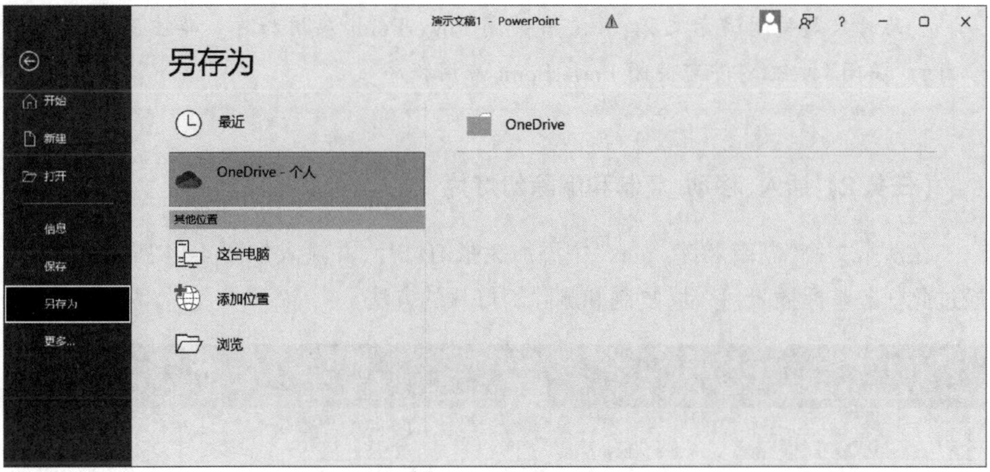

图 4-12 “另存为”窗格

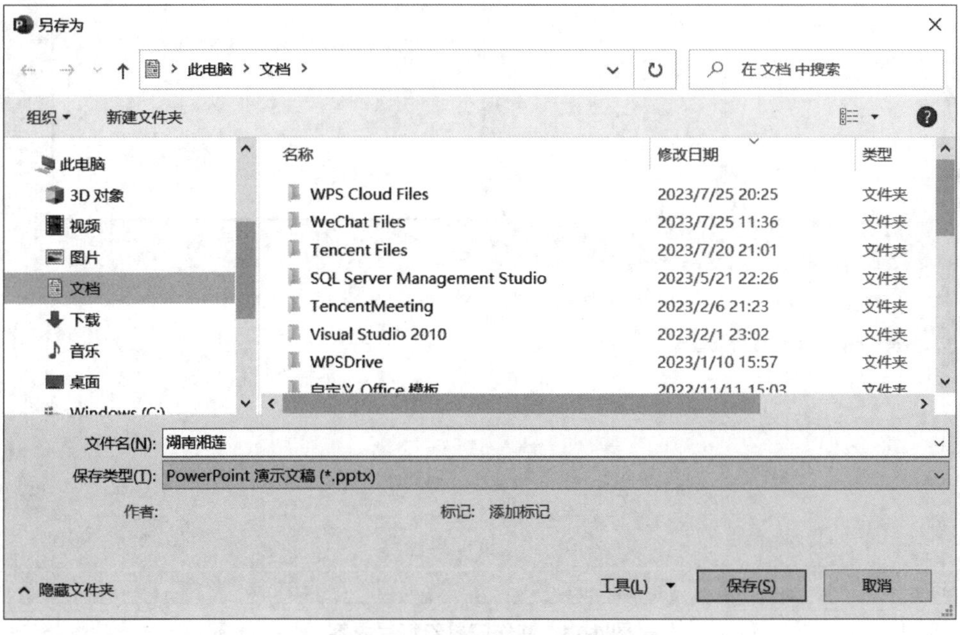

图 4-13 “另存为”对话框

小贴士

① 如果演示文稿已保存过,则不会打开“另存为”窗口,而是在文档原位置并以当前文件名保存修改过的内容。

② 第一次保存演示文稿时,默认文件名是演示文稿中第一行的文字,重新输入文件名时不需要输入扩展名,保存类型选择“PowerPoint 演示文稿(*.pptx)”。

Step 3 单击“文件”选项卡，选择下方的“关闭”选项即可关闭演示文稿。

小贴士

此时只是关闭演示文稿，并没有关闭 PowerPoint 应用程序。单击窗口右上角的“关闭”按钮 × 即可关闭 PowerPoint 应用程序。

【任务2】插入、移动、复制和删除幻灯片

在演示文稿“湖南湘莲 . pptx”中添加 3 张幻灯片，并输入如图 4-14 所示的内容，通过此任务掌握插入、移动、复制和删除幻灯片的方法。

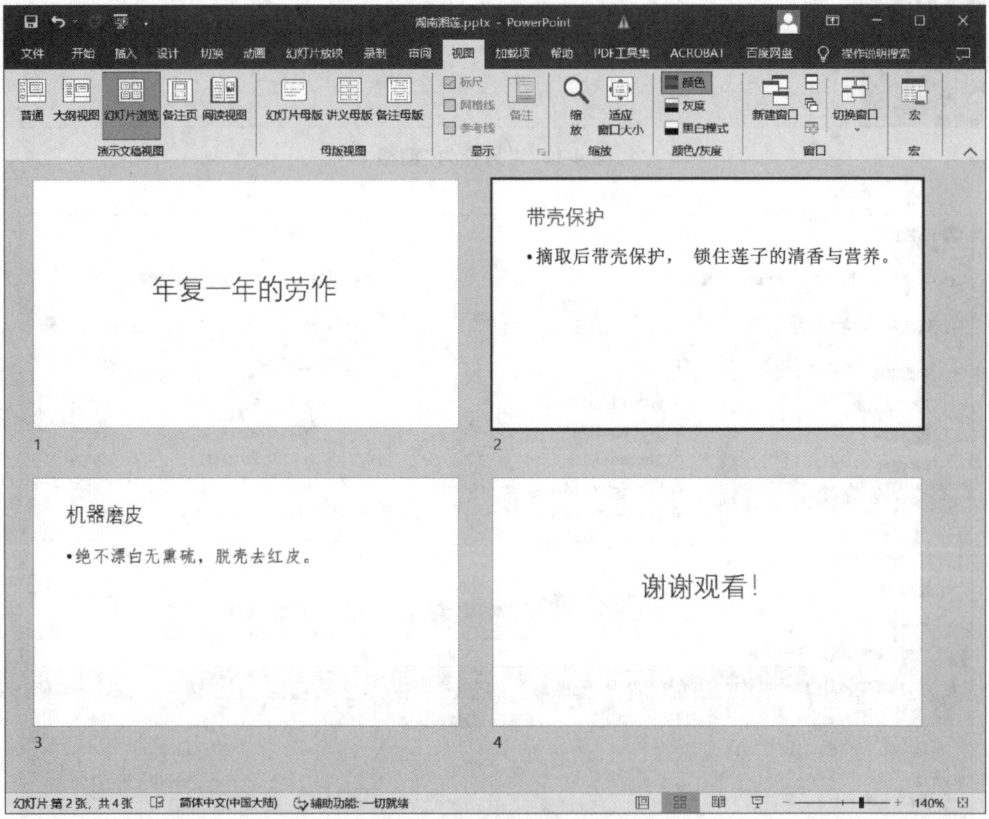

图 4-14 制作简单幻灯片内容

Step 1 打开演示文稿“湖南湘莲 . pptx”，此时文稿中只有一张空白的标题幻灯片。

Step 2 在空白幻灯片标题占位符中输入“年复一年的劳作”（图 4-15），副标题占位符中不输入内容。

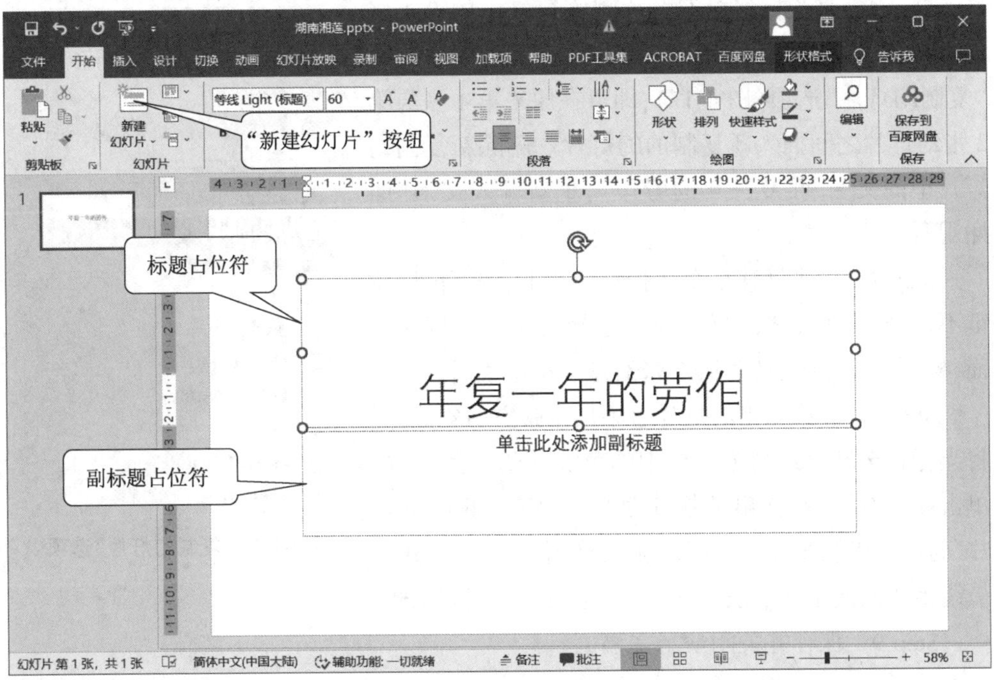

图 4-15　占位符

Step 3　单击“开始”选项卡“幻灯片”组中的“新建幻灯片”按钮，新建的幻灯片版式默认为“标题和内容”。

小贴士

如果新建幻灯片的版式不符合要求，可以单击“开始”选项卡“幻灯片”组中的“版式”按钮更换版式。新建幻灯片可以通过以下几种方法实现：

Method 1　单击“新建幻灯片”按钮下方的下拉按钮，弹出如图 4-16 所示的下拉列表，在列表中选择所需的版式。

Method 2　在幻灯片浏览窗格中单击鼠标右键，在弹出的快捷菜单中选择“新建幻灯片”选项，新建幻灯片版式默认为“标题和内容”。

Method 3　单击“插入”选项卡“幻灯片”组中的“新建幻灯片”按钮。

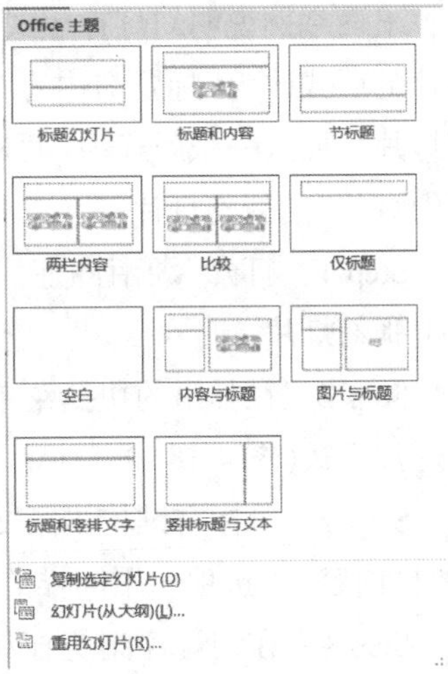

图 4-16　幻灯片版式

Step 4　在新建的幻灯片标题占位符中输入“带壳保护”，在内容占位符中输入“摘取后带壳保护，锁住莲子的清香与营养。”。

Step 5　再新建一张幻灯片，在标题占位符中输入“机器磨皮”，在内容占位符中输入“绝不漂白无熏硫，脱壳去红皮。”

Step 6 将光标移至幻灯片浏览窗格中的第 1 张幻灯片上，单击鼠标右键，在弹出的快捷菜单中选择“复制幻灯片”选项(图 4-17)，即可在原来第 1 张与第 2 张幻灯片之间插入新复制的幻灯片。删除新复制幻灯片中的文字“年复一年的劳作”，重新输入文字“谢谢观看！”。

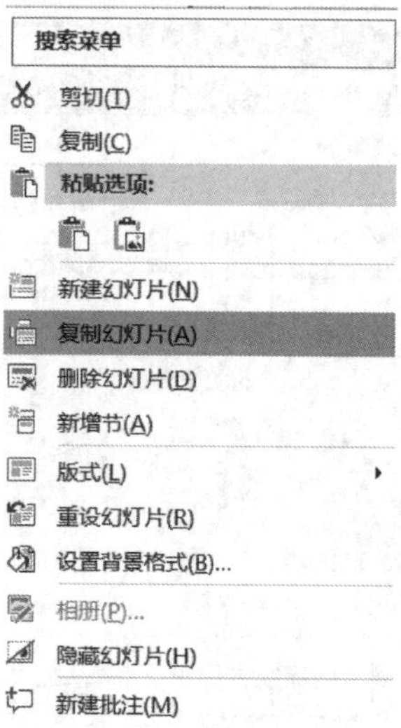

图 4-17 “复制幻灯片”选项

Step 7 将光标移至第 2 张幻灯片上，按下鼠标左键不松开，将第 2 张幻灯片拖动至最后一张幻灯片下面，松开鼠标左键，此时第 2 张幻灯片移至最后。

Step 8 在第 4 张幻灯片后添加一张空白幻灯片，将光标移至幻灯片浏览窗格中的第 5 张幻灯片位置，单击鼠标右键，在弹出的快捷菜单中选择“删除幻灯片”选项，刚刚添加的幻灯片被删除(注意：此步骤对最终生成的演示文稿没有作用，只是为了说明怎么删除幻灯片)。

Step 9 保存并关闭演示文稿。

【任务 3】设置幻灯片版式

幻灯片版式是 Power Point 软件中的一种常规排版的格式，应用幻灯片版式可以更加便捷地完成对文字、图片等的布局。版式由占位符(一种带有虚线或阴影线边缘的框)组成，占位符可放置文字、表格、图表、图片、形状和剪贴画等。

下面举例说明幻灯片版式的设置方法。将“湖南湘莲 . pptx”演示文稿第 1 张幻灯片的版式改为“标题与内容”，将第 2、3 张幻灯片的版式改为“两栏内容”，在第 3 张幻灯片后插入一张版式为“两栏内容”的新幻灯片，在第 1 张幻灯片前插入版式为“空白幻灯片”的新幻灯片。

Step 1 打开“湖南湘莲 . pptx”演示文稿，在幻灯片浏览窗格中用鼠标右键单击第 1 张幻灯片。

Step 2 在弹出的快捷菜单中选择“版式”选项下的“标题与内容”子选项以修改幻灯片版式(图 4-18)。

Step 3 鼠标右键单击第 2 张幻灯片，在弹出的快捷菜单中选择“版式”选项下的“两栏内容”子选项。用同样的方法修改第 3 张幻灯片的版式为“两栏内容”。

Step 4 在幻灯片浏览窗格中，将光标移至第 3、4 张幻灯片之间并单击鼠标左键，此时在第 3、4 张幻灯片之间出现一根分隔线，鼠标右键单击分隔线，在弹出的快捷菜单中选择“新建幻灯片”，此时新幻灯片的版式为“标题与内容”，重复 Step 1、Step 2 修改新建幻灯片的版式为“两栏内容”。

Step 5 在新插入的幻灯片标题栏占位符中输入“人工去芯”，在左侧内容占位符中输入“通芯率高达 96%，针孔穿芯不作过分处理。”。

Step 6 在幻灯片浏览窗格中，将光标移至第 1 张幻灯片上。

Step 7 单击“开始”选项卡“幻灯片”组中的“新建幻灯片”下拉按钮，在下拉列表中选择“空白幻灯片”。

Step 8 保存并关闭演示文稿。

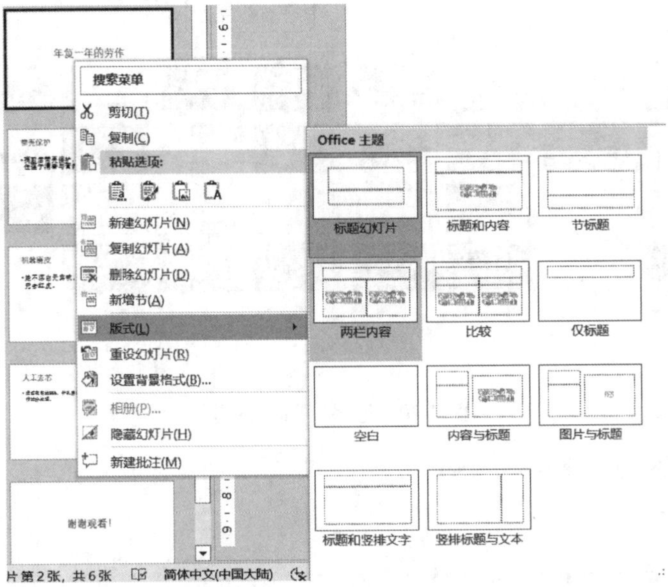

图 4-18　更改幻灯片版式

4.3　幻灯片的格式化

PowerPoint 幻灯片的格式化主要包括对幻灯片主题的设置、幻灯片大小及背景的设置、幻灯片母版的设置，旨在使其更符合演示的需求和风格，从而更好地传达演示的内容和目的。

【任务 1】设置演示文稿主题

幻灯片主题是对演示文稿中所有幻灯片的外观进行匹配的一个样式，比如所有幻灯片具有统一的背景效果、修饰元素和文字格式等。下面举例说明演示文稿主题的设置方法。为“湖南湘莲 . pptx”演示文稿应用“平面”主题。

Step 1 打开“湖南湘莲 . pptx”演示文稿，单击“设计”选项卡“主题”组中的“主题”下拉按钮(图 4-19)。

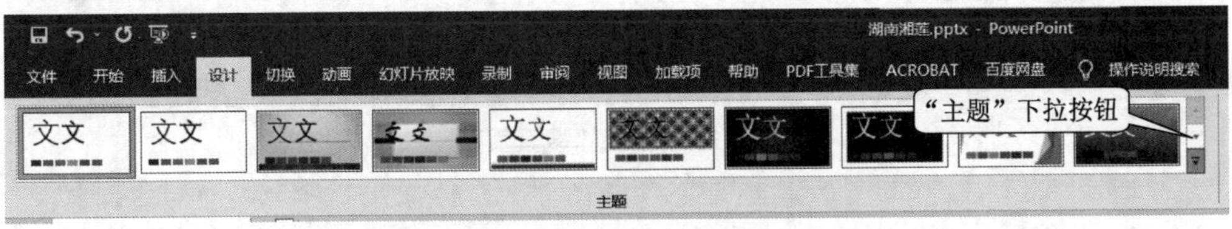

图 4-19　“主题”下拉按钮

Step 2　在下拉列表中选择“平面”主题,如图 4-20 所示。

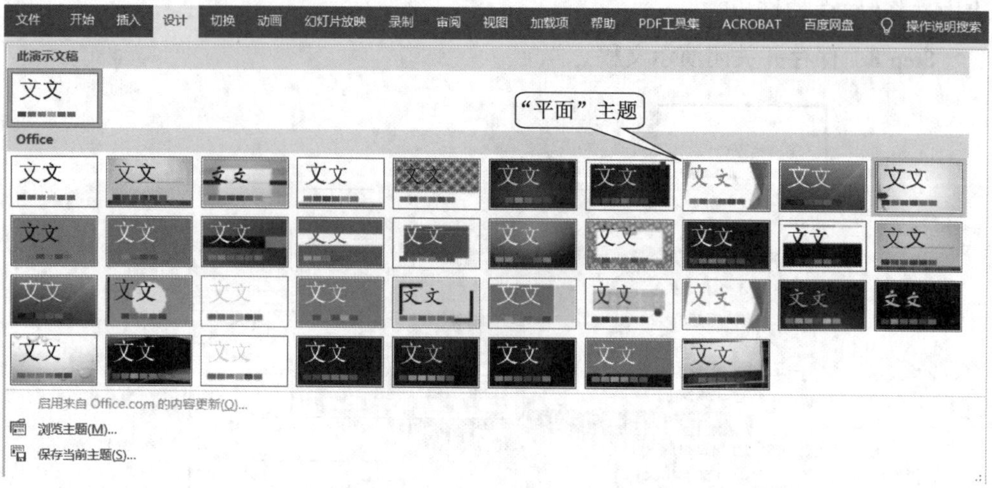

图 4-20　选择“平面”主题

Step 3　保存并关闭演示文稿。

小贴士

创建新演示文稿时,若单击如图 4-11 所示的“更多主题”链接进入“主题”搜索页面(图 4-21),则在此页面中可以搜索并应用更多主题。空白演示文稿采用的是空白页,在编辑演示文稿的过程中可以应用主题或修改主题,应用主题后无论新建任何版式的幻灯片都会保持统一的风格。

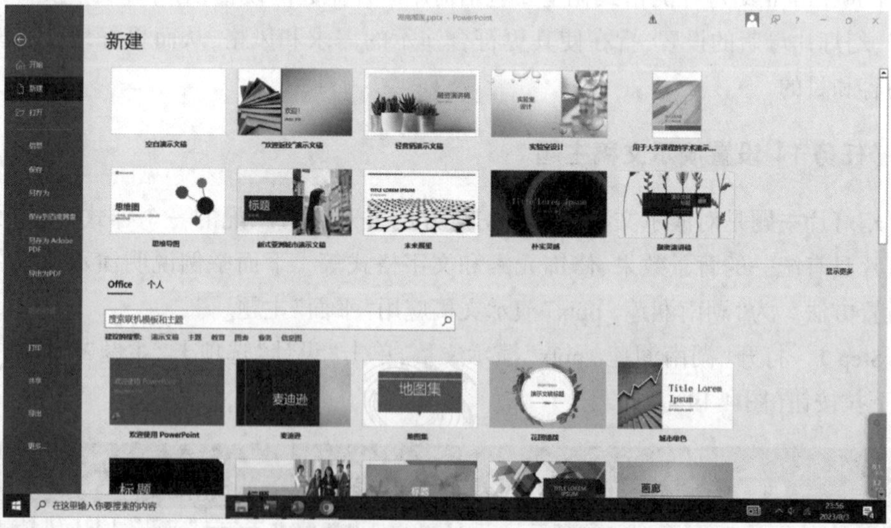

图 4-21　“主题”搜索页面

【任务 2】设置幻灯片的大小及背景

设置幻灯片的大小为“宽屏显示(16∶9)”;设置第 1 张幻灯片的背景为“顶部聚光灯-个性色 3”的预设渐变,其余幻灯片背景设置为“浅色渐变-个性色 3”,并删除渐变光圈中的第 2 和第 3 个停止点,设置最后一个停止点的颜色为“浅灰色,背景 2”。

Step 1 打开“湖南湘莲 . pptx”演示文稿,单击“设计”选项卡“自定义”组中的“幻灯片大小”按钮,在下拉列表中选择“宽屏(16∶9)”(图 4-22)。

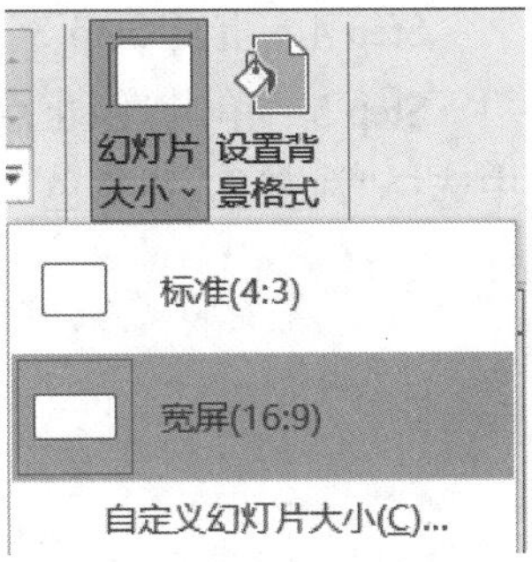

图 4-22 自定义幻灯片大小

小贴士

为了使演示文稿在放映时能够适应屏幕,一般需要对幻灯片大小进行设置,常见的幻灯片大小有宽屏(16∶9)、标准(4∶3)和全屏(16∶9),其相应的尺寸(宽×高)分别为 33.867 厘米×19.05 厘米(图 4-23),25.4 厘米×19.05 厘米,25.4 厘米×14.288 厘米。

若要满足特殊屏幕的需求,则可以选择图 4-22 中的“自定义幻灯片大小”选项,在打开的对话框中进行相应的设置。

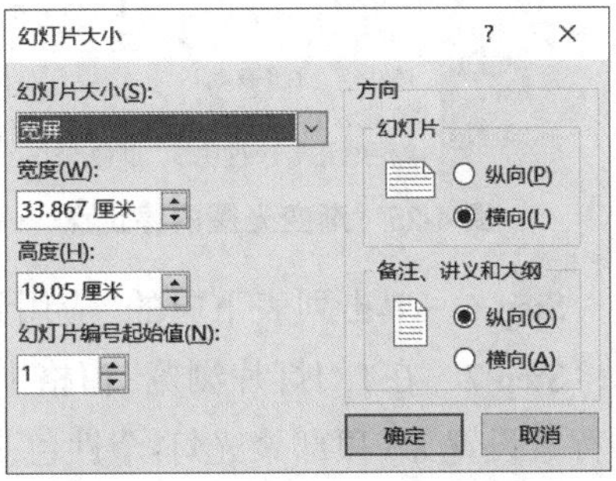

图 4-23 “幻灯片大小”对话框

Step 2 单击“设计”选项卡“自定义”组中的“设置背景格式”按钮,在“设置背景格式”窗格中单击“渐变填充”单选按钮,再单击“预设渐变”下拉按钮,在下拉列表中选择“浅色渐变-个性色 3”,如图 4-24 所示。

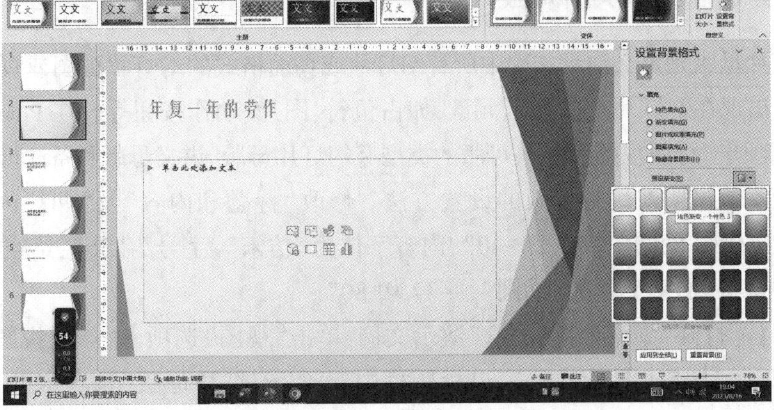

图 4-24 设置背景格式

Step 3　单击“渐变光圈”的 “停止点 2”按钮(图 4-25),再单击右边的“删除渐变光圈”按钮 ,删除渐变光圈的第 2 个停止点。

Step 4　重复 Step 3,删除中间的停止点 2(即原来的停止点 3)。

Step 5　单击“停止点 2” (即最初的停止点 4),单击“颜色”按钮,在打开的列表中选择“浅灰色,背景色 2”,如图 4-26 所示。

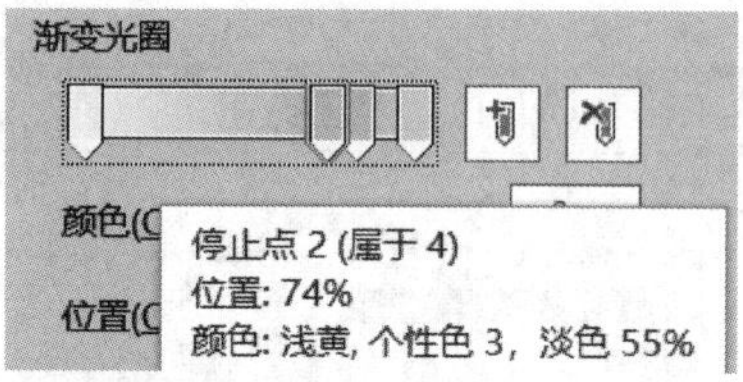

图 4-25　渐变光圈的停止点

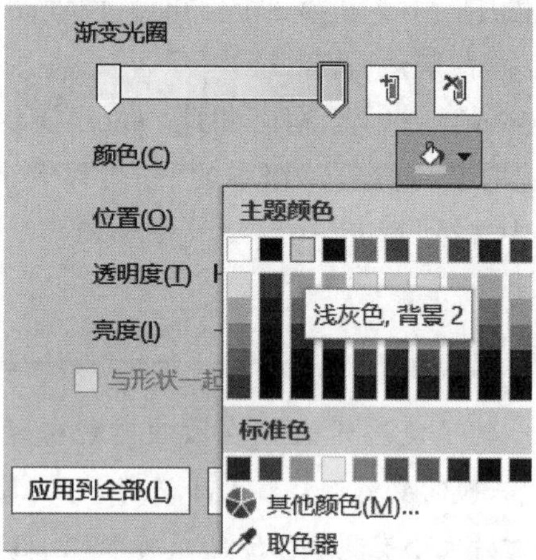

图 4-26　设置渐变光圈停止点的颜色

Step 6　单击列表下方的“应用到全部”按钮。

Step 7　在“幻灯片浏览”窗格中选择第 1 张幻灯片,重复 Step 2,将第 1 张幻灯片的背景设置为“顶部聚光灯-个性色 3”。

Step 8　保存并关闭演示文稿。

小贴士

先设置演示文稿中的通用背景,通过“应用到全部”按钮将背景应用到整个演示文稿,再设置特殊幻灯片的背景。如果对背景设置不满意,则单击“重置背景”按钮取消所设置的背景。

【任务 3】设置幻灯片母版

幻灯片母版是定义演示文稿中所有幻灯片或页面格式的幻灯片视图或页面。母版中包含可出现在幻灯片上的显示元素,如占位符、图片、动作按钮等。在 PowerPoint 的“视图”选项卡“母版视图”组中,母版的类型有幻灯片母版、讲义母版和备注母版 3 种。

下面举例说明幻灯片母版的设置方法。修改“标题和内容”及“两栏内容”的版式,标题字体为“幼圆”,字号为“40”,内容字体为“仿宋”,字号为“36”;给空白版式添加文字占位符,文字字体为“幼圆”,字号为“80”。

Step 1　打开“湖南湘莲 . pptx”演示文稿,单击“视图”选项卡“母版视图”组中的“幻灯片母版”按钮(图 4-27),窗口标题栏中新添“幻灯片母版”选项卡并处于选中状态。

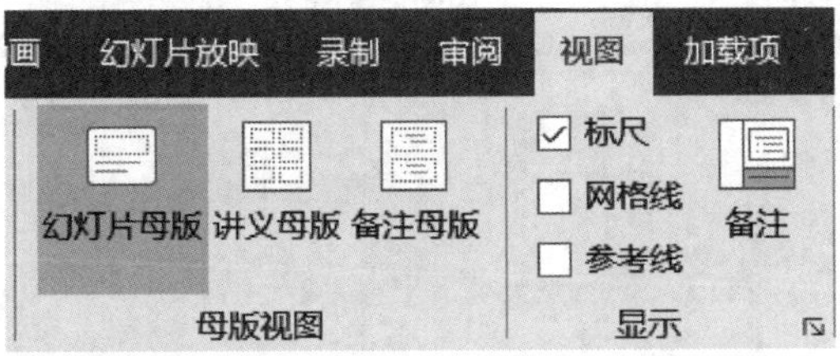

图 4-27 “幻灯片母版”按钮的位置

Step 2 在左侧的母版浏览窗格中找到“标题和内容”版式(图 4-28),单击该版式。

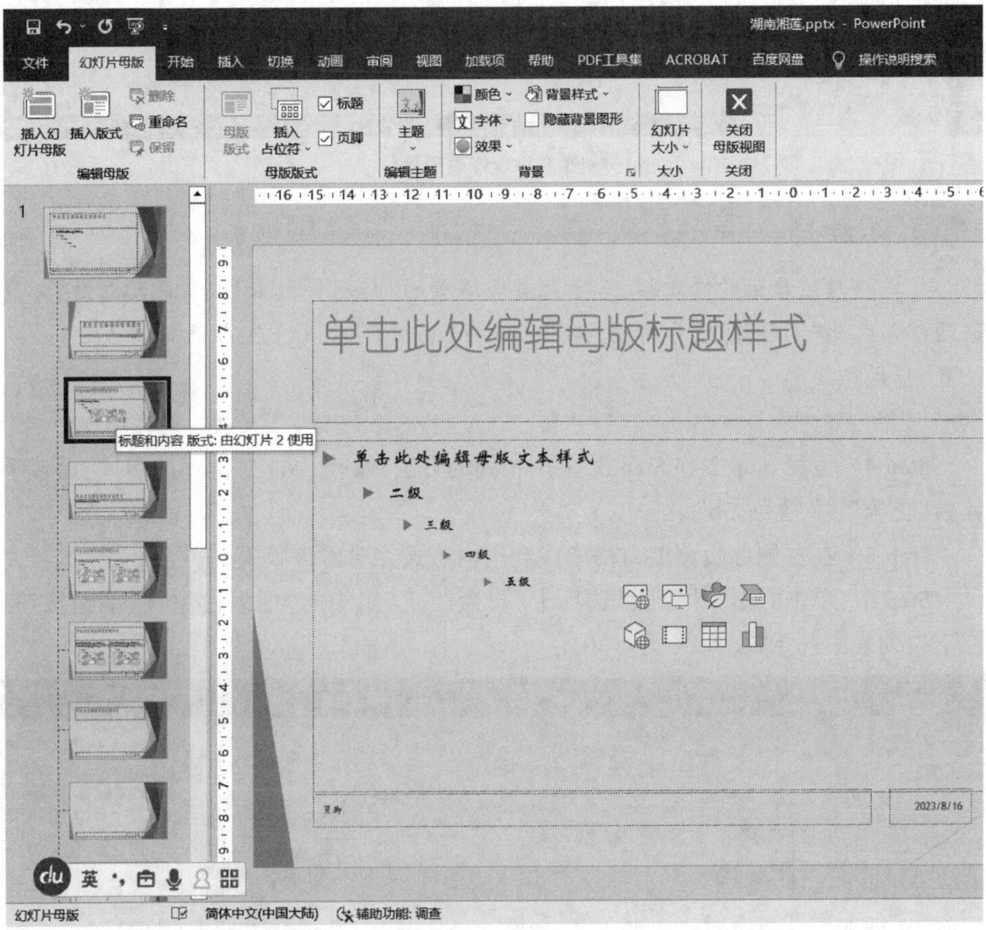

图 4-28 母版视图

小贴士

从图 4-28 中可以看出,当光标移至某版式时,会提示该版式有哪些幻灯片在使用。

Step 3 选中标题占位符中的文字,设置字体为“幼圆”,字号为“40”(图 4-29)。

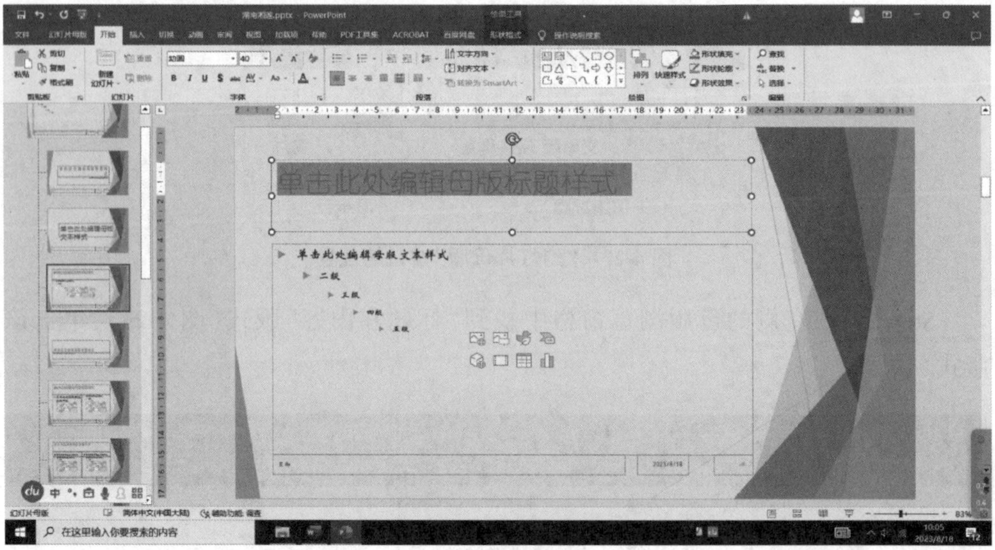

图 4-29　修改母版

小贴士

保存对该母版的修改后,基于此母版添加的“标题和内容”版式的幻灯片,标题字体都是“幼圆”,字号都是“40”。此外,用户还可以修改占位符的大小、位置、样式等。

Step 4　重复 Step 2 和 Step 3,采用相同的方法,修改“两栏内容”的版式,设置字体为“仿宋”,字号为“36”。

Step 5　在左侧母版浏览窗格中找到空白版式并单击该版式。

Step 6　单击“幻灯片母版”选项卡“母版版式”组中的“插入占位符”下拉按钮,在下拉列表中选择“文本”(图 4-30)。

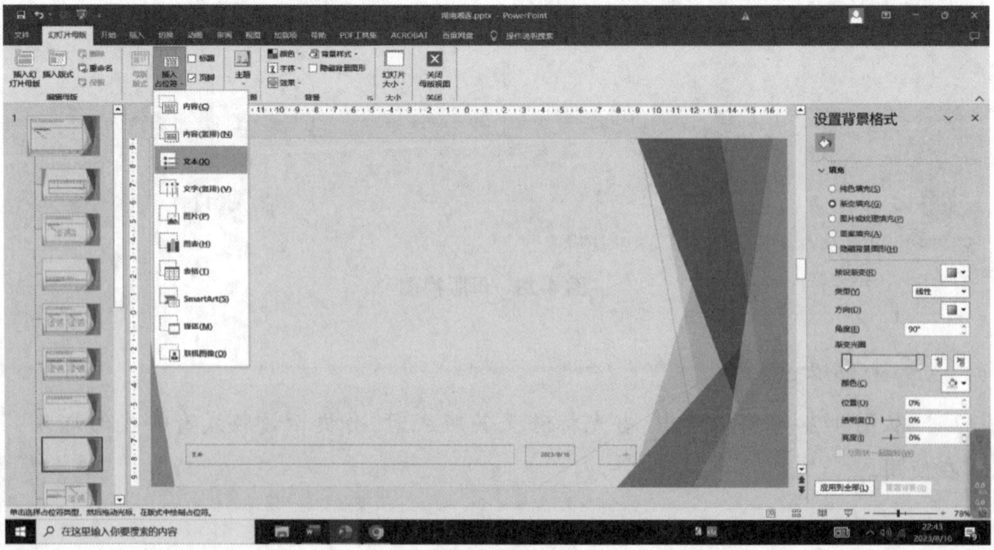

图 4-30　插入占位符

Step 7 将光标移至幻灯片编辑区，按住鼠标左键不松开，并向右下角拖曳形成一个矩形区域，松开鼠标左键，选中区域中的所有文字，如图 4-31 所示。

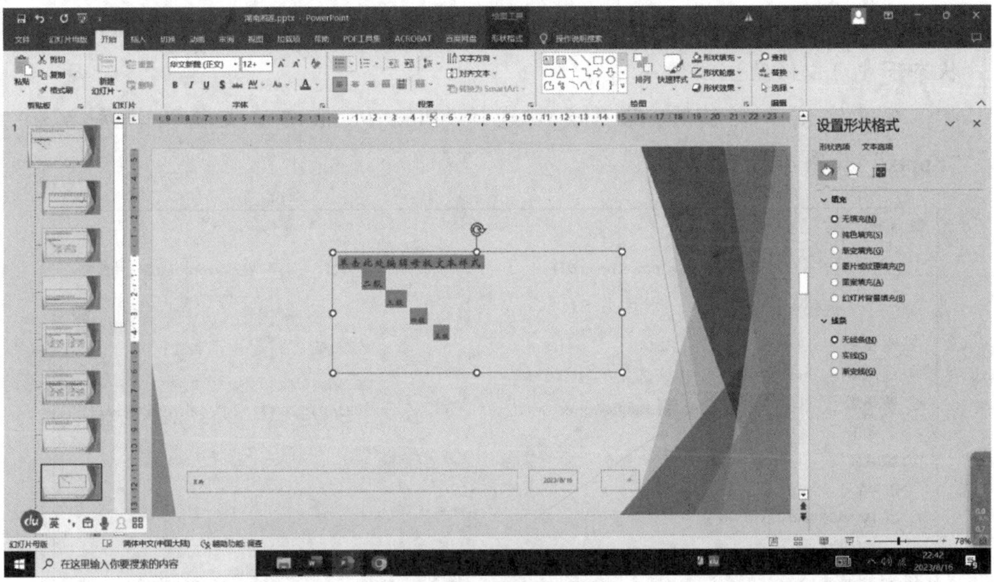

图 4-31 编辑占位符

Step 8 单击“开始”选项卡“段落”组中的“项目符号”按钮，取消文字前面的项目符号，删除文字“二级”“三级”“四级”“五级”。

Step 9 选中文字“单击此处编辑母版文本样式”，设置字体为“幼圆”，字号为“80”。

Step 10 单击“保存”按钮后，单击“幻灯片母版”选项卡中的“关闭母版视图”按钮 关闭母版视图。

Step 11 在“幻灯片浏览”窗格中单击第 1 张幻灯片，单击“开始”选项卡“幻灯片”组中的“版式”按钮 版式，在列表中选择“空白”，此时在第 1 张幻灯片中出现文本占位符。

小贴士

母版修改后，新建的幻灯片会依据修改后的母版版式生成，修改前已有的幻灯片不会自动变化，需要重新应用修改后的版式才会依据母版发生相应变化。

Step 12 保存并关闭演示文稿。

小贴士

(1) 幻灯片模板和幻灯片母版的区别

幻灯片模板包含封面、目录、内页、封底、片尾动画等页面，方便用户快速地进行 PPT 的制作，可提高效率，节约时间。幻灯片模板的类型包括办公模板、教育模板、商务模板、生活模板、健康医疗模板和政务模板等。

幻灯片母版包含用于提供样式文稿的布局、格式、配色方案、母版样式等。幻灯片母版的类型包括幻灯片母版、标题母版、讲义母版和备注母版等。

模板随时可以修改，而母版在普通编辑状态下不可以修改，只有在编辑母版状态下才可以修改。

在保存演示文稿时，保存类型选择“PowerPoint 演示文稿”，扩展名为“. pptx”，如图 4-32 所示。

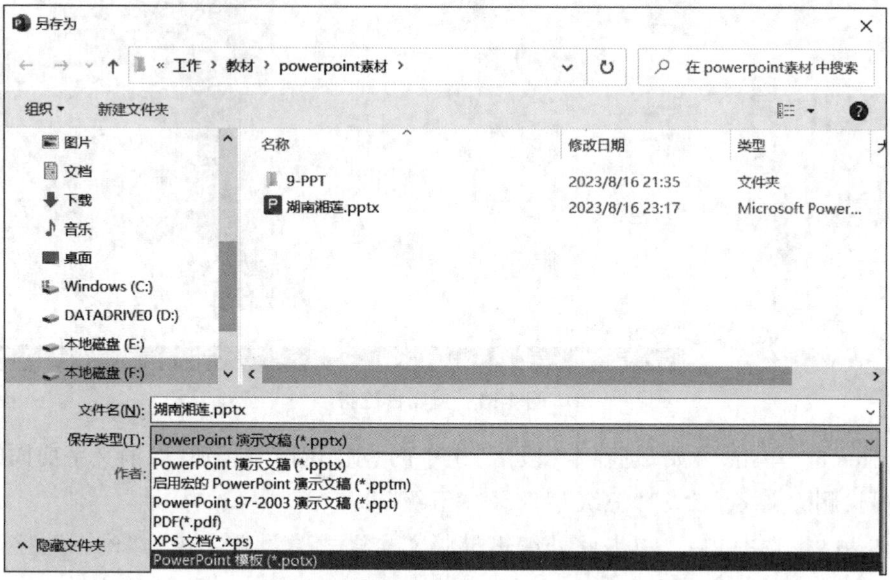

图 4-32　演示文稿保存类型的选择

(2)幻灯片母版和幻灯片版式的区别

幻灯片母版其实也是一种模板，它包含了整个幻灯片中各种元素的布局、设计和格式等信息。在制作幻灯片时可以方便快捷地应用这些元素，以保证幻灯片格式的统一和规范。

幻灯片版式是指幻灯片的布局、设计或格式等外观样式，通过应用不同的幻灯片版式可以使得幻灯片达到不同的展示效果。

4.4　插入艺术字、图片与形状

PowerPoint 中，可以在幻灯片中插入并编辑艺术字、图片、形状等，设置它们与文本之间的布局关系，使演示文稿更加生动、美观。

本节通过在幻灯片中插入艺术字、形状、图片，以及对图片进行处理，从而实现如图 4-33 所示的效果。

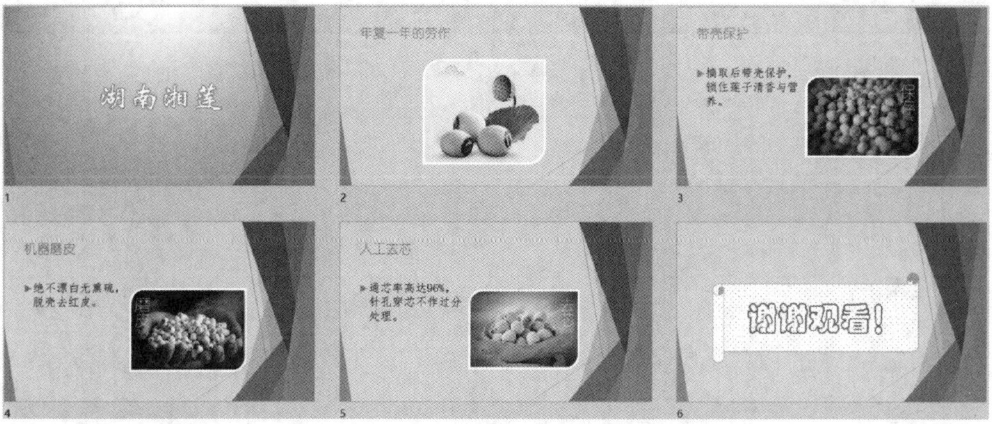

图 4-33　插入艺术字、图片与形状的效果

【任务 1】插入艺术字

在第 1 张幻灯片中插入样式为“填充：白色；边框：绿色，主题色 1；发光：绿色，主题色 1”的艺术字，文字为“湖南湘莲”，字号为“96”，并设置文字对齐方式为“水平居中”和“垂直居中”。

Step 1　打开演示文稿“湖南湘莲 . pptx”，在左侧幻灯片浏览窗格中单击第 1 张幻灯片。

Step 2　单击“插入”选项卡“文本”组中的“艺术字”按钮，在下拉列表中选择“填充：白色；边框：绿色，主题色 1；发光：绿色，主题色 1”选项（图 4-34）。

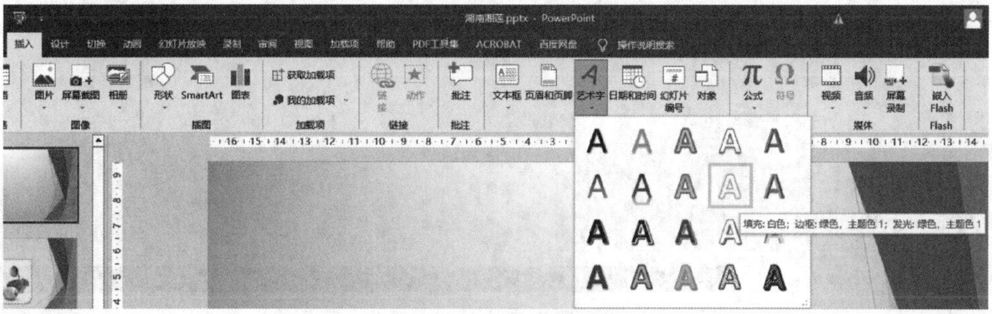

图 4-34　插入艺术字

Step 3　在文本输入占位符中输入“湖南湘莲”并选中文字（图 4-35）。

Step 4　单击“开始”选项卡“字体”组中的“字号”下拉按钮，选择“96”。

Step 5　将光标移至艺术字四周的虚线框处，当光标变为十字箭头形状时单击鼠标左键。

Step 6　单击“形状格式”选项卡“排列”组中的“对齐”按钮，在下拉列表中选择“水平居中”（图 4-36），用同样的方法可将艺术字设置为“垂直居中”。

Step 7　保存并关闭演示文稿。

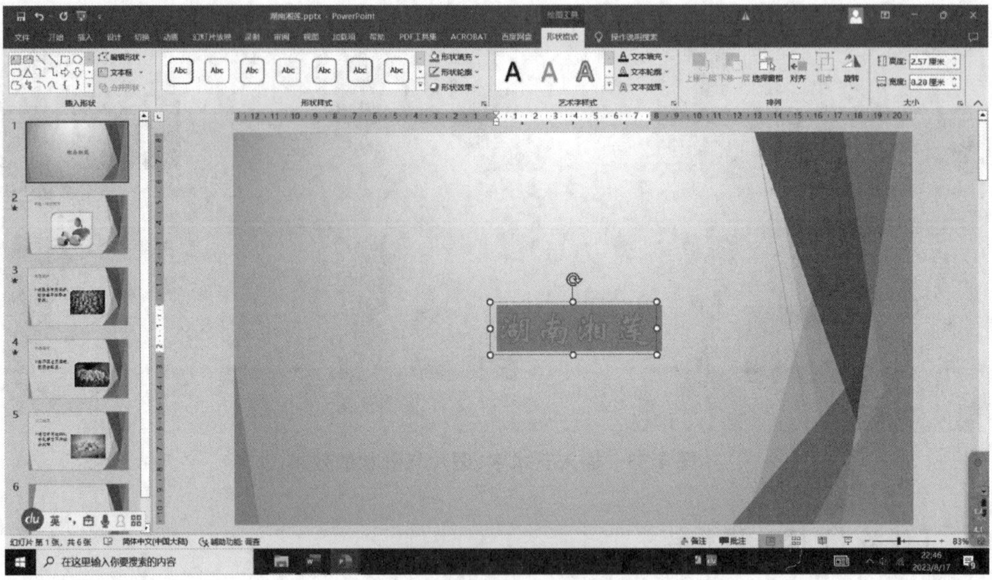

图 4-35 选中艺术字

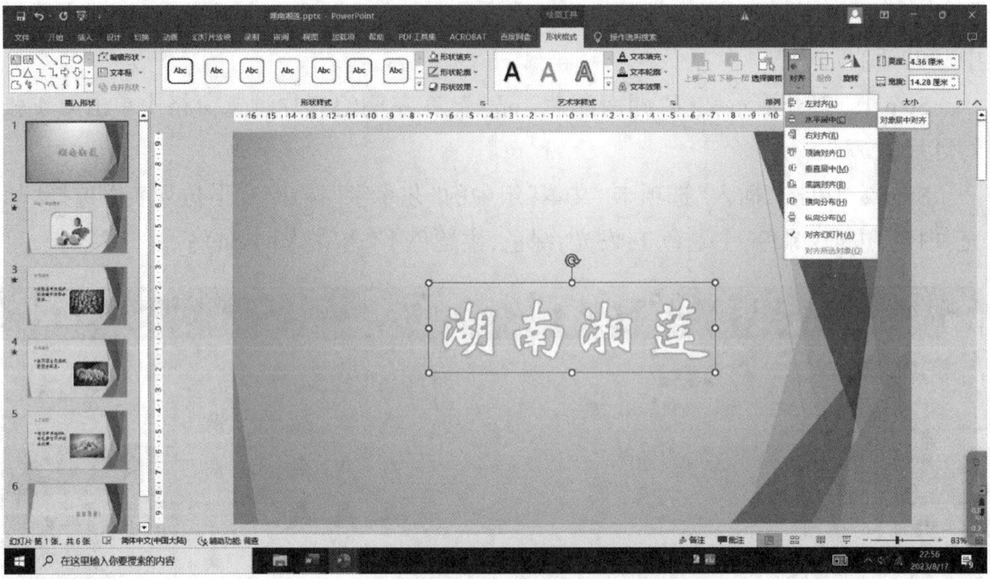

图 4-36 设置艺术字的对齐方式为水平居中

> **小贴士**
>
> 除了预设效果的几种艺术字外,还可以通过"形状格式"选项卡中的各种工具按钮对艺术字进行编辑修改,包括艺术字边框样式、效果等的修改。

【任务 2】插入图片

在第 2~5 张幻灯片中插入图片。

Step 1 打开演示文稿"湖南湘莲 . pptx",在左侧的幻灯片浏览窗格中单击第 2

张幻灯片，再单击编辑区中内容占位符中的空白位置。

Step 2 单击“插入”选项卡“图像”组中的“图片”按钮，在下拉列表中选择“此设备”，在打开的“插入图片”对话框中选择图片“湘莲 . jpg”，如图 4-37 所示。

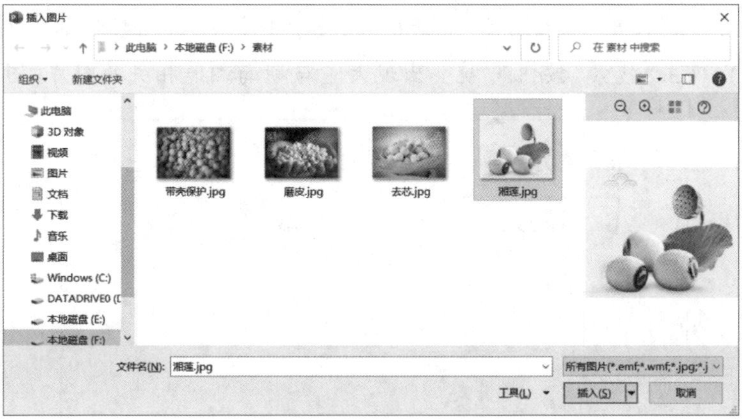

图 4-37 “插入图片”对话框

Step 3 单击“插入图片”对话框中的“插入”按钮，将“湘莲 . jpg”图片插入第 2 张幻灯片中。

Step 4 单击刚插入的图片，图片周围出现矩形框及控制点，说明此时图片处于选中状态。

Step 5 将光标移至图片右下角的控制点处，当光标变成时，按下鼠标左键不松开，拖曳鼠标改变图片的大小。

Step 6 将光标移至刚插入的图片上，当光标形状变成十字箭头形状时，单击鼠标左键不松开，拖曳鼠标改变图片的大小并将其放在合适的位置。

Step 7 重复步骤 Step 1~6，在第 3~5 张幻灯片中插入相应的图片并将其移至合适的位置(图 4-38)。

Step 8 保存并关闭演示文稿。

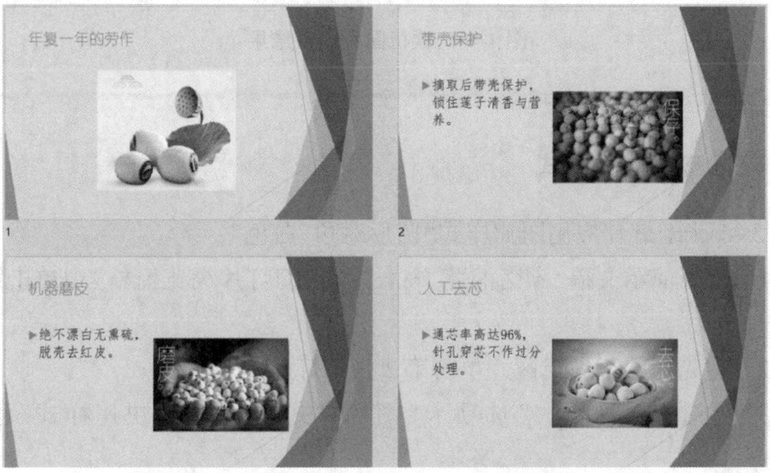

图 4-38 在幻灯片中插入图片

小贴士

在编辑演示文稿时,若需要插入图片来说明文字,但没有现成的合适的图片,则此时可以单击“插入”选项卡“图像”组中的“图片”按钮,在下拉列表中选择“联机图片”,打开“插入图片”对话框,在搜索框中输入关键字,如“湖南湘莲”(图 4-39),单击“搜索”按钮就会出现大量与湖南湘莲相关的图片(图 4-40)。

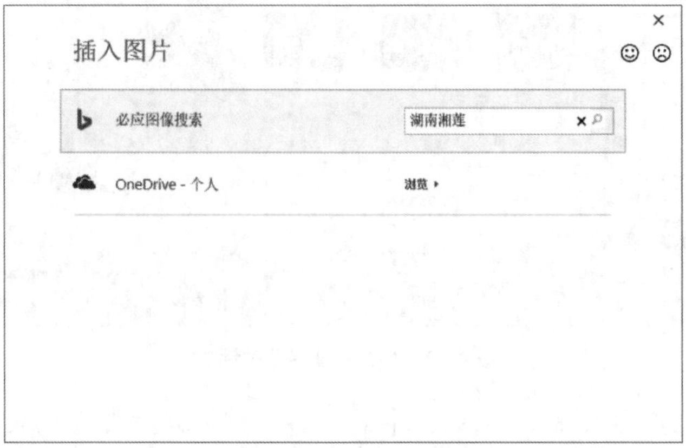

图 4-39 在“插入图片”搜索框中输入关键字

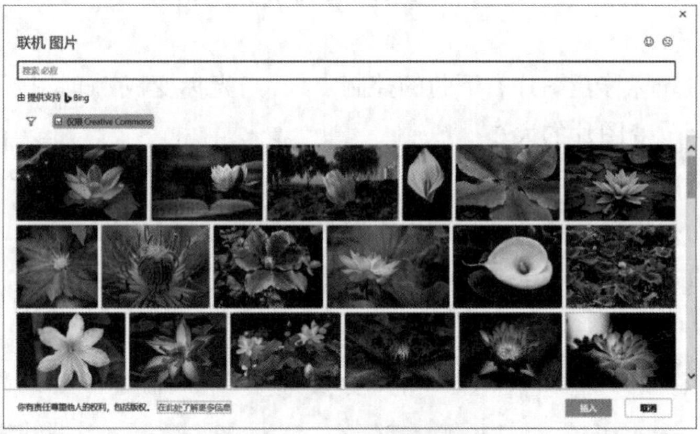

图 4-40 联机图片搜索结果

【任务 3】应用图片样式

将第 2~5 张幻灯片应用图片样式“圆形对角,白色”。

Step 1 打开演示文稿“湖南湘莲 . pptx”,在“幻灯片浏览窗格”中单击第 2 张幻灯片。

Step 2 将光标移至编辑区并单击第 2 张幻灯片中的图片。

Step 3 单击“图片格式”选项卡“图片样式”组中的“快速样式”下拉按钮(图 4-41)。

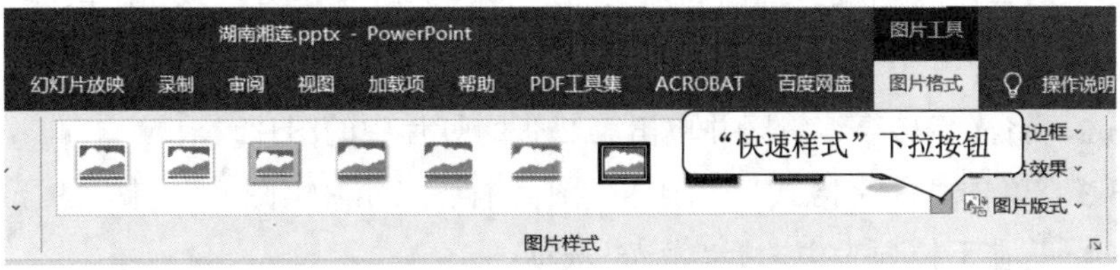

图 4-41　"快速样式"下拉按钮

Step 4　在下拉列表中选择"圆形对角,白色",效果如图 4-42 所示。

图 4-42　"圆形对角,白色"图片样式

Step 5　重复 Step 1~4,对第 3~5 张幻灯片中的图片进行同样的处理,效果如图 4-43 所示。

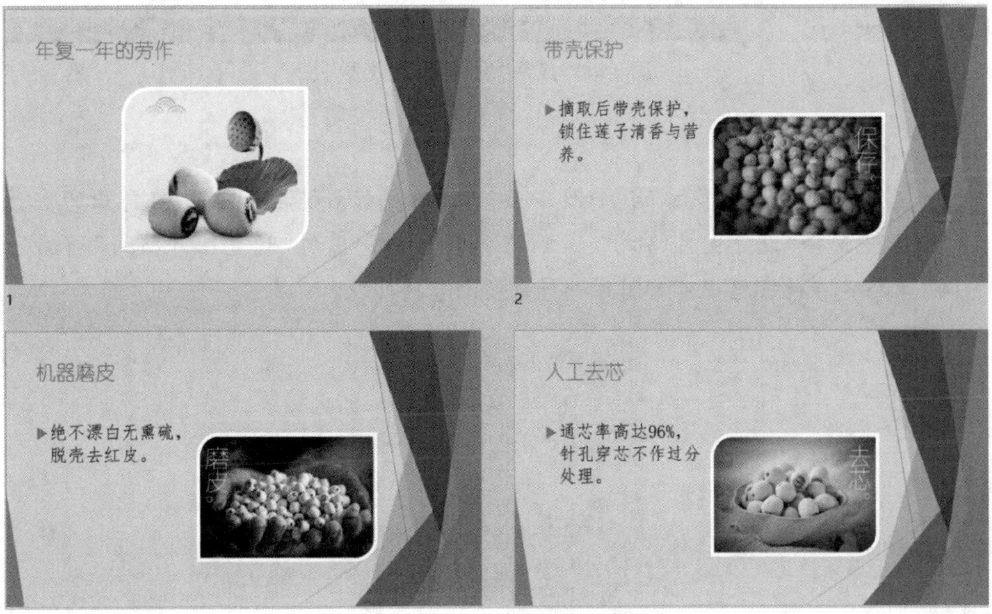

图 4-43　图片应用样式后的效果

Step 6　保存并关闭演示文稿。

【任务 4】设置图片效果

为第 2~5 张幻灯片添加"发光:8 磅;金色,主题色 3"的图片效果。

Step 1　打开演示文稿“湖南湘莲 . pptx”，在“幻灯片浏览窗格”中单击第 2 张幻灯片。

Step 2　将光标移至编辑区并单击第 2 张幻灯片中的图片。

Step 3　单击“图片格式”选项卡“图片样式”组中“图片效果”的下拉按钮 图片效果 ，在下拉列表中选择“发光”选项。

Step 4　在弹出的列表中选择“发光:8 磅;金色,主题色 3”，效果如图 4-44 所示。

图 4-44　应用“发光”图片效果

小贴士

若要对图片的更多细节进行处理，则可以用鼠标右键单击图片，在弹出的快捷菜单中选择“设置图片格式”，此时在编辑区右侧出现“设置图片格式”窗格(图 4-45)，在此窗格中可对图片进行更多细节的处理。

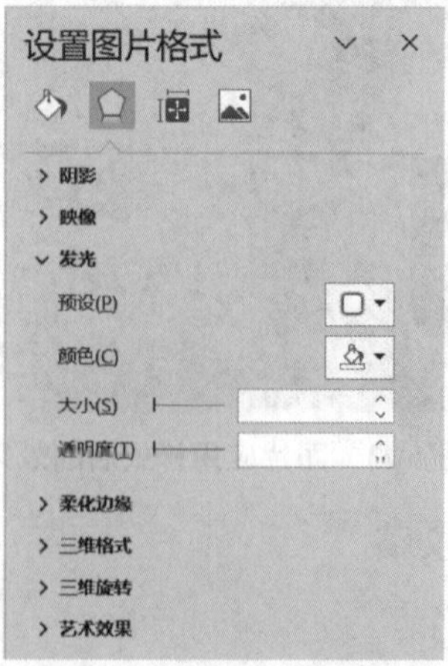

图 4-45　“设置图片格式”窗格

Step 5　重复步骤 Step 1~4，对第 3~5 张幻灯片中的图片进行同样的处理，效果如图 4-46 所示。

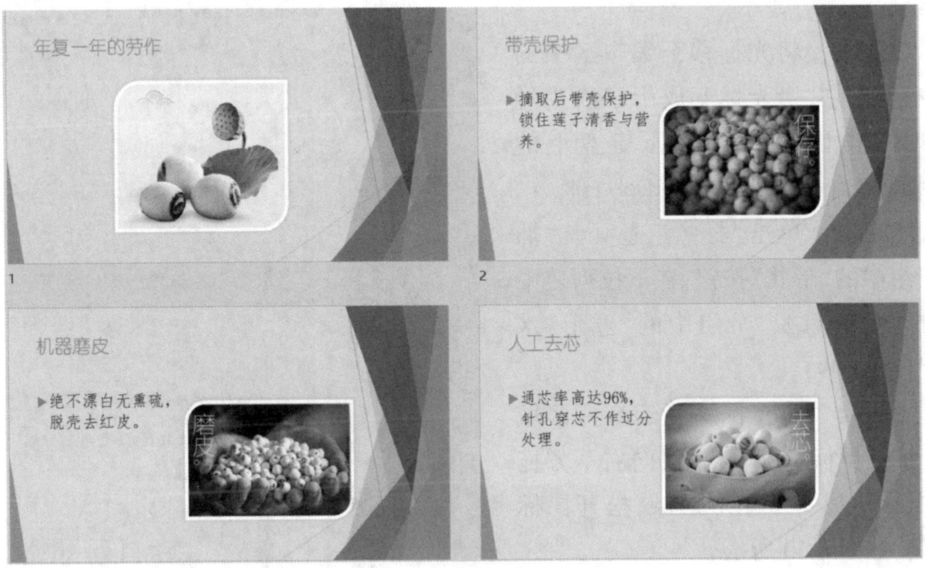

图 4-46　图片处理效果

Step 6　保存并关闭演示文稿。

小贴士

在 PPT 中应用大量的图片可以让我们更好地理解演示文稿的内容，所以掌握图片的处理技能显得尤为重要。如图 4-47 所示，常用的 PPT 图片处理方法有裁剪、效果、颜色、抠图、特效、修饰等。

图 4-47　“图片格式”选项卡

【任务 5】插入形状

在最后一张幻灯片中插入形状“卷形：水平”，填充“点线：5%”图案；设置形状线条宽度为“2.5 磅”，复合类型为“双线”；添加预设阴影“偏移：右下”，阴影颜色为“标准色：绿色”，模糊设置为“40 磅”；在形状中添加文字“谢谢观看！”，字体为“华文彩云”，字号为“96”，颜色为“深绿色，个性色 2”，设置段落水平方向上文本的对齐方式为“居中”、垂直方向上文本的对齐方式为“中部对齐”。最终效果如图 4-48 所示。

图 4-48　“谢谢观看”幻灯片效果

Step 1 打开演示文稿“湖南湘莲.pptx”，在“幻灯片浏览窗格”中单击最后一张幻灯片。

Step 2 将光标移至编辑区中的文本框四周，当光标变成十字箭头形状时单击鼠标左键，按下键盘上的 Delete（有的键盘显示为 Del）键。

Step 3 单击“插入”选项卡“插图”组中的“形状”按钮，在下拉列表中选择“星与旗帜”分组中的“卷形：水平”（图 4-49）。

Step 4 将光标移至幻灯片区域中，按下鼠标左键不松开，向右下方拖曳鼠标形成一个矩形区域，松开鼠标左键，如图 4-50 所示。

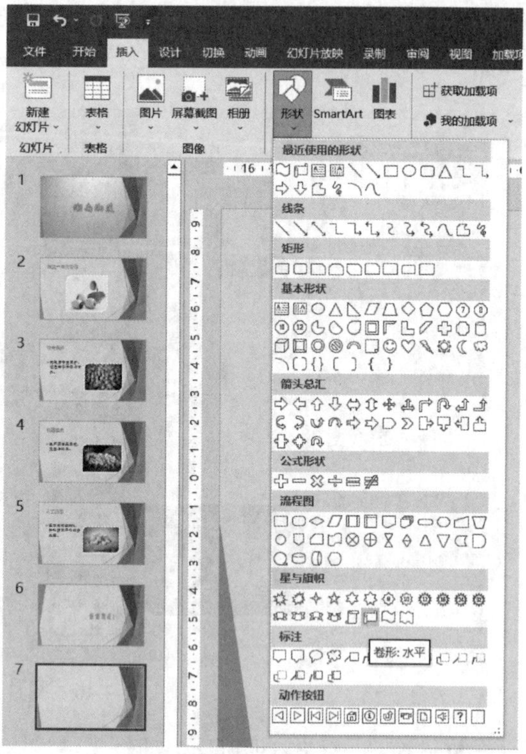

图 4-49 选择形状“卷形：水平”

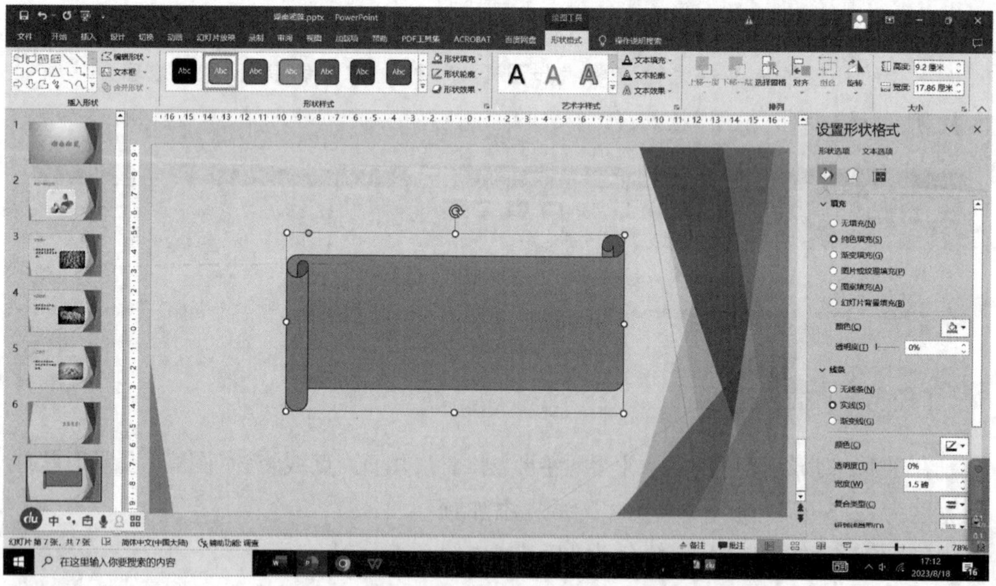

图 4-50 在幻灯片中插入“卷形：水平”形状

Step 5 用鼠标右键单击插入的形状，在弹出的快捷菜单中选择“设置形状格式”，此时在编辑区右侧出现“设置形状格式”窗格。

Step 6 单击“形状选项”下的“填充与线条”按钮，单击“填充”分组下的“图案填充”单选按钮，选择第一个图案“点线：5%”，如图 4-51 所示。

Step 7　向下拖动“设置形状格式”窗格右侧的滚动条，单击“线条”分组下的“实线”单选按钮，在“宽度”输入框中输入“2. 5 磅”，单击“复合类型”列表框，在下拉列表中选择“双线”。

Step 8　单击“形状选项”下的“效果”按钮，单击“阴影”分组下“预设”选项右侧的下拉按钮，在下拉列表中选择“偏移：右下”，“颜色”设置为“标准色：绿色”，“模糊”设置为“40 磅”，如图 4-52 所示。

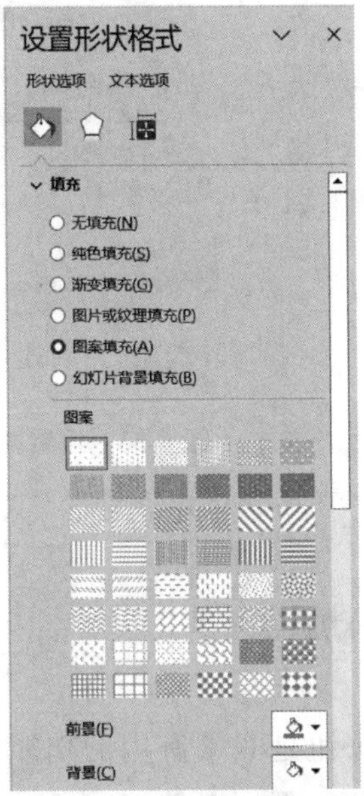

图 4-51　设置形状的“图案填充”

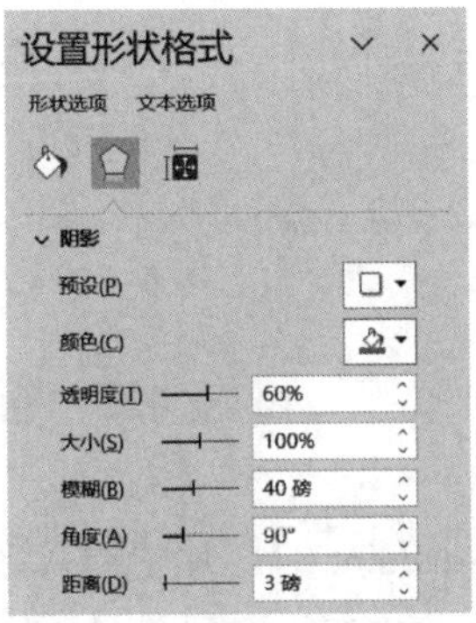

图 4-52　设置形状的阴影

Step 9　用鼠标右键单击该形状，在弹出的快捷菜单中选择“编辑文字”选项，在形状中输入文字“谢谢观看！”

Step 10　单击“开始”选项卡“字体”组中的“字体”下拉按钮，在下拉列表中选择“华文彩云”，单击“字号”按钮，在“字号”输入框中输入“96”，单击“字体颜色”按钮，在列表中选择“深绿色，个性色 2”。

Step 11　将光标移至形状四周，当光标变成十字箭头形状时，单击鼠标左键选中形状，移动光标至形状的右下角，当光标变成形状时，按住鼠标左键不松开，拖曳鼠标改变形状至合适大小。

小贴士

当形状的大小调整后，若需要调整形状的位置，则将光标移至形状的边框处，当光标变成十字箭头形状时，按住鼠标左键不松开，拖动鼠标将形状移至合适的位置。

Step 12　单击“开始”选项卡“段落”组中的“居中”按钮，单击“段落”组中的“对齐文本”按钮，在下拉列表中选择“中部对齐”。

小贴士

因为该文本的最后是感叹号“!”,所以即使在水平方向上设置了“居中”对齐,视觉上还是觉得偏左,可通过以下方式进行调整:用鼠标右键单击形状,在弹出的快捷菜单中选择“设置形状格式”;在“设置形状格式”窗格中,单击“形状选项”下的“大小与属性”按钮,在文本框分组中的“左边距”输入框中修改边距,使得文字在视觉上居中,如图 4-53 所示。

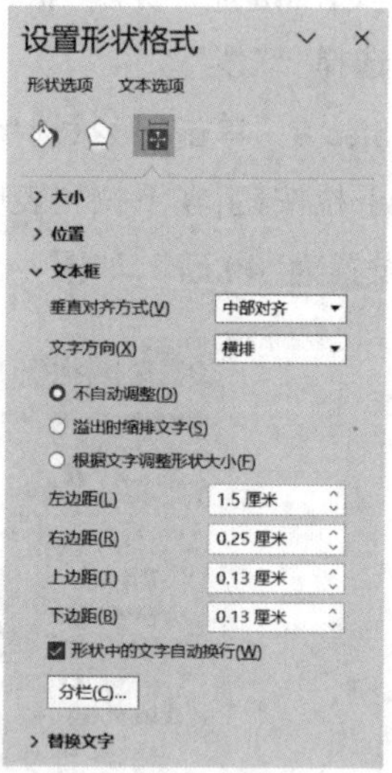

图 4-53　设置文本框边距

4.5　插入超链接与动作按钮

在 PowerPoint 幻灯片中插入超链接与动作按钮是非常有用的功能,它们可以增强演示文稿的交互性和导航性,为观众提供更丰富、更便捷的浏览体验,使观众能够更轻松、更深入地了解演示文稿的内容。这些功能不仅提高了演示文稿的吸引力和趣味性,还使演示过程更加灵活和高效。

在插入超链接与动作按钮之前,在第 2 张幻灯片中插入文本框并添加文字,内容如图 4-54 所示。

图 4-54　第 2 张幻灯片内容

【任务 1】插入超链接

在第 2 张幻灯片中插入 3 个超链接,分别链接到第 3、4、5 张幻灯片;在第 2 张幻灯片中插入湖南湘莲官网链接。

Step 1 打开演示文稿“湖南湘莲 . pptx”，在幻灯片浏览窗格中单击第 2 张幻灯片。

Step 2 在编辑区中选中文字“带壳保护”，鼠标右键单击选中文字，在弹出的快捷菜单中选择“超链接”选项。

Step 3 在打开的“插入超链接”对话框中，单击窗口左侧的“本文档中的位置”按钮，在“请选择文档中的位置”列表框中选择“带壳保护”，单击“确定”按钮，如图 4-55 所示。

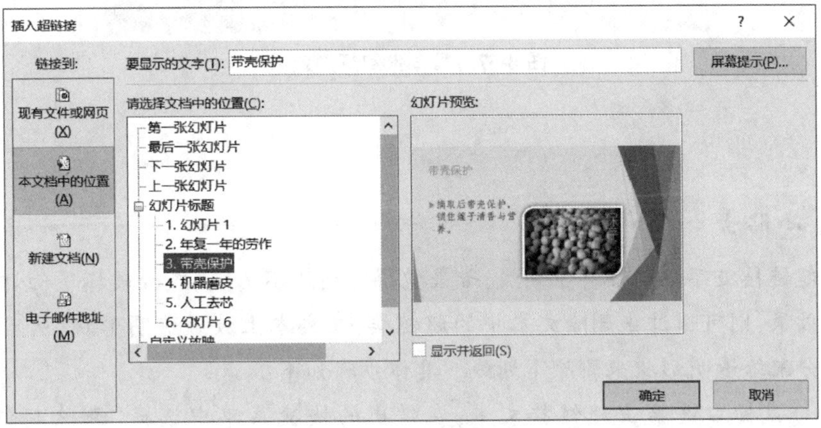

图 4-55 “插入超链接”对话框

Step 4 重复步骤 Step 2~3，将第 2 张幻灯片中的文字“机器磨皮”超链接到第 4 张幻灯片、文字“人工去芯”超链接到第 5 张幻灯片。

Step 5 将光标定位在“人工去芯”行尾，按两次 Enter 键。

Step 6 单击“插入”选项卡“链接”组中的“链接”按钮。

Step 7 在打开的“插入超链接”对话框中，单击窗口左侧的“现有文件或网页”按钮，在“要显示的文字”输入框中输入“湖南湘莲官网”，在“地址”输入框中输入“http://www. *** . com/”，如图 4-56 所示。

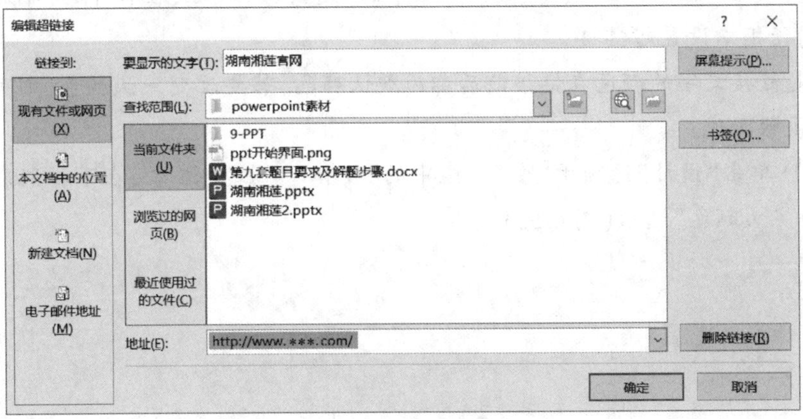

图 4-56 插入官网超链接

Step 8 单击“确定”按钮。第 2 张幻灯片的最终效果如图 4-57 所示。

图 4-57　第 2 张幻灯片效果

小贴士

超链接文字自动带有下划线,如果觉得下划线不美观,或者破坏了幻灯片的整体效果,则可通过先删除文本中的超链接,在文本上放置透明形状,然后将超链接分配给透明形状来删除下划线。具体步骤如下:

① 鼠标右键单击超链接文本,在弹出的快捷菜单中选择“删除超链接”命令。

② 单击“插入”选项卡“插图”组中的“形状”按钮,在下拉列表的“矩形”组中选择“矩形”选项。

③ 在超链接文本处,按住鼠标左键不松开,向右下角拖动鼠标绘制矩形,使其覆盖超链接文本。

④ 鼠标右键单击该矩形,在弹出的快捷菜单中选择“设置形状格式”选项。

⑤ 在“设置形状格式”窗格中,选择“填充”分组中的“无填充”选项,选择“线条”分组中的“无线条”选项。

⑥ 单击“插入”选项卡“链接”组中的“超链接”按钮,在打开的“插入超链接”对话框中设置超链接。

超链接文字的颜色在链接前后都为默认颜色,若要改变默认颜色,则可通过如下步骤实现:

① 单击“设计”选项卡“变体”组中的“变体”下拉按钮 ,在下拉列表中选择“自定义颜色”选项(图 4-58)。

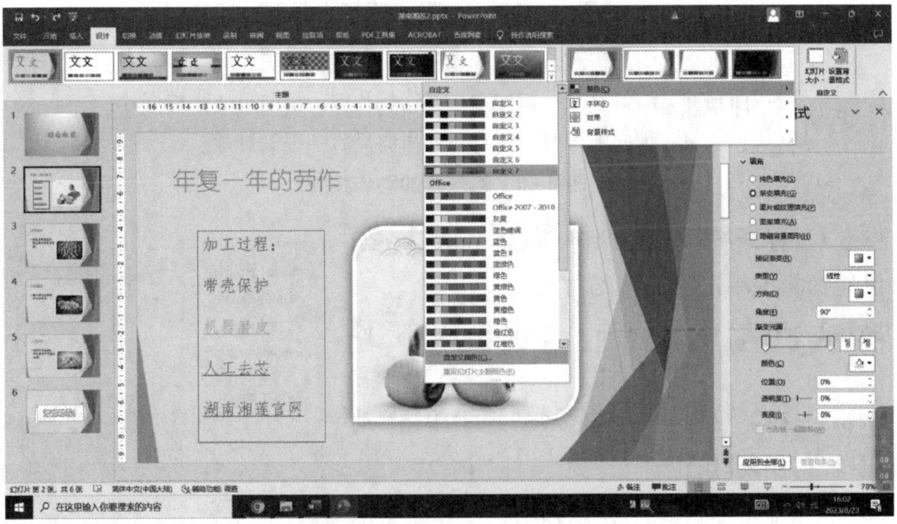

图 4-58　修改默认的主题颜色

② 在打开的“新建主题颜色”对话框中，修改“超链接”和“已访问的超链接”的颜色（图 4-59）。

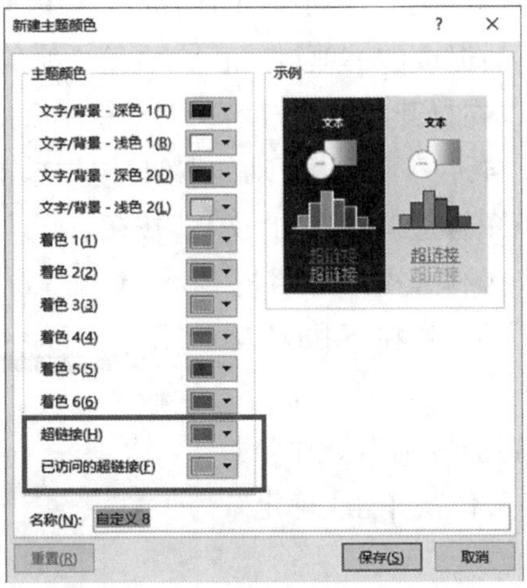

图 4-59　“新建主题颜色”对话框

【任务 2】插入动作按钮

在演示文稿中，动作按钮的作用是当鼠标单击或悬停在该按钮上时产生某种效果。例如，链接到某一张幻灯片、某个网站或某个文件，播放某种音效，运行某个程序等。下面举例说明插入动作按钮的方法。除了首尾页，在幻灯片的左下方插入如图 4-60 所示的 5 个动作按钮。

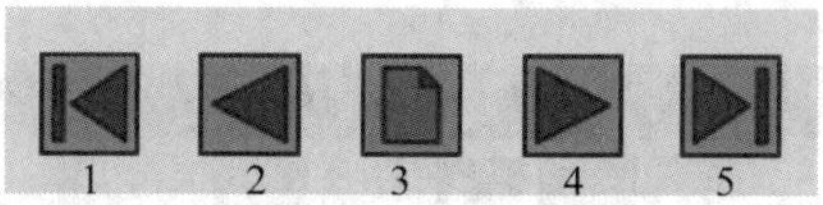

1—回到首页幻灯片;2—指向上一张幻灯片;3—指向第 2 张幻灯片;
4—指向下一张幻灯片;5—指向最后一张幻灯片。

图 4-60　幻灯片的动作按钮

Step 1　打开演示文稿“湖南湘莲 . pptx”,在幻灯片浏览窗格中单击第 2 张幻灯片。

Step 2　单击“插入”选项卡“插图”组中的“形状”按钮。

Step 3　在下拉列表“动作按钮”组中单击“动作按钮:转到开头”按钮。

Step 4　将光标移至编辑区,在左下角合适位置按住鼠标左键不松开,向右下方拖动鼠标形成一个矩形,在打开的“操作设置”对话框中采用默认设置,单击“确定”按钮(图 4-61)。

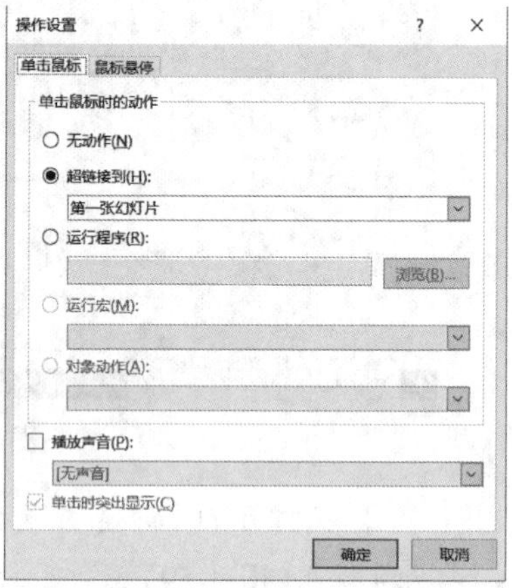

图 4-61　“操作设置”对话框

Step 5　重复 Step 2~4,在下拉列表“动作按钮”组中单击“动作按钮:后退或前一项”按钮,在第 2 张幻灯片左下角合适位置添加“后退或前一项”按钮。在打开的“操作设置”对话框中采用默认设置,无须修改。

Step 6　重复 Step 2~4,在下拉列表“动作按钮”组中单击“动作按钮:文档”按钮,在第 2 张幻灯片左下角合适位置添加“文档”按钮。

Step 7　在打开的“操作设置”对话框中,单击“超链接到”下拉按钮,在下拉列表框中选择“幻灯片”选项。

Step 8　在打开的“超链接到幻灯片”对话框中选择“年复一年的劳作”,单击“确定”按钮,如图 4-62 所示。

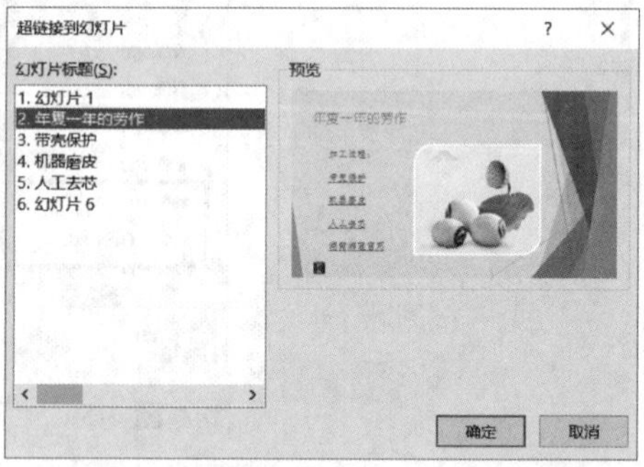

图 4-62　“超链接到幻灯片”对话框

Step 9　用同样的方法添加第 4 个“前进或下一项”动作按钮和第 5 个“转到结尾”动作按钮。

Step 10　将鼠标移至第 1 个动作按钮的左上角,按住鼠标左键不松开,向右下方拖动鼠标直至形成的矩形框包含了 5 个动作按钮。此时,看到的 5 个按钮大小不一且排列不整齐,如图 4-63 所示。

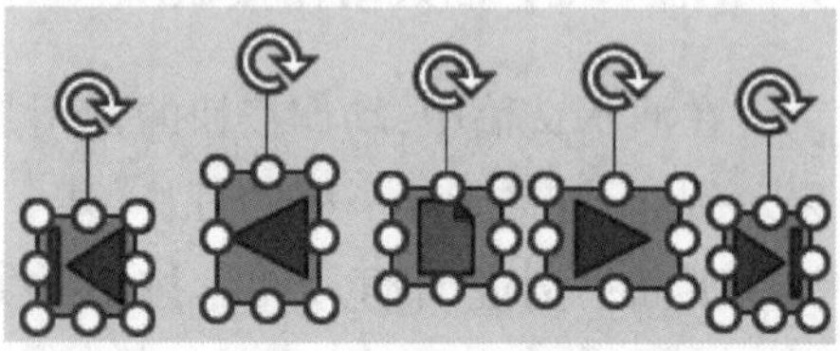

图 4-63　5 个动作按钮的初始状态

Step 11　在“形状格式”选项卡“大小”组中,将动作按钮的高度和宽度都设置为“1 厘米”(图 4-64)。

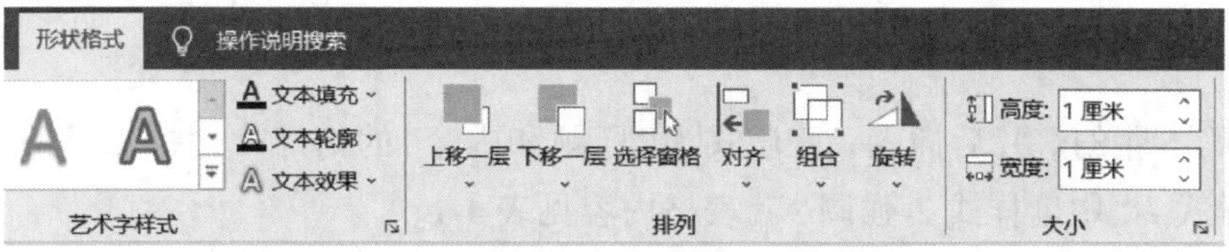

图 4-64　设置动作按钮的大小和排列方式

Step 12　单击“形状格式”选项卡“排列”组中的“对齐”按钮，在下拉列表中选择“顶端对齐”选项。再次单击“对齐”按钮，在下拉列表中选择“横向分布”，5 个按钮整齐均匀地排列在一行，最终效果如图 4-65 所示。

图 4-65　第 2 张幻灯片效果

Step 13　选中 5 个动作按钮，单击鼠标右键，在弹出的快捷菜单中选中“复制”选项。

Step 14　单击“幻灯片浏览窗格”中的第 3 张幻灯片，将光标移至编辑区中。单击鼠标右键，在弹出的快捷菜单中选中“粘贴”选项。用同样的方法在其他幻灯片中插入动作按钮，除了首尾页。

Step 15　保存并关闭演示文稿。

小贴士

除利用“插入”选项卡插入动作按钮外，也可以通过“开始”选项卡“绘图”组中的“形状”按钮插入动作按钮。

4.6　插入表格与 SmartArt 图形

在幻灯片中插入表格与 SmartArt 图形有助于提高演示文稿的质量和效果。表格主要用于数据展示和对比分析，SmartArt 图形则主要用于逻辑关系表达和直观性展示。根据具体需求和演示内容的特点，用户可以灵活选择使用这两种工具来优化演示文稿的表现效果。

【任务 1】插入表格

在第 5 张幻灯片后插入一张版式为“标题和内容”的幻灯片,并在幻灯片中插入表格,样式为“中度样式 2-强调 3”,表格内容见表 4-1。

表 4-1　幻灯片表格内容

检测项目	检测方法	结果	标准要求	单位	单项判定
二氧化硫残留量	参见 GB/T 5009. 34—2022	未检出	不得残留	g/kg	通过√
水分含量	参见 GB 5009. 3—2010	11. 6	≤13. 5	%	通过√
铅含量	参见 GB 5009. 12—2010	0. 12	≤0. 2	mg/kg	通过√

Step 1　打开演示文稿“湖南湘莲 . pptx”,在幻灯片浏览窗格中单击最后一张幻灯片。

Step 2　单击“新建”选项卡“幻灯片”组中的“新建幻灯片”下拉按钮,在下拉列表中选择“标题和内容”选项。

Step 3　在新建幻灯片“标题”占位符中输入“专注健康食材”。

Step 4　在“内容”占位符的任意位置单击鼠标左键。

Step 5　单击“插入”选项卡“表格”组中的“表格”下拉按钮,在下拉列表中选中 4 行 6 列单元格,如图 4-66 所示。

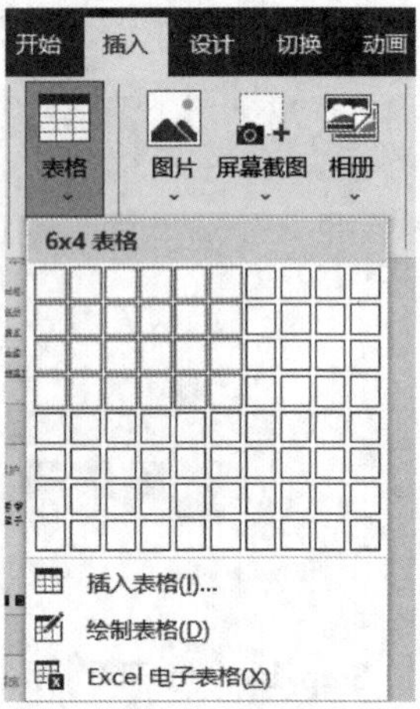

图 4-66　插入表格

小贴士

如果表格超过 8 行或 10 列,则在下拉列表中选择“插入表格”选项,在打开的“插入表格”对话框中输入行数、列数以创建表格,如图 4-67 所示。

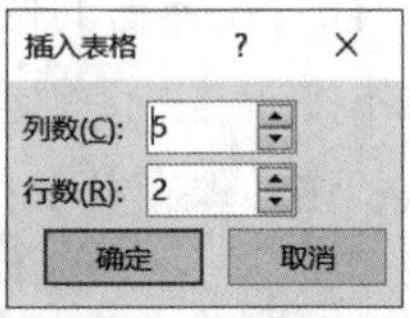

图 4-67　“插入表格”对话框

Step 6　在新建表中输入表格 4-1 中的内容,文本字体为“楷体”,字号为“20”。

小贴士

输入内容后,单元格的大小可能不适合文本长度,此时可手动改变其行高或列宽,方法如下:在行间移动鼠标,当光标变成 形状时,按住鼠标左键不松开,上下拖动鼠标,即可改变单元格的行高;在列间移动鼠标,当光标变成 形状时,按住鼠标左键不松开,左右拖动鼠标,即可改变单元格的列宽。

Step 7 将光标移至表格四周，当光标变成十字箭头形状时，单击鼠标左键选中表格。

Step 8 单击“表设计”选项卡“表格样式”组中的“表格样式”下拉按钮。

Step 9 在下拉列表中选择“中等色”分组中的“中度样式 2-强调 3”样式，该幻灯片的效果如图 4-68 所示。

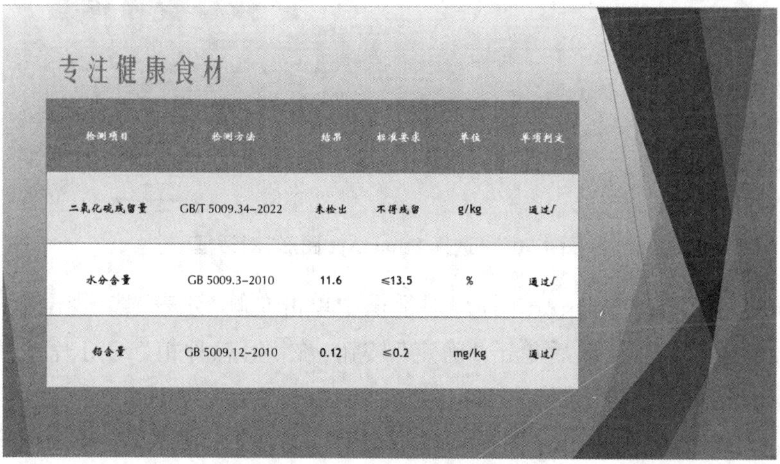

图 4-68 “专注健康食材”幻灯片

Step 10 保存并关闭演示文稿。

【任务 2】插入 SmartArt 图形

在演示文稿“湖南湘莲 . pptx”第 5 张幻灯片后新建一张版式为“标题和内容”的幻灯片，幻灯片标题为“生态种植”，在新建幻灯片中插入 SmartArt 图形，SmartArt 图形版式为“分组列表”，SmartArt 样式为“金属场景”，效果如图 4-69 所示。

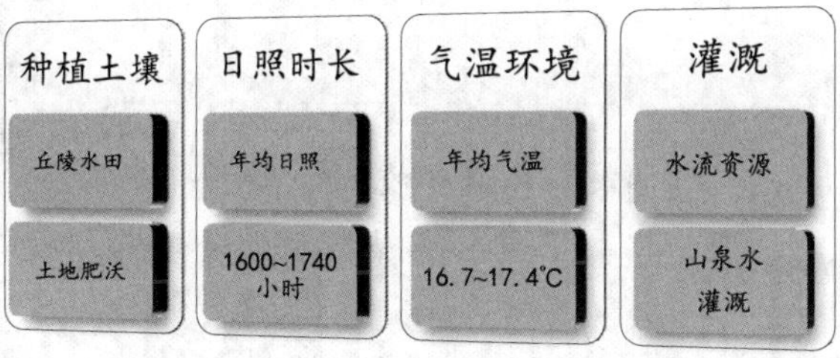

图 4-69 SmartArt 图形中的内容及样式

Step 1 打开演示文稿“湖南湘莲 . pptx”，在幻灯片浏览窗格中单击第 5 张幻灯片。

Step 2 单击“新建”选项卡“幻灯片”组中的“新建幻灯片”下拉按钮，在下拉列表中选择“标题和内容”选项。

Step 3 在新建幻灯片“标题”占位符中输入“生态种植”。

Step 4 单击“插入”选项卡“插图”组中的“SmartArt”按钮，打开“选择 SmartArt 图形”对话框，如图 4-70 所示。

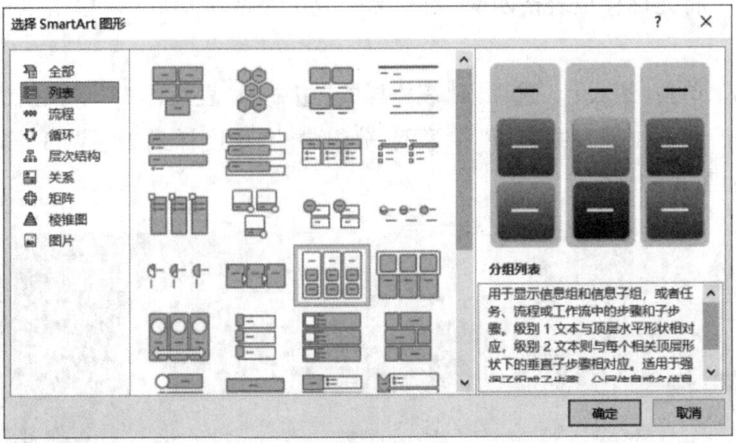

图 4-70 “选择 SmartArt 图形”对话框

Step 5 在“选择 SmartArt 图形”对话框中单击左侧“列表”选项，再单击对话框中的“分组列表”选项，最后单击“确定”按钮，在“生态种植”幻灯片中插入空白 SmartArt 图形，如图 4-71 所示。

Step 6 在空白 SmartArt 图形中输入如图 4-69 所示的内容，输入内容后选中 SmartArt 图形。

Step 7 单击“SmartArt 设计”选项卡“SmartArt 样式”组中的“快速样式”下拉按钮 ，在下拉列表中选择“三维”→“金属场景”选项，如图 4-71 所示。

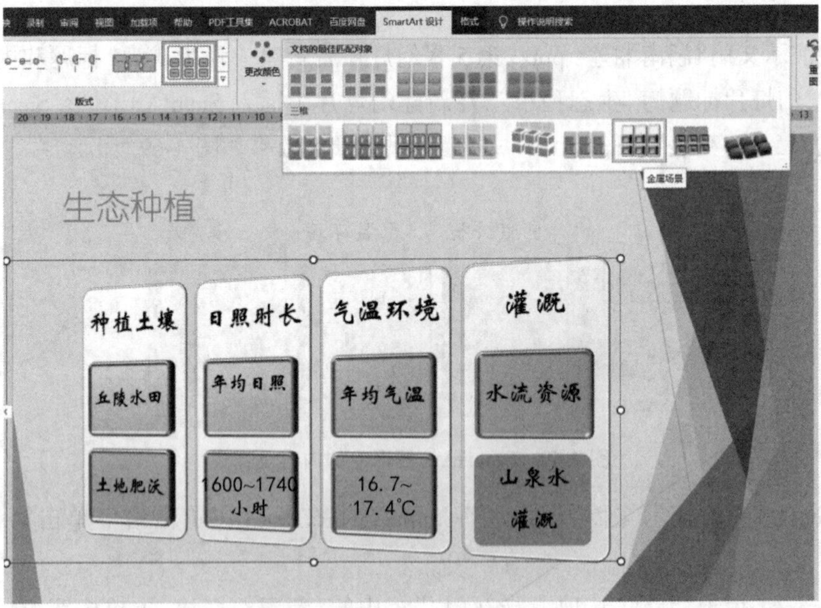

图 4-71 SmartArt 样式

Step 8 将光标移至 SmartArt 图形四周，当光标变成十字箭头形状时，按住鼠标左键不松开，拖动鼠标使图形放置在合适的位置。

Step 9 保存并关闭演示文稿。

小贴士

(1) 在 SmartArt 图形中删除或添加形状

① 删除形状:将光标移至“水流资源”形状四周,选中该形状,该形状四周出现一个矩形框,按下 Delete 键即可删除形状。按照此方法继续删除“山泉水灌溉”形状和“灌溉”形状。仔细比较图 4-72 和图 4-73 发现,若图 4-72 处于选中“水流资源”状态,而图 4-73 处于文字输入状态,则此时按键盘上的 Delete 键是无法删除形状的。

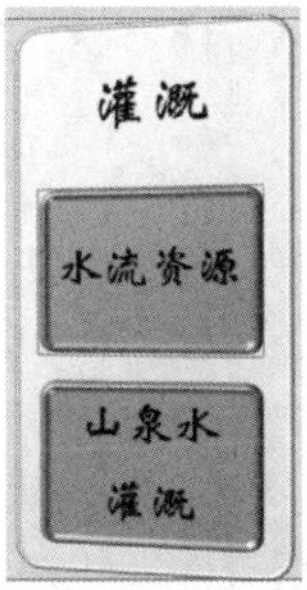

图 4-72 选中“水流资源”形状

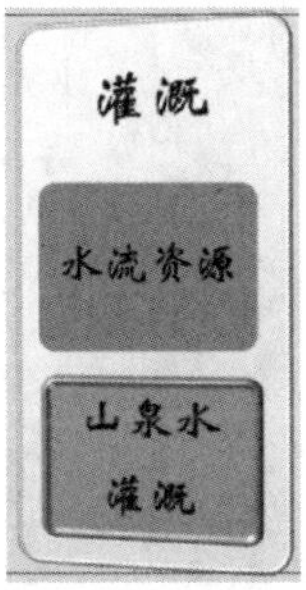

图 4-73 文字输入状态

② 添加形状:将光标移至“气温环境”形状四周,选中该形状,单击“SmartArt 设计”选项卡“创建图形”组中的“添加形状”下拉按钮,在下拉列表中选择“在后面添加形状”选项(图 4-74)。此时添加“灌溉”列的外框形状。

单击“添加形状”下拉按钮,在列表中选择“在下方添加形状”选项,此时添加“水流资源”形状。再单击“添加形状”下拉按钮,默认在“水流资源”下方添加“山泉水灌溉”形状。添加完所有形状后输入相关文字。

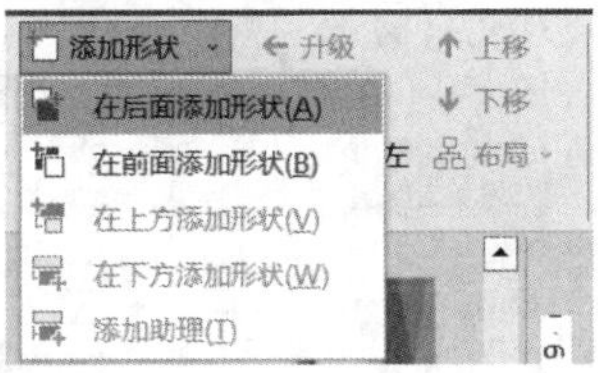

图 4-74 “添加形状”下拉列表

(2) 在“文本”窗格中添加形状

先单击现有形状,再单击形状左侧的“文本窗格”按钮(图 4-75)。

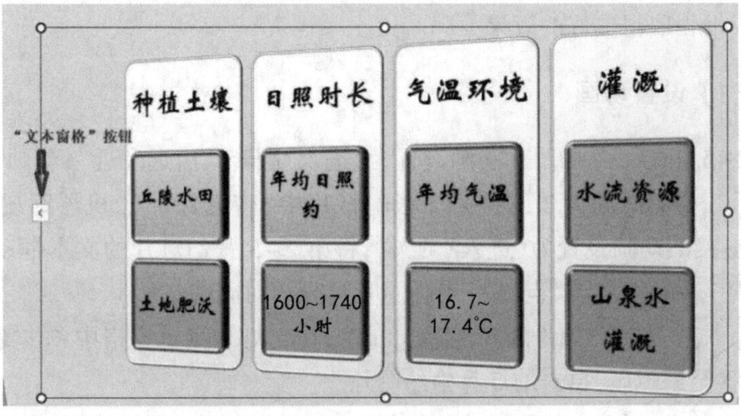

图 4-75 “文本窗格”按钮的位置

在打开的文本窗格中输入文本，如图 4-76 所示。PowerPoint 会根据文本内容自动生成形状。若要调整文本的级数，则可通过“SmartArt 设计”选项卡“创建图形”组中的“升级”和“降级”按钮实现；若要调整文本的上下位置，则可通过“上移”按钮 ↑ 和“下移”按钮 ↓ 实现。

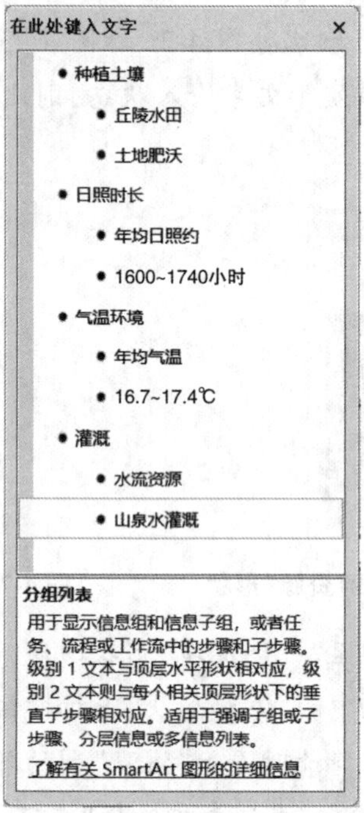

图 4-76　SmartArt 图形的文本窗格

4.7　演示文稿的放映设计

演示文稿的放映设计在其演示过程中具有至关重要的作用。演示文稿通过精心的放映设计，可以更有效地传达信息，提升专业性和吸引力，增强互动性和参与感，并辅助演讲或报告取得更好的效果。

【任务 1】设置动画

将第 2~5 张幻灯片的图片动画设置为“进入/翻转式由远及近”，动画开始于“上一动画之后”，持续时间为 2 s；将第 2 张幻灯片中“带壳保护”“机器磨皮”“人工去芯”3 个超链接的动画设置为“进入/飞入”；将第 2~5 张幻灯片的文本框动画设置为“进入/出现”，动画开始与“与上一动画同时”，延迟时间为 2 s。

Step 1　打开演示文稿“湖南湘莲 . pptx”，在幻灯片浏览窗格中单击第 2 张幻灯片，将光标移至编辑区，单击幻灯片中的图片。

Step 2　单击“动画”选项卡“动画”组中的“动画样式”下拉按钮，在下拉列表中选择“进入”分组中的“翻转式由远及近”选项，如图 4-77 所示。

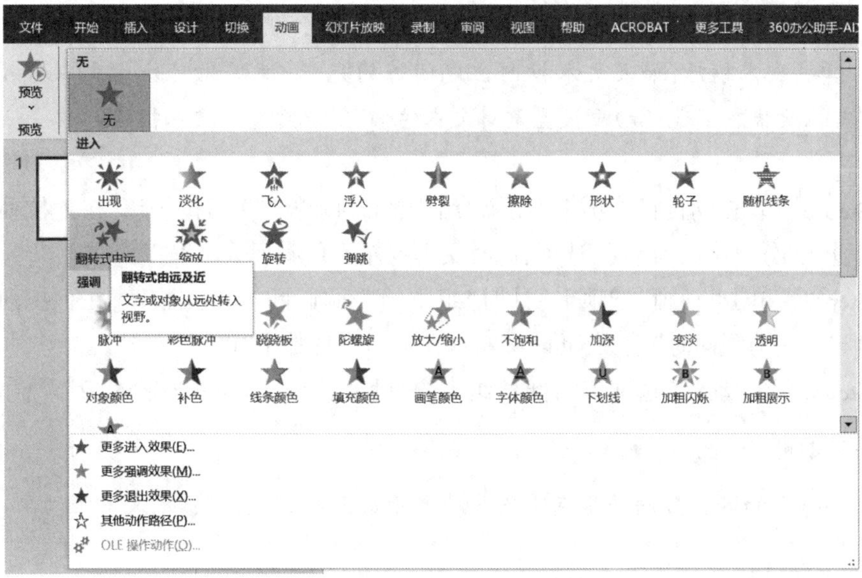

图 4-77 “翻转式由远及近”动画

小贴士

图片左上角控点位置出现数字标号“1”(图 4-78),这是动画序列编号,说明图片动画是动画序列中的第 1 个动画。

图 4-78 动画序列编号

Step 3 单击“动画”选项卡“计时”组中的“动画计时”下拉按钮

,在下拉列表中选择“与上一动画同时”选项,此时图片左上角数字变为“0”。

小贴士

虽然第 2 张幻灯片的第 1 个动画是图片动画,但动画播放默认设置为“单击时”开始。如果想在第 2 张幻灯片显示时立即播放图片动画,则需将动画开始播放设置为“与上一动画同时”。

Step 4 在“动画”选项卡“计时”组中的“持续时间”输入框中输入“2”。

Step 5 将光标移至幻灯片左侧文本框四周,当光标变成十字箭头形状时,单击鼠标左键,此时文本框选中。

小贴士

单击文本框后，如果文本框内出现闪烁的光标，说明此时处于文本输入状态，若在此状态下进行动画设置是对文本的，而不是对整个文本框的。

Step 6 单击“动画”选项卡“动画”组中的“动画样式”下拉按钮，在下拉列表中选择“进入”分组中的“出现”选项，此时文本框左上角出现数字“1”。

Step 7 单击“动画”选项卡“计时”组中的“动画计时”下拉按钮，在下拉列表中选择“与上一动画同时”选项，此时文本框左上角出现数字“0”。

Step 8 在“动画”选项卡“计时”组中的“延迟时间”输入框中输入“2”。

小贴士

Step 7 和 Step 8 的作用在于图片动画开始 2 s 之后自动播放文本框动画。

Step 9 选中“带壳保护”“机器磨皮”“人工去芯”3 个超链接，单击“动画”选项卡“动画”组中的“动画样式”下拉按钮，在下拉列表中选择“进入”分组中的“飞入”选项。此步骤完成后，3 个超链接左侧都出现数字“1”，说明是把 3 个超链接作为一个整体设置动画的，也可以分开为每一个超链接分别设置动画。

小贴士

当一张幻灯片中有多个动画顺序需要调整时，单击“动画”选项卡“高级动画”组中的“动画窗格”按钮，在 PowerPoint 窗口右侧出现“动画窗格”（图 4-79）。在动画窗格中选中要调整的动画，按下鼠标左键不松开并上下移动鼠标，当选中动画下方的红色线段出现在合适位置时松开鼠标左键，也可以在选中动画后利用“向前移动”按钮和“向后移动”按钮改变动画顺序。

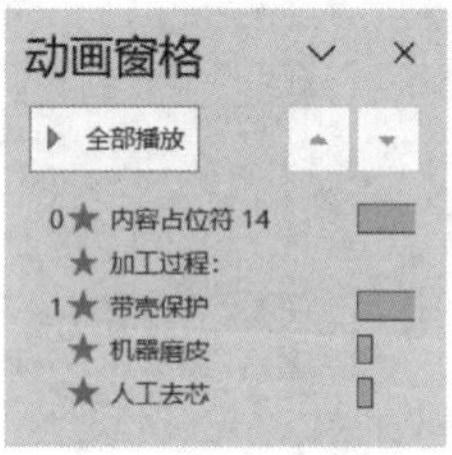

图 4-79 动画窗格

Step 10 按 Step 2~9 所述方法设置第 3~5 张幻灯片的动画。

Step 11 保存并关闭演示文稿。

【任务 2】设置切换效果及放映方式

设置全体幻灯片切换方式为单击时幻灯片向右侧旋转，切换时伴有风铃声，并且每张幻灯片的切换时间为 5 s，放映方式设置为“观众自行浏览（窗口）”。

Step 1 打开演示文稿“湖南湘莲 . pptx”，单击“切换”选项卡“切换到此幻灯片”组中的“切换效果”下拉按钮，在下拉列表中选择“动态内容”分组中的“旋转”选项（图 4-80）。

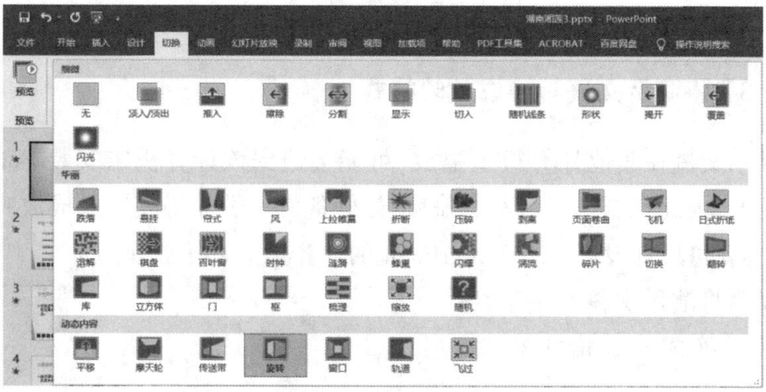

图 4-80　切换效果选项

Step 2　单击“切换”选项卡“切换到此幻灯片”组中的“效果选项”下拉按钮，在下拉列表中选择“向右转”选项。

Step 3　单击“切换”选项卡“计时”组中的“声音”下拉按钮，在下拉列表中选择“风铃”选项，在“持续时间”输入框中输入“5”，在“换片方式”中勾选“单击鼠标时”（图 4-81）。

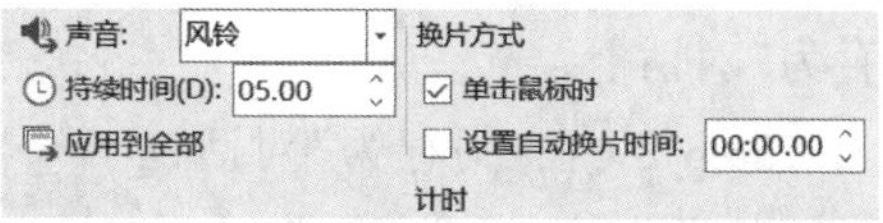

图 4-81　幻灯片切换“计时”组中的设置

Step 4　单击“切换”选项卡“计时”组中的“应用到全部”按钮。

Step 5　单击“幻灯片放映”选项卡“设置”组中的“设置幻灯片放映”按钮。

Step 6　在“设置放映方式”对话框中，选择“放映类型”分组中的“观众自行浏览（窗口）”，如图 4-82 所示。

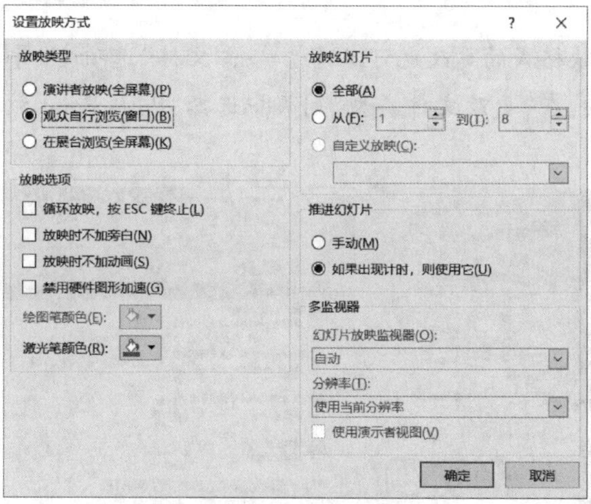

图 4-82　设置放映方式

小贴士

在“设置放映方式”对话框中，默认选项为“如果出现计时，则使用它”，若选择此选项，则有可能出现读者未能阅读完幻灯片内容，但幻灯片因计时时间到而自动切换的现象。

Step 7　保存并关闭演示文稿。

【任务 3】将演示文稿转换成放映格式

要将演示文稿在其他计算机上播放,可能会遇到该计算机未安装 PowerPoint 应用软件的情况,因此在制作好演示文稿后,最好备份一份并将其转换成放映格式的演示文稿,这样就可以在没有安装 PowerPoint 的计算机上直接放映。

下面说明将演示文稿“湖南湘莲.pptx”转换成放映格式的方法。

Step 1　打开演示文稿“湖南湘莲.pptx”,单击“文件”选项卡,选择“另存为”命令,打开“另存为”对话框。

Step 2　在“另存为”对话框中,选择演示文稿要存放的位置。

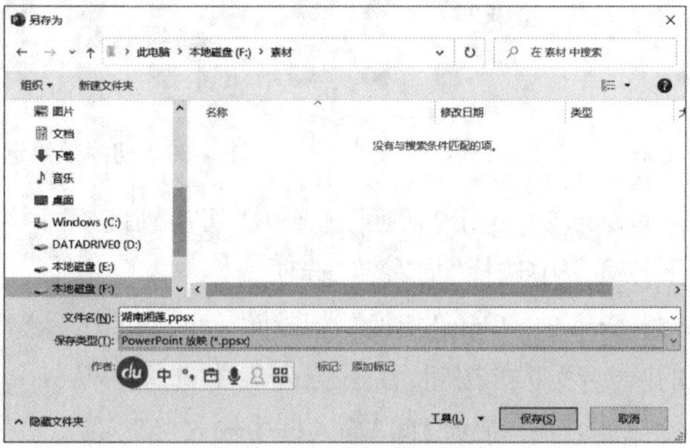

图 4-83　演示文稿转换为放映格式

Step 3　单击“保存类型”下拉按钮,在下拉列表中选择“PowerPoint 放映(*.ppsx)”,如图 4-83 所示。

Step 4　单击“保存”按钮。

小贴士

演示文稿放映格式的更改也可以通过单击“文件”选项卡“导出”命令下的“更改文件类型”按钮,在“更改文件类型”列表中选择“PowerPoint 放映(*.ppsx)”完成(图 4-84)。

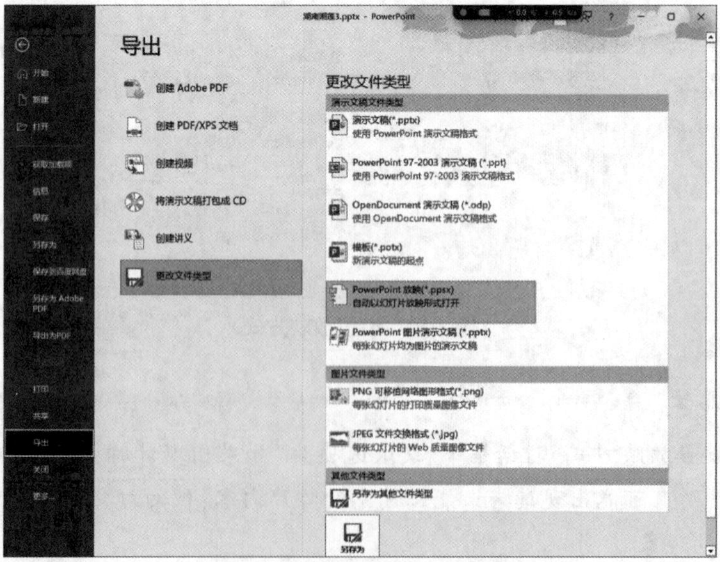

图 4-84　更改演示文稿的放映格式

5

Internet 的基本应用

在全国计算机一级 B 考试中，网络操作部分主要考查的是对浏览器和电子邮箱使用方法的掌握。

浏览器是用于检索、展示及传递网络信息资源的应用程序。它具有以下主要特点和作用：① 能够解析和显示网页内容，包括文字、图片、视频等各种形式的信息。用户只要在地址栏中输入网址，就可以访问相应的网站。② 提供了方便的导航功能，如前进、后退、刷新等，便于用户在不同网页间切换浏览。③ 具备书签功能，方便用户保存网址以便随时访问。此外，浏览器通常还集成了多种扩展和插件，以满足用户多样化的需求，如广告拦截、翻译工具等。浏览器是人们获取互联网信息的重要工具，极大地拓宽了人们信息获取的渠道和范围。

电子邮箱（Outlook Express）是一种通过网络提供信息交换的通信方式。它具有以下主要特点和作用：① 方便快捷，可以随时随地发送和接收邮件，不受时间和空间的限制；② 能长期保存邮件，方便随时查阅过往的信息和交流记录；③ 发送内容形式多样，可以发送文字、图片、文件等各种类型的内容；④ 可用于个人与个人、个人与群体、企业内部等之间的沟通交流；⑤ 成本低廉，相比传统信件等通信方式，电子邮箱的使用成本较低；⑥ 保密性较好，只有知道账号和密码的用户才能查看邮件内容。

因为全国计算机一级 B 考试使用的是仿真 IE 浏览器和仿真 Outlook Express，所以本书也使用模拟工具来叙述。

学习重点

1. 浏览器的使用：熟练使用浏览器进行网页浏览、搜索、网址输入等操作。
2. 网址的收藏：掌握收藏常用网址的方法。
3. 文件的下载：能够正确下载各类文件，包括图片、文档等。
4. 电子邮件的使用：掌握电子邮件的基本操作，如收发邮件、添加附件、设置邮件格式等。

5.1 浏览器的使用

某模拟网站的地址为 HTTP://LOCALHOST/index. htm,打开此网站,找到关于最强选手“王峰”的页面,将此页面另存到考生文件夹下,文件名为“WangFeng”,保存类型为“网页,仅 HTML(*. htm; *. html)”,再将该页面上有王峰人像的图片另存到考生文件夹下,文件命名为“Photo”,保存类型为“JPEG(*. JPG)”。

注:本任务素材来源于未来教育考试系统/精选真题/精选真题试卷 01。

Step 1 单击考试系统的“工具箱”按钮,在弹出的下拉列表中选择“启动 Internet Explorer 仿真”命令,如图 5-1 所示。

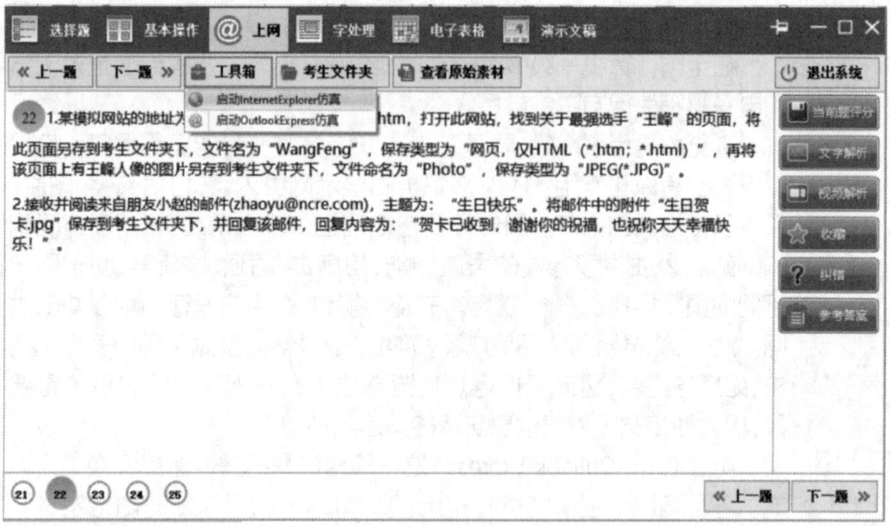

图 5-1　工具箱启动 IE

Step 2 在弹出的“仿真浏览器”的地址栏中输入地址“HTTP://LOCALHOST/index. htm”并按 Enter 键。

Step 3 在“首页”中单击 “最强选手”Tab 栏,在下方 Page 找到“‘归来王者’王峰成中国战队队长 12 小时训练数度破世界纪录”的超链接,单击打开该链接。

Step 4 在打开的页面中单击“文件”菜单按钮,在弹出的下拉列表中选择“另存为”命令,打开“另存为”对话框。在“另存为”对话框中找到考生文件夹所在位置,将“文件名”修改为“WangFeng”,设置“保存类型”为“网页,仅 HTML (*. html; *. htm) ”,单击“保存”按钮,如图 5-2 所示。

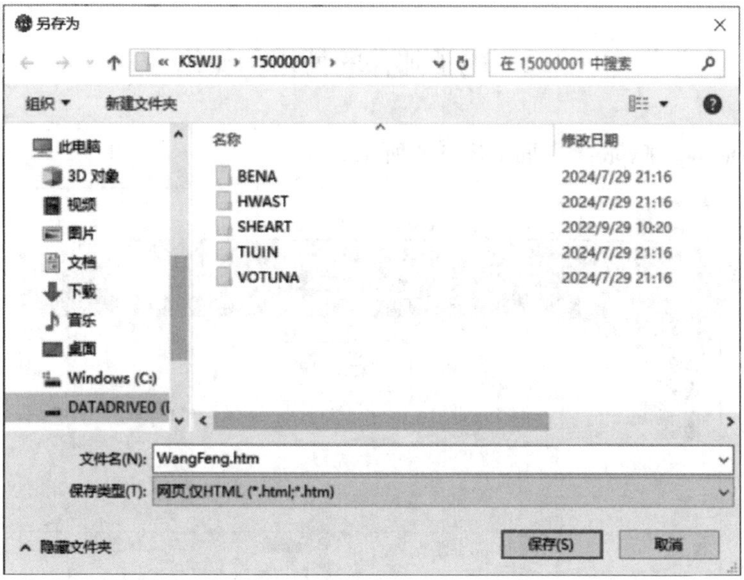

图 5-2　网页保存

Step 5　在页面中找到有“王峰”人像的图片并使用鼠标右键单击该图片，在弹出的快捷菜单中选择“图片另存为”命令，在打开的“另存为”对话框中将“文件名”修改为“Photo”，设置“保存类型”为“(JPG，JPEG)(＊.jpg)”，单击“保存”按钮，如图 5-3 所示。

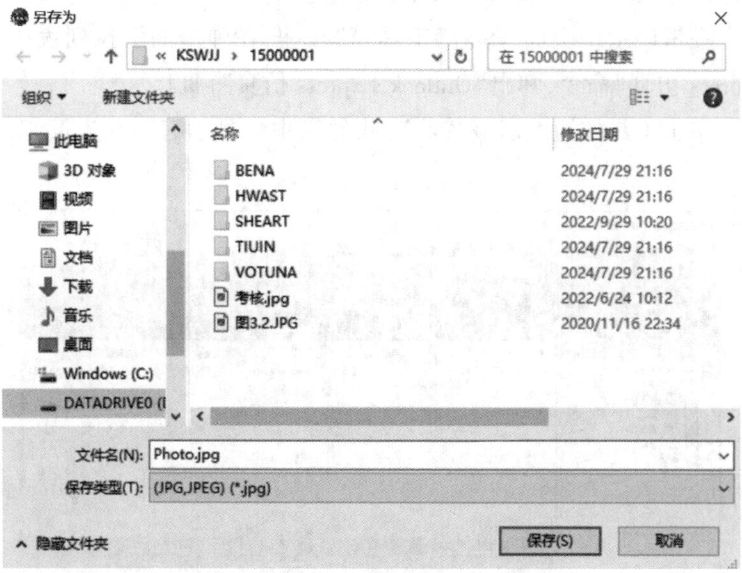

图 5-3　图片保存

Step 6　关闭“Internet Explorer 仿真浏览器”窗口。

5.2 电子邮件的使用和操作

仿真 Outlook Express 界面如图 5-4 所示。

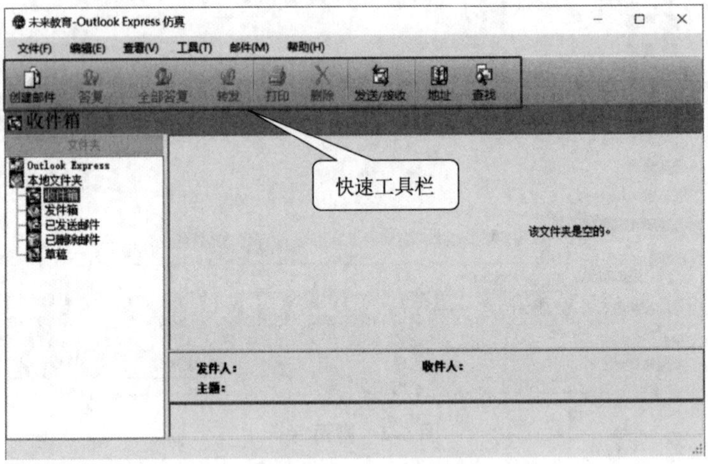

图 5-4　仿真 Outlook Express 界面

接收并阅读来自朋友小赵的邮件(zhaoyu@ ncre. com),主题为:“生日快乐”。将邮件中的附件“生日贺卡 . jpg”保存到考生文件夹下,并回复该邮件,回复内容为:“贺卡已收到,谢谢你的祝福,也祝你天天幸福快乐!”。

Step 1　在考试系统页面,单击“工具箱”按钮,在弹出的下拉列表中选择“启动 Outlook Express 仿真”命令,弹出“Outlook Express 仿真”窗口。

Step 2　单击工具按钮“发送/接收”,收件箱中会显示有一封未读邮件,如图 5-5 所示。

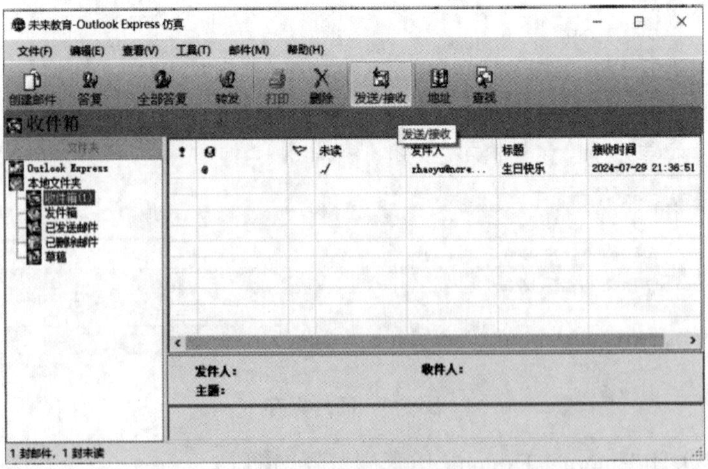

图 5-5　接收邮件

Step 3　双击该邮件,打开邮件内容窗口。在“附件”上单击鼠标右键,在弹出的快捷菜单中选择“另存为”命令(图 5-6),打开“另存为”对话框。

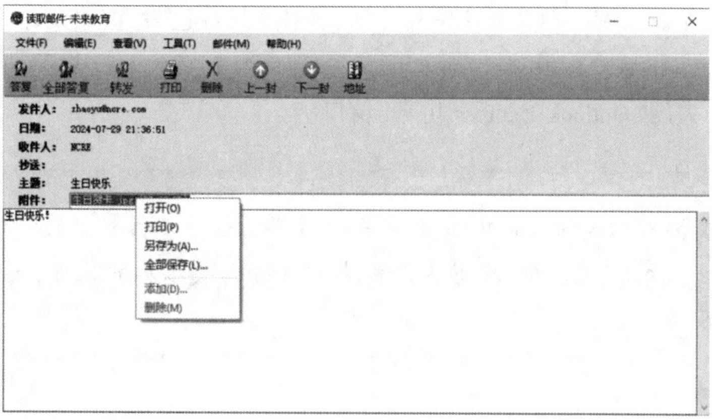

图 5-6　邮件内容

Step 4　在“另存为”对话框中找到考生文件夹所在的位置，单击“保存”按钮，将附件保存到该文件夹，如图 5-7 所示。

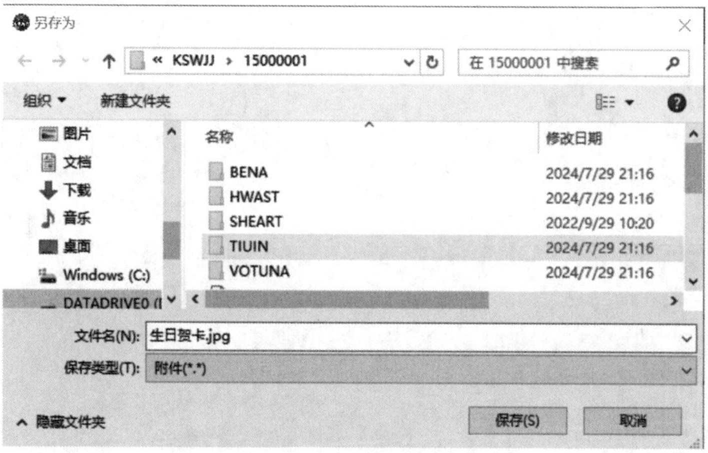

图 5-7　附件保存对话框

Step 5　在邮件内容页面中单击“答复”按钮，弹出“Re:生日快乐”窗口。在“内容”文本区中输入“贺卡已收到，谢谢你的祝福，也祝你天天幸福快乐！”，如图 5-8 所示。

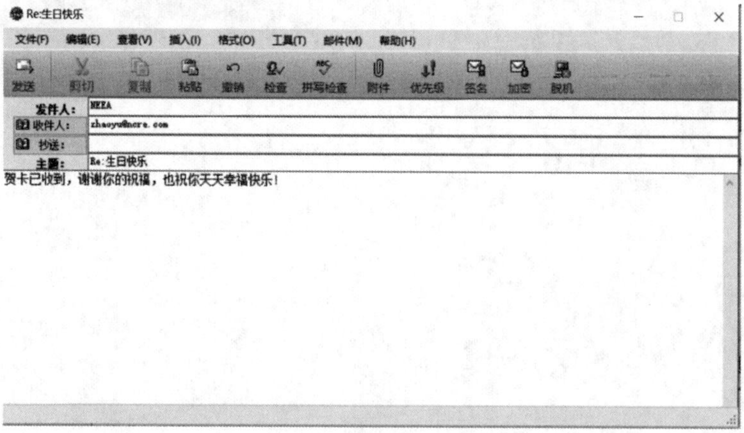

图 5-8　回复邮件

Step 6 在对话框中单击“发送” 按钮,弹出“邮件已发送”提示窗口,单击“确定”按钮。

Step 7 关闭“Outlook Express 仿真”窗口。

小贴士

如果需要在回复的邮件中添加附件,只要单击快速工具栏上的“附件”按钮,系统会弹出“打开”对话框,在考生文件夹中选择需要添加的文件,单击“打开”即可完成附件添加。

6 实战演练一

6.1 Word 演练题

在考生文件夹 1 下，打开文档 WORD. DOCX，按照下列要求完成对此文档的操作并保存。

第 1 题　将文档中所有错词“人声”替换为“人生”；为标题（“活出精彩搏出人生”）应用“标题 1”样式，并设置为“小三号，隶书，段前、段后间距均为 6 磅，单倍行距，居中对齐”；将标题的字体颜色设为“橙色，个性色 6，深色 50%”，文本效果为“映像/映像变体/紧密映像：4pt 偏移量”；修改标题阴影效果为“内部/内部右上角”；在文件菜单下编辑文档属性信息，将摘要选项卡中的作者改为“NCRER”，单位为“NCRE”，标题为“活出精彩—搏出人生”。

第 2 题　设置纸张方向为“横向”；设置页边距为上、下各 3 厘米，左、右各 2. 5 厘米，装订线位于左侧 3 厘米处，页眉、页脚各距边界 2 厘米，每页 24 行；添加空白型页眉，键入文字“校园报”，设置页眉文字为小四号、黑体、深红色（标准色）、加粗；为页面添加水平文字水印“精彩人生”，文字颜色为“橄榄色，个性色 3，淡色 80%”。

第 3 题　将正文的第一段和第二段文本（“人生在世，需要去……我终于学会了坚强。”）设置为小四号、楷体、首行缩进 2 字符、行距为 1. 15 倍；将文本“人生在世，需要去……我终于学会了坚强。”分为等宽的 2 栏、栏宽为 28 字符，并添加分隔线；将文本“记住该记住的，忘记该忘记的。改变能改变的，接受不能接受的。”设置为黄色突出显示；在“校运动会奖牌排行榜”前面的空行处插入考生文件夹下的图片 picture1. jpg，设置图片高为 5 厘米，宽为 7. 5 厘米，文字环绕为“上下型”，艺术效果为“马赛克气泡、透明度 80%”。

第 4 题　将文档中的后 12 行文字转换为一个 12 行 5 列的表格，文字分隔位置为“空格”；设置表格列宽为 2. 5 厘米，行高为 0. 5 厘米；将表格第一行合并为一个单元格，内容居中；为表格应用样式“网格表 4-着色 2”；设置表格整体居中。

第 5 题　将表格第一行文字（“校运动会奖牌排行榜”）设置为小三号、黑体、字间距加宽 1. 5 磅；统计各班金、银、铜牌合计，各类奖牌合计填入相应的行和列；以金牌为主要关键字、降序,银牌为次要关键字、降序,铜牌为第三关键字、降序,对 9 个班进行排序。

第 1 题演练步骤

Step 1 双击打开考生文件夹下的文档 WORD. DOCX,单击“开始”选项卡“编辑”组中的“替换”按钮,弹出“查找和替换”对话框,在“查找内容”输入框中输入“人声”,在“替换为”输入框中输入“人生”,如图 6-1 所示,依次单击“全部替换”→“确定”→“关闭”按钮。

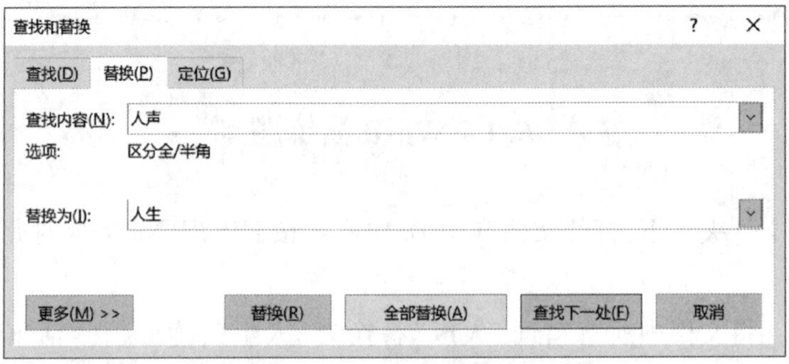

图 6-1 “查找和替换”对话框

Step 2 选中标题,单击“开始”选项卡“样式”组中的“标题 1”,保持选中状态,在“字体”组中,设置字体为“隶书”,字号为“小三”,单击“段落”组右下角的扩展按钮,设置对齐方式为“居中”,段前间距为“6 磅”,段后间距为“6 磅”,行距为“单倍行距”(图 6-2),单击“确定”按钮。

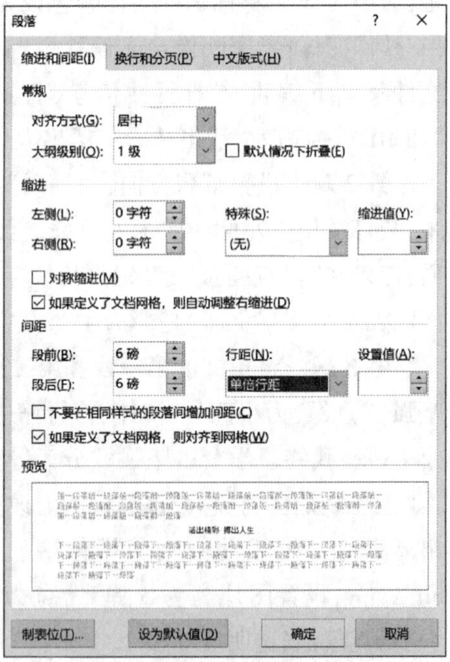

图 6-2 设置标题缩进与行距

Step 3 选中标题,单击“开始”选项卡“字体”组中的“字体颜色”下拉按钮,选择“橙色,个性色 6,深色 50%”。单击“文本效果和版式”下拉按钮 A ,选择“映像”中的“紧密映像,4 磅偏移量”;单击“文本效果和版式”下拉按钮,选择“阴影”中的“内部右上角”。

Step 4 依次单击“文件”→“信息”→“属性”下拉按钮,选择“高级属性”,在“摘要”选项卡下,设置作者为“NCRE”,单位为“NCRER”,标题为“活出精彩—搏出人生”(图 6-3),单击“确定”按钮。

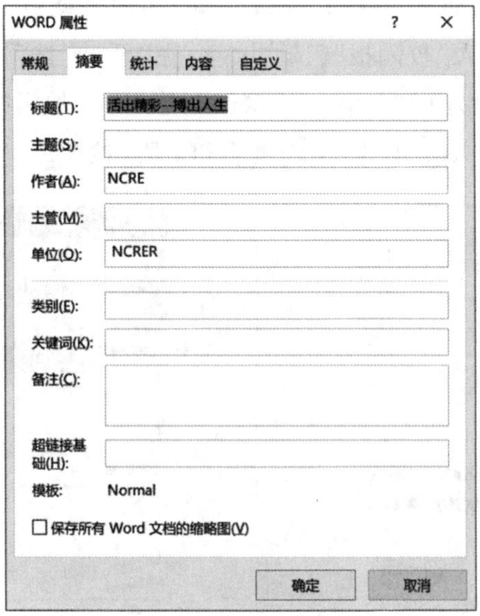

图 6-3　设置 Word 摘要

第 2 题演练步骤

Step 1　单击页面左上角的“返回”按钮 ⊖，单击“布局”选项卡“页面设置”组右下角的扩展按钮，纸张方向选择“横向”，页边距设置为上、下各“3 厘米”，左、右各“2. 5 厘米”，装订线为“3 厘米”，装订线位置为“靠左”(图 6-4)。单击“布局”选项卡，设置页眉、页脚各距边界“2 厘米”(图 6-5)。单击“文档网格”选项卡，设置每页的行数为“24”，单击“确定”按钮(图 6-6)。

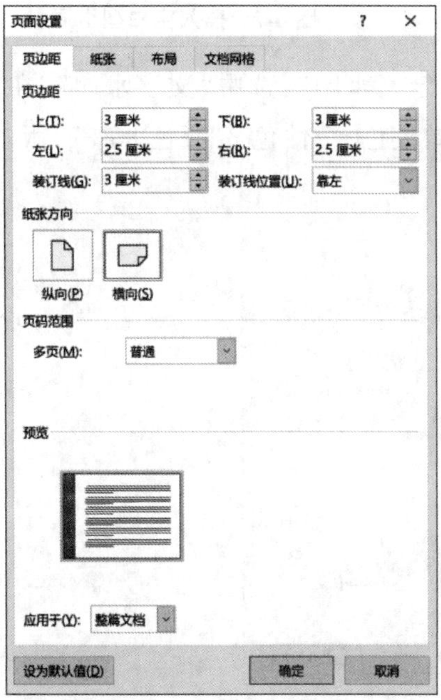

图 6-4　设置页边距

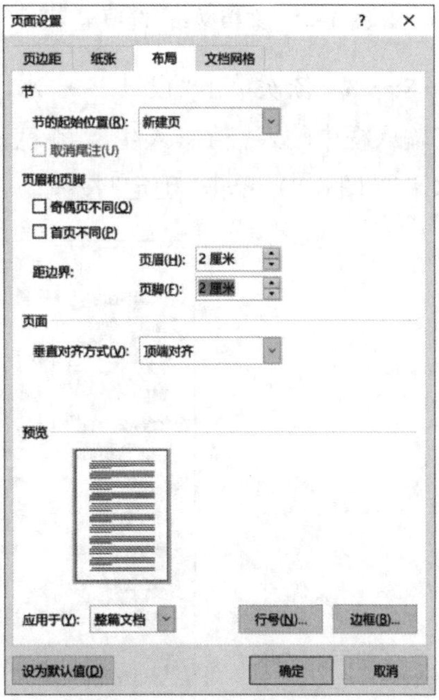

图 6-5　“布局”选项卡

Step 2　依次选择“插入”→“页眉和页脚”,单击“页眉”下拉按钮,选择“空白”(图 6-7)。在页眉处输入“校园报”,选中文字,在“开始”选项卡的“字体”组中,设置字体为“黑体”,字号为“小四”,颜色为“深红”,字形为“加粗”。单击“页眉和页脚工具”→ “页眉和页脚”选项卡下的“关闭页眉和页脚”按钮。

图 6-6　“文档网络”选项卡

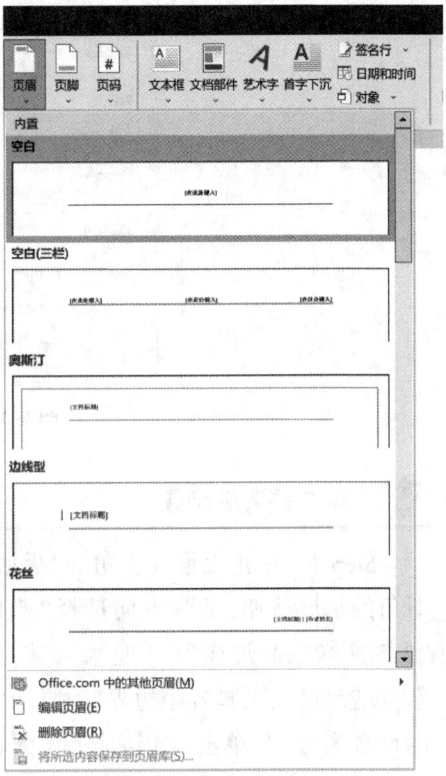

图 6-7　插入空白型页眉

Step 3　依次单击“设计”→“水印”→“自定义水印”,选中“文字水印”,在“文字”输入框中输入“精彩人生”,颜色设置为“橄榄色,个性色 3,淡色 80%”,版式为“水平”(图 6-8),单击“确定”按钮。

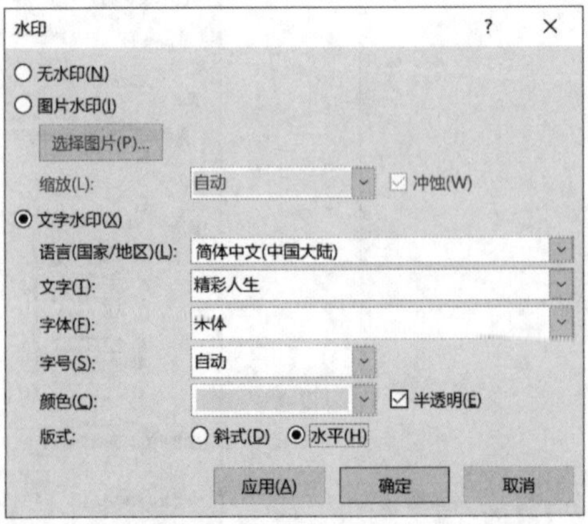

图 6-8　添加水印

第 3 题演练步骤

Step 1 选中正文的第一段和第二段，在“开始”选项卡的“字体”组中，设置字体为“楷体”，字号为“小四”。单击“段落”组的扩展按钮，打开“段落”对话框，在“缩进”组中，设置“特殊”为“首行缩进”，“缩进值”为“2 字符”，行距为“多倍行距”，“设置值”为“1. 15”（图 6-9），单击“确定”按钮。

Step 2 保持文本的选中状态，依次选择“布局”选项卡“页面设置”组中的“栏”→“更多栏”，打开如图 6-10 所示的“栏”对话框，选择“两栏”，勾选“分隔线”，设置栏宽度为“28 字符”（图 6-10），单击“确定”按钮。

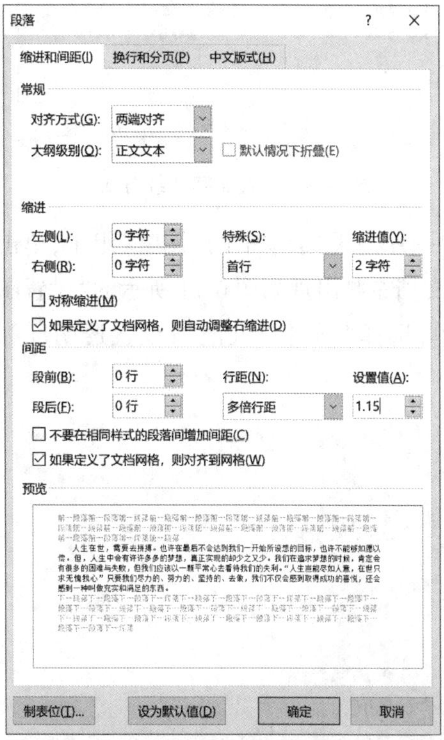

图 6-9 设置文本缩进

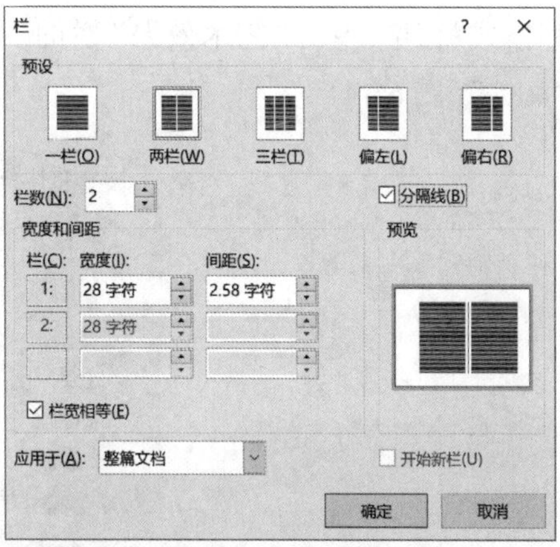

图 6-10 设置栏

Step 3 选中文本“记住该记住的，忘记该忘记的。改变能改变的，接受不能接受的。”，单击“开始”选项卡“字体”组中的“文本突出显示颜色”下拉按钮，选择“黄色”（图 6-11）。

图 6-11 设置文本突出显示

Step 4 将光标定位在“校运动会奖牌排行榜”前面的空行处，单击“插入”选项卡“插图”组中的“图片”，选择考生文件夹下的“picture1. jpg”，单击“插入”按钮。在“图片工具”功能区“图片格式”选项卡下，单击“大小”组中的扩展按钮，取消勾选“锁定纵横比”，设置图片高为“5 厘米”,宽为“7.5 厘米”(图 6-12)。切换到“文字环绕”选项卡,环绕方式选择“上下型”(图 6-13),单击“确定”按钮。

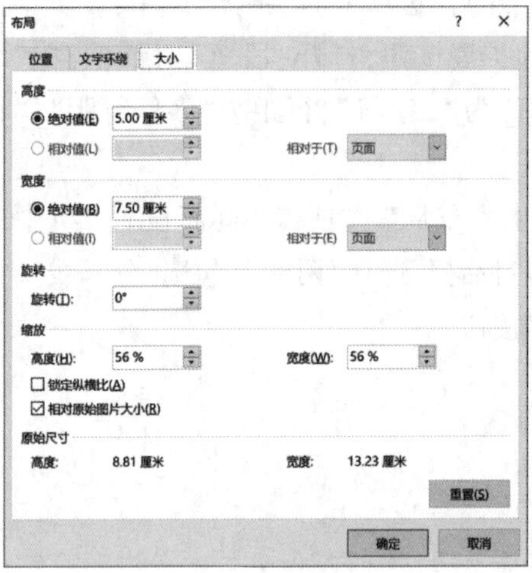

图 6-12　设置图片大小

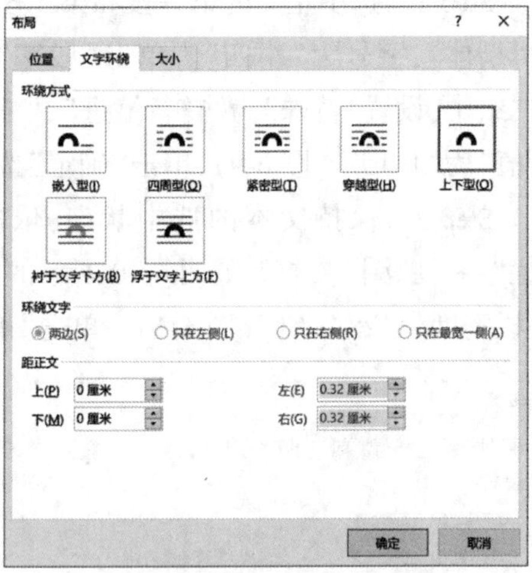

图 6-13　设置文字环绕方式

Step 5　选中图片,在“图片工具”功能区“图片格式”选项卡的“调整”组中,单击“艺术效果”下拉按钮,单击“艺术效果选项”,文档右侧出现如图 6-14 所示的“设置图片格式”窗格,单击“艺术效果”栏的下拉菜单,选择“马赛克气泡”,设置透明度为“80%”(图 6-14)。

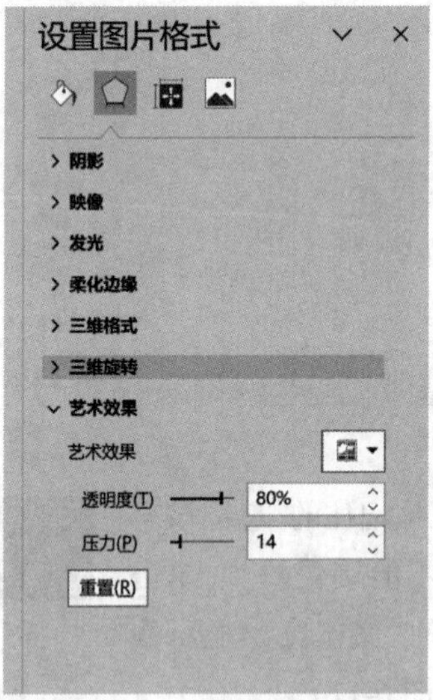

图 6-14　设置艺术效果

第 4 题演练步骤

Step 1　选中文档中的后 12 行文字,单击“插入”选项卡“表格”组中的“文本转换成表格”按钮,在弹出的“将文字转换成表格”窗格中,“文字分隔位置”选择“空格”(图 6-15),单击“确定”按钮。在“表格工具”功能区“布局”选项卡的“单元格大小”

组中,设置列宽为“2.5 厘米”,行高为“0.5 厘米”。选中表格第一行,单击“合并”组中的“合并单元格”按钮。光标定位在表格第一行中,单击“对齐方式”组中的“水平居中”按钮。

Step 2 选中表格,在“表格工具”功能区“表设计”选项卡的“表格样式”组中,单击“其他”下拉按钮,在下拉列表中选择“网格表 4-着色 2”(图 6-16),单击“开始”选项卡“段落”组中的“居中”按钮。

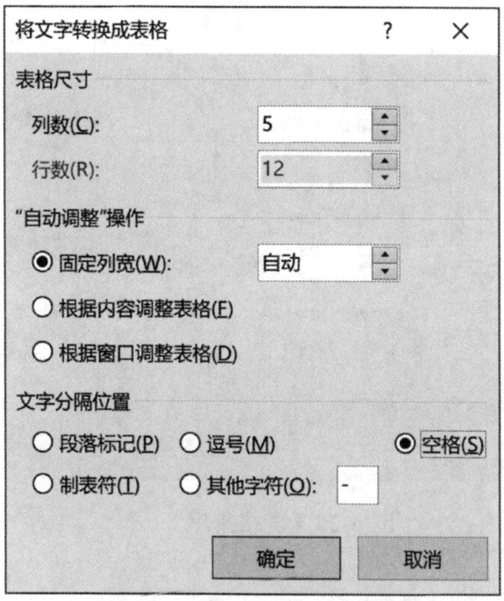

图 6-15　文字转换成表格

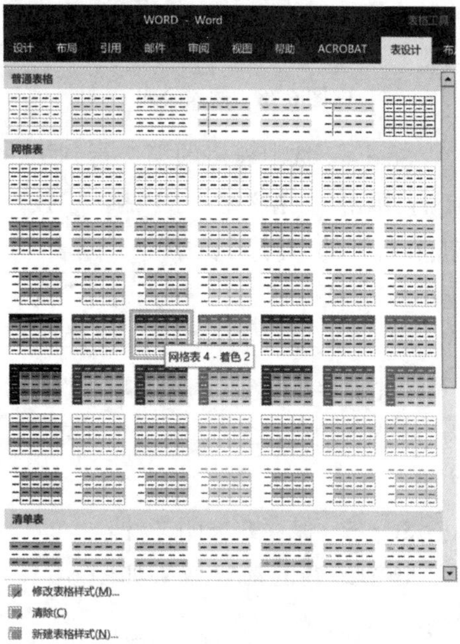

图 6-16　表格样式

第 5 题演练步骤

Step 1 选中表格中的第一行文字,在“开始”选项卡的“字体”组中,设置字体为“黑体”,字号为“小三”,单击右下角的扩展按钮,切换到“高级”选项卡,设置间距为“加宽”,磅值为“1.5 磅”(图 6-17),单击“确定”按钮。

Step 2 将光标定位在“金牌”列的最后一个单元格,在“表格工具”功能区“布局”选项卡的“数据”组中单击“公式”按钮,在“公式”编辑框中输入“=SUM(ABOVE)”(图 6-18),单击“确定”按钮。按照同样的公式计算银牌和铜牌的“奖牌合计”。

Step 3 将光标定位在各班合计下的第一个单元格,单击“公式”按钮,在“公式”编辑框中输

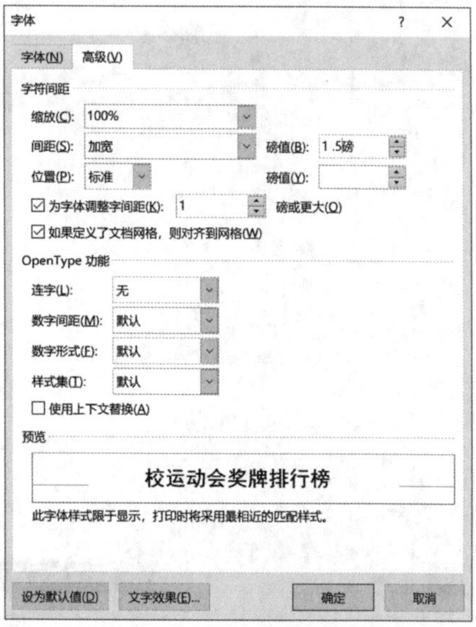

图 6-17　表格标题设置

入“=SUM(LEFT)”（图 6-19），单击“确定”按钮。按照同样的公式计算其余单元格。

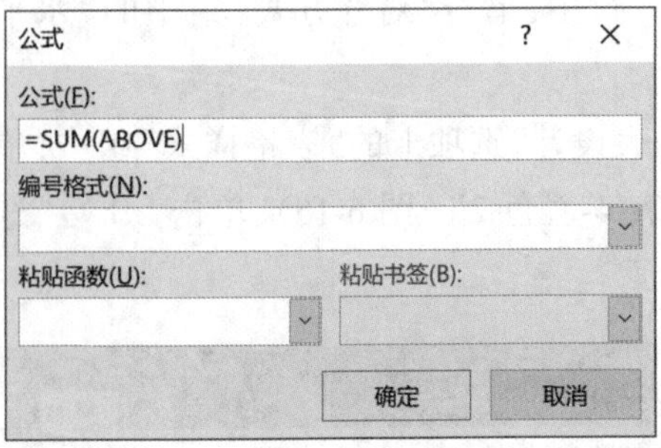

图 6-18　输入公式

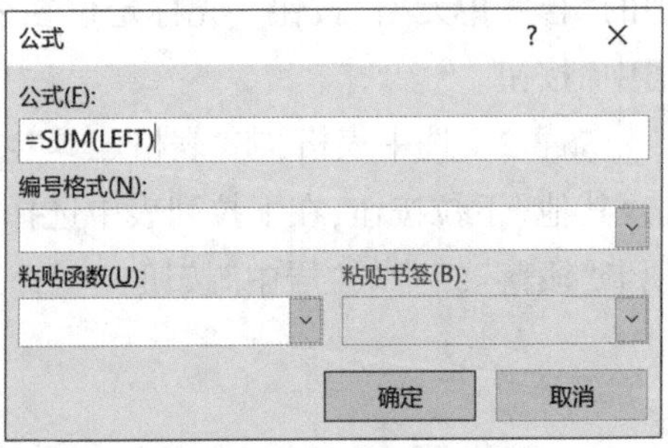

图 6-19　表格公式

Step 4　选中表格的第 2 行到第 11 行，单击“数据”组中的“排序”按钮，在打开的“排序”窗格中，“列表”选中“有标题行”，“主要关键字”为“金牌”，“次要关键字”为“银牌”，“第三关键字”为“铜牌”，“顺序”均为“降序”（图 6-20），单击“确定”按钮。

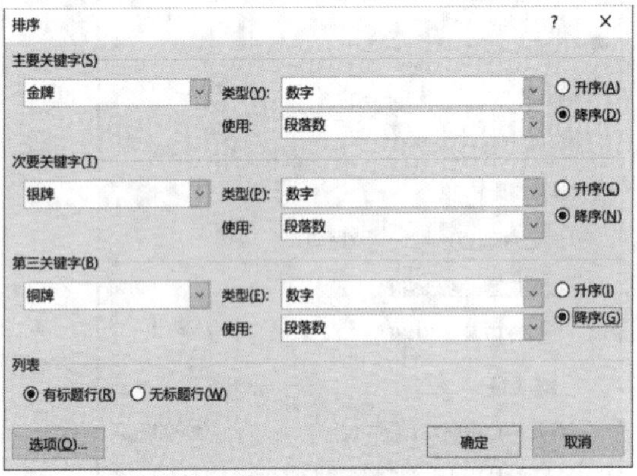

图 6-20　表格排序

Step 5　保存并关闭文件。

该演练题的最终效果如图 6-21 所示。

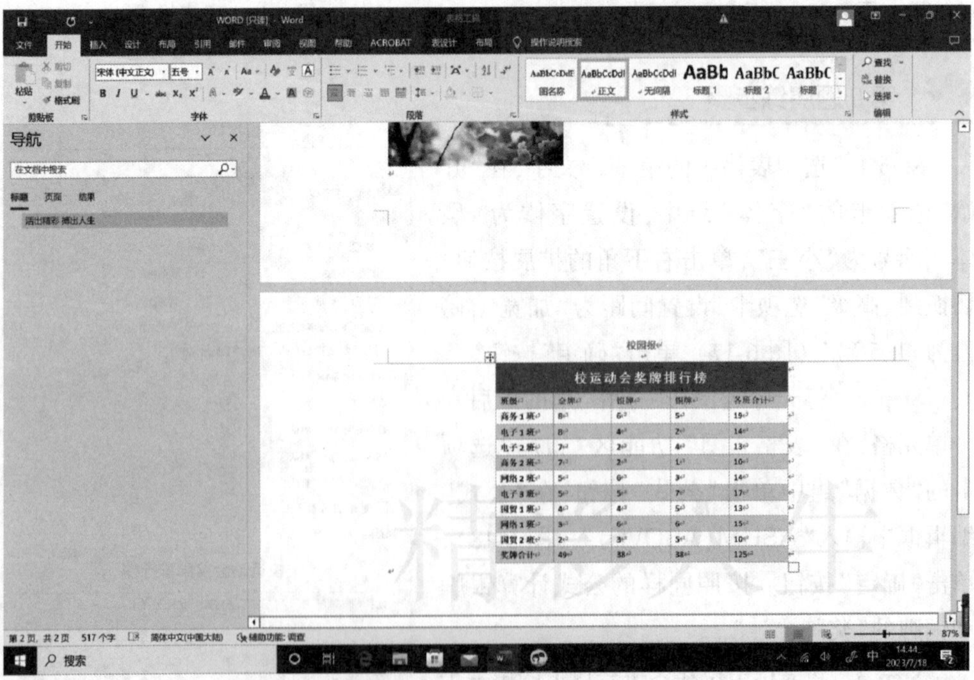

图 6-21　最终效果

6.2　Excel 演练题

在考生文件夹 1 下，打开电子表格 Excel.xlsx，按照下列要求完成对此电子表格的操作并保存。

第 1 题　选择 Sheet1 工作表，将 A1:H1 单元格合并为一个单元格，文字居中对齐，使用智能填充为“工号”列中的空白单元格添加编号。利用 IF 函数，根据“绩效评分奖金计算规则”工作表中的信息计算“奖金”列（F3:F100 单元格区域）的内容；计算“工资合计”列（G3:G100 单元格区域）的内容（工资合计=基本工资+岗位津贴+奖金）；利用 IF 函数计算“工资等级”列（H3:H100 单元格区域）的内容（如果工资合计大于或等于 19000 为“A”、大于或等于 16000 为“B”，否则为“C”）；利用 COUNTIF 函数计算各组的人数并将结果置于 K5:K7 单元格区域，利用 AVERAGEIF 函数计算各组奖金的平均值并将结果置于 L5:L7 单元格区域（数值型，保留小数点后 0 位）；利用 COUNTIFS 函数分别计算各组综合表现为 A、B 的人数并将结果分别置于 K11:K13 和 M11:M13 单元格区域；计算各组内 A、B 人数所占百分比并将结果分别置于 L11:L13 和 N11:N13 单元格区域（均为百分比型，保留小数点后 2 位）。利用条件格式将“工资等级”列单元格区域中内容为“C”的单元格用“深红”色（标准色）、“水平条纹”填充。

第 2 题　选取 Sheet1 工作表中统计表 2 中的“组别”列（J10:J13）、“A 所占百分比”列（L10:L13）、“B 所占百分比”列（N10:N13）数据区域的内容建立“堆积柱形图”，图表标题为“工资等级统计图”，位于图表上方，图例位于底部；系列绘制在主坐标轴，系列重叠 80%，设置坐标轴边界最大值为 1.0；为数据系列添加“轴内侧”数据标签；设置“主轴主要水平网格线”和“主轴次要水平网格线”，将图表插入当前工作表的 J16:N30 单元格区域，将 Sheet1 工作表命名为“人员工资统计表”。

第 3 题　选取“产品销售情况表”工作表内数据清单的内容，按主要关键字“产品类别”的降序次序和次要关键字“分公司”的升序次序进行排序（排序依据均为“数值”），对排序后的数据进行高级筛选（在数据清单前插入四行，条件区域设在 A1:G3 单元格区域，并在对应字段列内输入条件），条件是：产品名称为“笔记本电脑”或“数码相机”且销售额排名在前 30（小于或等于 30），最后保存工作簿。

第 1 题演练步骤

Step 1　打开考生文件夹 1 下的 Excel.xlsx 文件。

Step 2　在“Sheet1”工作表中，选中 A1:H1 单元格区域，在“开始”选项卡“对齐方式”组中单击“合并后居中”下拉按钮，在下拉列表中选择“合并后居中”选项，如图 6-22 所示。

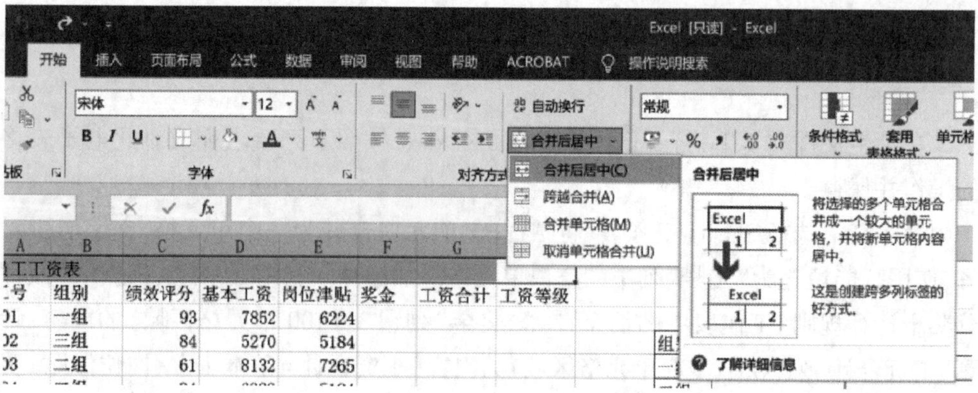

图 6-22　合并后居中

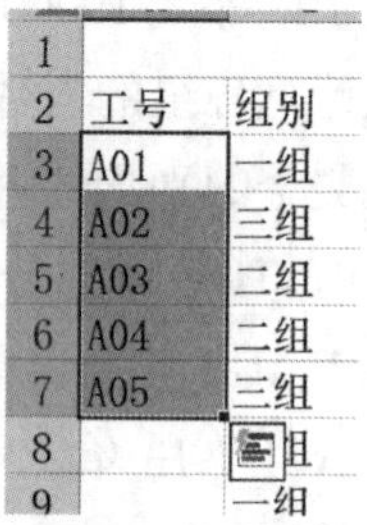

图 6-23　填充数据

Step 3　选中 A3:A7 单元格区域,将鼠标移到选中单元格的右下角黑点处(图 6-23),当光标变成十字形时,双击鼠标填充数据。

Step 4　选中 F3 单元格,单击编辑栏中的“插入函数”按钮 *fx*,在弹出的“插入函数”对话框中选择“IF”函数,单击“确定”按钮,打开“函数参数”对话框。将光标定位至 Logical_test 的参数文本框中,首先单击表中的 C3 单元格,然后手动输入“>=90”,在 Value_if_true 的参数文本框中输入“8000”(图 6-24a),单击“确定”按钮。在公式编辑栏的函数输入框中将光标定位在“8000”与“)”之间,确保此时输入法状态为“半角英文”,然后先输入“,”再输入“IF(C3>=80,6000,IF(C3>=70,4000,IF(C3>=60,2000,800)))”(图 6-24b),并向下填充。

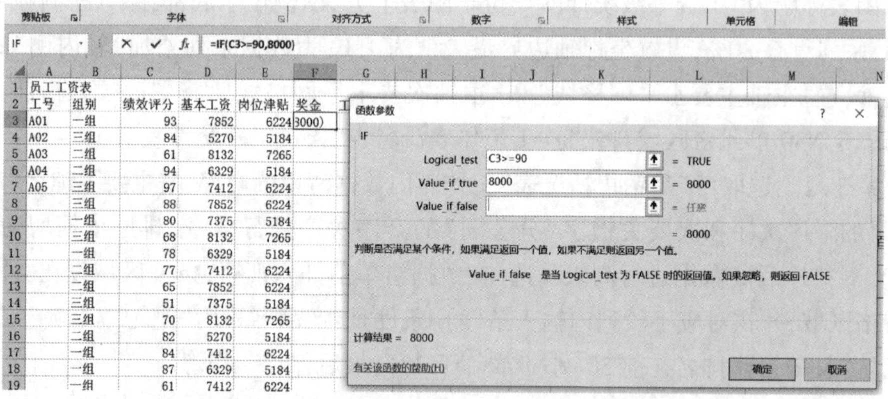

(a)

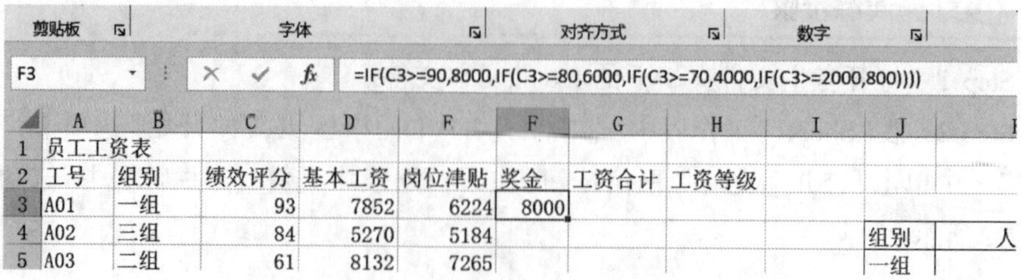

(b)

图 6-24　F3 单元格插入 IF 函数

小贴士

① 为了提高输入公式的正确率，可先复制公式输入框中自动生成的公式IF(C3>=90,8000)，并将其粘贴至“,”之后再进行修改。

② 多个IF函数的嵌套使用采用第3章中介绍的IF函数的输入方式更方便快捷。这里不再赘述。

Step 5　选中G3单元格，单击“插入函数”按钮，在弹出的“插入函数”对话框中选择“SUM”函数，单击“确定”按钮，打开的“函数参数”对话框。将光标定位至Number1的参数文本框中，选中表中的D3:F3单元格区域（图6-25），单击“确认”按钮，并向下填充。

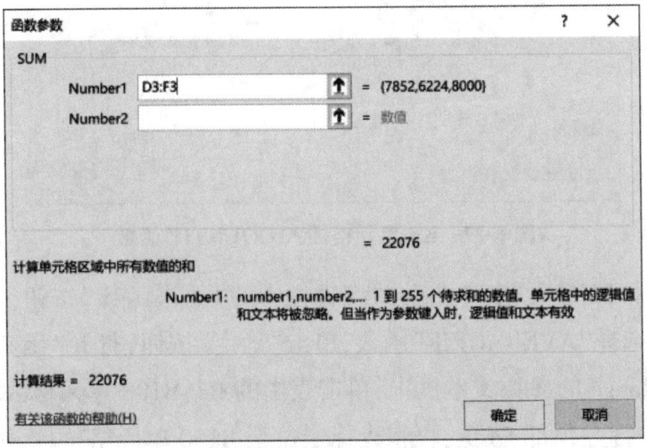

图6-25　G3单元格插入SUM函数

Step 6　选中H3单元格，单击公式编辑栏中的“插入函数”按钮，在弹出的“插入函数”对话框中选择“IF”函数，单击“确定”按钮，打开“函数参数”对话框。将光标定位至Logical_test的参数文本框中，先单击表中的G3单元格，再输入“>=19000”，在Value_if_true的参数文本框中输入“"A"”（图6-26），单击“确定”按钮。在公式编辑栏的函数输入框中将光标定位在“"”与“)”之间，确保此时输入法状态为“半角英文”，然后先输入“,”，再输入“IF(G3>=16000,"B","C")”，并向下填充。

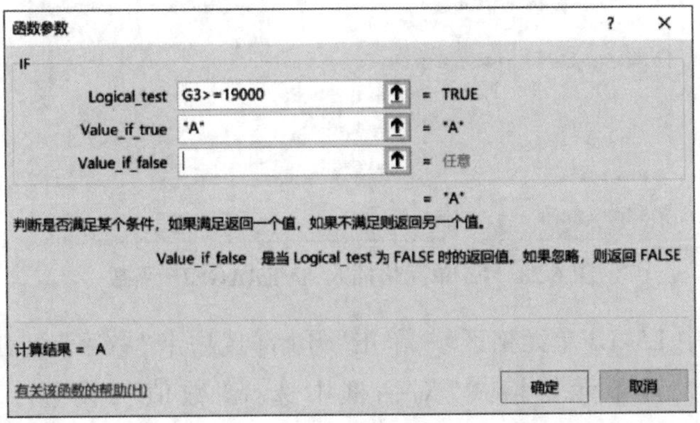

图6-26　H3单元格插入IF函数

Step 7 选中 K5 单元格,单击公式编辑栏中的“插入函数”按钮,在弹出的“插入函数”对话框中选择“COUNTIF”函数,单击“确定”按钮,打开“函数参数”对话框。将光标定位至 Range 区域,单击表中的 B3:B100 单元格区域,将光标定位至 B3 单元格,按下键盘顶部 F4 键,再将光标定位至 B100 单元格,再次按下 F4 键;将光标定位至 Criteria 的参数文本框中,单击表中的 J5 单元格(图 6-27),然后单击“确认”按钮,并向下填充到 K7 单元格。

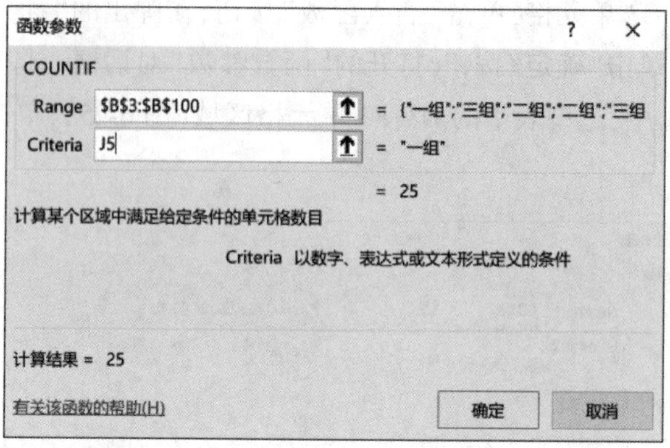

图 6-27 K5 单元格插入 COUNTIF 函数

Step 8 选中 L5 单元格,单击公式编辑栏中的“插入函数”按钮,在弹出的“插入函数”对话框中选择“AVERAGEIF”函数,单击“确定”按钮,打开“函数参数”对话框。将光标定位至 Range 的参数文本框中,单击表中的 B3:B100 单元格区域,将光标定位至 B3 单元格,按键盘顶部 F4 键,再将光标定位至 B100 单元格,再次按下 F4 键;将光标定位至 Criteria,单击表中的 J5 单元格;将光标定位至 Average_range 的参数文本框中,单击表中的 F3:F100 单元格区域,将光标定位至 F3 单元格,按下 F4 键,再将光标定位至 F100 单元格,再次按下 F4 键(图 6-28),然后单击“确认”按钮,并向下填充到 L7 单元格。

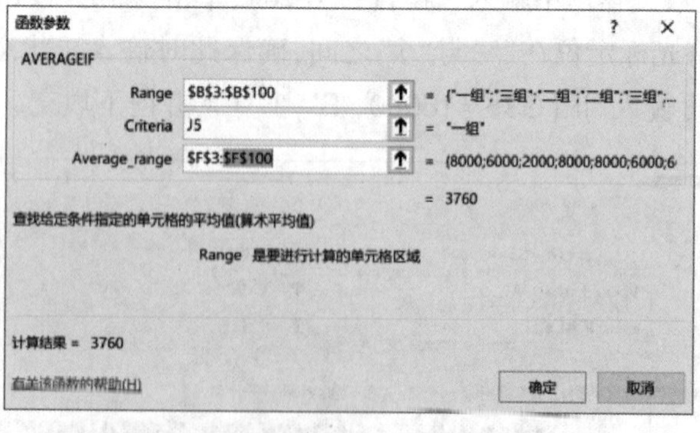

图 6-28 L5 单元格插入 AVERAGEIF 函数

Step 9 选中 L5:L7 单元格区域,单击“开始”选项卡“数字”组右下角的扩展按钮,在打开的“设置单元格格式”对话框中选择“数值”,设置小数位数为“0”(图 6-29),单击“确定”按钮。

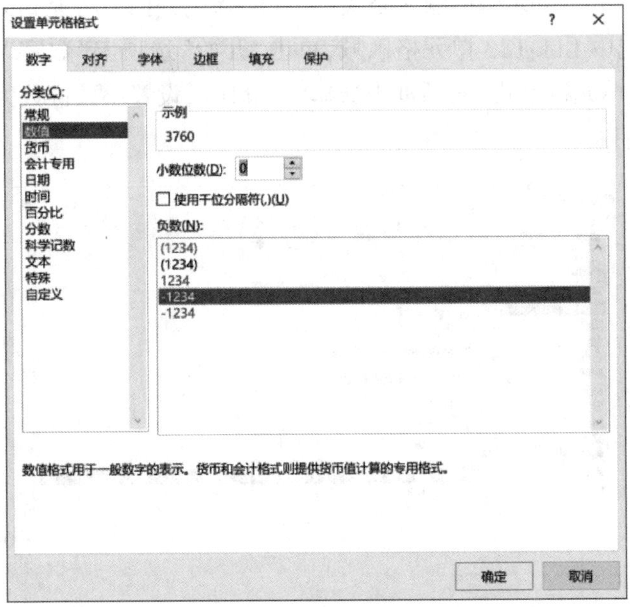

图 6-29　设置小数位数

Step 10　选中 K11 单元格,单击公式编辑栏中的“插入函数”按钮,在弹出的“插入公式”对话框中选择“COUNTIFS”函数,单击“确定”按钮,打开“函数参数”对话框。将光标定位至 Criteria_range1 的参数文本框中,单击表中的 B3:B100 单元格区域,将光标定位至 B3 单元格,按下 F4 键,再将光标定位至 B100 单元格,再次按下 F4 键;将光标定位至 Criteria1 的参数文本框中,单击表中的 J11 单元格;将光标定位至 Criteria_range2 的参数文本框中,单击表中的 H3:H100 单元格区域,将光标定位至 H3 单元格的参数文本框中,按下 F4 键,再将光标定位至 H100 单元格,再次按下 F4 键;将光标定位至 Criteria2 的参数文本框中,输入“"A"”(图 6-30),然后单击“确认”按钮,并向下填充到 K13 单元格。

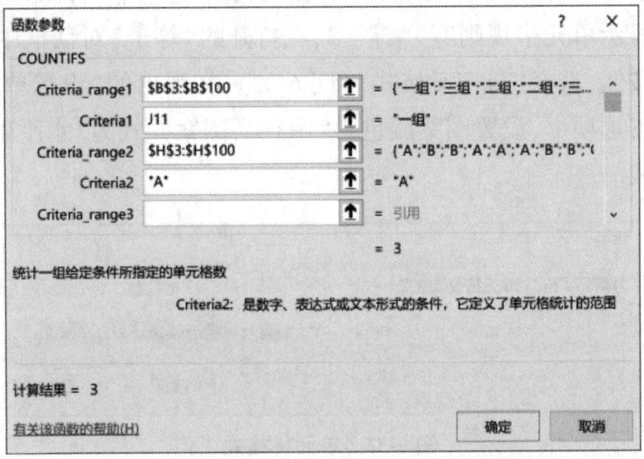

图 6-30　K11 单元格插入 COUNTIFS 函数

Step 11 在 L11 单元格中输入公式"=K11/K5",并向下填充到 L13 单元格。

Step 12 选中 L11:L13 单元格区域,单击"开始"选项卡"数字"组的扩展按钮,在弹出的"设置单元格格式"对话框中选择"百分比",设置小数位数为"2"(图 6-31),单击"确定"按钮。

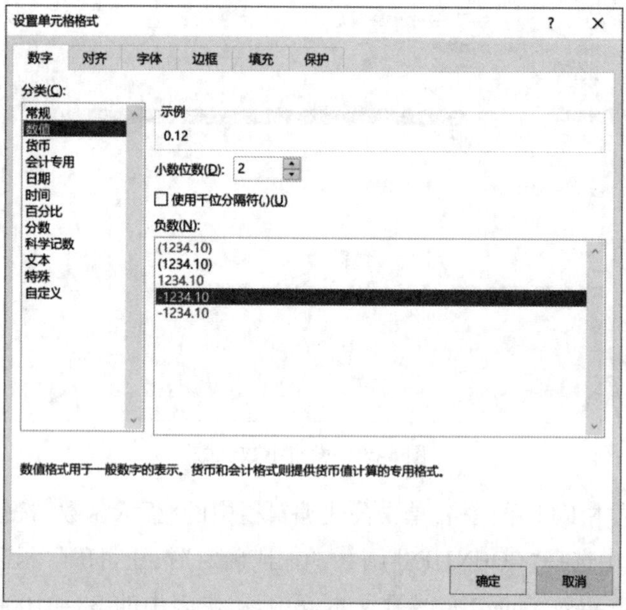

图 6-31 设置小数位数

Step 13 重复 Step 10,在 M11 单元格中输入公式"=COUNTIFS($B$3:$B$100,J11,$H$3:$H$100,"B")",并向下填充到 M13 单元格。

Step 14 在 N11 单元格中输入公式"=M11/K5",并向下填充到 N13 单元格。

Step 15 选中 N11:N13 单元格区域,重复 Step 12,单击"开始"选项卡"数字"组右下角的扩展按钮,选择"百分比",设置小数位数为"2",单击"确定"按钮。

Step 16 选中 H3:H100 单元格区域,在"开始"选项卡"样式"组中,单击"条件格式"→"突出显示单元格规则"→"等于",在打开的"等于"对话框中输入"C",单击"设置为"下拉按钮,选择"自定义格式"(图 6-32),在弹出的"设置单元格格式"对话框中单击"填充"选项卡,设置图案颜色为"深红",图案样式为"水平条纹"(图 6-33),单击"确定"按钮。

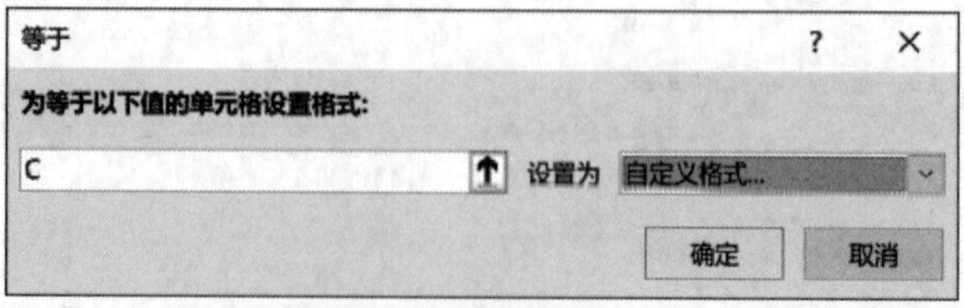

图 6-32 单元格格式 1

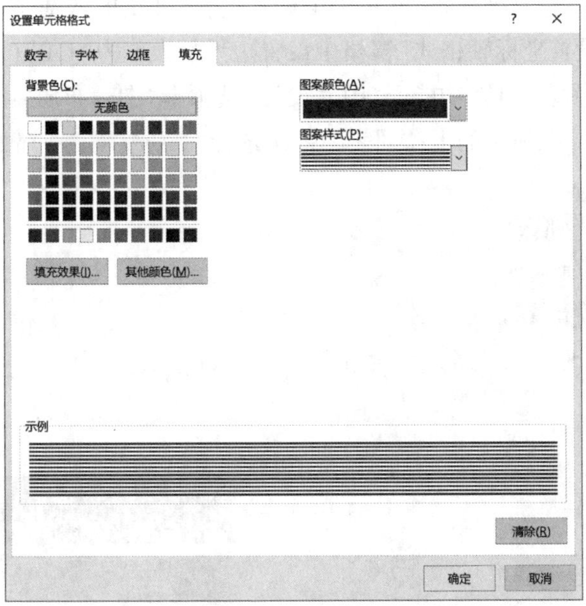

图 6-33　单元格格式 2

第 2 题演练步骤

Step 1　选中 J10:J13 单元格区域,按住 Ctrl 键,同时选中 L10:L13 和 N10:N13 单元格区域,在"插入"选项卡"图表"组中单击"插入柱形图或条形图"按钮,选择"堆积柱形图",如图 6-34 所示。

Step 2　修改图表标题为"工资等级统计图"(默认图表标题在上方,图例在底部)。

Step 3　选中"B 所占百分比"列并单击鼠标右键,在弹出的快捷菜单中选择"设置数据系列格式",在打开的"设置数据系列格式"窗格中设置系列绘制在"主坐标轴",系列重叠"80%"(图 6-35)。

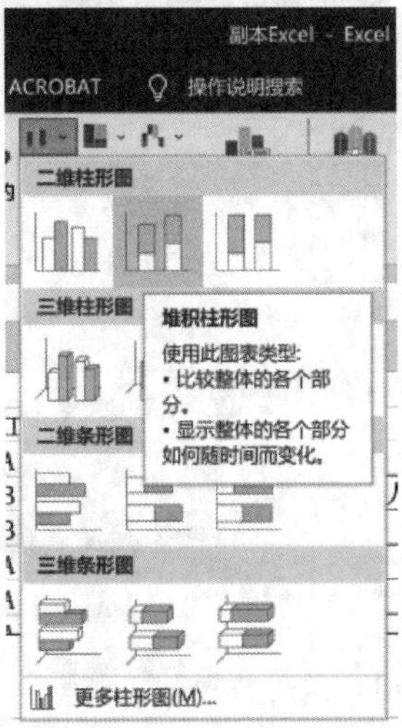

图 6-34　插入柱形图

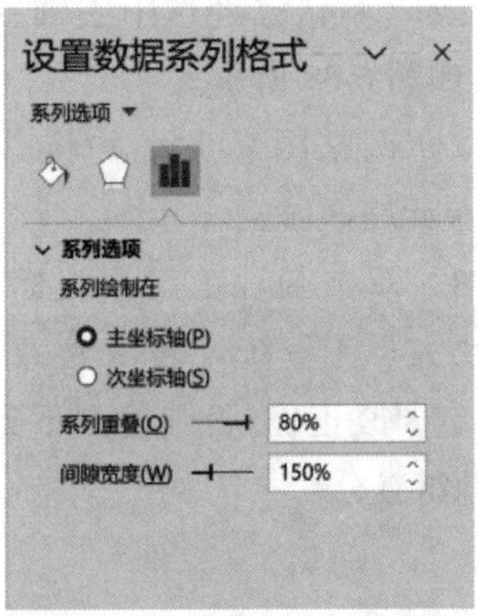

图 6-35　设置数据系列格式

Step 4 选中“左侧坐标轴”并单击鼠标右键,在弹出的快捷菜单中选择“设置坐标轴格式”,在“设置坐标轴格式”窗格中设置边界最大值为“1.0”(图 6-36)。

Step 5 在“图表工具”功能区“图表设计”选项卡“图表布局”组中,单击“添加图表元素”下拉按钮,在弹出的下拉列表中依次选择“数据标签”→“轴内侧”(图 6-37)。

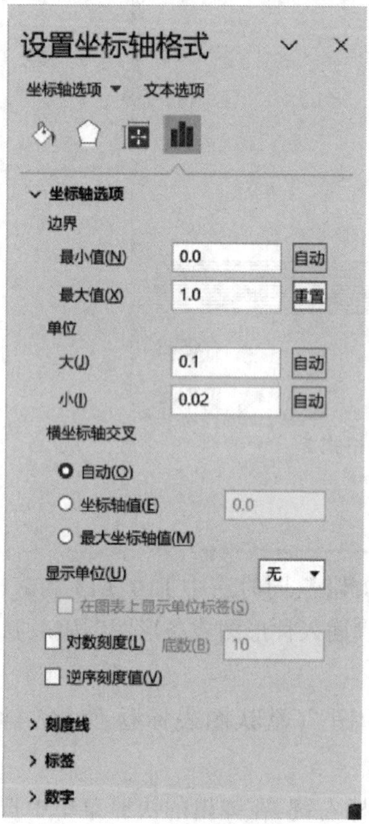

图 6-36 设置坐标轴格式

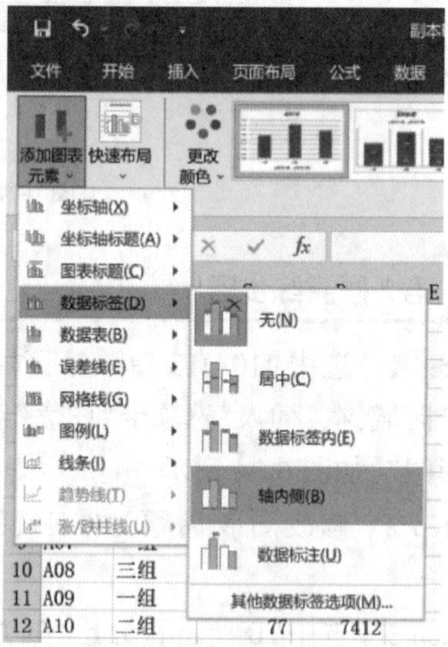

图 6-37 数据标签

Step 6 同 Step 5,继续单击“添加图表元素”下拉按钮,选择“网格线”→“主轴次要水平网格线”(默认已经选中主轴主要水平网格线),如图 6-38 所示。

Step 7 调整图表大小并将其移动到 J16:N30 单元格区域。

Step 8 双击 Sheet1 工作表标签,将其重命名为“人员工资统计表”(注意:工作表的名称一定要改正确,否则检测不到这个工作表,该题得 0 分)。

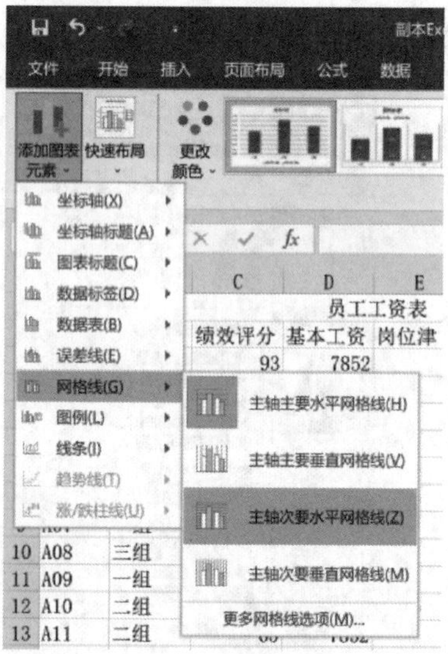

图 6-38 网格线

第 3 题演练步骤

Step 1 在“产品销售情况表”工作表中，选中任一数据单元格，在“数据”选项卡“排序和筛选”组中单击“排序”按钮，打开“排序”对话框，“排序依据”选择“产品类别”，“次序”选择“降序”，单击“添加条件”按钮 添加条件(A)，“次要关键字”选择“分公司”，“次序”选择“升序”（图 6-39），单击“确定”按钮。

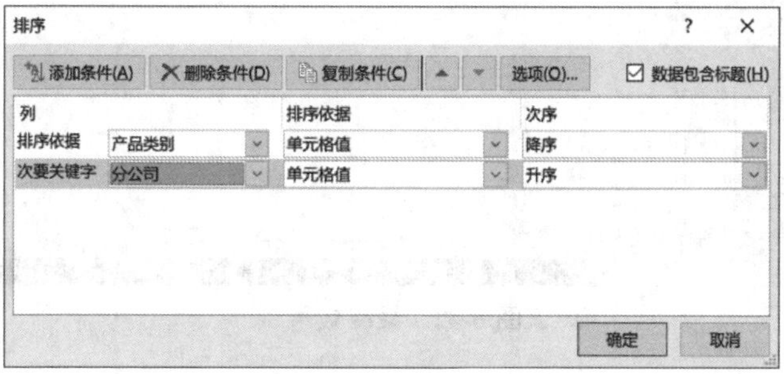

图 6-39　排序

Step 2 选中表中第 1 行至第 4 行，单击鼠标右键，在弹出的快捷菜单中选择“插入”，可插入 4 个空行。

Step 3 在 D1：D3 单元格中分别输入“产品名称”“笔记本电脑”“数码相机”，在 G1：G3 单元格中分别输入“销售额排名”“<=30”“<=30”。

Step 4 选中 B5 单元格，在“数据”选项卡“排序和筛选”组中单击“高级”按钮，打开“高级筛选”对话框，条件区域选择“$A$1：$G$3”（图 6-40），单击“确定”按钮。

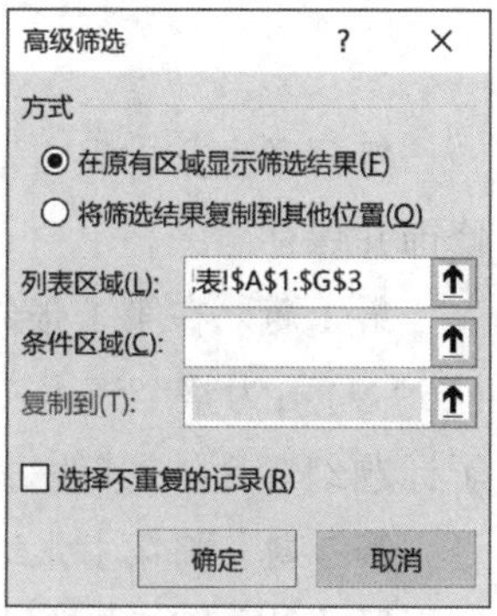

图 6-40　高级筛选

Step 5 保存并关闭文件。

最终效果如图 6-41 和图 6-42 所示。

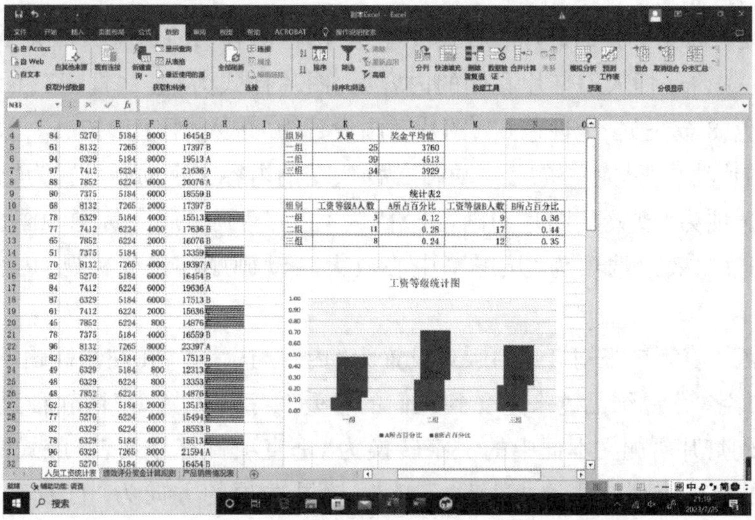

图 6-41　最终效果一

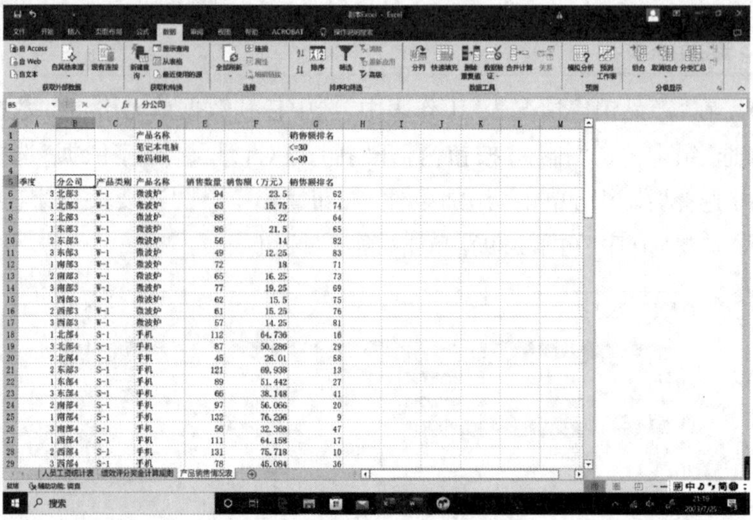

图 6-42　最终效果二

6.3　PowerPoint 演练题

打开考生文件夹 1 下的演示文稿 yswg. pptx，按照下列要求完成对此演示文稿的修饰并保存。

第 1 题　在第 1 张幻灯片前插入 1 张新幻灯片，设置幻灯片大小为“全屏显示（16∶9）”；为整个演示文稿应用“离子会议室”主题，放映方式为“观众自行浏览”；除了标题幻灯片外，其他每张幻灯片中的页脚插入“晶泰来水晶吊坠”7 个字。

第 2 题　将第 1 张幻灯片的版式设置为“标题幻灯片”，主标题为“产品策划书”，副标题为“晶泰来水晶吊坠”，主标题字体设置为“华文行楷”、字号为“80”，副标题的字体设置为“楷体、加粗”、字号为“34”；为副标题设置“进入/浮入”的动画效果，效果选项为“下浮”。

第 3 题　将第 2 张幻灯片的版式设置为“两栏内容”；将考生文件夹 1 下的图片文件 shuijing1. jpg 插入幻灯片右侧的内容区，图片样式为“金属框架”，图片效果为“发光/紫色，8 磅发光，个性色 6”，图片动画设置为“进入/十字形扩展”，效果选项为“放大”，图片动画“开始”为“上一动画之后”；左侧内容文字动画设置为“强调/跷跷板”，效果选项为“放大”，图片动画“开始”为“上一动画之后”；标题动画设置为“进入/基本缩放”，效果选项为“从屏幕中心放大”；动画顺序是先标题、内容文本，后图片。

第 4 题　将第 3 张幻灯片的版式设置为“内容与标题”；在左侧标题下方的文本框中输入文字“水晶饰品越来越受到人们的喜爱”，字体设置为“微软雅黑”，字号为“16”。将幻灯片右侧文本框中的文字转换为“垂直项目符号列表”版式的 SmartArt 图形，并设置其动画效果为“进入/飞入”，效果选项的方向为“自右侧”，序列为“逐个”。

第 5 题　将第 4 张幻灯片的版式设置为“两栏内容”；将考生文件夹 1 下的图片文件 shuijing2. jpg 插入幻灯片右侧的内容区，设置图片尺寸为高度 8 厘米，锁定纵横比，图片位置设置为水平 13 厘米、垂直 5 厘米，均为自“左上角”；为图片设置动画效果“进入/浮入”，效果选项为“下浮”。

第 6 题　将第 5 张幻灯片的版式设置为“标题和内容”；将幻灯片文本框中的文字转换成为“基本日程表”版式的 SmartArt 图形，并设置样式为“预设 1”。设置 SmartArt 图形的动画效果为“进入/弹跳”，序列为“逐个”；标题动画设置为“进入/圆形扩展”，效果选项为“菱形”，动画开始为“与上一动画同时”；动画顺序为先标题后图形。

第 7 题　设置第 1、3、5 张幻灯片的切换效果为“揭开”，效果选项为“从右下部”；设置第 2、4 张幻灯片的切换效果为“梳理”，效果选项为“垂直”。

第 1 题演练步骤

Step 1　打开考生文件夹下的文件 yswg. pptx，选中第 1 张幻灯片，单击“开始”选项卡“幻灯片”组中的“新建幻灯片”按钮，新建一张幻灯片（图 6-43）。

Step 2　单击“设计”选项卡“自定义”组中的“幻灯片大小”下拉按钮，选择“自定义幻灯片大小”，在弹出的对话框中设置幻灯片大小为“全屏显示（16∶9）”（图 6-44），单击“确定”按钮。在“主题”组中设置主题为“离子会议室”。

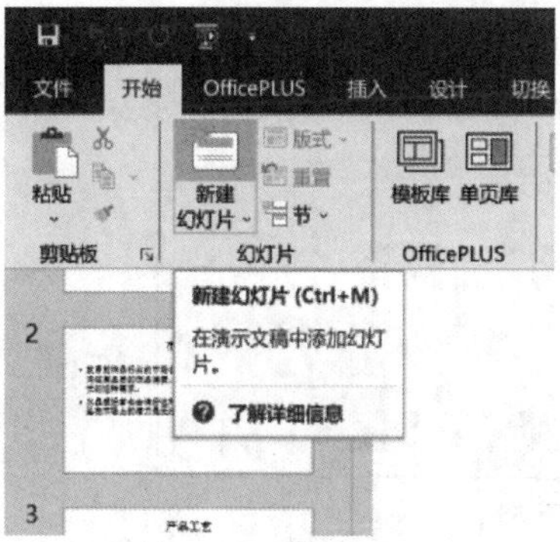

图 6-43　新建幻灯片

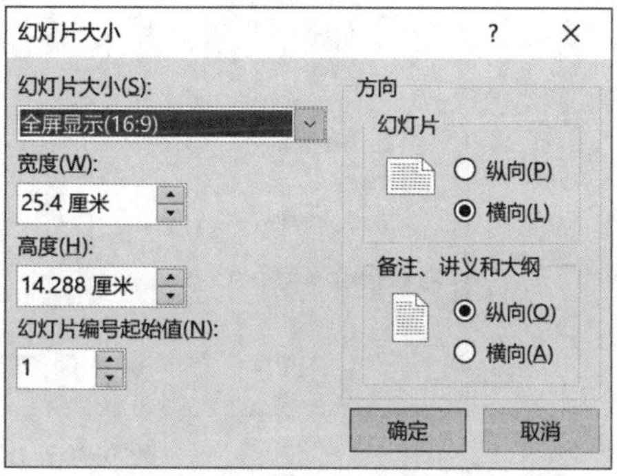

图 6-44　设置幻灯片大小

Step 3　单击“幻灯片放映”选项卡“设置”组中的“设置幻灯片放映”按钮，在弹出的对话框中选中“观众自行浏览窗口”单选按钮（图 6-45），单击“确定”按钮。

Step 4　单击“插入”选项卡“文本”组中的“页眉和页脚”按钮，在弹出的对话框中，勾选“页脚”复选框，在文本框中输入“晶泰来水晶吊坠”；勾选“标题幻灯片中不显示”复选框（图 6-46），单击“全部应用”按钮。

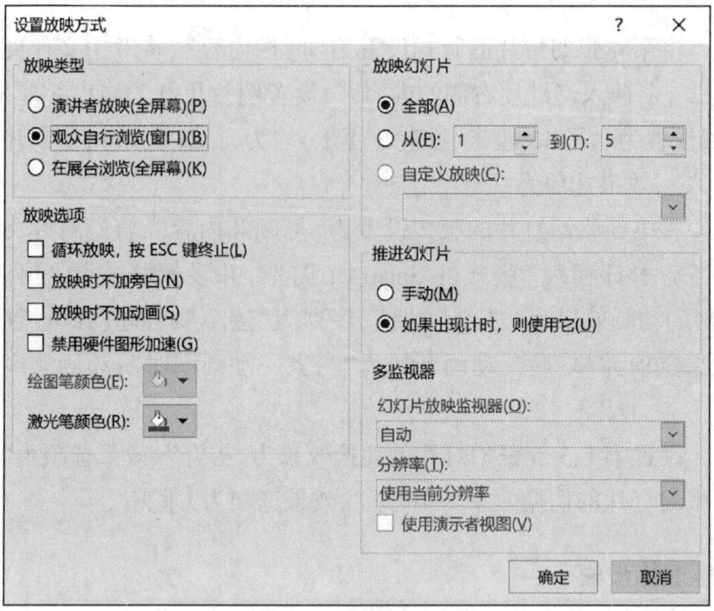

图 6-45　设置放映方式

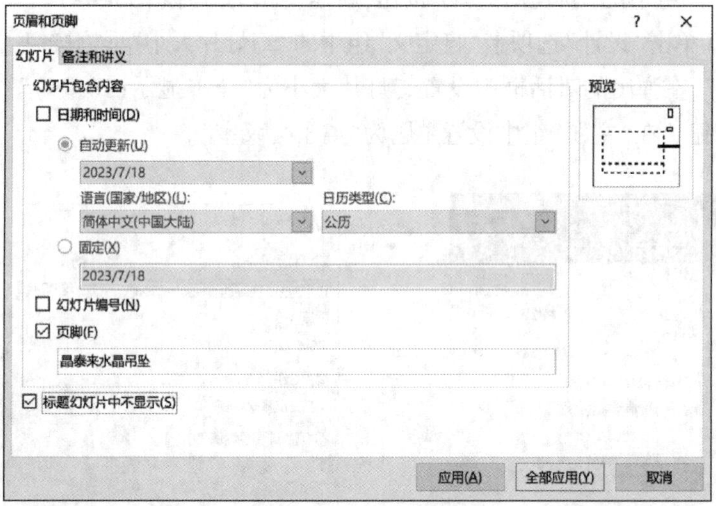

图 6-46　设置页眉和页脚

第 2 题演练步骤

Step 1　选择第 1 张幻灯片，单击“开始”选项卡“幻灯片”组中的“版式”下拉按钮，选择“标题幻灯片”（图 6-47）。在“标题占位符”中输入“产品策划书”，选中“标题占位符”，在“字体”组中设置字体为“华文行楷”，字号为“80”。

图 6-47　设置标题幻灯片

Step 2　按照同样的方法设置副标题,在"副标题占位符"中输入"晶泰来水晶吊坠",并设置字体为"楷体,加粗",字号为"34"。

Step 3　选中"副标题占位符",在"动画"选项卡"动画"组的"进入"动画效果列表中选择"浮入",单击"效果选项"下拉按钮,选择"下浮",如图 6-48 所示。

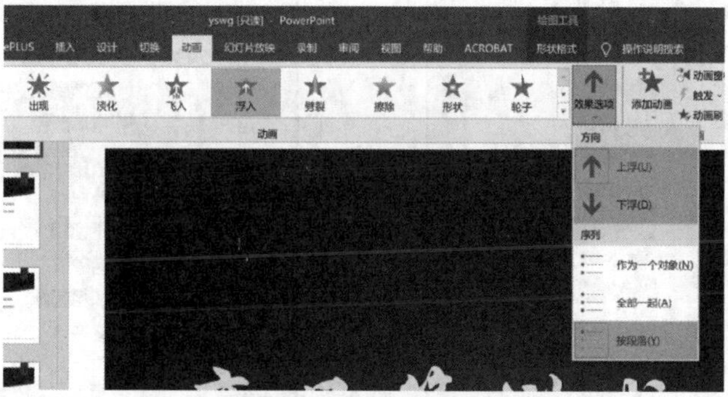

图 6-48　设置副标题动画

第 3 题演练步骤

Step 1　选择第 2 张幻灯片,按照第 2 题 Step 1 的操作设置版式为"两栏内容"。单击右侧占位符内的"图片"按钮,弹出对话框,选择考试文件夹 1 下的图片 shuijing1. jpg,单击"插入"按钮。选中图片,在"图片工具"选项卡"图片样式"组中设置图片样式为"金属框架"(图 6-49),单击"图片效果"下拉按钮,在下拉列表中选择"发光,紫色,8 磅发光,个性色 6”。

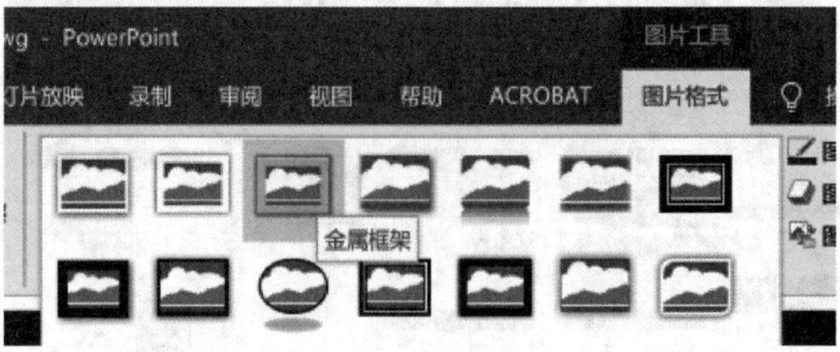

图 6-49　图片样式

Step 2　选中图片,单击“动画”选项卡“动画”组中的“其他”下拉按钮,在下拉列表中选择“更多进入效果”,在弹出的对话框中选择“十字形扩展”(图 6-50),单击“确定”按钮。单击“效果选项”下拉按钮,选择“放大”,在“计时”组中设置开始为“上一动画之后”。选中内容占位符,单击“动画”选项卡“动画”组中的“其他”下拉按钮,选择“更多强调效果”,在弹出的对话框中选择“跷跷板”(图 6-51),单击“确定”按钮。单击“效果选项”下拉按钮,选择“放大”,在“计时”组中设置开始为“上一动画之后”。选中标题占位符,单击“动画”选项卡“动画”组中的“其他”下拉按钮,选择“更多进入效果”,在弹出的对话框中选择“基本缩放”(图 6-52),单击“确定”按钮。单击“效果选项”下拉按钮,选择“从屏幕中心放大”,在“计时”组中设置开始为“单击时”。

Step 3　选中标题占位符,单击“动画”选项卡,连续两次单击“计时”组中的“向前移动”按钮,使之成为第一个动画;选中图片,单击“向后移动”按钮,使之成为最后一个动画。

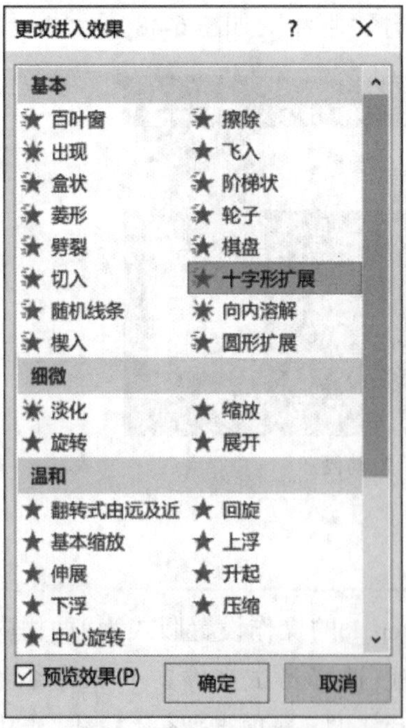

图 6-50　“十字形扩展”进入效果

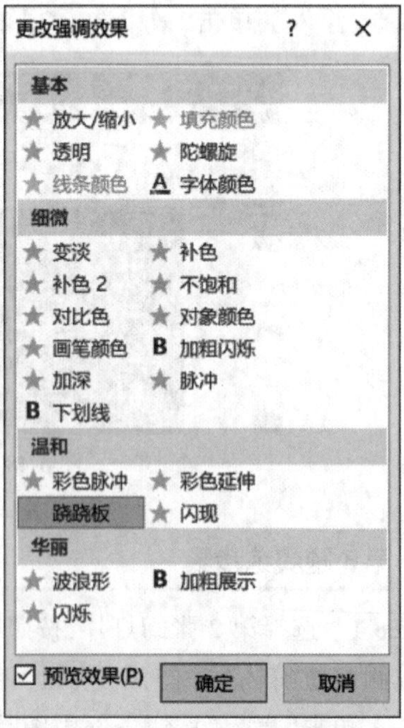

图 6-51　强调效果

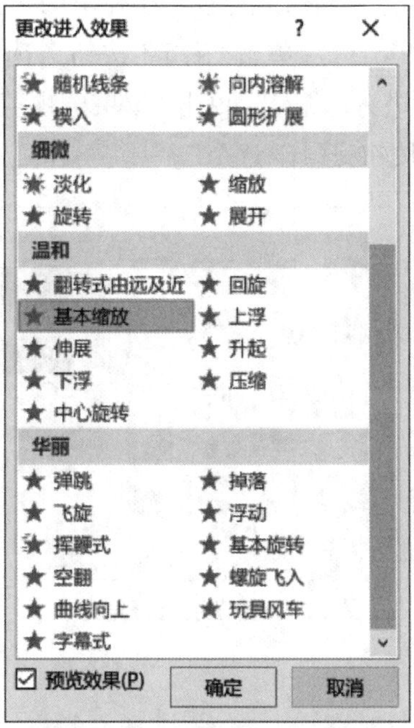

图 6-52 “基本缩放”进入效果

第 4 题演练步骤

Step 1 选择第 3 张幻灯片，按照第 2 题 Step 1 的操作设置版式为“内容和标题”(图 6-53)。

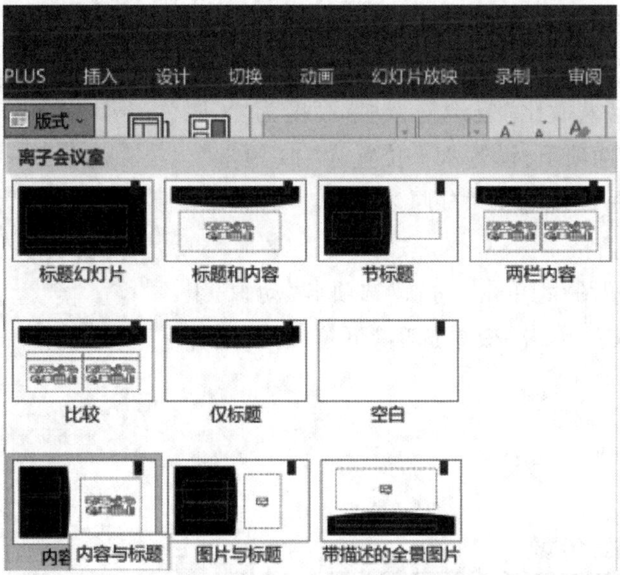

图 6-53 版式设置

Step 2 在左侧内容占位符中输入“水晶饰品越来越受到人们的喜爱”，选中左侧占位符，在“开始”选项卡“字体”组中，设置字体为“微软雅黑”，字号为“16”。

Step 3 选择右侧占位符内的文字，单击鼠标右键，在弹出的快捷菜单中依次选择“转换为 SmartArt”→“其他 SmartArt 图形”,在弹出的对话框中选择“列表”选项中的“垂直项目符号列表”(图 6-54),单击“确定”按钮。选中 SmartArt 图形,单击“动画”选项卡“动画”组中的“进入/飞入”,单击“效果选项”下拉按钮,选择“自右侧”,再次单击“效果选项”下拉按钮,选择“逐个”。

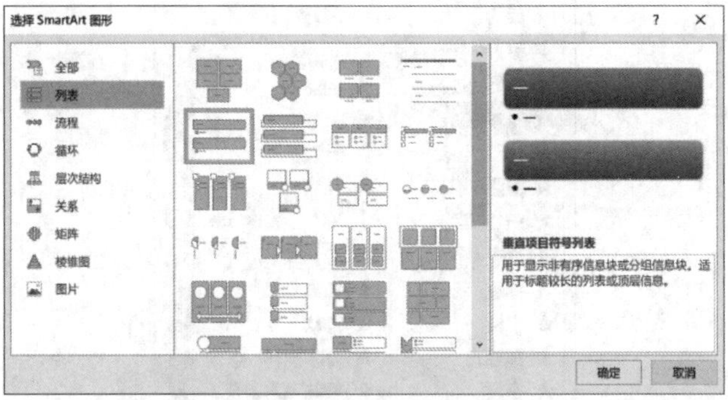

图 6-54　垂直项目符号列表

第 5 题演练步骤

Step 1　选择第 4 张幻灯片,按照第 2 题 Step 1 的操作设置版式为两栏内容。

Step 2　单击右侧占位符内的“图片”按钮,弹出对话框,选择考生文件夹 1 下的图片“shuijing2. jpg”,单击“插入”按钮。

Step 3　选中图片,单击鼠标右键,选择“大小和位置”,右侧弹出“设置图片格式”窗格,在“大小”选项下,勾选“锁定纵横比”复选框,设置高度为“8 厘米”。在“位置”选项下,设置水平位置为“13 厘米”,从“左上角”;垂直位置为“5 厘米”,从“左上角”(图 6-55),关闭窗格。

Step 4　选中图片,单击“动画”选项卡“动画”组中的“进入/浮入”,单击“效果选项”下拉按钮,选择“下浮”。

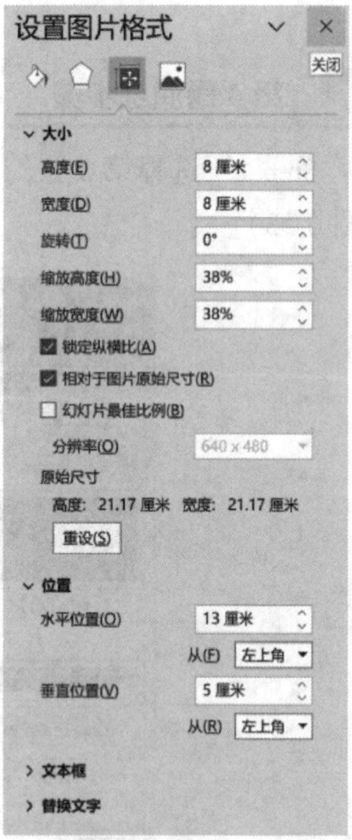

图 6-55　设置图片格式

第 6 题演练步骤

Step 1　选择第 5 张幻灯片,按照第 2 题 Step 1 的操作设置版式为“标题和内容”。

Step 2　选中内容占位符,单击鼠标右键,在弹出的快捷菜单中依次选择“转换为 SmartArt”→“其他 SmartArt 图形”,在弹出的“选择 SmartArt 图形”对话框中依次选择

“流程”→“基本日程表”,单击“确定”按钮。

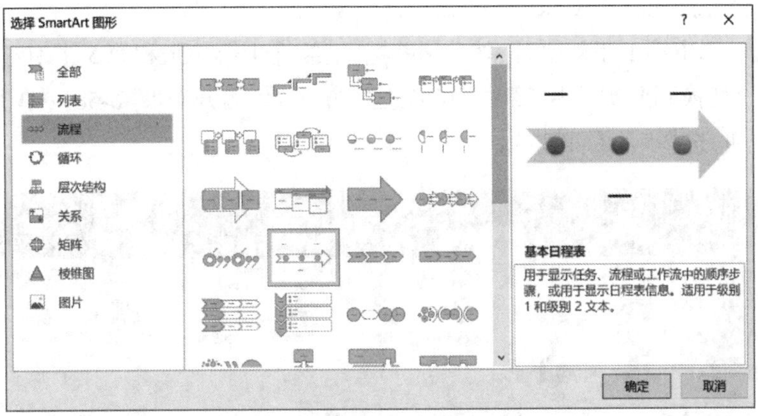

图 6-56　基本日程表

Step 3　选中 SmartArt 图形,在“SmartArt 工具”功能区的“格式”选项卡中,单击“形状样式”组中的“形状效果”下拉按钮,在弹出的下拉列表中依次选择“预设”→“预设 1”(图 6-57);在“动画”选项卡“动画”组中,设置动画效果为“进入/弹跳”,单击“效果选项”下拉按钮,选择“逐个”。

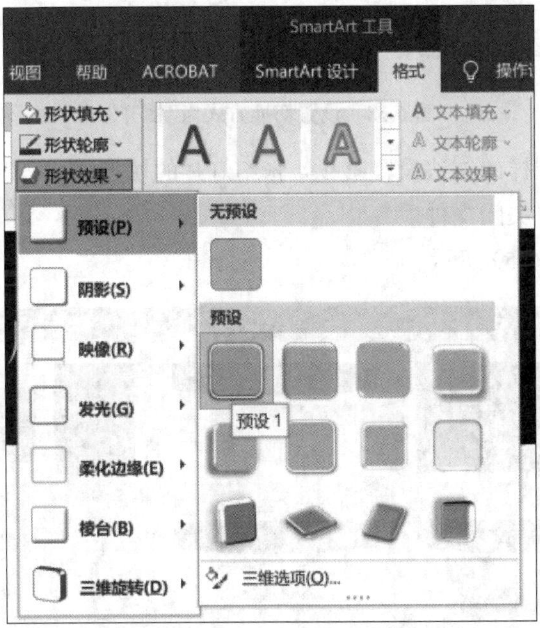

图 6-57　形状效果

Step 4　选中标题占位符,单击“动画”组中的“其他”下拉按钮,选择“更多进入效果”,弹出对话框,选择“圆形扩展”,单击“确定”按钮;单击“效果选项”下拉按钮,选择“菱形”;在“计时”组中设置动画开始为“与上一动画同时”,单击“向前移动”按钮,使动画顺序为先标题后图形。

第 7 题演练步骤

Step 1 选中第 1 张幻灯片,按住 Ctrl 键,继续选中第 3 张和第 5 张幻灯片,在“切换”选项卡“切换到此幻灯片”组中,设置切换方式为“揭开”(图 6-58),单击“效果选项”下拉按钮,选择“从右下部”。

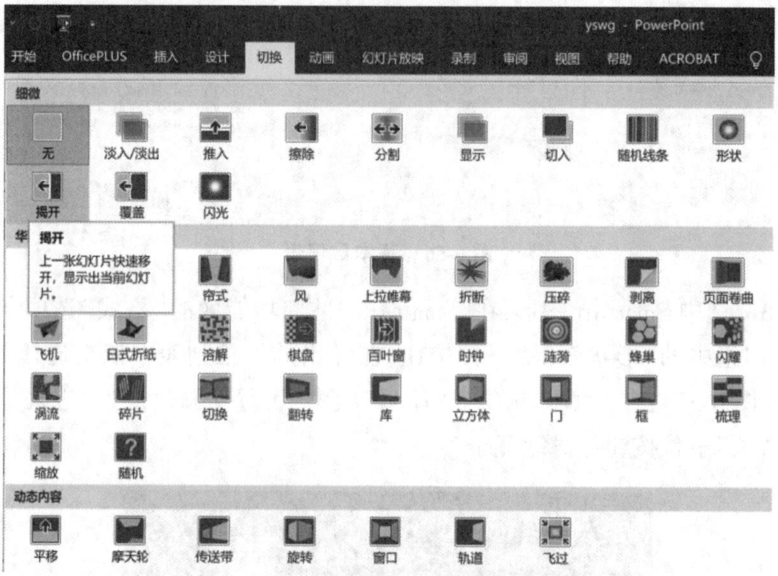

图 6-58　设置切换方式为“揭开”

Step 2 按照同样的方法设置第 2、4 张幻灯片的切换方式。

Step 3 保存并关闭文件。

最终效果如图 6-59 所示。

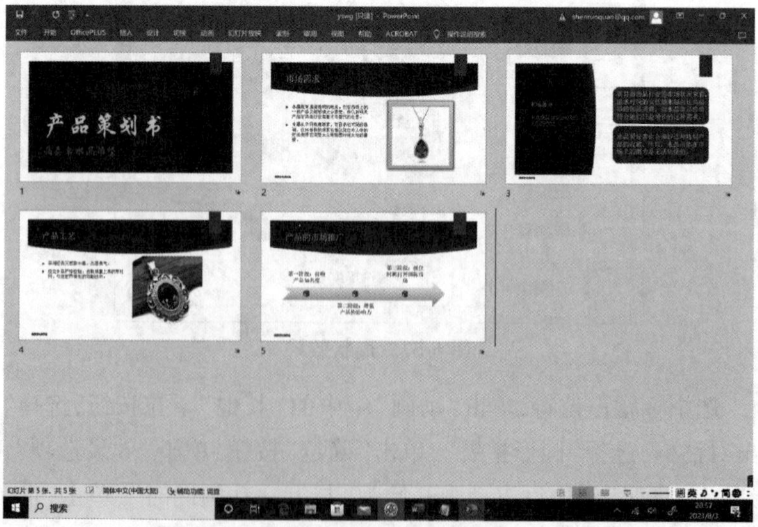

图 6-59　最终效果

7 实战演练二

7.1 Word 演练题

在考生文件夹 2 下，打开文档 WORD. DOCX，按照下列要求完成操作并保存文档。

第 1 题 将标题（“某大学智慧校园实践”）应用“标题 5”样式，并设置为“小三号，黑体，居中对齐，段前、段后间距均为 3 磅，1.15 倍行距”，文本填充效果设置为“预设渐变/径向渐变—个性色 2，类型/矩形，方向/从中心，渐变光圈透明度/50%、亮度/10%”，文本阴影效果设置为“预设/外部/偏移，右下斜，颜色/黄色（标准色），距离/20 磅”，文本映像效果设置为“预设/映像变体/紧密映像：8 磅偏移量”；正文第一段（“该大学智慧校园建设围绕，……和智慧数据平台。”）的文本轮廓设置为实线：“颜色/茶色，背景 2，深色 50%、宽度/0.7 磅”。

第 2 题 设置页边距为上、下各 3 厘米，左、右各 2.5 厘米，装订线位于左侧 2 厘米，页眉、页脚各距边界 2 厘米，每页 38 行，每行 36 字；设置文档属性，标题为“大学智慧校园实践”，主题为“智慧校园”，作者为“NCRER”，单位为“NCRE”；为该文档插入内置“花丝”型封面，封面文档标题为该文档标题，封面文档副标题为该文档主题，日期为 2020 年 9 月 10 日，公司即为摘要选项卡中的单位，地址为“北京市海淀区甲 5 号”；用考生文件夹下的图片 picture1. jpg 为该文档添加图片水印，缩放 80%。

第 3 题 将正文第一段到第四段文字（“该大学智慧校园建设围绕……该平台建设遵循以下思路进行：”）设置为“10.5 号，宋体，段落左、右各缩进 0.3 字符，段后间距 0.6 行，1.15 倍行距”；将正文第二段至第三段文字（“智慧数据平台是……人力资源管理系统等。”）首行缩进 2 字符，并分为两栏，第 1 栏栏宽为 15 字符，第 2 栏栏宽为 18 字符，栏间加分隔线。为正文第一段文字（“该大学智慧校园建设围绕……和智慧数据平台。”）设置首字下沉 2 行，距正文 0.2 厘米；为紧随小标题“①明确信息系统建设模式”后的两段文字（“第一业务主导……承担技术把关的共同工作模式；”）设置项目符号（项目符号字符为位于考生文件夹 2 下的图片 Tulips. jpg，请定义新项目符号并导入图片）；为小标题“②规范业务系统建设流程，建立了信息化项目年度立项制度”后的三段文字（“业务部门信息系统立项……项目测试和验收。”）设置项目符号(请定义新项目符号,选择“符号/Wingdings”字体中的笑脸符号)。

第 4 题 在表题(“表 1　某大学智慧校园建设规划”)前插入分页符,并将表题文字设置为“四号,加粗”,文本效果设置为“底部棱台/松散嵌入,高度/15 磅,深度/红色(标准色)、大小/10 磅,曲面图/紫色(标准色),大小/1 磅,材料/线框”;设置表 1 下方的四组红色词组(“智慧应用、智慧数据、智慧业务、智慧支撑”)的文本效果为“发光,11 磅;水绿色,主题色 5”。

第 5 题 将表 1 中的第一行(“平台:公共服务,正版软件,决策支持,大数据基础”)的底纹设置为“图案/10%”,第二行[(“公共数据库(数据仓库)”]的底纹设置为“橙色,个性色 6,淡色 80%”,第三行(“数据交换平台”)的底纹设置为填充“白色,背景 1,深色 5%”,最后一行(“校园网、云平台、一卡通、统一身份认证”)的底纹设置为“茶色,背景 2”。将表 1 两侧的“系统运维服务体系”列、“信息化标准和规范”列和“信息安全保障体系”列的边框设置为 0.5 磅单实线。

第1题演练步骤

Step 1 双击打开考生文件夹 2 下的文档 WORD. DOCX,单击“开始”选项卡“样式”组右下角的扩展按钮,单击“管理样式”按钮,切换到“推荐”选项卡下,选中“标题 5”,单击“显示”按钮(图 7-1),单击“确定”按钮。选中标题,在样式窗口中单击“标题 5”进行应用,关闭标题样式窗口。

Step 2 选中标题,在“字体”组中,设置字体为“黑体”,字号为“小三”。单击“段落”组右下角的扩展按钮,设置对齐方式为“居中”,段前间距为“3 磅”,段后间距为“3 磅”,行距为“多倍行距”,设置值为“1. 15”(图 7-2),单击“确定”按钮。

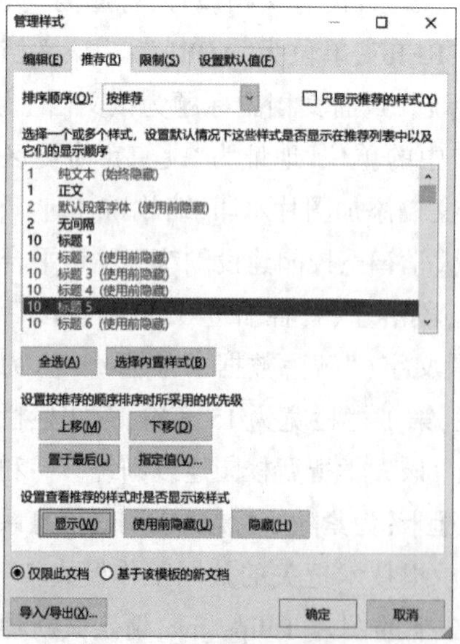

图 7-1　标题样式设置

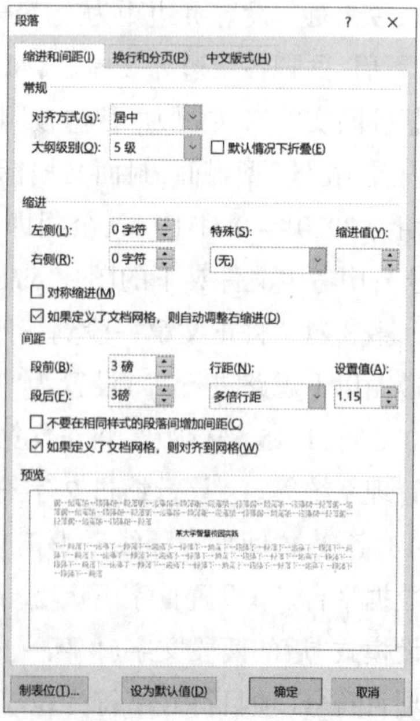

图 7-2　“段落”设置

Step 3 选中标题,单击“字体”组右下角的扩展按钮,单击“文字效果”按钮文字效果(E)... ,打开“设置文本效果”窗格。在“文本填充”选项卡中选择“预设渐变”为“径向渐变-个性色 2”,类型为“矩形”,方向为“从中心”,渐变光圈的透明度为“50%”、亮度为“10%”(图 7-3),单击“确定”按钮。

Step 4 切换到“文字效果”选项卡,依次单击“阴影”→“预设”,选择“外部”分类下的“偏移:右下”,设置颜色为“黄色”,距离为“20 磅”(图 7-4)。

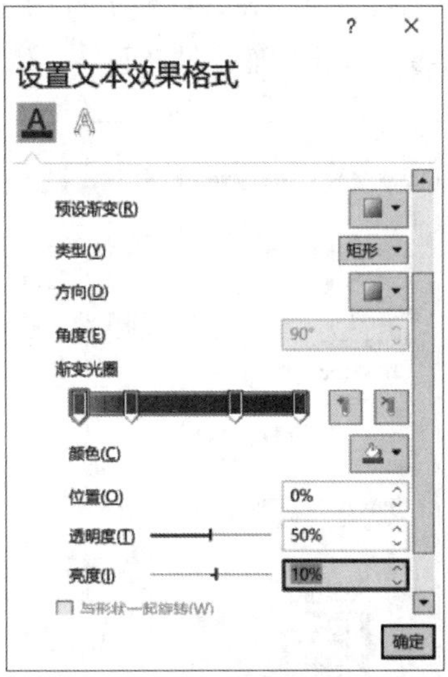

图 7-3 文本效果格式设置

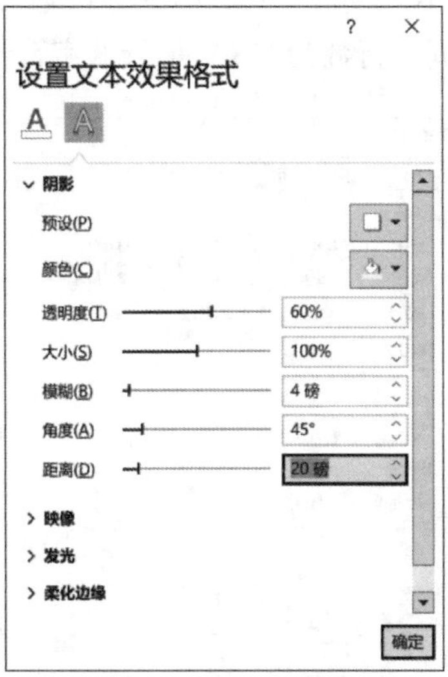

图 7-4 标题阴影设置

Step 5 依次单击“映像”→“预设”→“紧密映像,8 磅偏移量”(图 7-5),单击两次“确定”按钮。

Step 6 选中正文第一段,单击“字体”组右下角的扩展按钮,单击“文字效果”按钮,打开“设置文本效果”窗格。单击“文本轮廓”,选中“实线”单选按钮,设置颜色为“茶色,背景 2,深色 50%”,宽度为“0. 7 磅”(图 7-6),单击两次“确定”按钮。

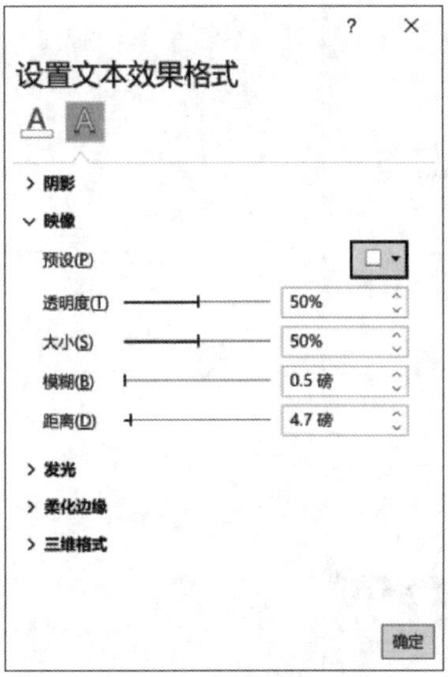

图 7-5 标题映像设置

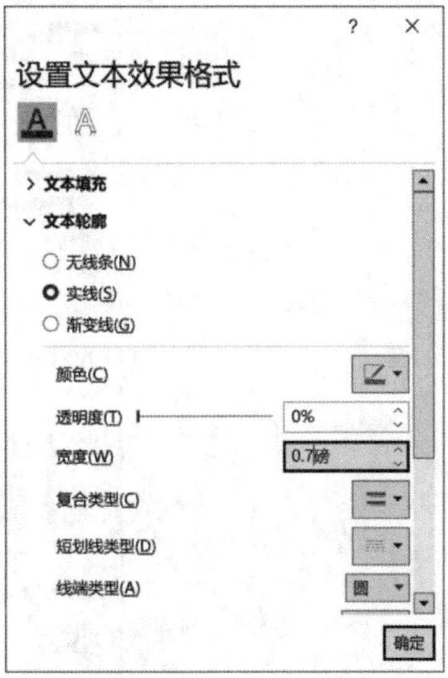

图 7-6 第一段文本效果

第 2 题演练步骤

Step 1 单击“布局”选项卡“页面设置”组右下角的扩展按钮,打开“页面设置”对话框,设置页边距上、下各为“3 厘米”,左、右各为“2.5 厘米”,装订线为“2 厘米”,装订线位置为“靠左”(图 7-7)。切换到“布局”选项卡,设置页眉、页脚各距边界“2 厘米”,如图 7-8 所示。切换到“文档网格”选项卡,选择“指定行和字符网格”,设置每页的行数为“38”,每行的字符数为“36”(图 7-9),单击“确定”按钮。

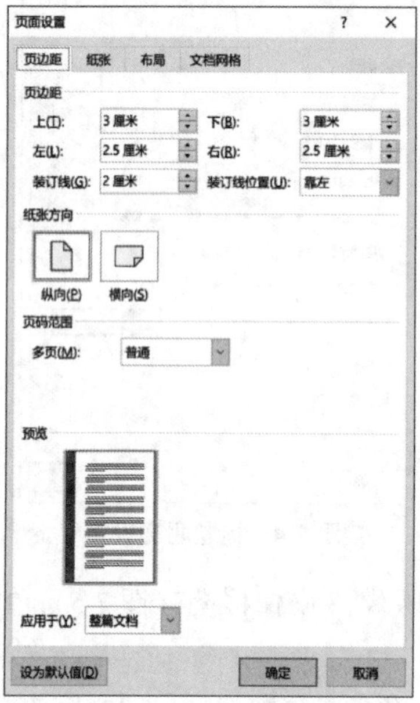

图 7-7 页边距设置

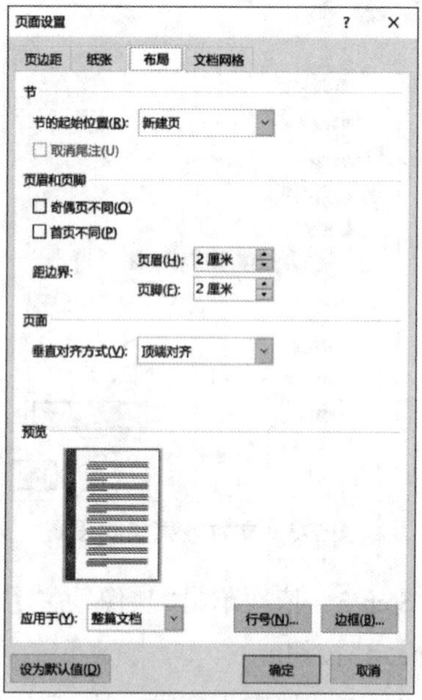

图 7-8 布局设置

图 7-9 页面设置

Step 2 依次单击“文件”→“信息”→“属性”→“高级属性”，在“摘要”选项卡下，设置标题为“大学智慧校园实践”，主题为“智慧校园”，作者为“NCRER”，单位为“NCRE”（图 7-10），单击“确定”按钮。

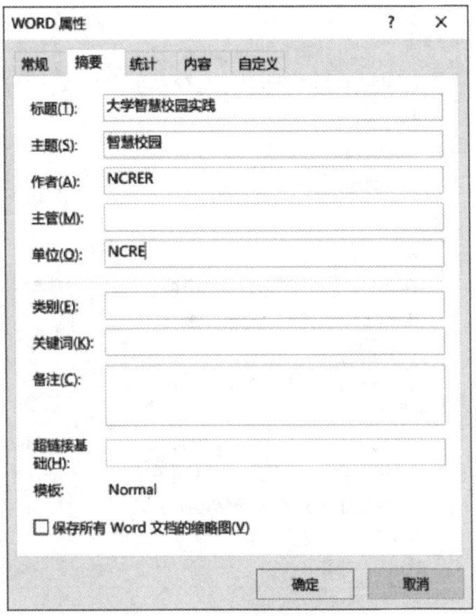

图 7-10 WORD 属性设置

Step 3 单击左上角的“返回”按钮，单击“插入”选项卡中的“封面”下拉按钮，选择“花丝”，在日期控件中输入“2020 年 9 月 10 日”，在公司地址控件中输入“北京市海淀区甲 5 号”。

Step 4 将光标定位在正文，单击“设计”选项卡中的“水印”下拉按钮，在下拉列表中选择“自定义水印”，选中“图片水印”单选按钮，单击“选择图片”，选择“从文件”，选择考生文件夹下的“picture1. jpg”，单击“插入”按钮。在“缩放”中输入“80%”（图 7-11），单击“确定”按钮。此时正文页中的水印被文字覆盖无法显示，无须重复设置。

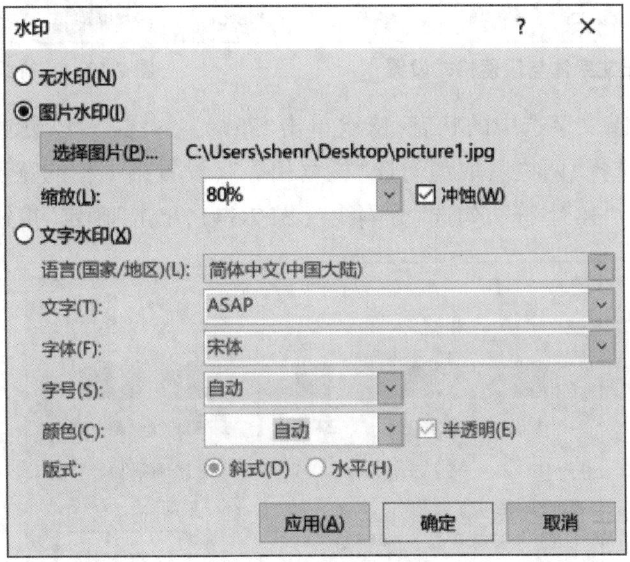

图 7-11 添加图片水印

第 3 题演练步骤

Step 1 选中正文第一段到第四段，按照第 1 题 Step 2 的方法，设置文字属性和段落格式（图 7-12）。

Step 2 选中正文第二段至第三段，单击“段落”组右下角的扩展按钮，打开“段落”对话框设置“特殊”为“首行”，“缩进值”为“2 字符”（图 7-13），单击“确定”按钮。

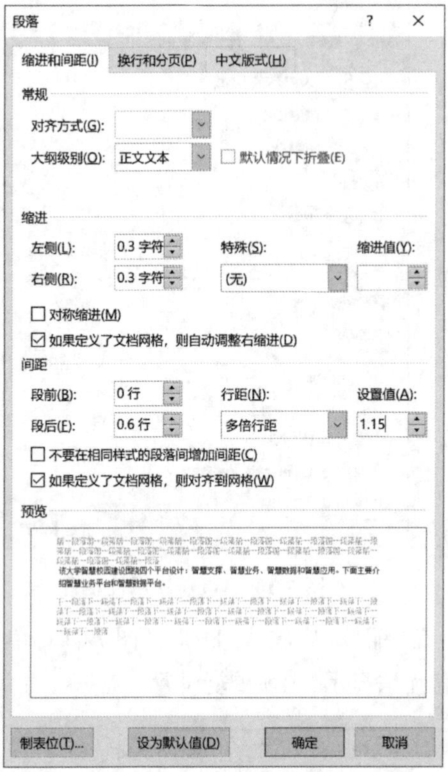

图 7-12　正文字体与段落格式设置

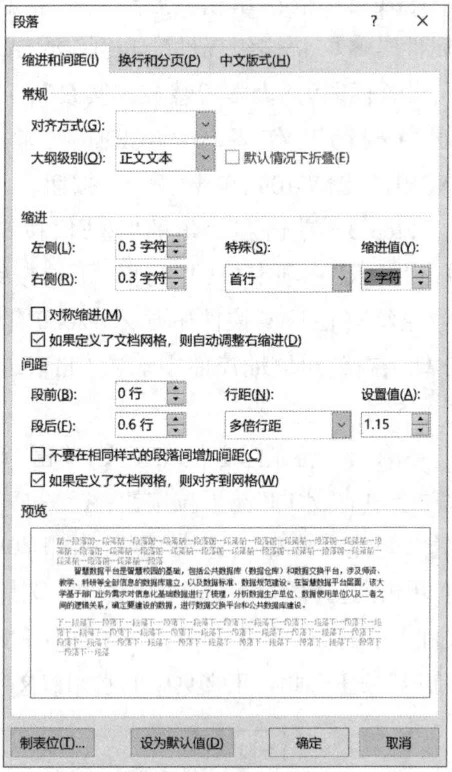

图 7-13　首行缩进

Step 3　保持文字选中的状态,依次单击“布局”→“栏”→“更多栏”,在打开的“栏”对话框中选择“两栏”,取消勾选“栏宽相等”,设置第 1 栏的宽度为“15 字符”,第 2 栏的宽度为“18 字符”,勾选“分隔线”(图 7-14),单击“确定”按钮。

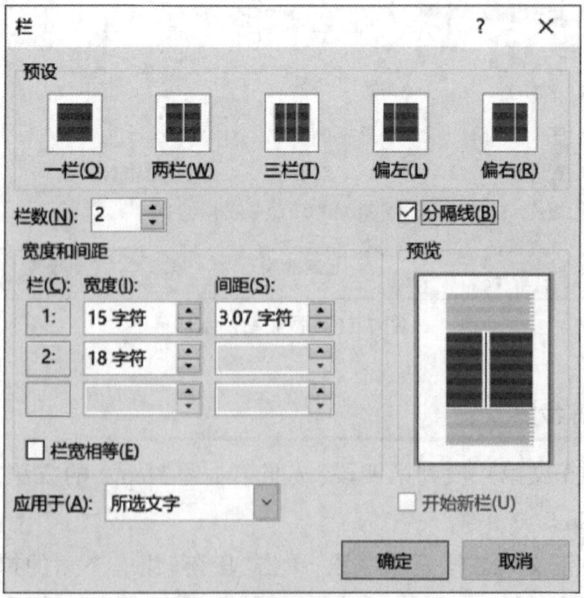

图 7-14　栏

Step 4 选中正文第一段，单击“插入”选项卡“文本”组中的“首字下沉”下拉按钮，选择“首字下沉”选项，选择“下沉”，设置下沉行数为“2”，距正文“0.2 厘米”（图 7-15），单击“确定”按钮。

Step 5 选中两段文字（“第一业务主导……共同工作模式；”），单击“开始”选项卡“段落”组中的“项目符号”下拉按钮，选择“定义新项目符号”，单击“图片”按钮，选择“从文件”，选择考生文件夹 2 下的图片“Tulips. jpg”，单击“插入”按钮（图 7-16），单击“确定”按钮。再次单击“项目符号”的下拉按钮，选择刚才插入的图片项目符号进行应用。

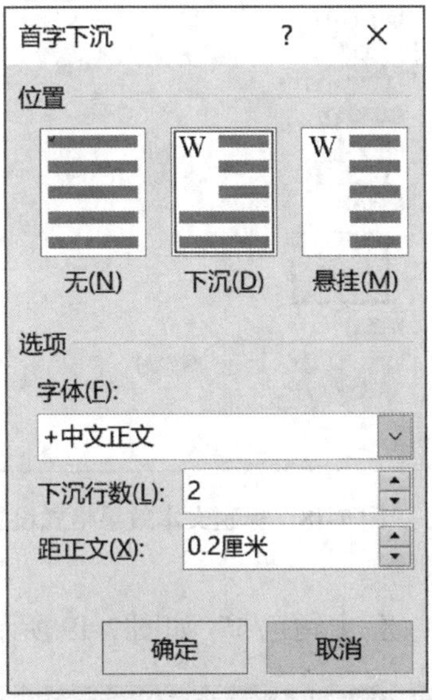

图 7-15　首字下沉

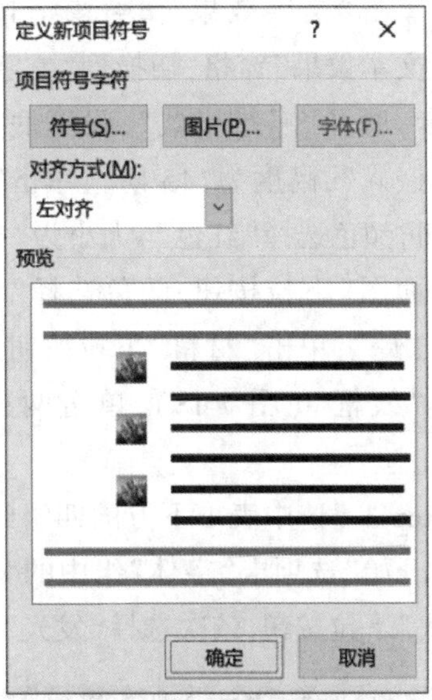

图 7-16　项目符号

Step 6 选中三段文字（“业务部门信息系统立项……项目测试和验收。”），单击“开始”选项卡“段落”组中的“项目符号”下拉按钮，选择“定义新项目符号”，单击“符号”按钮，字体设置为“Wingdings”，选择笑脸符号（字符代码为 74），如图 7-17 所示，单击两次“确定”按钮。

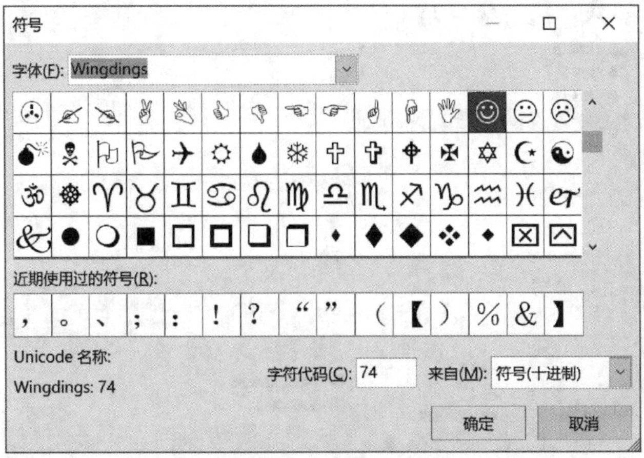

图 7-17　项目符号

第 4 题演练步骤

Step 1 将光标定位在表题左侧，单击“布局”选项卡中的“分隔符”下拉按钮 分隔符 ，选择“分页符”。

Step 2 选中表题，在“开始”选项卡下，单击“字体”组右下角的扩展按钮，打开“字体”对话框，设置字形为“加粗”，字号为“四号”。单击“文字效果” 文字效果(E)... 按钮，打开“设置文本效果”窗格，切换到“文字效果” A 选项卡，展开“三维格式”，设置底部棱台为“松散嵌入”，高度为“15 磅”；单击“深度”下拉按钮，颜色选择“红色”，大小为“10 磅”；单击“曲面图”下拉按钮，颜色选择“紫色”，大小为“1 磅”；单击“材料”下拉按钮，设置“效果”为“线框”（图 7-18），单击两次“确定”按钮。

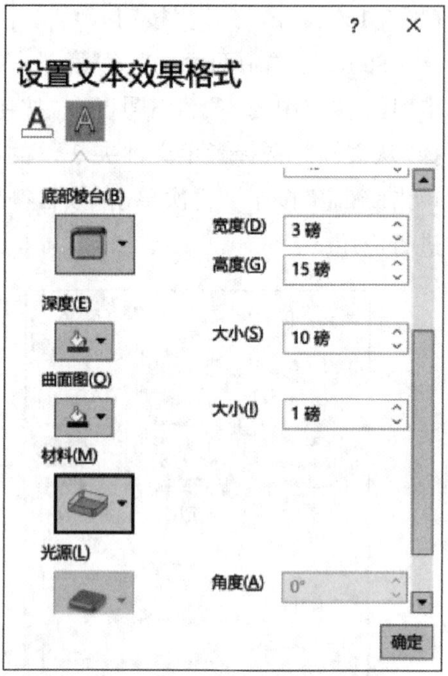

图 7-18 标题文本效果格式设置

Step 3 选中表 1 下方的四组红色词组，单击“开始”选项卡“字体”组中的“文本效果和版式”下拉按钮，依次选择“发光”→“水绿色，11 磅，主题色 5”，如图 7-19 所示。

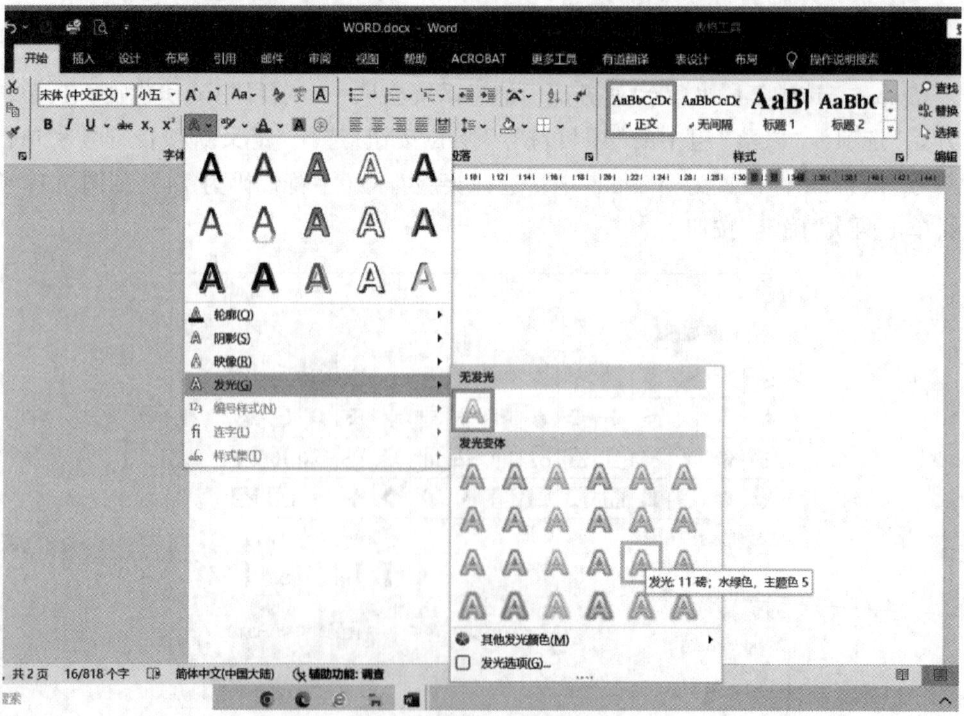

图 7-19 字体发光设置

第 5 题演练步骤

Step 1 选中表 1 中的第 1 行，单击“表格工具”功能区“表设计”选项卡“边框”组右下角的扩展按钮，打开“边框和底纹”对话框中，切换到“底纹”选项卡，单击“样式”下拉按钮，选择“10%”（图 7-20），单击“确定”按钮。

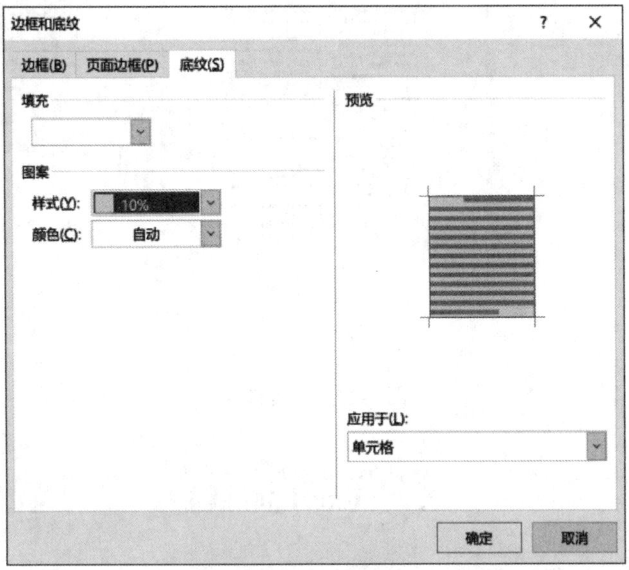

图 7-20 底纹设置

Step 2 选中第 2 行，在“表格样式”组中，单击“底纹”下拉按钮，在下拉列表中选择“橙色、个性色 6，淡色 80%”（图 7-21）。按照同样的方法，设置其他两行的底纹颜色。

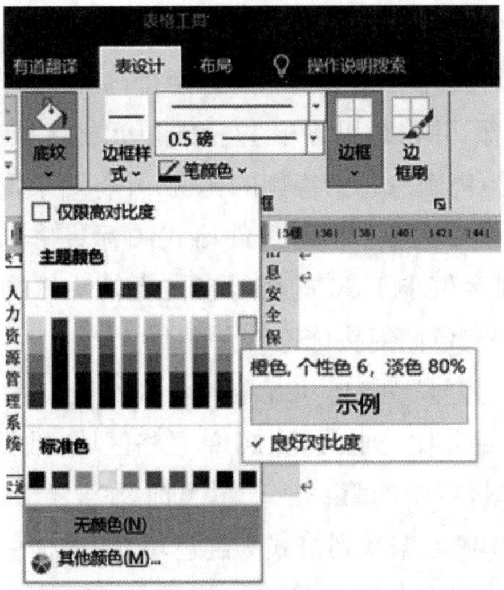

图 7-21 底纹颜色设置

Step 3 在“边框”组中，笔样式选择“单实线”，笔划粗细选择“0.5 磅”，单击“边框刷”按钮绘制三列边框线，绘制完成后，取消选中“边框刷”按钮。

Step 4 保存并关闭文件。

最终效果如图 7-22 所示。

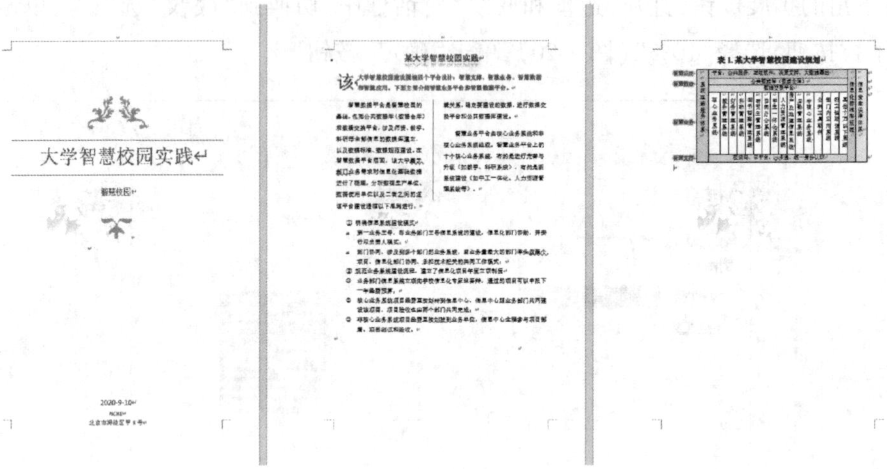

图 7-22 最终效果

7.2 Excel 演练题

打开考生文件夹 2 下的电子表格 Excel. xlsx，按照下列要求完成对此电子表格的操作并保存。

第 1 题 选取 Sheet1 工作表，将 A1:G1 单元格合并为一个单元格，文字居中对齐；利用 VLOOKUP 函数（请使用精确匹配 FALSE），依据本工作簿中“产品单价对照表”中的信息填写 Sheet1 工作表中“类别”列和“单价（元）”列的内容；计算“销售额（万元）”列（F3:F102 单元格区域）的内容（单位转换为万元，数值型，保留小数点后 2 位）；利用 RANK. EQ 函数（降序）计算“销售额排名”列内容。利用 SUMIF 函数计算每个型号产品总销售额，并将结果置于 J7:J26 单元格区域（数值型，保留小数点后 2 位），计算各类别产品销售额占总销售额的比例，并将结果置于 K7:K26 单元格区域（百分比型，保留小数点后 2 位）。利用条件格式图标集修饰“销售额排名”列（G3:G102 单元格区域），将排名值小于 30 的用绿色向上箭头修饰，排名值大于或等于 70 的用红色圆修饰，其余用灰色侧箭头修饰。

第 2 题 选取“产品型号”列（I6:I26 单元格区域）、“销售额（万元）”列（J6:J26 单元格区域）以及“所占百分比”列（K6:K26 单元格区域）数据区域的内容建立“簇状柱形图”（请用“推荐的图表”中的第一个），图表标题为“产品销售统计图”，用“样式 3”修饰图表，设置“销售额”数据系列格式为纯色填充“橄榄色，个性色 3，深色 25%”；设置横坐标轴对齐方式为“竖排文本，所有文字旋转 270 度；将主要纵坐标轴和次要纵坐标轴的数字均设置为小数位数为 0 的格式；将图插入当前工作表的 I29:P45 单元格区域，将工作表命名为“产品销售统计表”。

第 3 题 选取“产品销售情况表”内数据清单的内容按主要关键字“季度”的升序和次要关键字“产品名称”的降序进行排序，完成按产品名称、销售额总和的分类汇总，汇总结果显示在数据下方，工作表名称不变，保存 Excel. xlsx 文件。

第1题演练步骤

Step 1 打开考生文件夹 2 下的 Excel. xlsx 文件。

Step 2 在“Sheet1”工作表中，选中 A1:G1 单元格区域，在“开始”选项卡“对齐方式”组中单击“合并后居中”下拉按钮选择下拉列表中的“合并后居中”选项（图 7-23）。

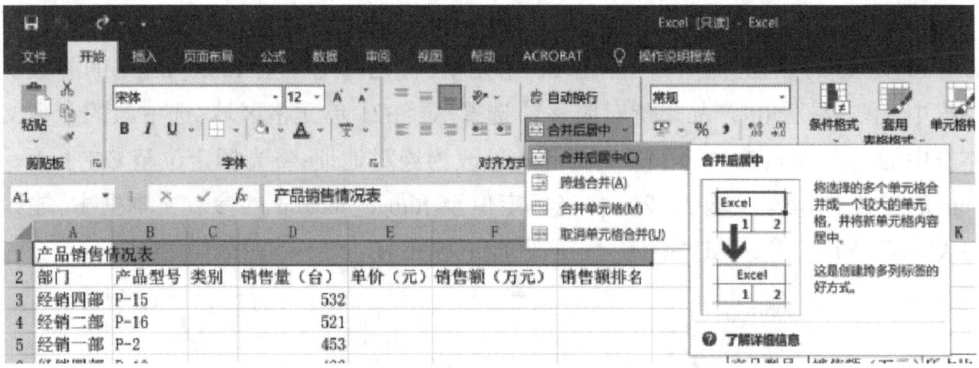

图 7-23 合并后居中

Step 3 选中 C3 单元格，单击公式编辑栏中的“插入函数”按钮，选择函数“VLOOKUP”，单击“确定”按钮，打开 VLOOKUP“函数参数”对话框。将光标定位至 Lookup_value 的参数文本框中，单击 B3 单元格；将光标定位至 Table_array 的参数文本框中，选择工作表列中的“产品单价对照表”，选择 A1:C21 单元格区域，选中 Table_array 的参数文本框中的内容“A1:C21”，用 F4 键将相对地址换为绝对地址；将光标定位至 Col_index_num 的参数文本框中，输入“3”；将光标定位至 Range_lookup 的参数文本框中，输入“FALSE”（图 7-24），单击“确认”按钮，并向下填充。

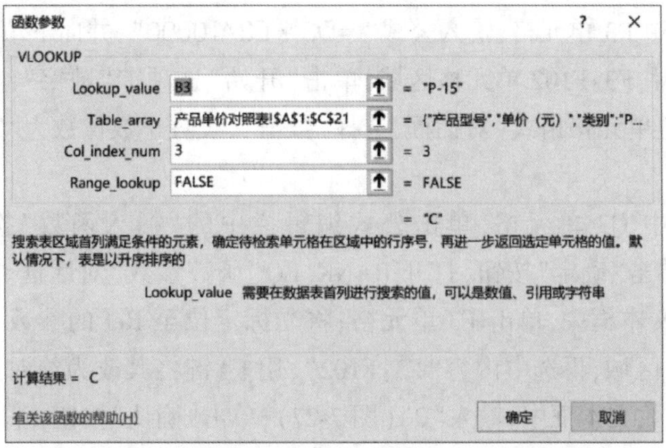

图 7-24 C3 单元格函数

小贴士

① Lookup_value 参数文本框中填写“B3”是因为在“产品单价对照表”中是依据“产品型号”来对照的。

② “产品型号”和“类别”及“单价”的对照关系在“产品单价对照表”中,因此在 VLOOKUP 函数的 Table_array 参数文本框中是跨表引用。

③ Col_index_num 参数文本框中填写“3”是因为在“产品单价对照表”中,类别是第 3 列。

Step 4 选中 E3 单元格,单击公式编辑栏中的“插入函数”按钮,选择函数“VLOOKUP”,单击“确定”按钮,打开 VLOOKUP“函数参数”对话框。将光标定位至 Lookup_value 的参数文本框中,单击 B3 单元格;将光标定位至 Table_array 的参数文本框中,单击左下角“产品单价对照表”,选择 A1:B21 单元格区域,选中该的参数文本框中的内容“A1:B21”,用 F4 键将此地址改为绝对地址;将光标定位至 Col_index_num 的参数文本框中,输入“2”;将光标定位至 Range_lookup 的参数文本框中,输入“FALSE”(图 7-25),单击“确认”按钮,并向下填充。

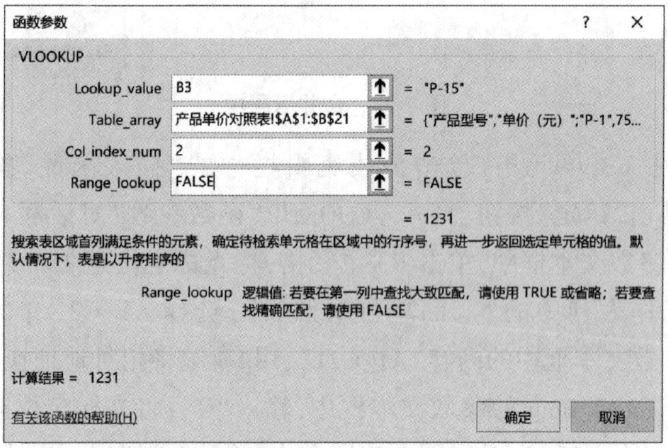

图 7-25 E3 单元格函数

Step 5 选中 F3 单元格,输入公式“=D3 * E3/10000”,并向下填充。

Step 6 选中 F3:F102 单元格区域,单击“开始”选项卡“数字”组右下角的扩展按钮,打开“设置单元格格式”对话框,选择“数值”,设置小数位数为“2”(图 7-26),单击“确定”按钮。

Step 7 选中 G3 单元格,单击公式编辑栏中的“插入函数”按钮,选择函数“RANK. EQ”,单击“确定”按钮,打开 RANK. EQ“函数参数”对话框。将光标定位至 Number 的参数文本框中,单击 F3 单元格;将光标定位至 Ref 的参数文本框中,选择 F3:F102 单元格区域,再选中内容“F3:F102”,用 F4 键将其改为绝对地址;将光标定位至 Order 的参数文本框中,输入“0”(图 7-27),单击“确认”按钮,并向下填充。

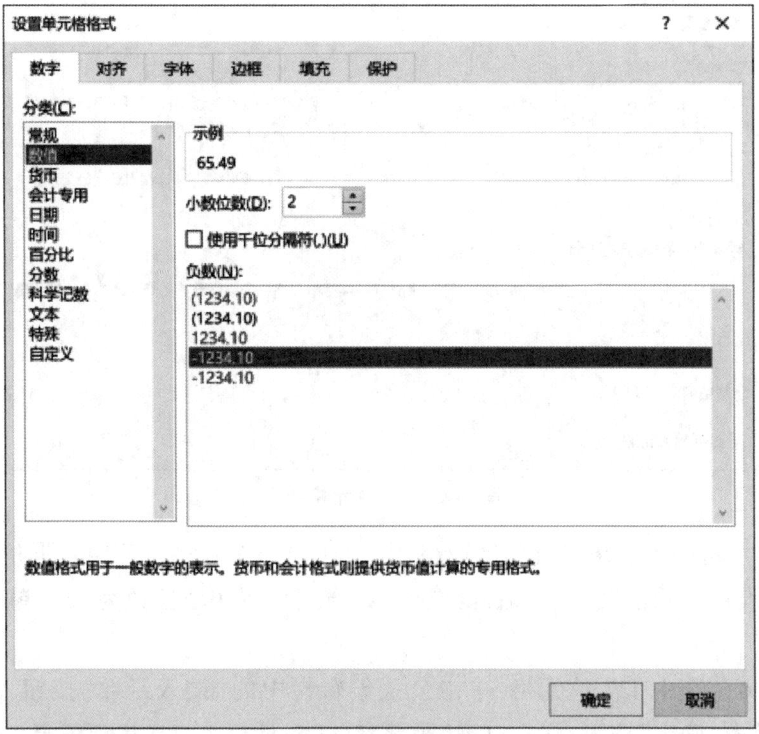

图 7-26　小数位数设置

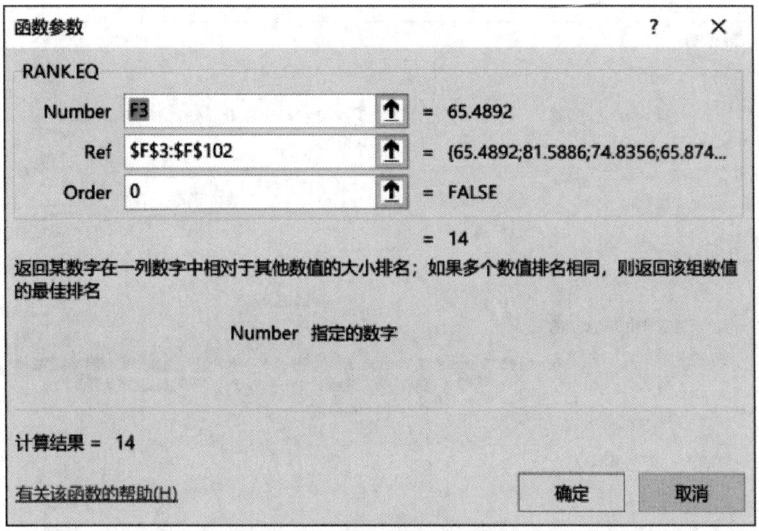

图 7-27　G3 单元格函数

Step 8　选中 J7 单元格，单击公式编辑栏中的“插入函数”按钮，选择函数“SUMIF”，单击“确定”按钮，打开 SUMIF“函数参数”对话框。将光标定位至 Range 的参数文本框中，选择 B3：B102 单元格区域；将光标定位至 Criteria 的参数文本框中，单击 I7 单元格；将光标定位至 Sum_range 的参数文本框中，选择 F3：F102 单元格区域；将 Range 和 Sum_range 两参数文本框中的地址用 F4 键改为绝对地址（图 7-28），单击“确认”按钮，并向下填充到 J26 单元格。

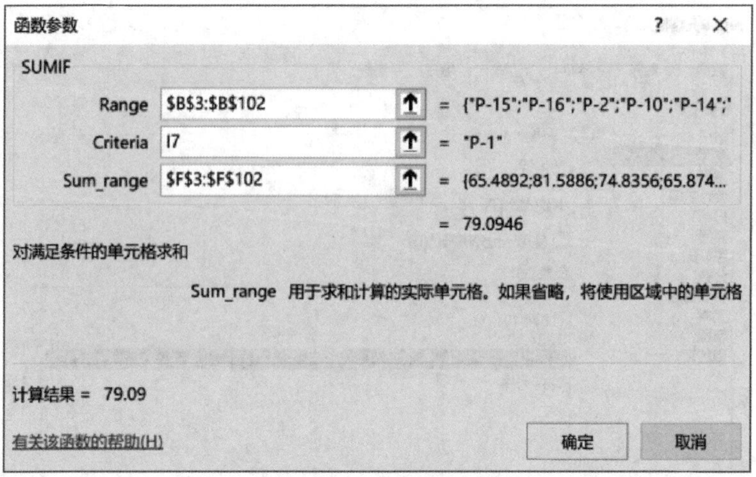

图 7-28　J7 单元格函数

Step 9　选中 J7:J26 单元格区域,单击“开始”选项卡“数字”组右下角的扩展按钮,打开“设置单元格格式”对话框,选择“数值”,设置小数位数为“2”,单击“确定”按钮。

Step 10　选中 J27 单元格,单击公式编辑栏中的“插入函数”按钮,选择函数“SUM”,单击“确定”按钮,打开 SUM“函数参数”对话框。将光标定位至 Number1 的参数文本框中,选择 J3:J26 单元格区域(图 7-29),单击“确认”按钮。

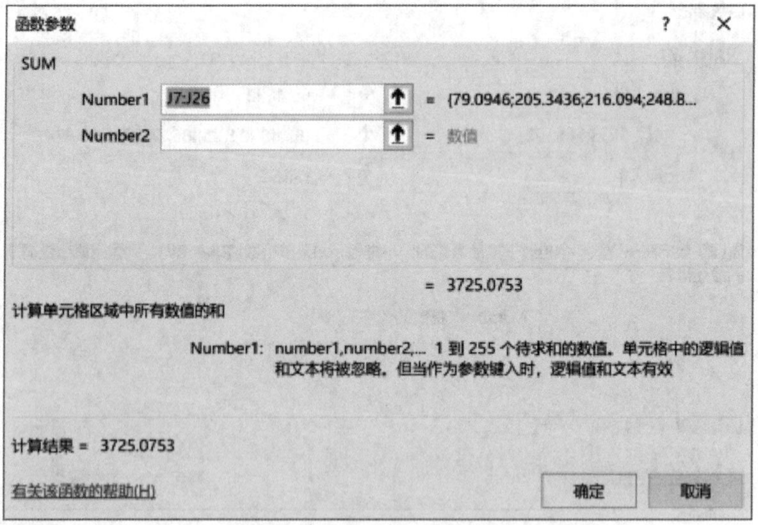

图 7-29　J27 单元格函数

Step 11　在 K7 单元格中输入公式“=J7/$J$27”,并向下填充到 K26 单元格。

Step 12　选中 K7:K26 单元格区域,单击“开始”选项卡“数字”组右下角的扩展按钮,打开“设置单元格格式”对话框,选择“百分比”,设置小数位数为“2”(图 7-30),单击“确定”按钮。

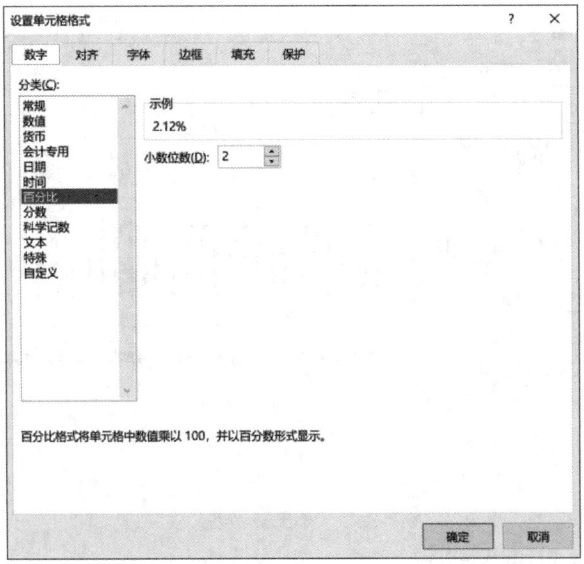

图 7-30 百分比小数位数设置

Step 13 选中 G3:G102 单元格区域，单击“开始”选项卡“样式”组中的“条件格式”下拉按钮，在“图标集”中选择“其他规则”，在“根据以下规则显示各个图标”下，第一行图标选择“红色圆，带边框”，“当值是”设置为“>=70”，类型选择“数字”，第二行图标选择“灰色侧箭头”，“当值是”设置为“<70 且>=30”，类型为“数字”，第三行图标选择“绿色上箭头”，单击“确定”按钮，如图 7-31 所示。

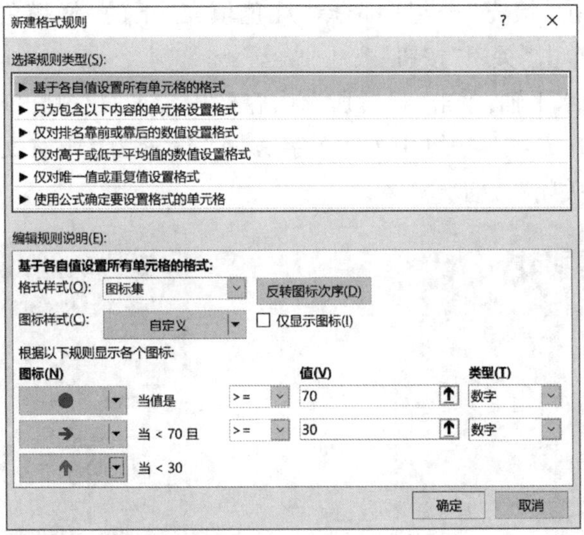

图 7-31 条件格式图标集设置

第 2 题演练步骤

Step 1 选中 I6:K26 单元格区域，单击“插入”选项卡“图表”组右下角的扩展按钮，打开“插入图表”对话框，在推荐的图表中选择第一个“簇状柱形图”(图 7-32)，单击“确定”按钮。

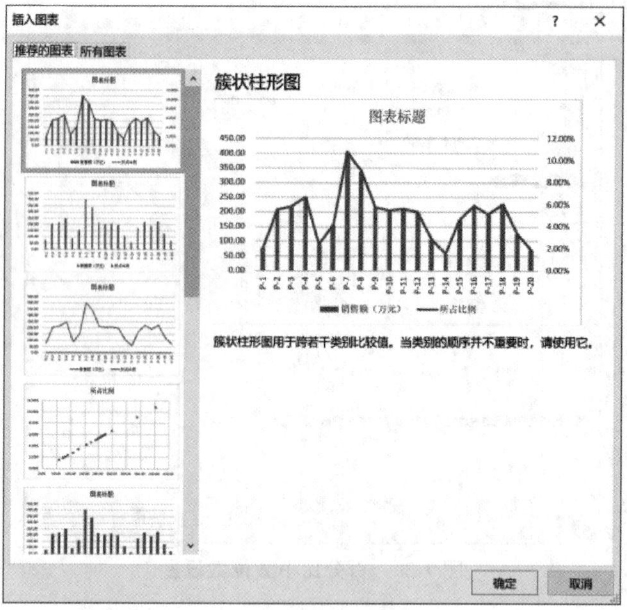

图 7-32　簇状柱形图

Step 2　修改图表标题为“产品销售统计图”。

Step 3　在“图表样式”组中单击“样式 3”。

Step 4　在“图表工具”功能区“格式”选项卡“当前所选内容”组下的“图表元素”中选择“系列"销售额(万元)"”,单击“设置所选内容格式”,页面右侧出现“设置数据系列格式”窗格,在“填充”分组中选择“纯色填充”下的“橄榄色,个性色 3,深色 25%”(图 7-33),单击“关闭”按钮 × 。

Step 5　选中水平轴,单击“设置所选内容格式”,页面右侧出现“设置坐标轴格式”窗格,将“对齐方式”分组中的“文字方向”设置为“所有文字旋转 270 度”(图 7-34),单击“关闭”按钮 × 。

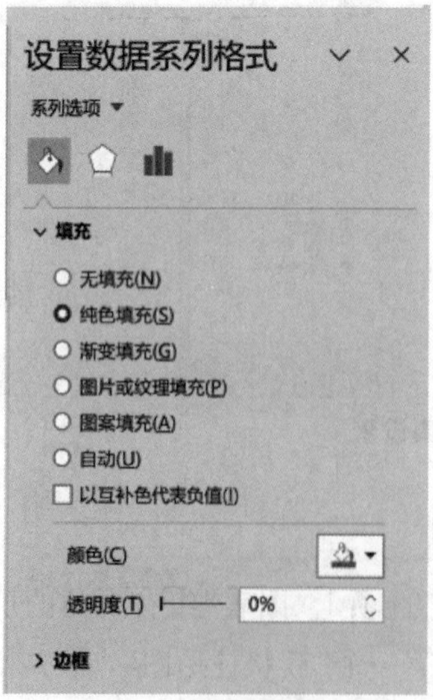

图 7-33　纯色填充设置

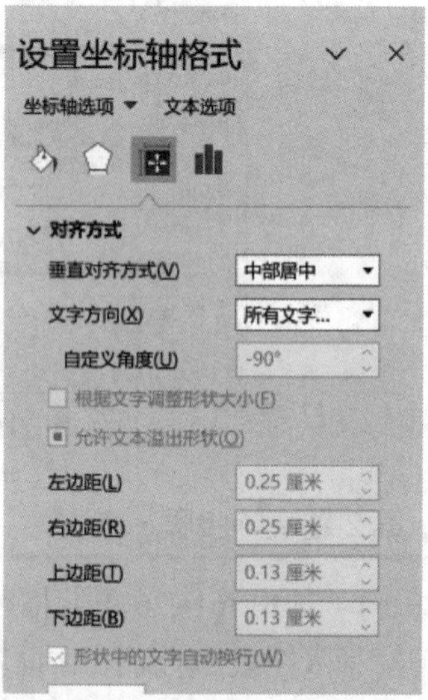

图 7-34　水平轴文字方向设置

Step 6 将鼠标光标放在左侧坐标轴(主纵坐标)上,单击鼠标右键,在弹出的快捷菜单中选择"设置坐标轴格式",页面右侧出现"设置坐标轴格式"窗格,将"数字"分组下的类别设置为"数字","小数位数"设置为"0"(图 7-35)。采用同样的方法设置右侧的次纵坐标的小数位数为"0"。

Step 7 调整图表的大小并将其移动到 I29:P45 单元格区域。

Step 8 双击 Sheet1 工作表标签,将其重命名为"产品销售统计表"(注意:工作表名称一定要改正确,否则检测不到这个工作表,该题得 0 分)。

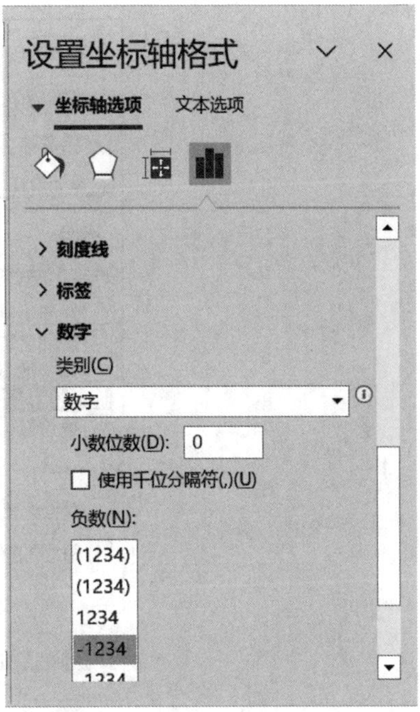

图 7-35　小数位数

第 3 题演练步骤

Step 1 在"产品销售情况表"工作表中,选中任一数据单元格,在"数据"选项卡"排序和筛选"组中,单击"排序"按钮,打开"排序"对话框,"排序依据"选择"季度","次序"选择"升序",单击"添加条件"按钮,"次要关键字"选择"产品名称","次序"选择"降序"(图 7-36),单击"确定"按钮。

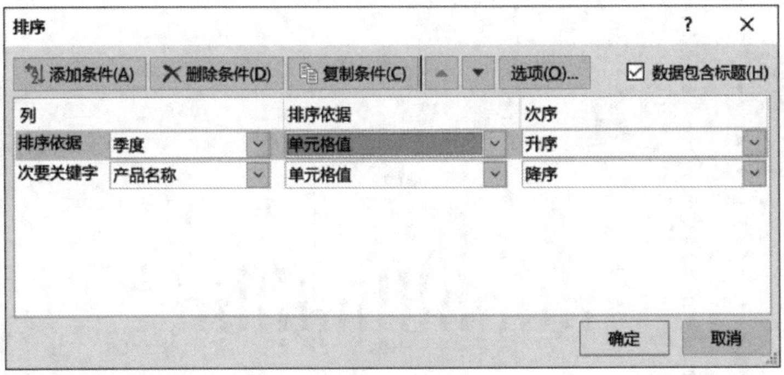

图 7-36　排序

Step 2 在"数据"选项卡"分级显示"组中,单击"分类汇总"按钮,打开"分类汇总"对话框,"分类字段"选择"产品名称","汇总方式"选择"求和","选定汇总项"勾选"销售额(万元)"(图 7-37),单击"确定"按钮。

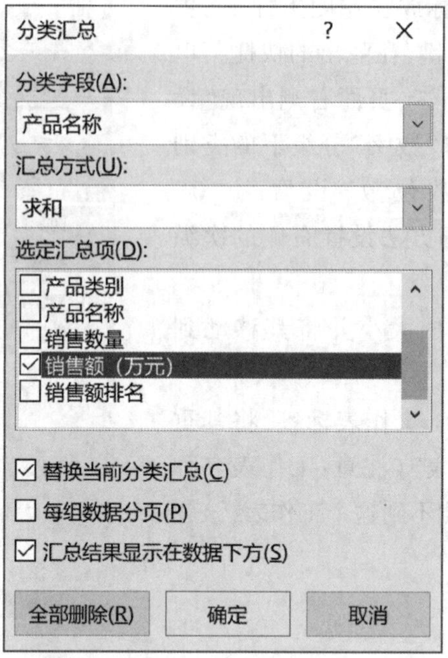

图 7-37　分类汇总

Step 3　保存并关闭文件。

最终效果如图 7-38 和图 7-39 所示。

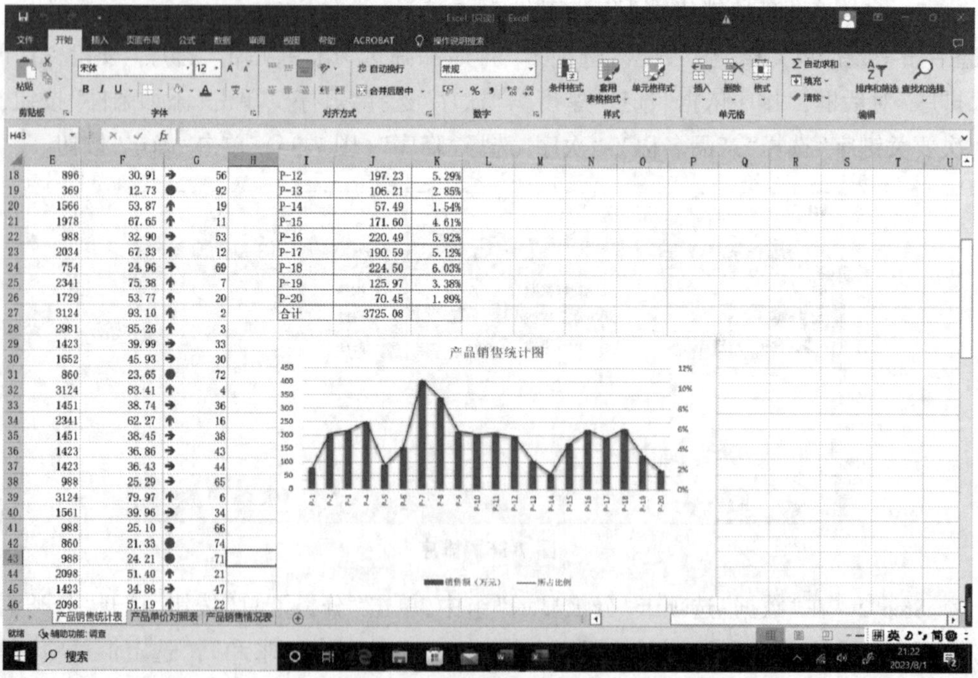

图 7-38　最终效果一

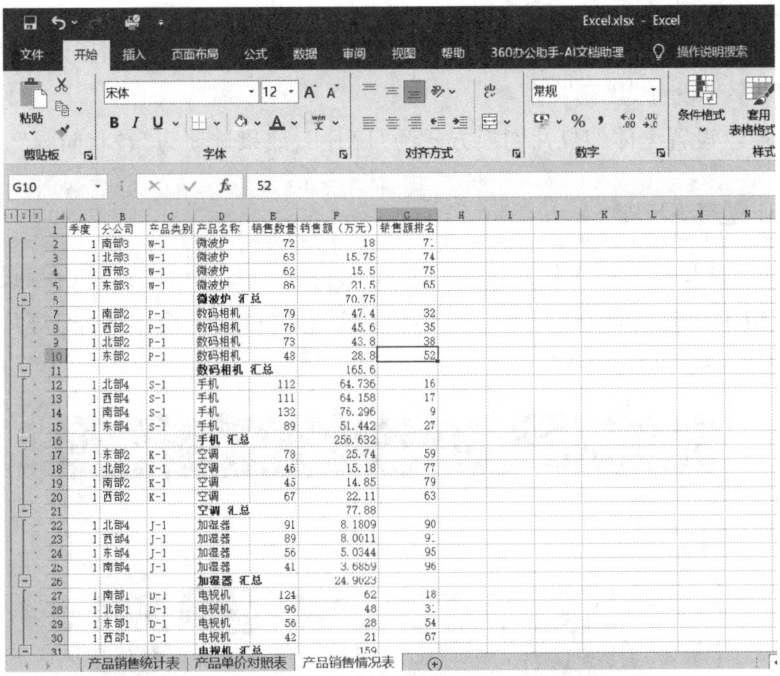

图 7-39　最终效果二

7.3　PowerPoint 演练题

打开考生文件夹 2 下的演示文稿 yswg. pptx，按照下列要求完成对此演示文稿的修饰并将其保存。

第 1 题　为整个演示文稿应用“平面”主题，设置幻灯片的大小为“宽屏（16：9）”，放映方式为“观众自行浏览”。

第 2 题　将第 1 张幻灯片版式改为“空白”，插入样式为“填充：白色；轮廓：红色，主题色 5；阴影”的艺术字，文字为“热门城市房价地图”，字号为“66”，并设置为“水平居中”和“垂直居中”；设置第 1 张幻灯片的背景为“渐变填充”的“中等渐变-个性色 2”预设渐变，类型为“路径”，透明度为“10%”。

第 3 题　将第 2 张幻灯片版式改为“两栏内容”，将考生文件夹 2 下的图片文件“ppt1. jpg”插入第 2 张幻灯片右侧的内容区，图片样式为“棱台形椭圆，黑色”，图片效果为“棱台/斜面”；图片设置“强调”动画的“放大/缩小”，效果选项为“份量/巨大”；左侧文字设置动画“进入/缩放”；动画顺序为先文字后图片。

第 4 题　将第 3 张幻灯片版式改为“标题和内容”，标题为“热门城市新房与房价对比表（2016 年 11 月版）”，内容区插入 11 行 3 列表格，表格样式为“深色样式 2”，第 1 行第 1、2、3 列的内容依次为“城市”“新房房价（元/m^2）”和“二手房房价（元/m^2）”，参考考生文件夹 2 下的文本文件“10 个城市的房屋均价 . txt”的内容，按二手房房价从高到低的顺序将适当内容填入表格其余 10 行，表格文字字号全部设置为“21”，文字居中，数字右对齐。

第 5 题 将第 4 张幻灯片版式改为“竖排标题与文本”，将文本内容的字体设置为“宋体”，字号设置为“36”。

第 6 题 设置全体幻灯片切换方式为“碎片”，效果选项为“粒状向内”。

第1题演练步骤

Step 1 打开考生文件夹 2 下的文件 yswg. pptx，选择一张幻灯片，在“设计”选项卡“主题”组中设置主题为“平面”（图 7-40）；单击“自定义”组中的“幻灯片大小”下拉按钮，选择“宽屏（16∶9）”。

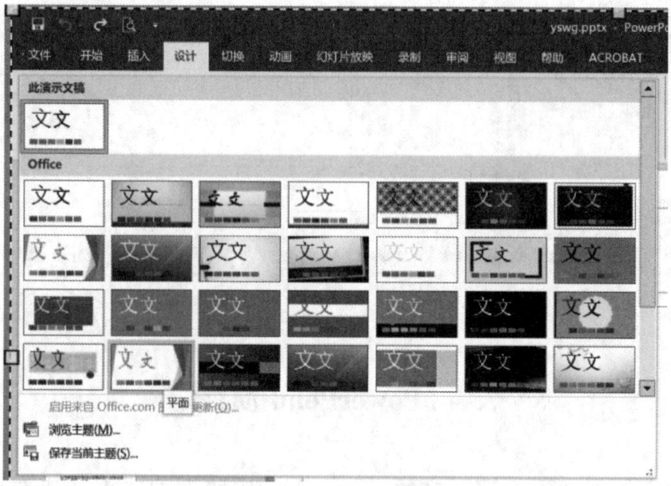

图 7-40 主题设置

Step 2 单击“幻灯片放映”选项卡“设置”组中的“设置幻灯片放映”按钮，在弹出的“设置放映方式”对话框中选择“观众自行浏览”（图 7-41），单击“确定”按钮。

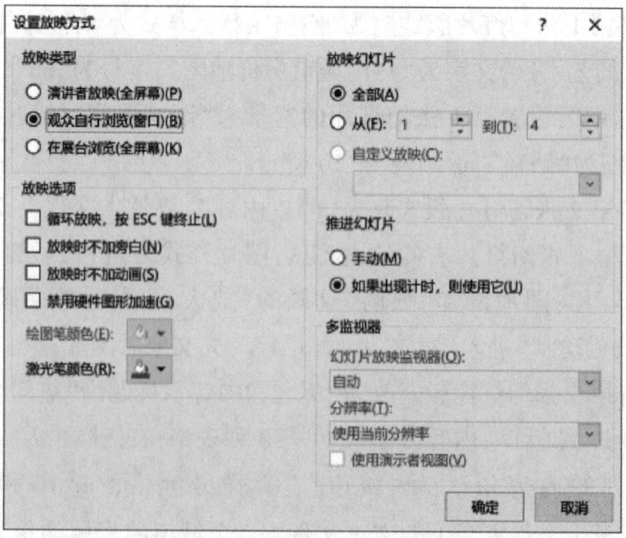

图 7-41 “设置放映方式”对话框

第 2 题演练步骤

Step 1 选择第 1 张幻灯片，单击“开始”选项卡“幻灯片”组中的“版式”下拉按钮，选择“空白”(图 7-42)。

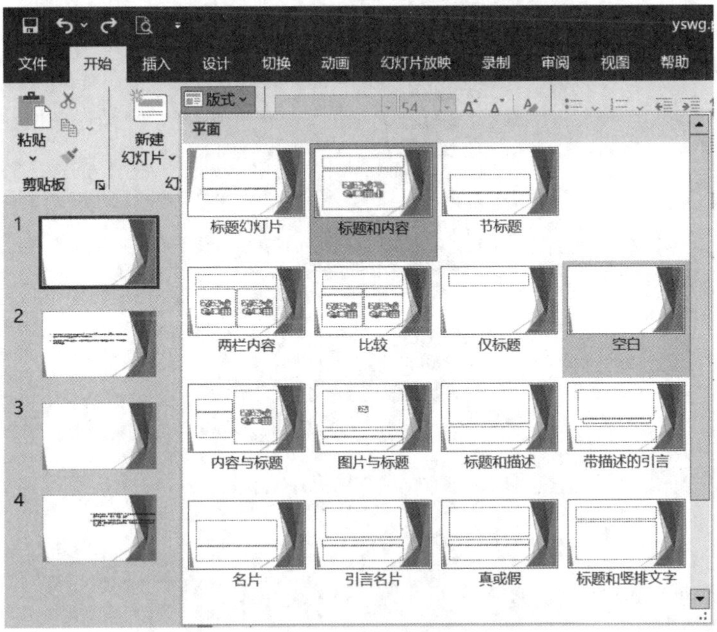

图 7-42 版式设置

Step 2 单击“插入”选项卡“文本”组中的“艺术字”下拉按钮，选择“填充：白色；轮廓：红色，主题色 5；阴影”(图 7-43)，输入文字“热门城市房价地图”。

Step 3 选中艺术字文本框，在“开始”选项卡“字体”组中设置字号为“66”；单击“绘图工具”功能区“形状格式”选项卡“排列”组中的“对齐”下拉按钮，选择“水平居中”，再次单击“对齐”下拉按钮，选择“垂直居中”，如图 7-44 所示。

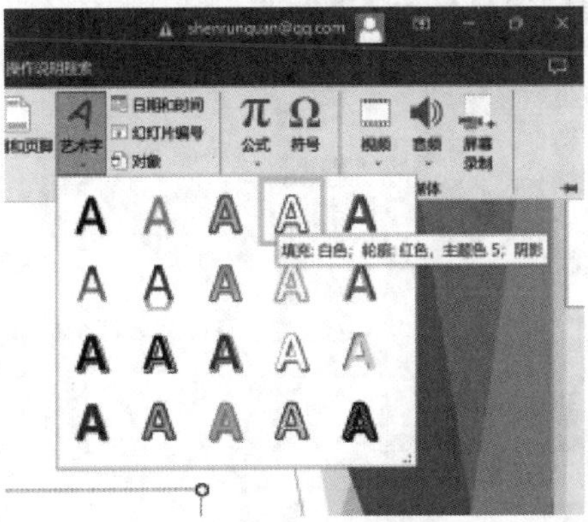

图 7-43 艺术字

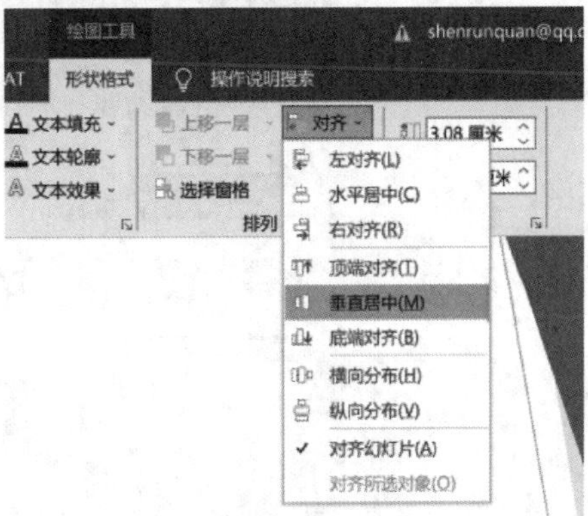

图 7-44 形状格式

Step 4 在幻灯片空白位置单击鼠标右键，在弹出的快捷菜单中选择“设置背景格式”，在右侧弹出的窗格中选择“渐变填充”，单击“预设渐变”下拉按钮，选择“中等渐变-个性色 2”;单击“类型”下拉按钮,选择“路径”,透明度设置为“10%”(图 7-45),关闭窗格。

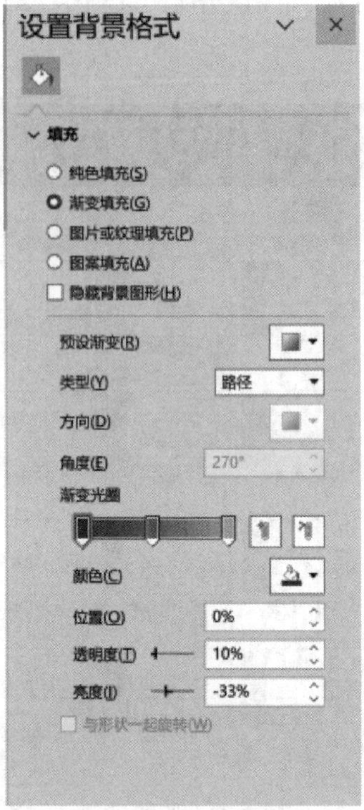

图 7-45　背景格式设置

第 3 题演练步骤

Step 1　选择第 2 张幻灯片,按照第 2 题 Step 1 的操作法设置版式为“两栏内容”,如图 7-46 所示。

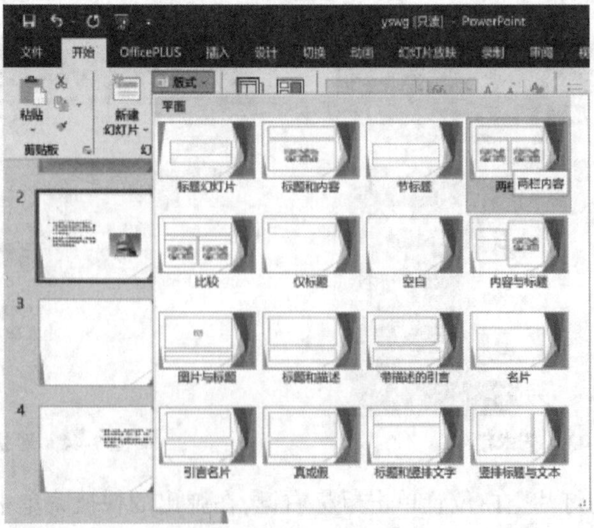

图 7-46　版式设置

Step 2 单击右侧内容占位符内的“图片”按钮，在弹出的对话框中选择考生文件夹 2 下的图片“ppt1. jpg”，单击“插入”按钮。

Step 3 选中图片，单击“图片工具”功能区“图片格式”选项卡“图片样式”组中的下拉按钮，选择“棱台形椭圆，黑色”（图 7-47），单击“图片效果”下拉按钮，选择“棱台/斜面”（图 7-48）。在“动画”选项卡“动画”组中设置动画效果为“强调-放大/缩小”，单击“效果选项”下拉按钮，选择“份量/巨大”。

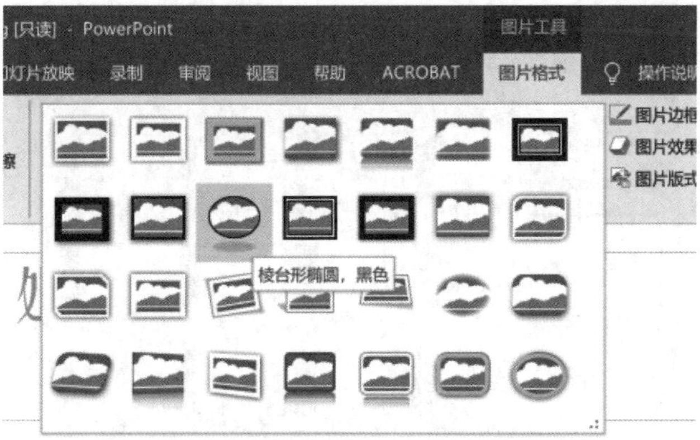

图 7-47　图片样式设置

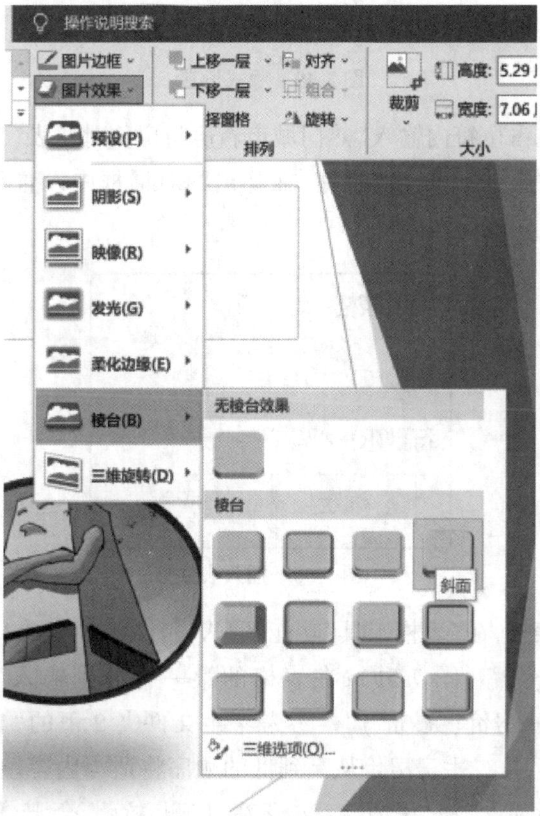

图 7-48　图片效果设置

Step 4 选中左侧的内容占位符,在“动画”组中设置动画效果为“进入/缩放”,单击“计时”组的“向前移动”按钮,使动画顺序为先文本后图片。

第 4 题演练步骤

Step 1 选择第 3 张幻灯片,按照第 2 题 Step 1 的操作方法设置版式为“标题和内容”(图 7-49)。

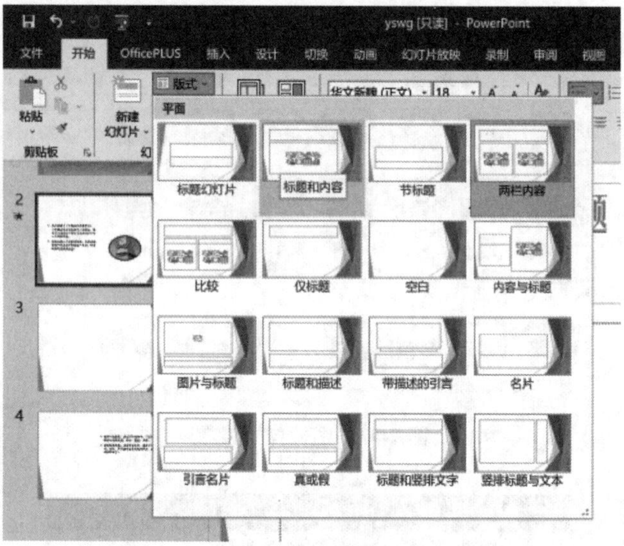

图 7-49 版式设置

Step 2 在标题占位符内输入“热门城市新房与房价对比表(2016 年 11 月版)”,单击内容占位符内的“插入表格”按钮,在弹出的对话框中设置列数为“3”,行数为“11”(图 7-50),单击“确定”按钮。

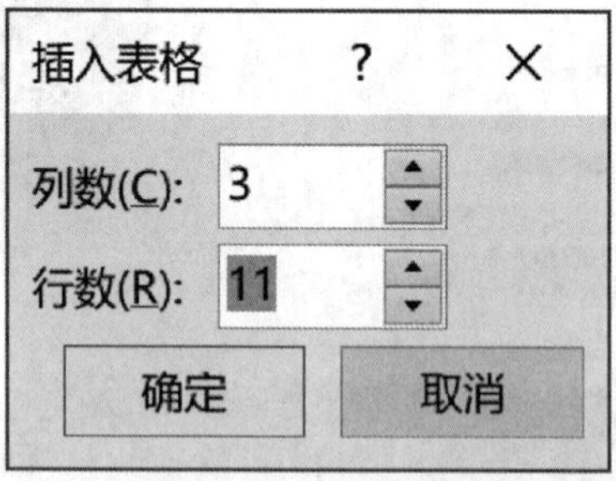

图 7-50 插入表格

Step 3 选中表格,在“表格工具”功能区“表设计”选项卡的“表格样式”组中,设置样式为“深色样式 2”(图 7-51);在表格的第一行分别输入“城市”“新房房价(元/m^2)”和“二手房房价(元/m^2)”。参考考生文件夹 2 下的“10 个城市的房屋均价.txt”的文本内容,按二手房房价从高到低的顺序将适当内容填入表格其余 10 行,第一列的顺序为“北京、上海、深圳、南京、天津、广州、杭州、合肥、郑州、重庆”。

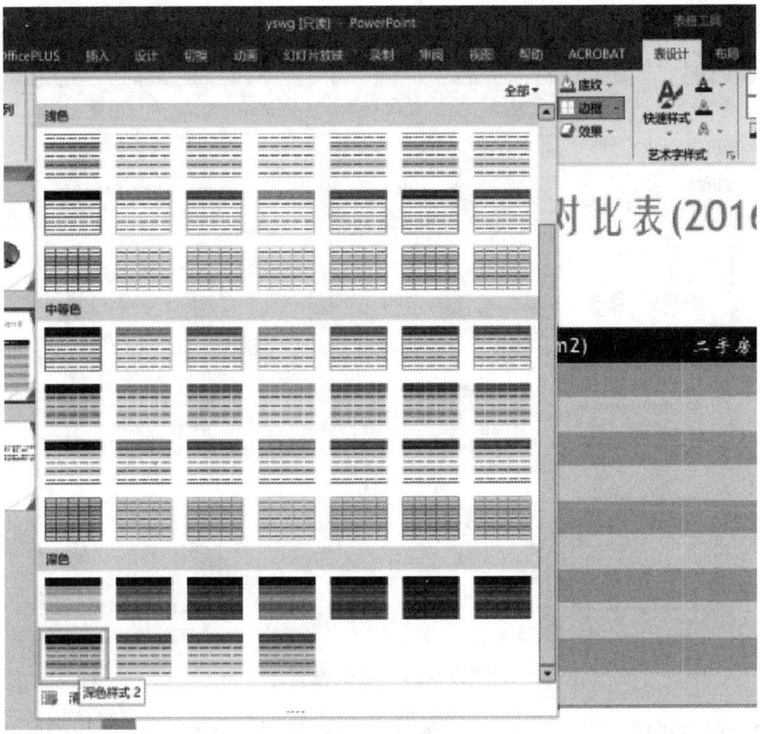

图 7-51　表格样式

Step 4　选中表格，在“开始”选项卡“字体”组中设置字号为“21”，单击“段落”组中的“居中”按钮；选择 B2∶C11 单元格区域，单击“段落”组中的“右对齐”按钮，此时表格如图 7-52 所示。

城市	新房房价（元/m²）	二手房房价（元/m²）
北京	43827	53087
上海	46766	47549
深圳	66191	43332
南京	21664	23989
天津	15433	22584
广州	22088	22051
杭州	19840	21212
合肥	11053	13927
郑州	10701	12809
重庆	7858	7356

图 7-52　表格

第 5 题演练步骤

Step 1　选择第 4 张幻灯片，按照第 2 题 Step 1 的操作方法设置版式为“竖排标题与文本”（图 7-53）。

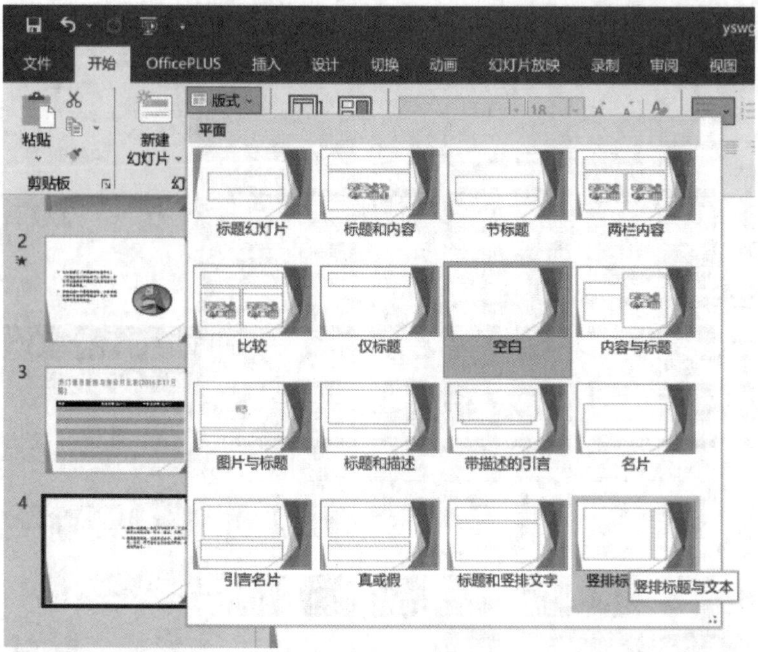

图 7-53　版式设置

Step 2　选中内容占位符,在“开始”选项卡“字体”组中设置字体为“宋体”,字号为“36”。

第 6 题演练步骤

Step 1　选中一张幻灯片,在“切换”选项卡“切换到此幻灯片”组中设置切换方式为“碎片”,单击“效果选项”的下拉按钮,选择“粒状向内”(图 7-54),单击“计时”组中的“应用到全部”按钮。

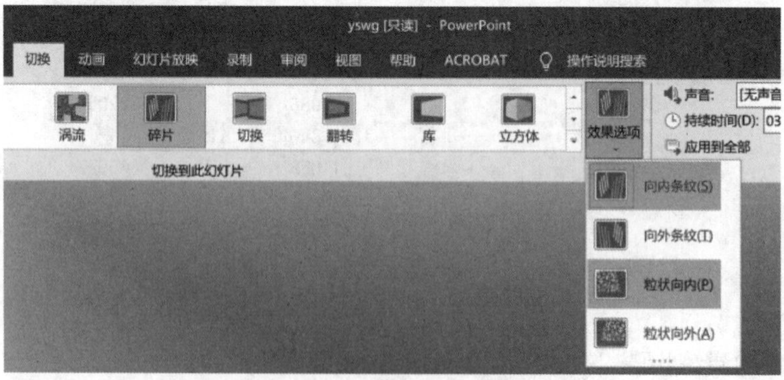

图 7-54　切换效果设置

Step 2　保存并关闭文件。

最终效果如图 7-55 所示。

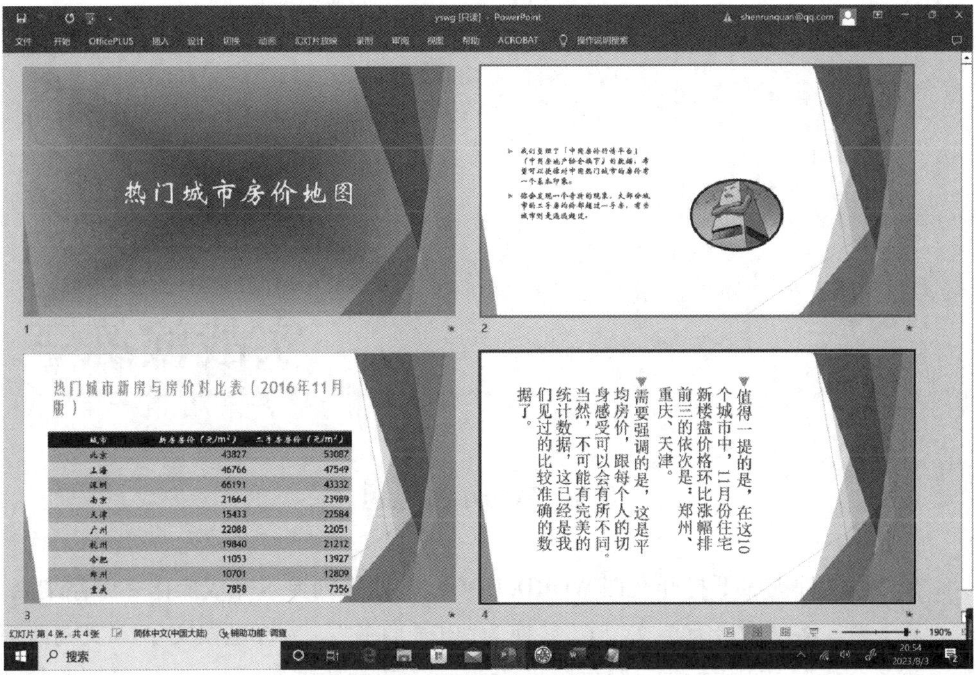
yswg [只读] - PowerPoint
文件 开始 OfficePLUS 插入 设计 切换 动画 幻灯片放映 录制 审阅 视图 帮助 ACROBAT 操作说明搜索
热门城市房价地图
热门城市新房与房价对比表（2016年11月版）
城市 新房房价（元/m²） 二手房房价（元/m²）
北京 43827 53087
上海 46766 47549
深圳 66191 43332
南京 21664 23989
天津 15433 22584
广州 22088 22051
杭州 19840 21212
合肥 11053 13927
郑州 10701 12809
重庆 7858 7356
值得一提的是，在这10个城市中，11月份住宅新楼盘价格环比涨幅排前三的依次是：郑州、重庆、天津。
需要强调的是，这是平均房价，跟每个人的切身感受可以会有所不同。当然，不可能有完美的统计数据，这已经是我们见过的比较准确的数据了。
幻灯片 第4张，共4张 简体中文(中国大陆) 辅助功能：调查
搜索

图 7-55　最终效果

8 实战演练三

8.1 Word 演练题

在考生文件夹 3 下打开文档 WORD. DOCX,按照下列要求完成操作并保存文档。

第 1 题 将文中所有英文“EC”替换为“电子商务”。为标题段文字(“义乌跨境电子商务分析”)应用“标题 4”样式,并设为“小三,微软雅黑,居中”,字符间距加宽“1.5 磅”,段前、段后间距“4 磅”,单倍行距;标题段文字文本填充效果为“预设渐变/底部聚光灯-个性色 2、类型/线性、方向/线性向右、渐变光圈颜色/紫色(标准色),位置 50%”;标题阴影效果设置为“预设/透视:下,颜色/绿色(标准色),模糊“6 磅”,距离“10 磅”。

第 2 题 设置页面纸张大小为“自定义大小(18.2 厘米×25.7 厘米)”;在页面顶端插入“空白”型页眉,利用“文档部件”在页眉内容处插入文档“主题”信息,页眉顶端距离“2 厘米”;页面底端插入“书的折角”型页码、编号格式为罗马数字(Ⅰ、Ⅱ、Ⅲ)、起始页码设置为“Ⅲ”,页脚底端距离“2 厘米”;设置页面颜色填充效果为“渐变/预设/麦浪滚滚”、底纹样式为“角部辐射”;设置页面边框为艺术型中的红心。

第 3 题 将正文各段落文字(“1.1 义乌实体市场发展势头……其功能定位如表 1 所示:”)的中文字体设置为“仿宋”,英文字体设置为“Symbol”,字号为“小四”,段前段后间距“0.3 行”,“1.25 倍”行距,并设置各段首行缩进 2 字符;将小标题(“1.1 义乌实体市场发展势头趋缓”“1.2 投资建设义乌跨境电子商务产业园”)的编号“1.1”和“1.2”分别修改为编号“(1)”和“(2)”;为小标题“(1)义乌实体市场发展势头趋缓”加尾注“王祖强等. 发展跨境电子商务 促进贸易便利化[J]. 电子商务, 2013(9).”,尾注编号格式为“①②…”;将该标题下的一段内容(金融危机以来,……而言已经迫在眉睫)分成栏宽相等的两栏,中间加分隔线;为小标题“(2)投资建设义乌跨境电子商务产业园”加尾注“鄂立彬等. 国际贸易新方式:跨境电子商务的最新研究[J]. 东北财经大学学报,2014(2).”,将该标题下的一段(“为了让跨境……凸显规模效益的产业园。”)首字下沉两行(距正文 0.3 厘米)。

第 4 题 将文中最后 6 行文字按照制表符转换成一个 3 行 3 列的表格,设置表格居中。将表题段(“表 1 义乌跨境电子商务园区功能定位”)文本效果设置为“三维格式:底部棱台/角度”,“材料”设为特殊效果中的“线框”;设置表题文本阴影效果为“预设/透视:右上,颜色/红色(标准色) ”;居中对齐,段后间距为“0.4 行”。

第 5 题 设置表格第一列列宽为“0.8 厘米”、第二列列宽为“2.38 厘米”、第三列列宽为“7.8 厘米”,将单元格垂直对齐方式设为“居中”;设置表格底纹为“白色,背景 1,深色 5%”; 表格边框样式为“单实线,1/2 pt,着色 5”,用边框刷完成外框线设置:“1.5 磅单实线”;表格内框线为“0.75 磅单实线”。

第 1 题演练步骤

Step 1 双击打开考生文件夹 3 下的文档 WORD. DOCX,依次单击“开始”→“编辑”→“替换”,在“查找内容”文本框中输入“EC”,“替换为”文本框中输入“电子商务”(图 8-1),单击“全部替换”按钮,在弹出的提示框中单击“确定”按钮,再单击“关闭”按钮。

图 8-1 替换

Step 2 单击“开始”选项卡“样式”组右下角的扩展按钮,单击“管理样式”按钮打开“管理样式”对话框切换到“推荐”选项卡下,选中“标题 4”,单击“显示”按钮(图 8-2),单击“确定”按钮。选中标题,在“管理样式”窗口中单击“标题 4”进行应用,关闭样式窗口。

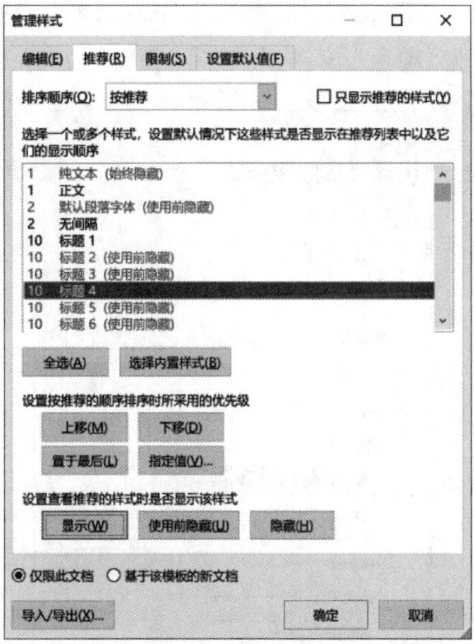

图 8-2 标题样式设置

Step 3 选中标题,在“字体”组中,设置字体为“微软雅黑”,字号为“小三”。单击“字体”组右下角的扩展按钮打开“字体”对话框,切换到“高级”选项卡下,单击“间距”下拉按钮,选择“加宽”,磅值为“1.5 磅”(图 8-3),单击“确定”按钮。单击“段落”组右下角的扩展按钮打开“段落”对话框,设置对齐方式为“居中”,段前间距为“4 磅”,段后间距为“4 磅”,行距为“单倍行距”(图 8-4),单击“确定”按钮。

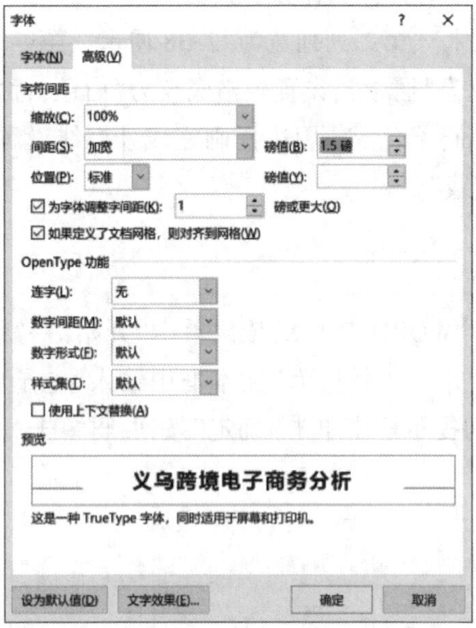

图 8-3　标题字体设置

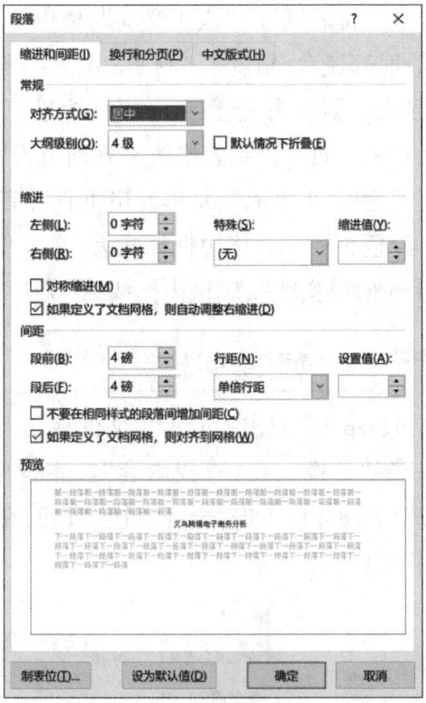

图 8-4　段落设置

Step 4　选中标题，单击“字体”组右下角的扩展按钮，单击“文字效果”按钮 文字效果(E)... ，打开“设置文本效果”窗格。在“文本填充”选项卡中选择“渐变填充”，“预设渐变”为“底部聚光灯-个性色 2”，类型为“线性”，方向为“线性向右”，渐变光圈的颜色为“紫色”，位置为“50%”，如图 8-5 所示。

Step 5　切换到“文字效果” A 选项卡，单击“阴影”→“预设”→“透视-下”，颜色为“绿色”，模糊为“6 磅”，距离为“10 磅”（图 8-6），单击两次“确定”按钮。

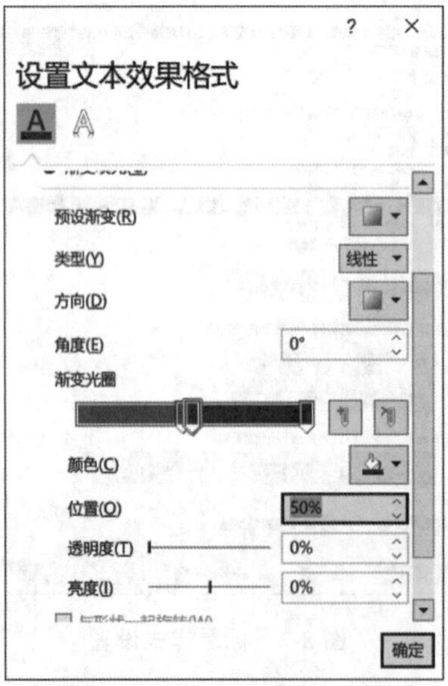

图 8-5　标题文本填充设置

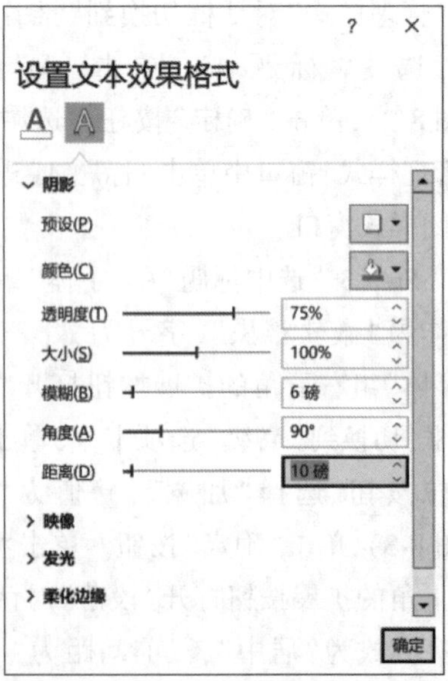

图 8-6　标题文字效果设置

第 2 题演练步骤

Step 1 单击“布局”选项卡“页面设置”组右下角的扩展按钮，打开“页面设置”对话框，在“纸张”选项下，将纸张大小的宽度设为“18.2 厘米”，高度设为“25.7 厘米”（图 8-7），单击“确定”按钮。

Step 2 单击“插入”选项卡“页眉和页脚”组中的“页眉”下拉按钮，在下拉列表中选择“空白”，在“页眉和页脚工具”选项卡“页眉和页脚”组下，依次单击“插入”→“文档部件”→“文档属性”→“主题”（图 8-8），在“位置”组中，设置“页眉顶端距离”为“2 厘米”。

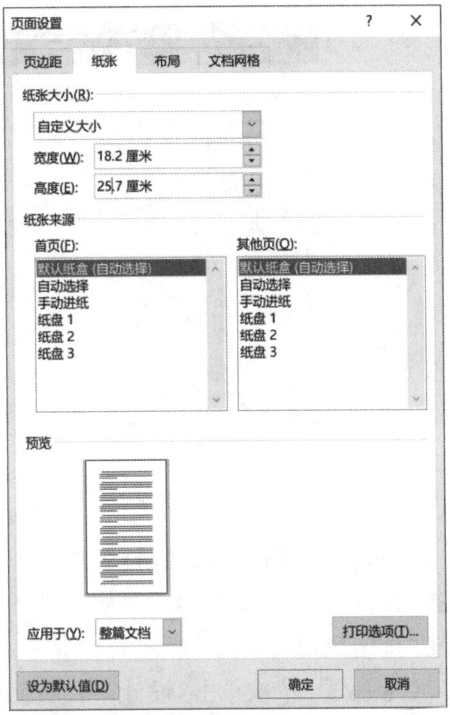

图 8-7　页面设置

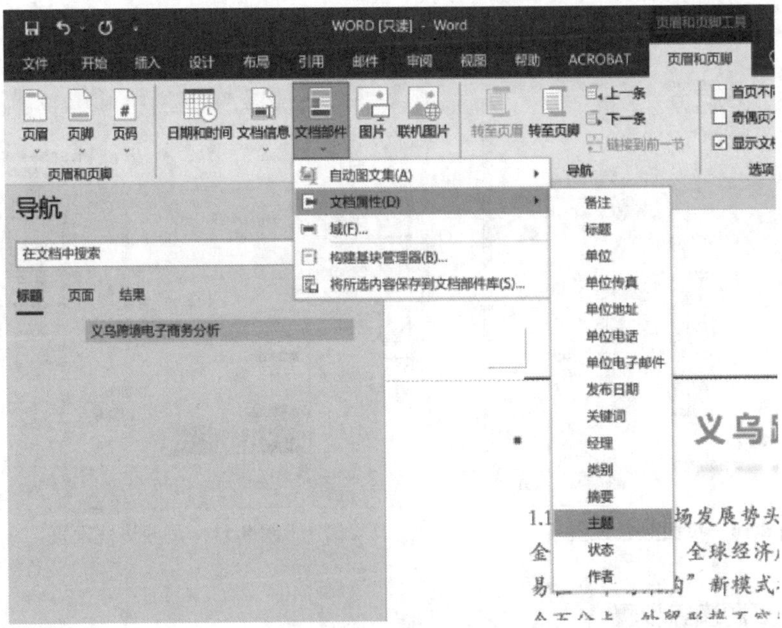

图 8-8　页眉文档部件

Step 3 单击“页眉和页脚”选项卡“页眉和页脚”组中的“页码”下拉按钮，在下拉列表中选择“页面底端-书的折角”，单击“页码”下拉按钮选择“设置页码格式”，

“编号格式”选择大写罗马数字,起始页码设置为“Ⅲ”(图 8-9),单击“确定”按钮。在“位置”组中,设置“页脚底端距离”为“2 厘米”,单击“关闭页眉和页脚”按钮。

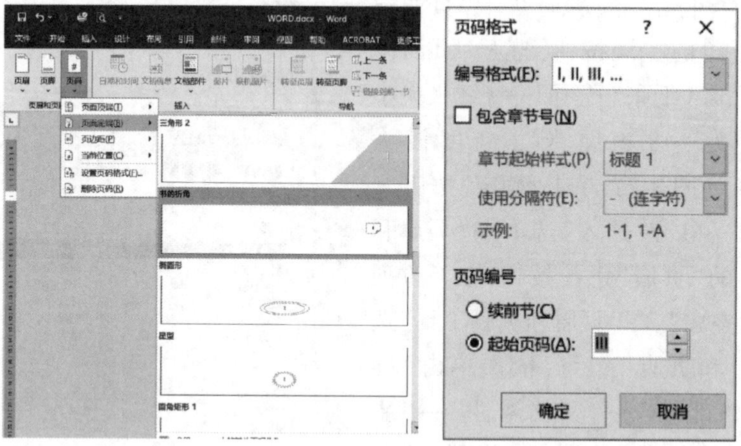

(a) (b)

图 8-9 页码格式设置

Step 4 依次单击“设计”→“页面背景”→“页面颜色”→“填充效果”,“颜色”选择“预设”选项,“预设颜色”为“麦浪滚滚”,“底纹样式”为“角部辐射”(图 8-10),单击“确定”按钮。

Step 5 依次单击“设计”→“页面边框”,打开“边框和底纹“对话框中,在“艺术型”列表中选择红心,单击“确定”按钮(图 8-11)。

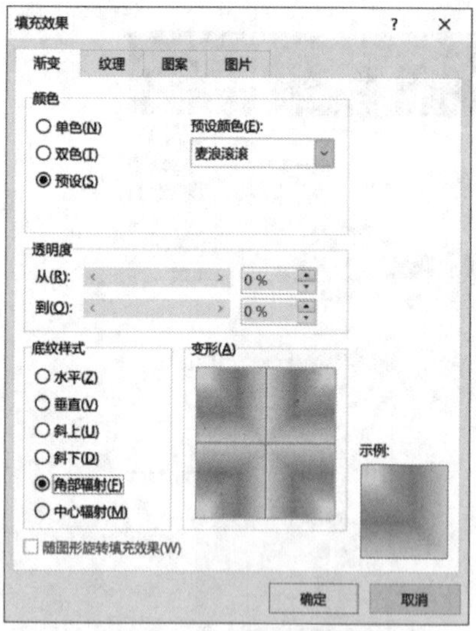

图 8-10 页面颜色设置

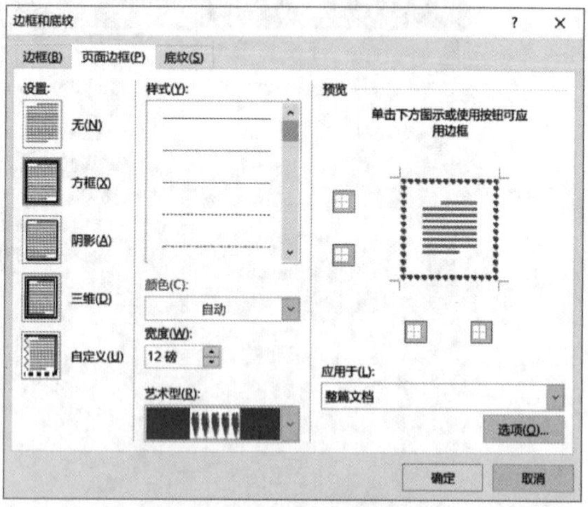

图 8-11 页面边框设置

第 3 题演练步骤

Step 1 选中正文各段文字,在“开始”选项卡中单击“字体”组右下角的扩展按钮,打开“字体”对话框,在“字体”选项卡下,设置中文字体为“仿宋”,西文字体为“Symbol”,字号为“小四”(图 8-12),单击“确定”按钮。

Step 2 保持文字选中状态,单击“段落”组右下角的扩展按钮,打开“段落”对话框,设置段前间距为“0.3 行”,段后间距为“0.3 行”,行距为“多倍行距”,设置值为“1.25”。单击“特殊”下拉按钮,选择“首行”,缩进值为“2 字符”(图 8-13),单击“确定”按钮。

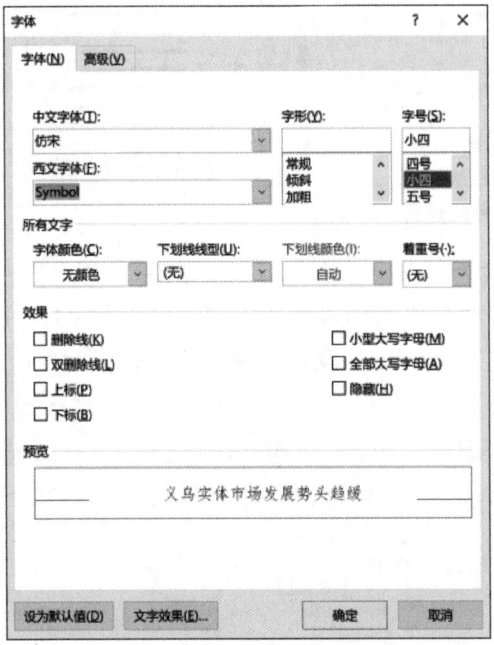

图 8-12 正文字体设置

图 8-13 正文缩进与间距设置

Step 3 单击“开始”选项卡“段落”组中的“编号”下拉按钮 ,发现下拉列表中没有题目中要求的编号格式,所以单击该对话框下方的“定义新编号格式”选项,打开如图 8-14 所示对话框,按图显示选择“编号样式”为“1,2,3,…”,“编号格式”中出现“1”,手动输入该数字两侧的括号,然后单击“确定”按钮(如果该编号格式存在列表中,那么这步可以省略)。

在文档中,先用鼠标选中段落编号“1.1”,再单击“开始”选项卡“段落”组中的“编号”下拉按钮 ,选中刚才添加的带括号的编号格式,然后单击“确定”按钮。用同样方法修改“1.2”为“(2)”。

小贴士

如果在将“1.2”换成“(2)”操作完成后,发现该编号依然是“(1)”,那么只要选择该编号单击鼠标右键,在弹出的快捷菜单中选择“继续编号”即可。

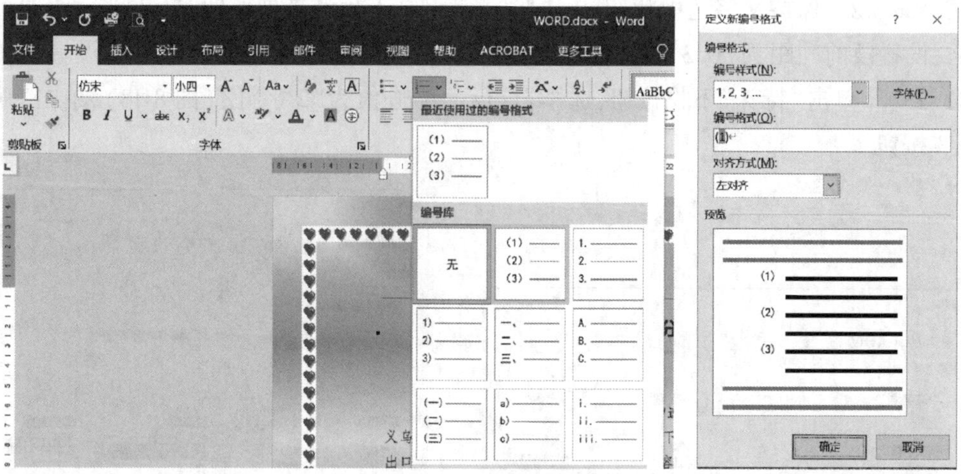

图 8-14　编号设置

Step 4　选中小标题“(1)义乌实体市场发展势头趋缓”,单击“引用”选项卡“脚注”组中的“插入尾注”按钮 插入尾注 ,按照题目要求输入尾注内容。单击“脚注”组右下角的扩展按钮,在弹出的“脚注和尾注”对话框中,设置尾注的编号格式为“①,②,③…”(图 8-15),单击“应用”按钮。

Step 5　选中文字“金融危机……迫在眉睫”,单击“页面布局”选项卡“页面设置”组中的“分栏”下拉按钮,单击“更多栏”,选择“两栏”,勾选“分隔线”和“栏宽相等”(图 8-16),单击“确定”按钮。

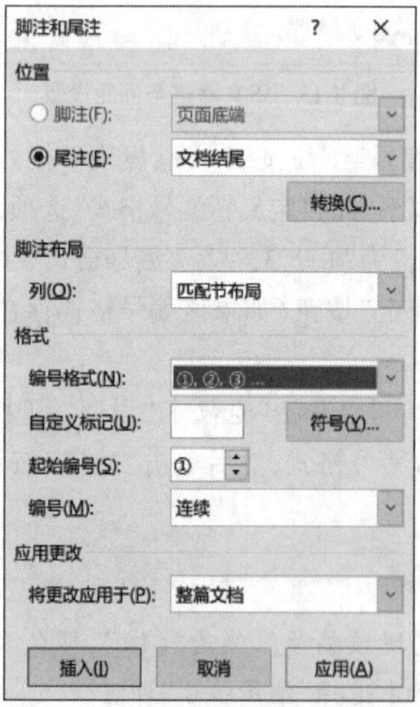

图 8-15　尾注设置

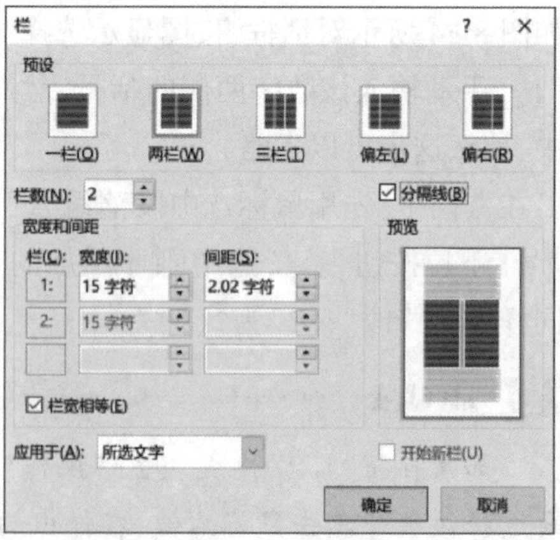

图 8-16　栏设置

Step 6　按照 Step 4 的方法，为小标题“(2)投资建设义乌跨境电子商务产业园”添加尾注。

Step 7　选中文字“为了……产业园”，单击“插入”选项卡“文本”组中的“首字下沉”下拉按钮，在下拉列表中选择“首字下沉选项”，在弹出的窗格中选中“下沉”，设置“下沉行数”为“2”，“距正文”为“0.3 厘米”(图 8-17)，单击“确定”按钮。

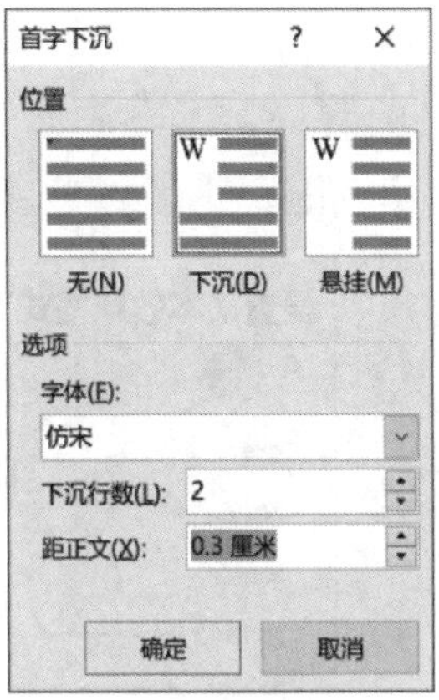

图 8-17　首字下沉设置

第 4 题演练步骤

Step 1　选中文中最后 6 行文字，单击“插入”选项卡“表格”组中的下拉按钮，选择“文本转换成表格”(图 8-18)，单击“确定”按钮；单击“开始”选项卡“段落”组中的“居中”按钮。

Step 2　选中表题，单击“开始”选项卡“字体”组右下角的扩展按钮，单击“文字效果”按钮 文字效果(E)... ，打开“设置文本效果格式”窗格，切换到“文字效果”选项卡 A，展开“三维格式”，设置“底部棱台”为“角度”，“材料”为“线框”，如图 8-19 所示。

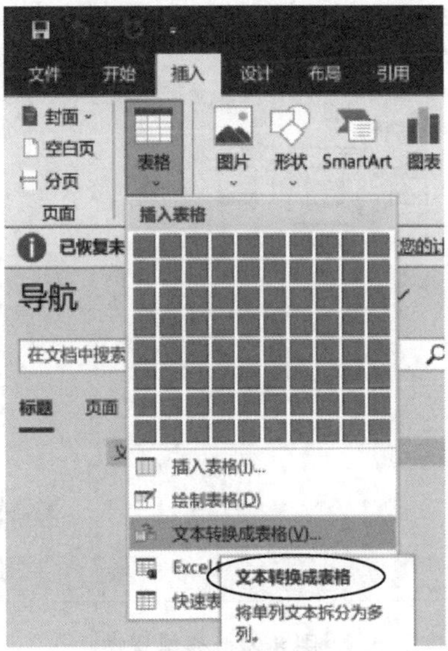

图 8-18　文本转换成表格

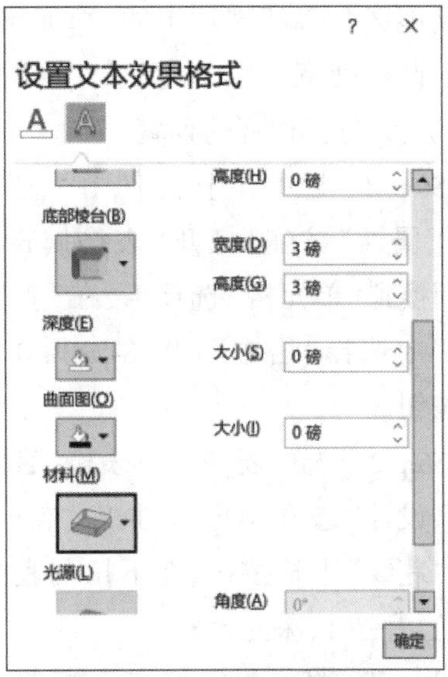

图 8-19　标题文本效果设置

Step 3　在“文字效果”选项卡 A 下，单击“阴影”，选择“预设”下拉选项中“透视”中的“右上”，颜色设置为“红色”(图 8-20)，单击两次“确定”按钮。

Step 4　选中表题，单击“段落”组右下角的扩展按钮，设置对齐方式为“居中”，段后间距为“0.4 行”(图 8-21)，单击“确定”按钮。

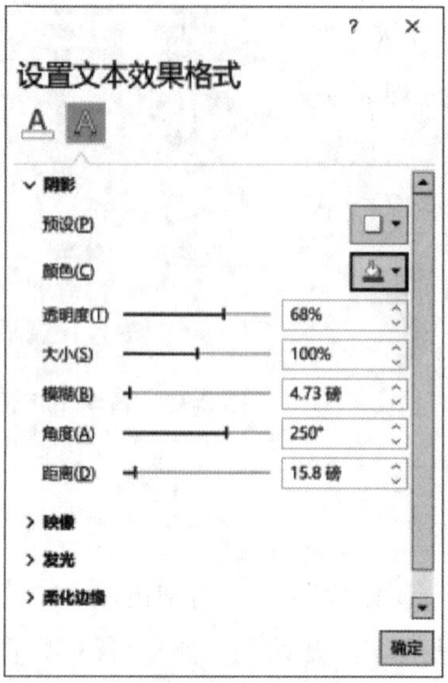

图 8-20　标题文本效果设置

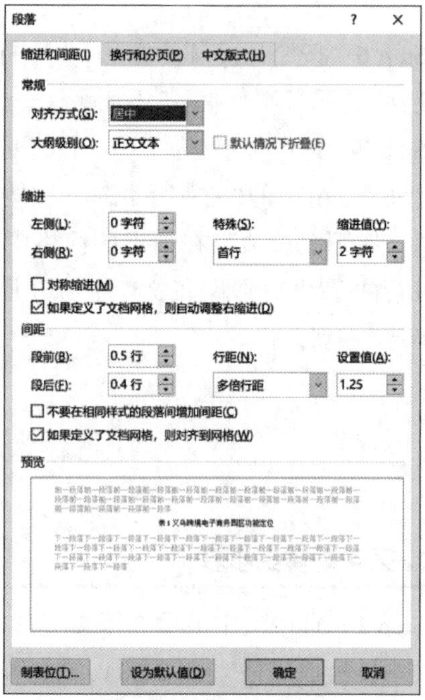

图 8-21　标题段落设置

第 5 题演练步骤

Step 1　选中表格第 1 列,在“表格工具”功能区“布局”选项卡的“单元格大小”组中,设置列宽为“0.8 厘米”。按照同样的方法,设置其他列的列宽。

Step 2　选中整个表格,在“表”组中,单击“属性”按钮,打开“表格属性”对话框,切换到“单元格”选项卡,在“垂直对齐方式”中选择“居中”(图 8-22),单击“确定”按钮。

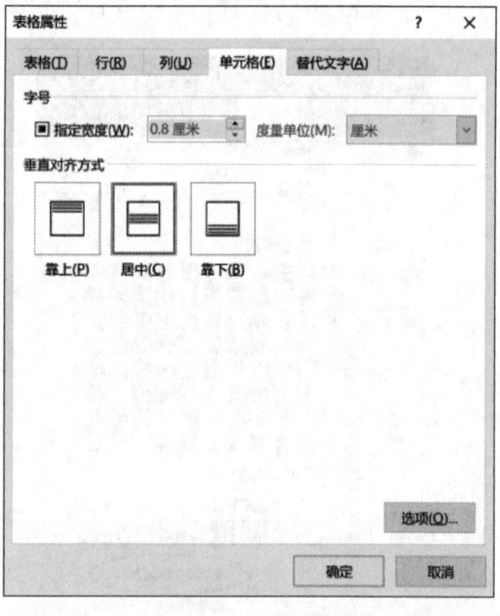

图 8-22　表格属性

Step 3　选中表格,在“表格工具”功能区“表设计”选项卡下,单击“表格样式”组中的“底纹”下拉按钮,在下拉列表中选择“白色,背景 1,深色 5%”。

Step 4　将光标定位在表格中,在“边框”组中,单击“边框样式”下拉按钮,选择“单实线,1/2 pt,着色 5”(图 8-23),笔划粗细选择“1.5 磅”,绘制表格外边框,笔划粗细选择“0.75 磅”,绘制表格内边框,绘制完成后,按下 Esc 键取消选中“边框刷”。

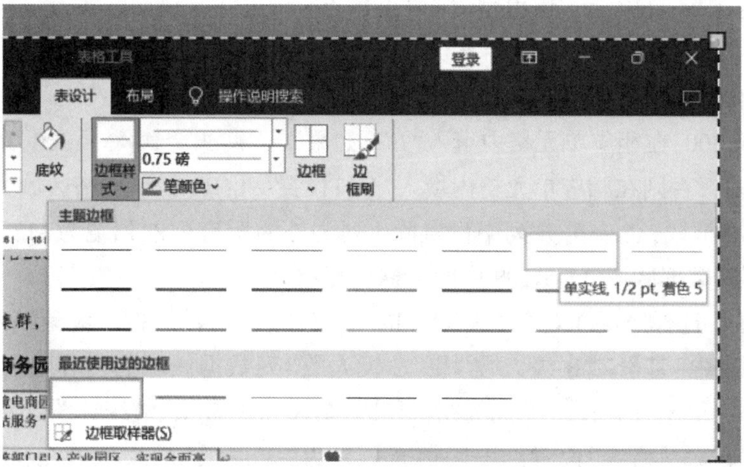

图 8-23　表格边框

Step 5　保存并关闭文件。

最终效果如图 8-24 所示。

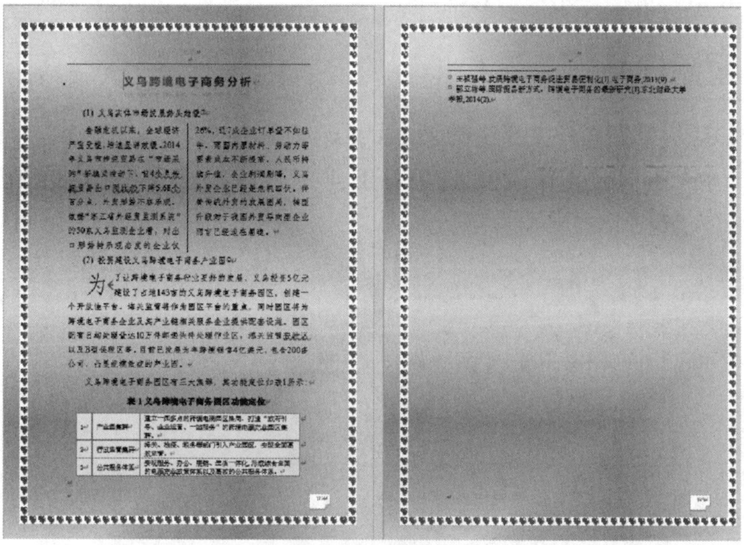

图 8-24　最终效果

8.2　Excel 演练题

打开考生文件夹 3 下的电子表格 Excel. xlsx，按照下列要求完成对此电子表格的操作并保存。

第 1 题　选择 Sheet1 工作表，在"年龄"列(D 列)前插入 3 列，在 D1:F1 单元格中分别输入文字"出生年""出生月""出生日"，D、E、F 三列的数字格式为"数值型，小数位数 0 位"，根据"生日"列的内容，得到该会员的出生年、月、日并将相应数字填充到 D、E、F 三列；将 Sheet1 工作表命名为"会员信息表"；利用公式计算"平均购买金额”列(Q2:Q108)的内容(货币型,保留小数点后 2 位)(平均购买金额=购买总金额/购买总次数);在 R1 单元格中输入文字“客户等级”,利用 IF 函数给出此列(R2:R108)的内容:如果平均购买金额大于 1500,在相应单元格内填入“A”,如果平均购买金额大于 800,在相应单元格内填入“B”,如果平均购买金额大于 300,在相应单元格内填入“C”,否则在相应单元格内填入“D”;设置 A1:R108 单元格区域文字居中对齐,添加所有框线;在 A 至 R 列中设置除 I 列之外的所有列的列宽为“12”,I 列列宽为“18”;删除数据区域 A1:R108 中的数据重复项。

第 2 题 选择“Sheet2”工作表,将 Sheet2 工作表命名为“按月统计”;利用“按月统计”工作表中“月份”“B 级人数”和“C 级人数”列数据区域的内容建立“折线图”(“月份”作为横坐标);图表布局为“样式 4”,图表标题为“人数统计图”,纵坐标标题为“人数”;删除网格线,设置绘图区填充效果为“羊皮纸”的纹理填充;将图表插入“按月统计”工作表的 I2:S16 单元格区域内。

第 3 题 选择“销售清单”工作表,对工作表内数据清单的内容按主要关键字“类别”的降序和次要关键字“销售额”的升序进行排序;对排序后的数据进行筛选,条件为“A4 和 A6 销售员销售出去的彩电和空调”。

第1题演练步骤

Step 1 打开考生文件夹 3 下的 Excel. xlsx 文件。

Step 2 在“Sheet1”工作表中,选中 D、E、F 三列,单击鼠标右键,在弹出的快捷菜单中选择“插入”(图 8-25),可以插入三列。

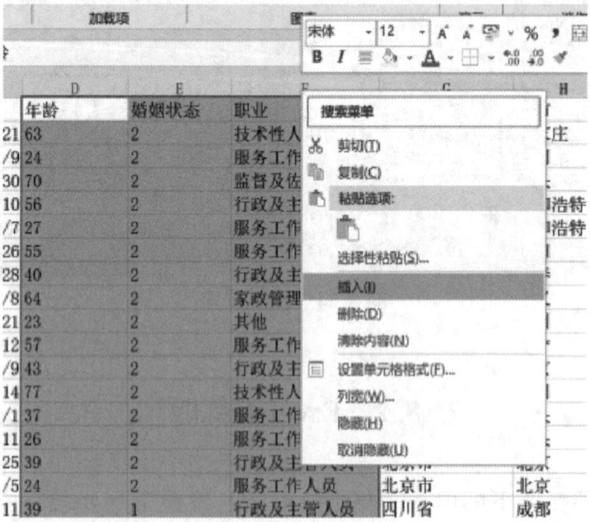

图 8-25 插入列

Step 3 在 D1:F1 单元格中分别输入文字“出生年”“出生月”“出生日”。

Step 4 选中 D、E、F 三列,单击“开始”选项卡“数字”组右下角的扩展按钮,打开“设置单元格格式”对话框,选择“数值”,设置小数位数为“0”(图 8-26),单击“确定”按钮。

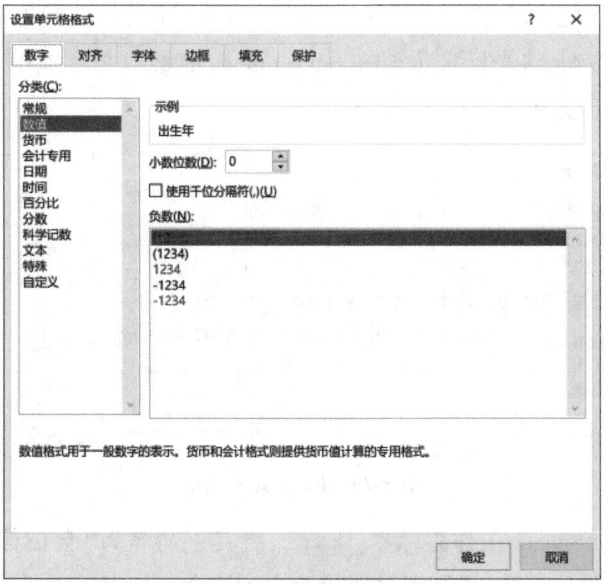

图 8-26　小数位数设置

Step 5　选中 D2 单元格,单击公式编辑栏中的“插入函数”按钮,选择“YEAR”函数,单击“确定”按钮打开“函数参数”对话框。将光标定位至 Serial_number 的参数文本框中,单击 C2 单元格(图 8-27),并向下填充。

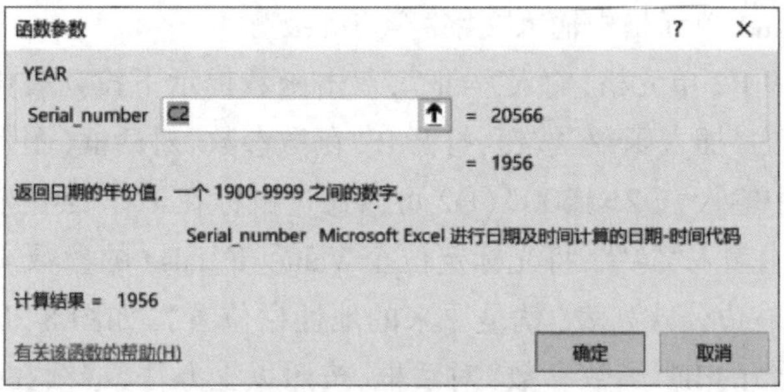

图 8-27　D2 单元格函数

Step 6　选中 E2 单元格,单击公式编辑栏中的“插入函数”按钮,选择“MONTH”函数,单击“确定”按钮,打开“函数参数”对话框。将光标定位至 Serial_number 的参数文本框中,单击 C2 单元格(图 8-28),并向下填充。

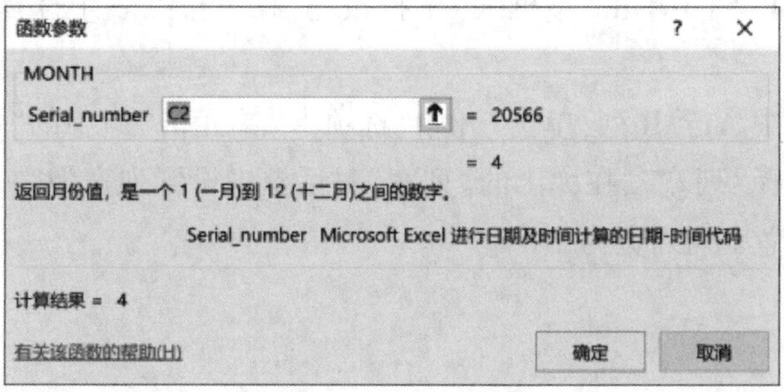

图 8-28　E2 单元格函数

Step 7 选中 F2 单元格,单击公式编辑栏中的“插入函数”按钮,选择“DAY”函数,单击“确定”按钮,将光标定位至 Serial_number 的参数文本框中,单击 C2 单元格(图 8-29),并向下填充。

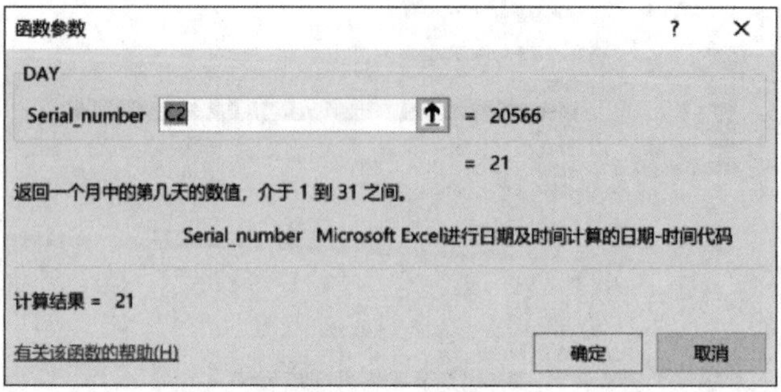

图 8-29 F2 单元格函数

Step 8 双击 Sheet1 工作表标签 Sheet1 ,将其重命名为“会员信息表”(注意:工作表的名称一定要改正确,否则考试时检测不到这个工作表,该题得 0 分)。

Step 9 在 Q2 单元格中,输入公式“ =O2/P2”,并向下填充。

Step 10 选中 Q2:Q108 单元格区域,单击“开始”选项卡“数字”组右下角的扩展按钮,打开“设置单元格格式”对话框,选择“数值”,设置小数位数为“2”,单击“确定”按钮。

Step 11 在 R1 单元格中输入文字“客户等级”。

Step12 选中 R2 单元格,输入“ =IF”,双击函数提示下拉列表中的 IF 函数。单击公式编辑栏中的“插入函数”按钮,打开 IF“函数参数”对话框(图 8-30),在 Logical_test 参数文本框中输入“Q2>1500”(Q2 可以通过鼠标在工作表中选取;在 Value_if_ture 参数文本框中输入“"A"”,将光标定位至 Value_if_false 的参数文本框中,单击原工作表中编辑栏右边公式列表(就是原来的地址栏位置),如图 8-30 所示。这时候,系统将打开一个新的 IF“函数参数”对话框,按照以上办法,继续在此对话框的前两个参数文本框中分别输入“Q2>800”和“"B"”,第 3 个参数中再次打开一个新的 IF“函数参数”对话框,分别在 3 个参数对话框中输入“Q2>300”“"C"”和“"D"”。单击“确定”按钮,完成 IF 函数的输入。

Step 13 选中 A1:R108 单元格区域,单击“开始”选项卡“对齐方式”组中的“居中”按钮,在“字体”组中单击“下框线”下拉按钮,在下拉列表中选择“所有框线”,如图 8-31 所示。

Step 14 选中 A 至 R 列,单击“开始”选项卡“单元格”组中的“格式”下拉按钮,在下拉列表中选择“列宽”,在弹出的“列宽”对话框中设置列宽为“12”(图 8-32)。采用同样的方法设置 I 列列宽为“18”。

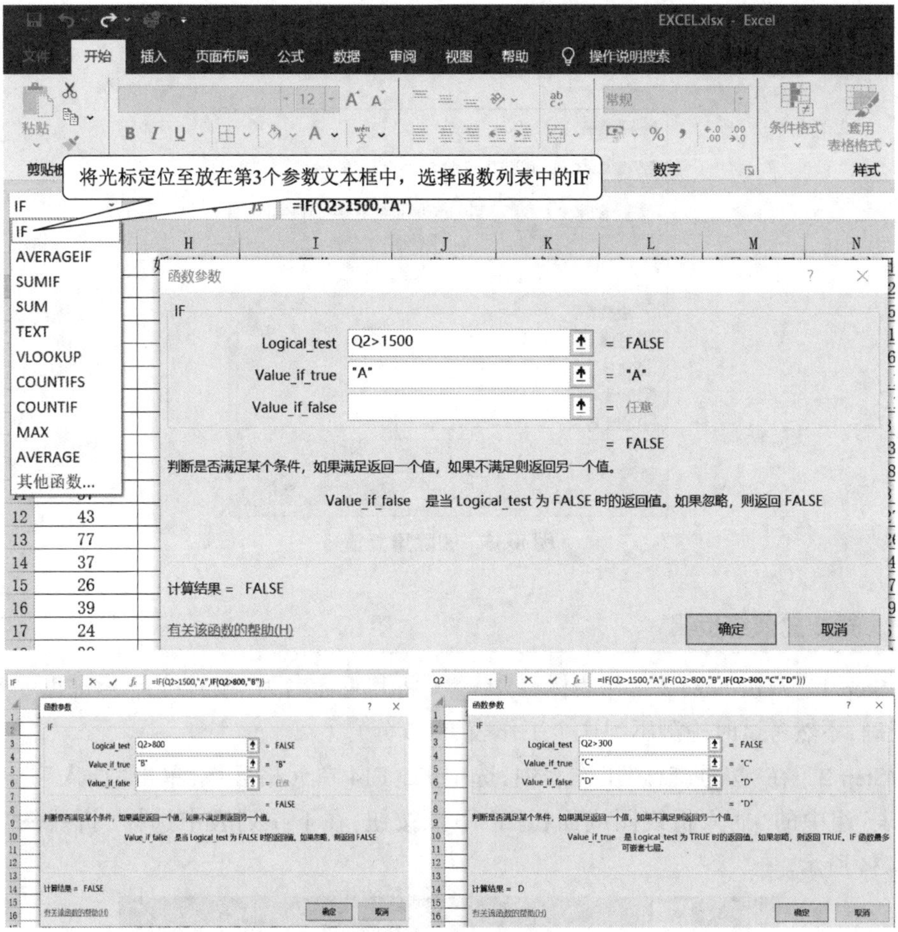

图 8-30 R2 单元格函数

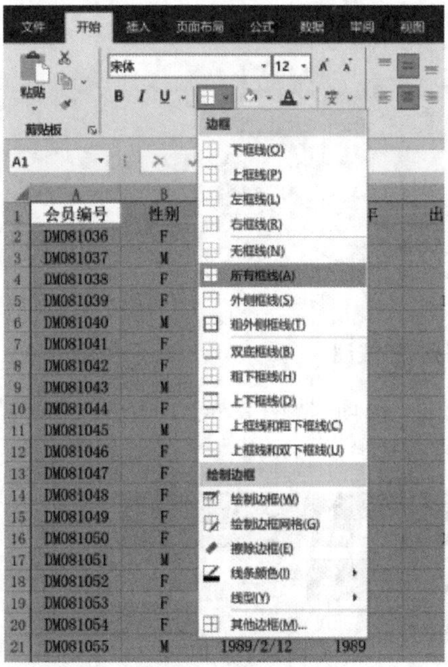

图 8-31 下框线设置

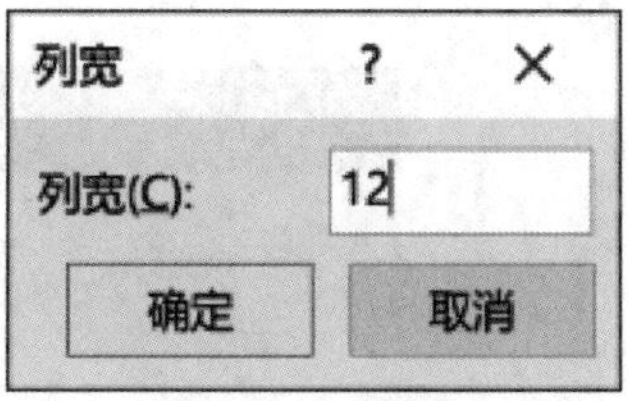

图 8-32 列宽设置

Step 15 单击“数据”选项卡“数据工具”组中的“删除重复值”按钮(图 8-33),再单击两次“确定”按钮。

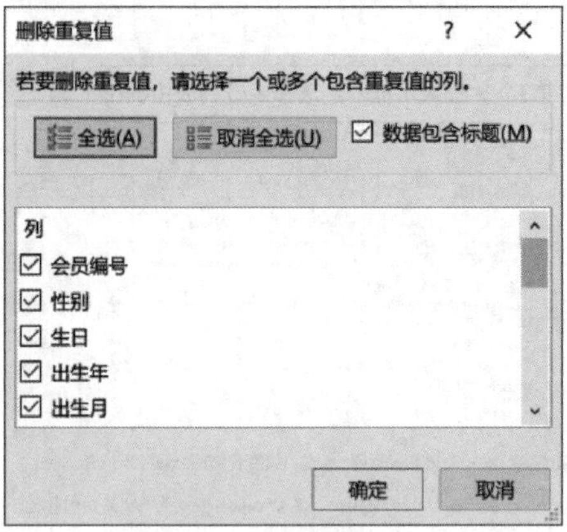

图 8-33 删除重复值

第 2 题演练步骤

Step 1 双击 Sheet2 工作表标签 Sheet2 ,将其重命名为“按月统计”(这里一定要改正确,不然考试时检测不到这个工作表,得 0 分)。

Step 2 在“按月统计”工作表中,选中 E2:F14 单元格区域,单击“插入”选项卡“图表”组中的“插入折线图或面积图”下拉按钮,在下拉列表中选择“折线图”,如图 8-34 所示。

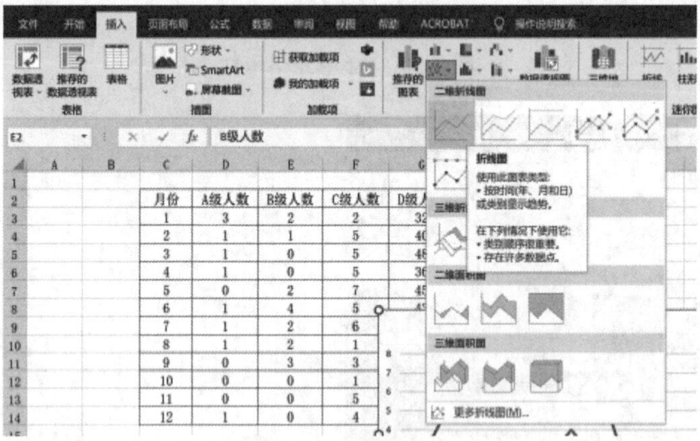

图 8-34 插入折线图

Step 3 在“图表工具”功能区“图表设计”选项卡“图表样式”组中选择“样式 4”(图 8-35)。

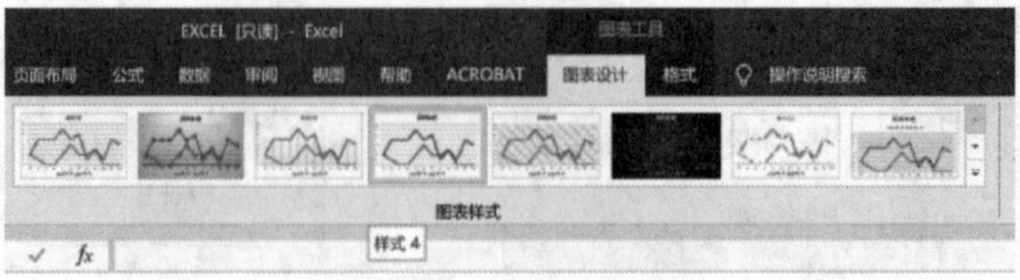

图 8-35 图表样式选择

Step 4　修改图表标题为“人数统计图”。

Step 5　单击“图表工具”功能区“图表设计”选项卡“图表布局”组中的“添加图表元素”下拉按钮，在“坐标轴标题”下选择“主要纵坐标轴”（图 8-36），修改纵坐标标题为“人数”。

Step 6　单击“添加图表元素”图标，在网格线下取消选中“主轴主要水平网格线”，如图 8-37 所示。

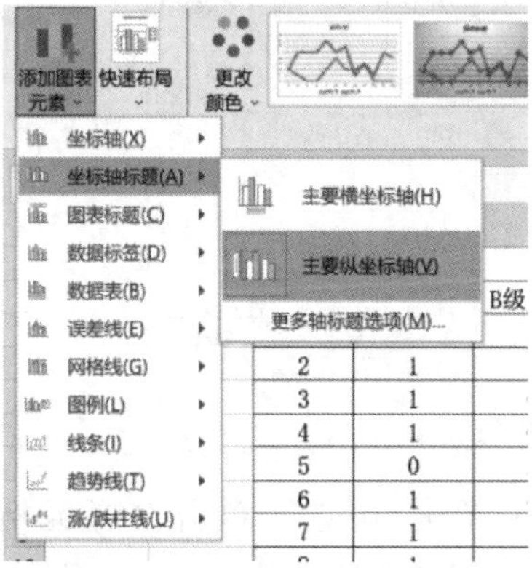

图 8-36　纵坐标轴标题修改

图 8-37　取消主轴主要水平网格线

Step 7　在“图表工具”功能区“格式”选项卡“当前所选内容”组的图表元素中选择“绘图区”选项，单击“设置所选内容格式”按钮 设置所选内容格式，或者直接在绘图区单击鼠标右键，在弹出的快捷菜单中选择“设置绘图区格式”，打开“设置绘图区格式”窗格，在“填充”分组中选择“图片或纹理填充”，“纹理”选择“羊皮纸”（图 8-38），单击“关闭”按钮 ×。

Step 8　调整图表大小并将其移动到 I2:S16 单元格区域内。

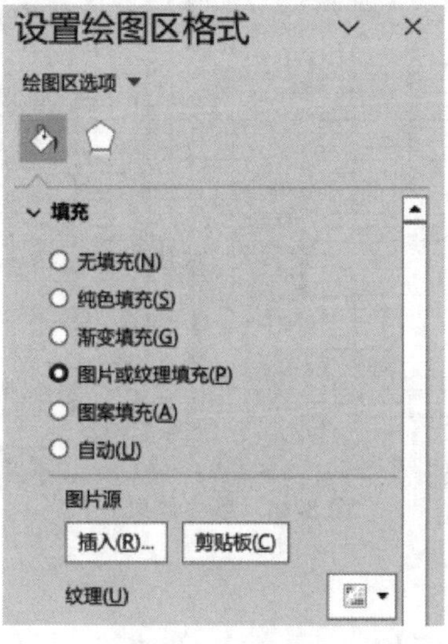

图 8-38　纹理填充

第 3 题演练步骤

Step 1 在“销售清单”工作表中,选中任一数据单元格,在“数据”选项卡“排序和筛选”组中,单击“排序”,打开“排序”对话框,排序依据选择“类别”,次序选择“降序”,单击“添加条件”,次要关键字选择“销售额”,次序选择“升序”(图 8-39),单击“确定”按钮。

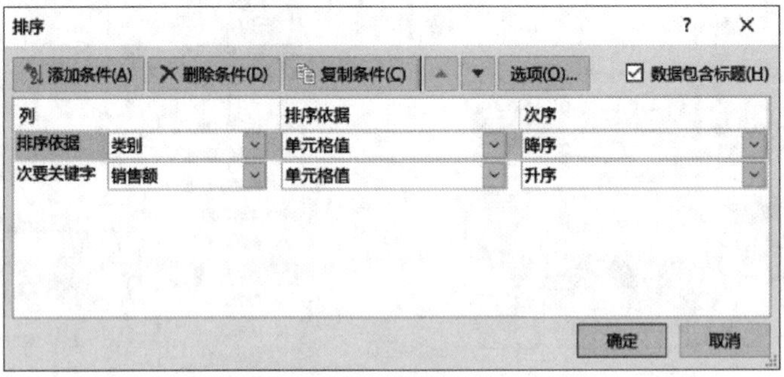

图 8-39　排序设置

Step 2 在“数据”选项卡“排序和筛选”组中,单击“筛选”,单击 J1 单元格旁的下拉按钮,取消全选,只勾选“A4”和“A6”,单击“确定”按钮;单击 B1 单元格旁的下拉按钮,取消勾选“冰箱”,单击“确定”按钮。

Step 3 保存并关闭文件。

最终效果如图 8-40 至图 8-42 所示。

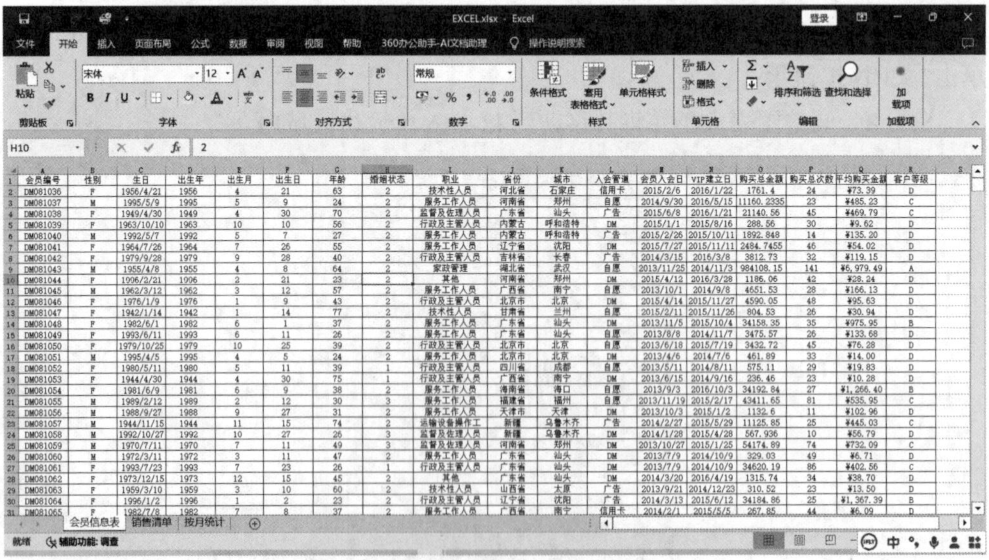

图 8-40　最终效果一

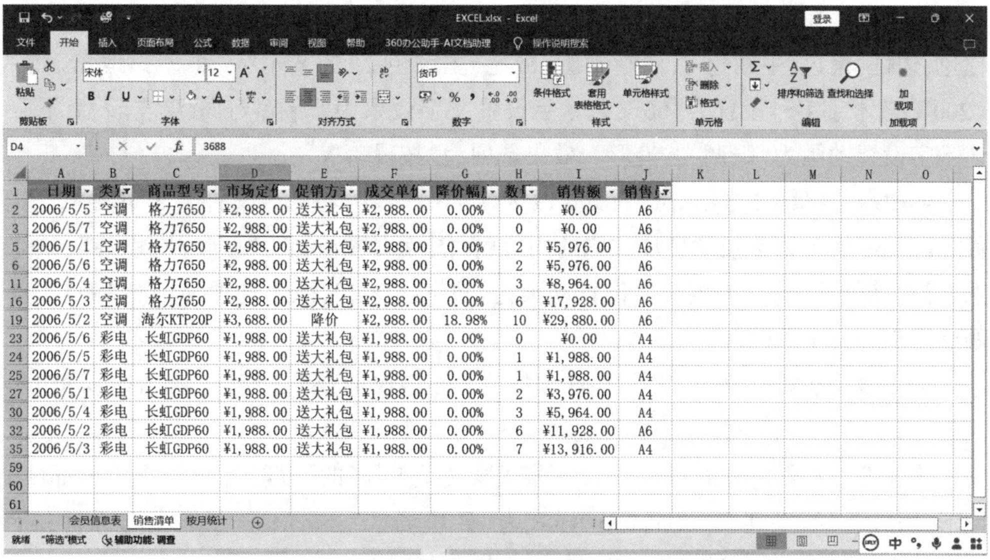

图 8-41　最终效果二

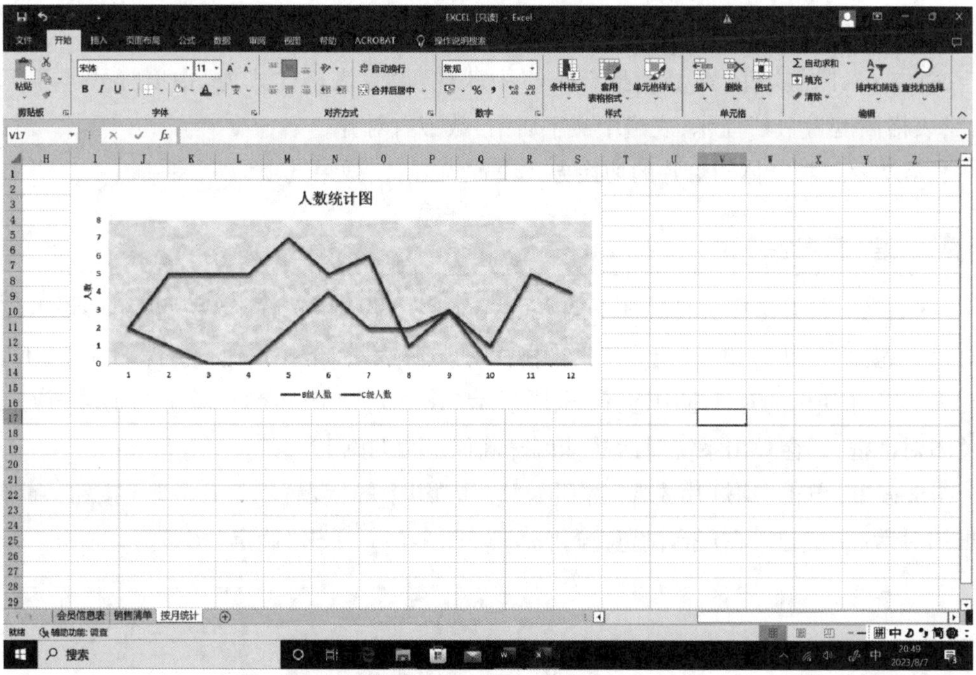

图 8-42　最终效果三

8.3　PowerPoint 演练题

打开考生文件夹 3 下的演示文稿 yswg. pptx，按照下列要求完成对此文稿的修饰并保存。

第 1 题　为整个演示文稿应用“丝状”主题，设置幻灯片大小为“全屏显示(16∶9)”并确保适合，放映方式为“在展台浏览”。

第 2 题　在第 1 张幻灯片前插入版式为“空白”的新幻灯片,插入样式为“填充:白色;边框:橙色,主题色 2,清晰阴影:橙色,主题色 2”的艺术字“小型扫地车 MN-C200”,艺术字字号设置为“66”,艺术字设置文字效果为“转换-弯曲-双波形:上下”,艺术字设置动画为“强调/波浪形”,效果选项为“按段落”。

第 3 题　将第 2 张幻灯片的版式改为“两栏内容”,将考生文件夹 3 下的图片文件 ppt1. jpg 插入第 2 张幻灯片右侧的内容区,图片设置动画为“强调/陀螺旋”,效果选项为“旋转两周”。左侧文字设置动画为“进入/飞入”,效果选项为“自左侧”。动画顺序为先文字后图片。

第 4 题　在第 2 张幻灯片中插入备注“科学作业,精制配件;培训简易,四步到位。”。

第 5 题　在幻灯片的最后插入一张版式为“空白”的幻灯片,插入一个 SmartArt 图形,版式为“线型列表”,SmartArt 样式为“砖块场景”,SmartArt 图形中的所有文字从考生文件夹 3 下的文件“性能特点 . txt”中获取。

第 6 题　在幻灯片的最后插入一张版式为“标题和内容”的幻灯片,在标题处输入文字“产品信息”。在下侧栏中插入一个 13 行 2 列的表格,表格内的所有文字从考生文件夹 3 下的文件“产品信息 . docx”中获取,设置表格样式为“中度样式 4-强调 2”,表格高度为“11”厘米,表格中文字居中,数字右对齐。

第 7 题　将全体幻灯片的切换方式设置为“门”,效果选项为“水平”。

第 1 题演练步骤

Step 1　打开考生文件夹 3 下的 yswg. pptx,在“设计”选项卡“主题”组中设置幻灯片主题为“丝状”;单击“自定义”组中的“幻灯片大小”下拉按钮,选择“自定义幻灯片大小”,在弹出的对话框中选择“全屏显示(16∶9)”(图 8-43),单击“确定”按钮,关闭对话框,即会弹出系统对话框,单击“确保适合”按钮。

Step 2　单击“幻灯片放映”选项卡“设置”组中的“设置幻灯片放映”按钮,在弹出的对话框中选择“在展台浏览(全屏幕)”(图 8-44),单击“确定”按钮。

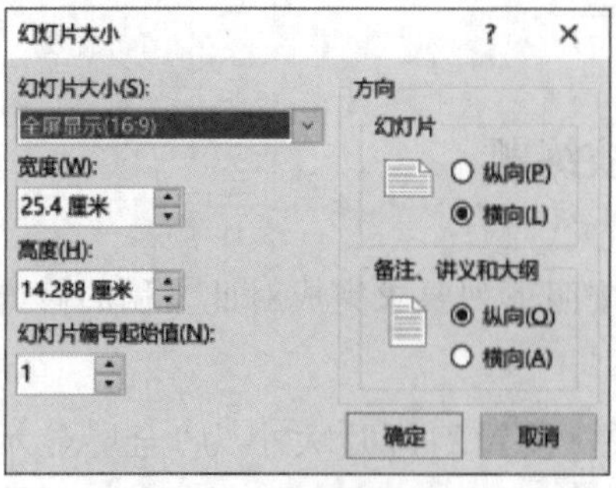

图 8-43　幻灯片大小

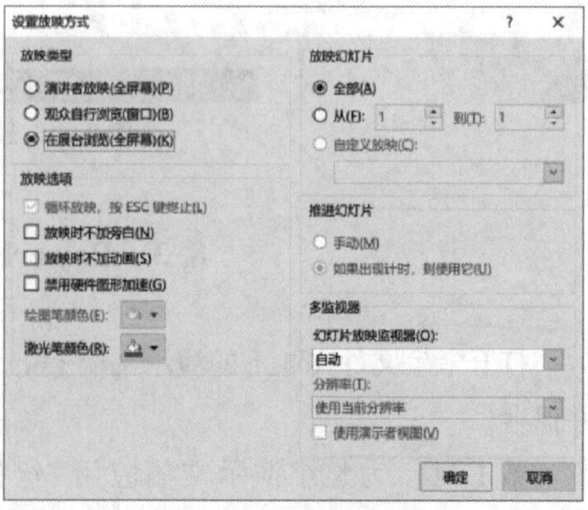

图 8-44　设置放映方式

第 2 题演练步骤

Step 1 将鼠标定位在第 1 张幻灯片上方，单击“开始”选项卡“幻灯片”组中的“新建幻灯片”下拉按钮，选择“空白”，如图 8-45 所示。

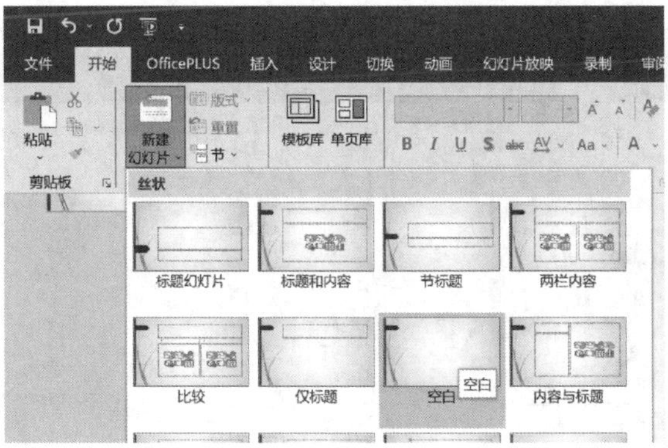

图 8-45 新建幻灯片

Step 2 单击“插入”选项卡“文本”组中的“艺术字”下拉按钮，选择“填充：白色；边框：橙色，主题色 2，清晰阴影：橙色，主题色 2”（图 8-46），输入文字“小型扫地车 MN−C200”。

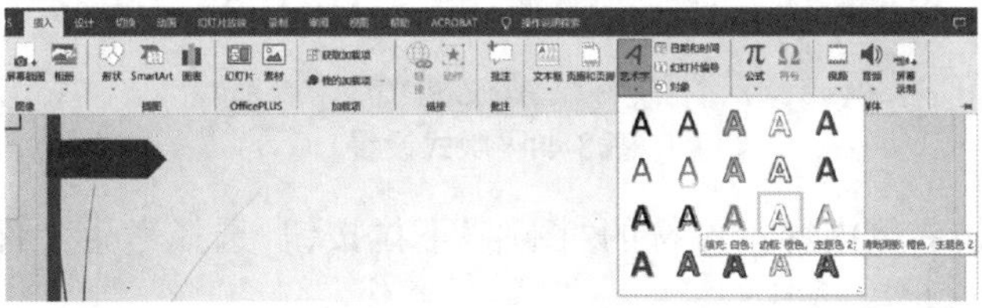

图 8-46 艺术字设置

Step 3 选择艺术字文本框，在“开始”选项卡“字体”组中，设置字号为“66”；单击“绘图工具”功能区“形状格式”选项卡“艺术字样式”组中的“文本效果”下拉按钮，在下拉列表中选择“转换-弯曲-双波形：上下”。

Step 4 选中艺术字文本框，在“动画”选项卡“动画”组中，设置动画效果为“强调-波浪形”（图 8-47），单击“效果选项”下拉按钮，在下拉列表中选择“按段落”。

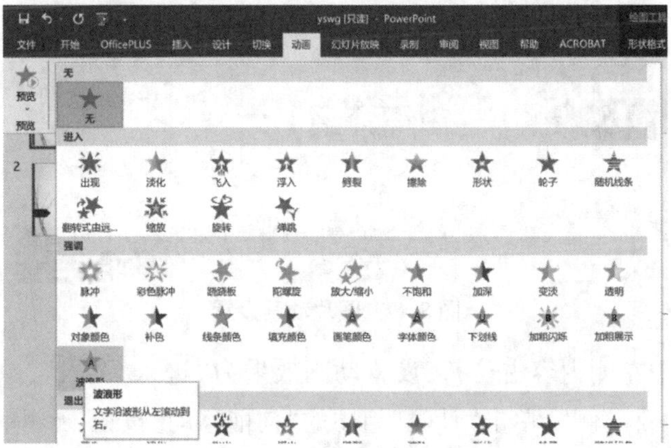

图 8-47 艺术字动画设置

第 3 题演练步骤

Step 1　选择第 2 张幻灯片,单击“开始”选项卡“幻灯片”组中的“版式”下拉按钮,在下拉列表中选择“两栏内容”(图 8-48)。

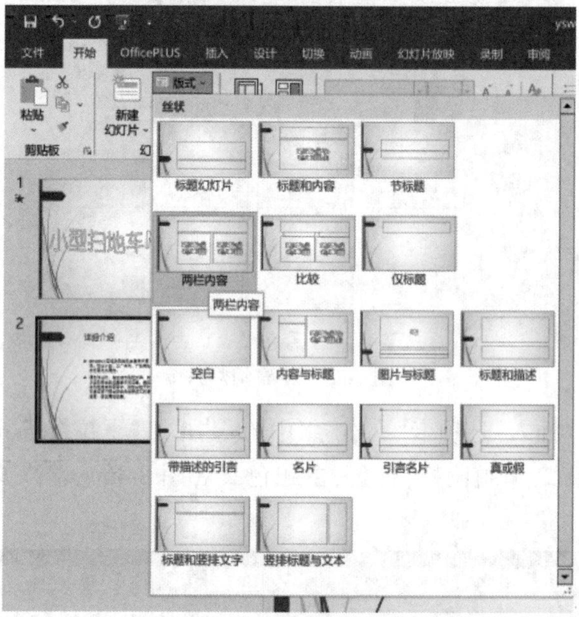

图 8-48　版式设置

Step 2　单击右侧内容占位符的“图片”下拉按钮,选择考生文件夹 3 下的图片“ppt1. jpg”,单击“插入”按钮。

Step 3　选中图片,在“动画”选项卡“动画”组中,设置动画效果为“强调-陀螺旋”,单击“效果选项”下拉按钮,在下拉列表中选择“旋转两周”(图 8-49)。

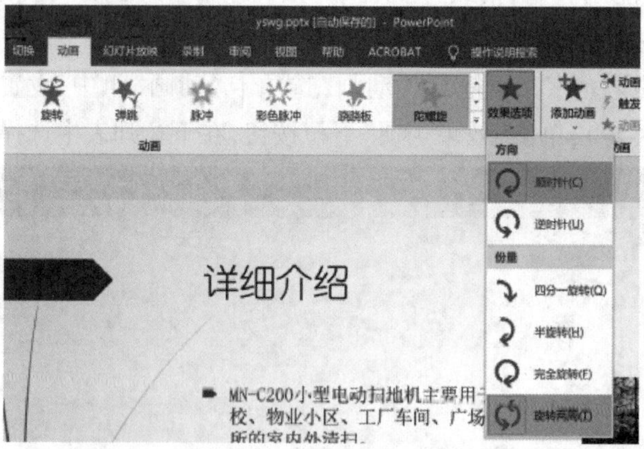

图 8-49　图片动画设置

Step 4　选中左侧内容占位符,设置动画效果为“进入/飞入”,单击“效果选项”下拉按钮,选择“自左侧”,单击“计时”组中的“向前移动”按钮 向前移动 ,使动画顺序为先文字后图片。

第 4 题演练步骤

Step 单击第 2 张幻灯片右下角的“备注”按钮 ≙备注 ,输入“科学作业,精制配件;培训简易,四步到位。”。

第 5 题演练步骤

Step 1 选择第 2 张幻灯片,单击“开始”选项卡“幻灯片”组中的“新建幻灯片”下拉按钮,选择“空白”,如图 8-50 所示。

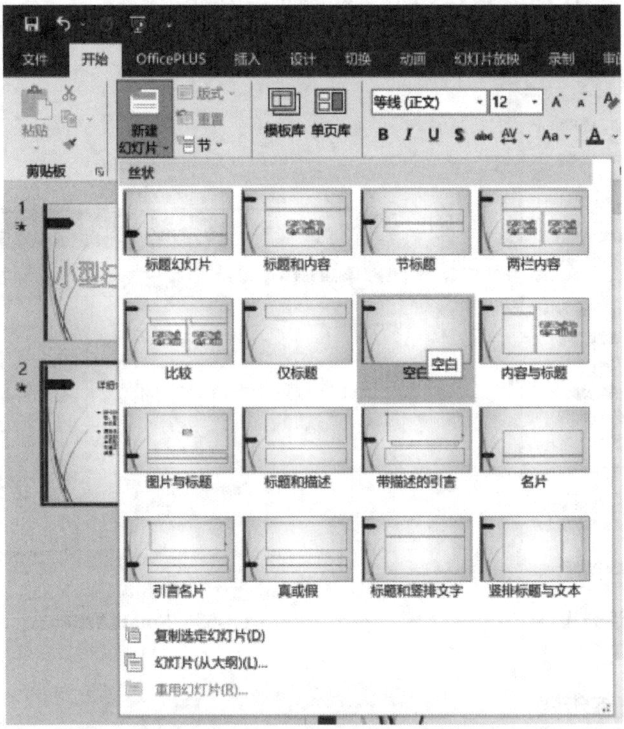

图 8-50 新建幻灯片

Step 2 单击“插入”选项卡“插图”组中的“SmartArt”按钮,在弹出的对话框中选择“线型列表”(图 8-51),单击“确定”按钮。

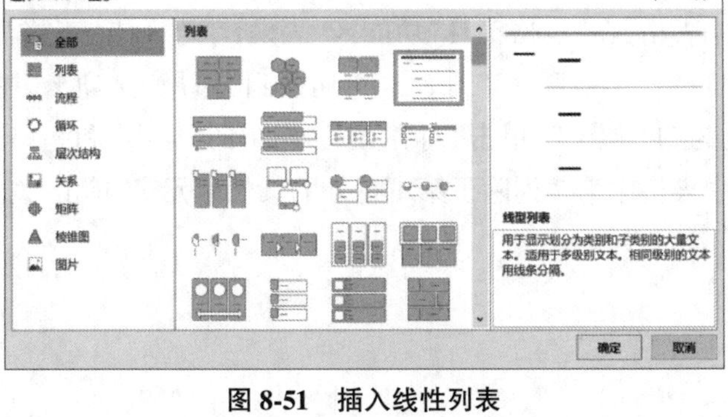

图 8-51 插入线性列表

Step 3 打开考生文件夹 3 下的文件“性能特点 . txt”,删除文本前方的空格,选中并复制(按 Ctrl + C 组合键)文字“性能特点”。返回演示文稿 yswg. pptx,单击“SmartArt 工具”功能区“SmartArt 设计”选项卡“创建图形”组中的“文本窗格”按钮,将鼠标定位到第一个文本行,按 Ctrl + V 组合键粘贴。选择并复制文件“性能特点. txt”中的其余文本,将鼠标定位到演示文稿 yswg. pptx 中的第 3 张幻灯片 SmartArt 图形的文本窗格中的第 2 个文本行,粘贴文本并删除多余空行(图 8-52),关闭文本窗格。

Step 4 选中 SmartArt 图形,在“SmartArt 工具”功能区“SmartArt 设计”选项卡“SmartArt 样式”组中单击“砖块场景”,如图 8-53 所示。

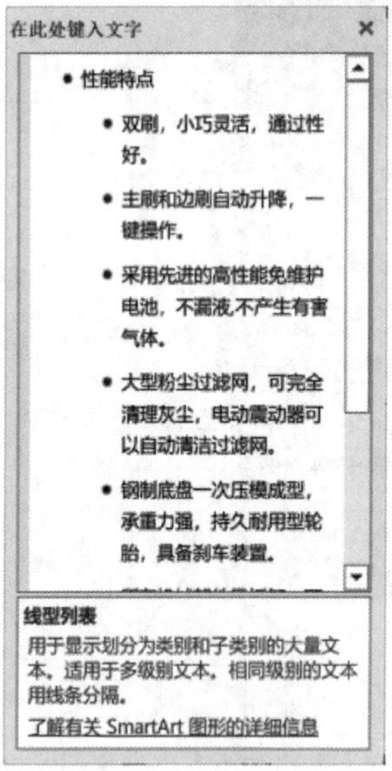

图 8-52 线性列表

图 8-53 SmartArt 样式

第 6 题演练步骤

Step 1 按照第 5 题 Step 1 的操作方法新建版式为“标题和内容”的幻灯片。

Step 2 在标题占位符中输入“产品信息”。打开考生文件夹 3 下的“产品信息. docx”文件,选择表格,按下 Ctrl + C 组合键复制,返回演示文稿 yswg. pptx,选择第 4 张幻灯片的内容占位符,按下 Ctrl + V 键粘贴。

Step 3 选中表格,在“表格工具”功能区“表设计”选项卡“表格样式”组中,设置表格样式为“中度样式 4-强调 2”(图 8-54);切换到“布局”选项卡,在“表格尺寸”组中设置表格高度为“11 厘米”;单击“对齐方式”组中的“居中”和“垂直居中”按钮。

Step 4 选中表格中第 2 列除了第 1 行外的其他单元格,单击“对齐方式”组中的“右对齐”按钮。

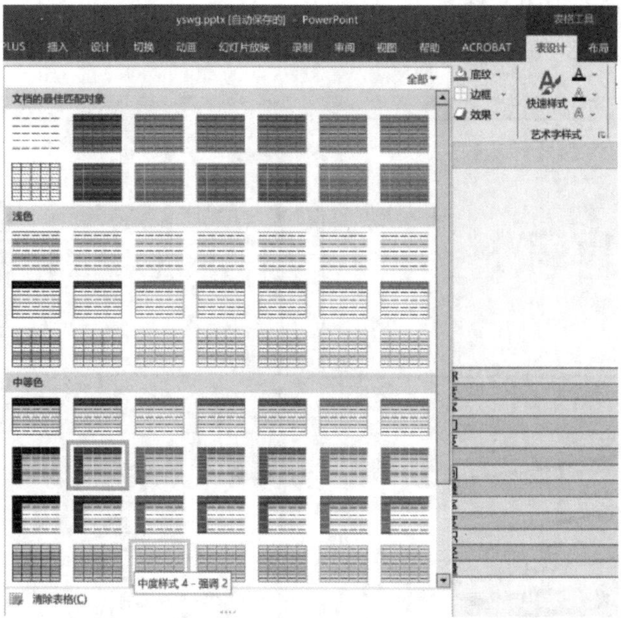

图 8-54　表格样式设置

第 7 题演练步骤

Step 1　在"切换"选项卡"切换到此幻灯片"组中，设置切换方式为"门"（图 8-55），单击"效果选项"下拉按钮，在下拉列表中选择"水平"，单击"计时"组中的"应用到全部"按钮 应用到全部 。

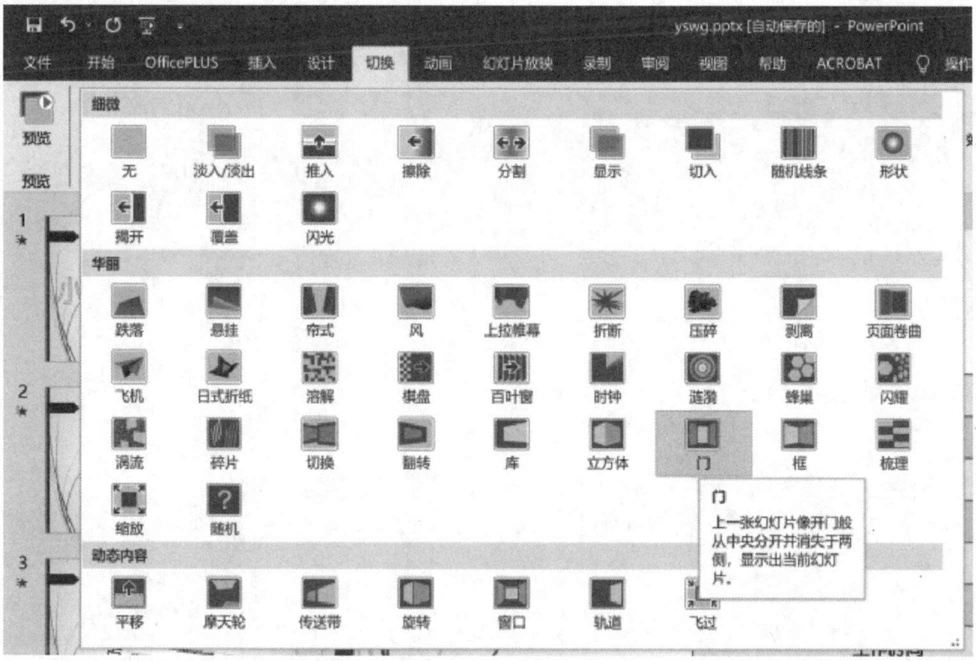

图 8-55　切换方式设置

Step 2 保存并关闭文件。

最终效果如图 8-56 所示。

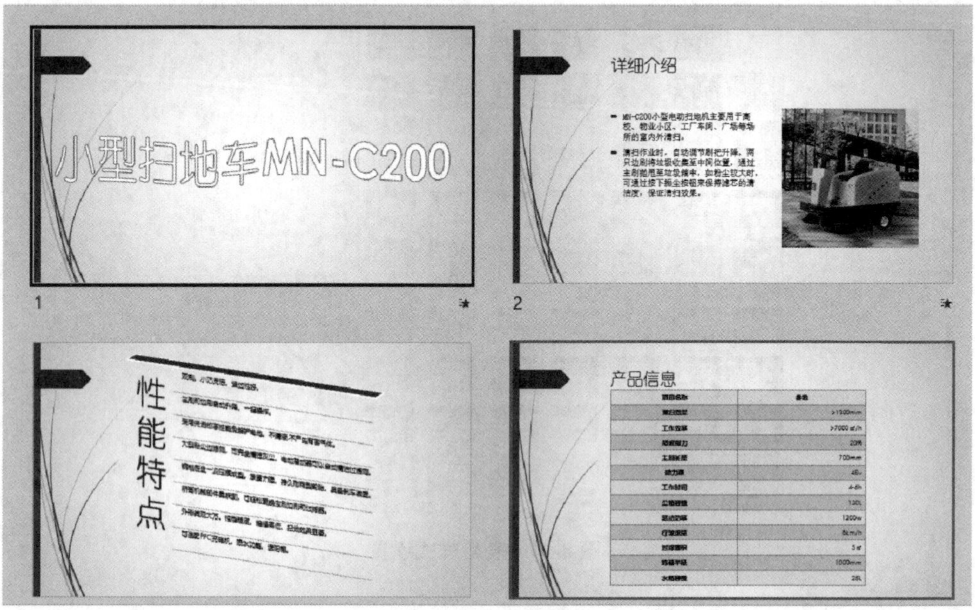

图 8-56　最终效果

9 实战演练四

9.1 Word 演练题

打开考生文件夹 4 下的文档 WORD. DOCX,按照下列要求完成对此文档的操作并保存。

第 1 题 将文档中所有繁体字转换为简体字;将文档中所有“奥林匹克运动会”替换为“奥运会”;将标题段文字(“第 31 届奥运会在里约闭幕”)设置为“二号、微软雅黑、加粗、居中”,文本效果为内置样式“填充:红色,主题色 2;边框:红色,主题色 2”,文本阴影效果为“外部/偏移:下”,阴影颜色为“浅蓝”(标准色),文字间距加宽“2 磅”。

第 2 题 将正文各段文字(“本报……奥运会纪录。”)设置为“小四号,宋体”,段落格式设置为“1. 25”倍行距、段前间距为“0. 5 行”;设置正文第一段(“本报……下一站东京。”)为首字下沉 2 行、距正文“0. 2 厘米”,正文其余段落(“本届奥运会……奥运会纪录。”)为首行缩进“2 字符”;为正文第一段(“本报……东京。”)第三行的“里约热内卢”一词添加超链接“https://baike. baidu. com/item/里约热内卢”。

第 3 题 自定义纸张大小为“20 厘米×27. 8 厘米”,并应用于“整篇文档”;将正文第三段(“‘女排精神’……游泳收获 1 金。”)分为等宽两栏,栏宽“18 字符”,栏间添加分隔线;在页面底端插入“带状物”样式页码,设置页码编号格式为“-1-,- 2-,-3-,…”,起始页码为“-3-”;在页面顶端插入“空白”型页眉,并利用“文档部件”在页眉内容“[在此处键入]”处插入文档作者;将页面颜色的填充效果设置为“纹理/羊皮纸”;为文档添加文字型水印,水印内容为“奥运会”、水印颜色为“红色”(标准色)、水印字体为“微软雅黑”。

第 4 题 将文档中最后 6 行文字转换成一个 6 行 5 列的表格;在表格右侧添加 1 列,并在列标题单元格中输入“奖牌”,在该列其余单元格中利用 Word 公式计算对应的奖牌数量(“=金牌+银牌+铜牌”);按“奖牌”列依据“数字”类型降序排列表格内容;设置表格列宽为“2. 2 厘米”,行高为“0. 7 厘米”,表格中所有单元格的左、右边距均为“0. 15 厘米”;设置表格居中,表格中所有内容水平居中。

第 5 题 设置表格外框线和第一、二行间的内框线为红色(标准色)“0. 5 磅”双窄线,其余内框线为红色(标准色)“0. 75 磅”单实线;设置表格底纹颜色为主题颜色“茶色,背景 2,深色 10%”;在表题(“第 31 届夏季奥运会奖牌榜”)末尾处插入脚注,脚注内容为“资料来源:百度百科”。

第1题演练步骤

Step 1 双击打开考生文件夹 4 下的文档 WORD. DOCX,按下 Ctrl + A 组合键全选文字,单击“审阅”选项卡“中文简繁转换”组中的“繁转简”按钮 繁转简 。

Step 2 将光标定位在文档中,单击“开始”选项卡“编辑”组中的“替换”按钮,在“查找内容”文本框中输入“奥林匹克运动会”,“替换为”文本框中输入“奥运会”(图 9-1),依次单击“全部替换”→“确定”→“关闭”按钮。

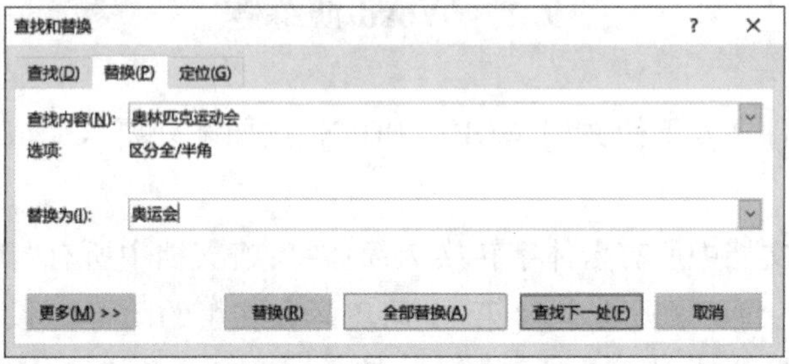

图 9-1 替换

Step 3 选中标题,在“字体”组中,设置字体为“微软雅黑”,字号为“二号”,字形为“加粗”,在“段落”组中单击“居中”按钮。

Step 4 保持标题选中,单击“开始”选项卡“字体”组中的“文本效果和版式”下拉按钮,在下拉列表中选择“填充:红色,主题色 2;边框:红色,主题色 2”。单击“字体”组右下角的扩展按钮,在打开的对话框中单击“文字效果”按钮 文字效果(E)... ,打开“设置文本效果格式”窗格,切换到“文字效果” A 选项卡下,依次单击“阴影”→“预设”下拉按钮,选择“偏移:下”,颜色设置为“浅蓝”(图 9-2),单击“确定”按钮。

Step 5 切换到“高级”选项卡,单击“间距”下拉按钮,选择“加宽”,磅值为“2 磅”(图 9-3),单击“确定”按钮。

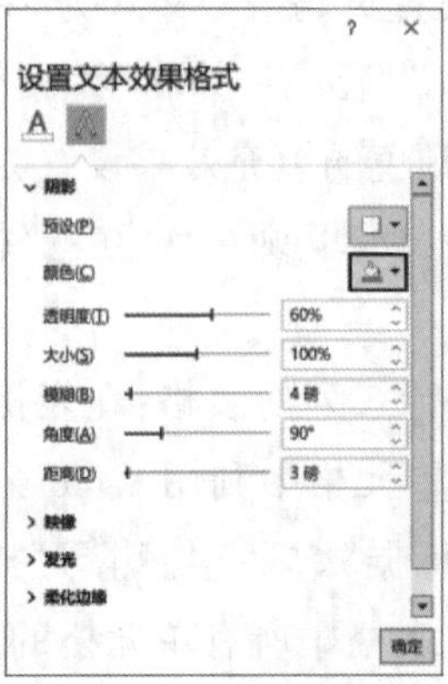

图 9-2 标题文本效果

图 9-3 标题字体“高级”选项卡

第 2 题演练步骤

Step 1 选中正文各段文字，在“开始”选项卡“字体”组中，设置字体为“宋体”，字号为“小四”。单击“段落”组右下角的扩展按钮，打开“段落”对话框，设置段前间距为“0.5 行”，行距为“多倍行距”，设置值为“1.25”(图 9-4)，单击“确定”按钮。

Step 2 选中正文第一段，单击“插入”选项卡“文本”组中的“首字下沉”下拉按钮，在下拉列表中选择“首字下沉选项”，在弹出的“首字下沉”对话框中选中“下沉”，设置下沉行数为“2”，距正文“0.2 厘米”(图 9-5)，单击“确定”按钮。

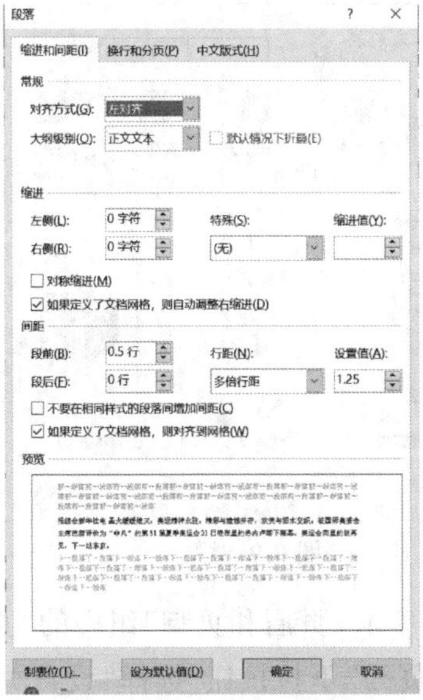

图 9-4 正文段落设置

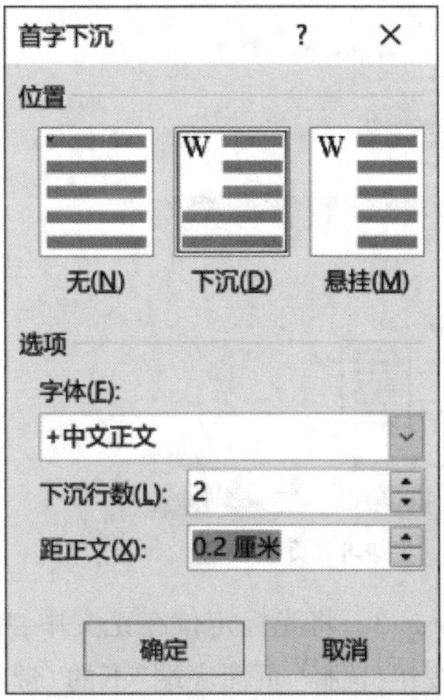

图 9-5 首字下沉设置

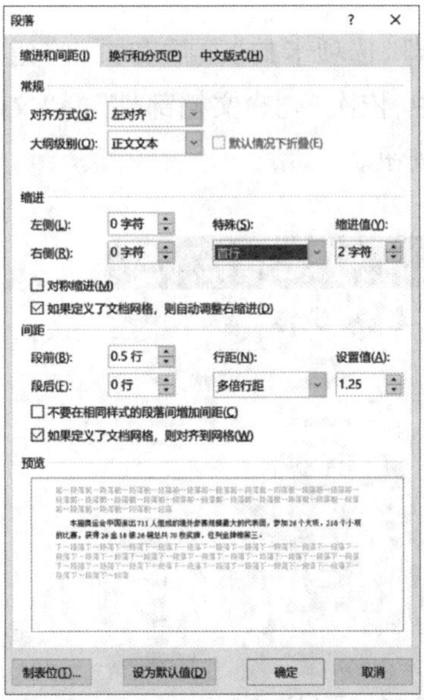

图 9-6 首行缩进设置

Step 3 选中正文其余段落，单击“开始”选项卡“段落”组右下角的扩展按钮，在弹出的窗格中单击“特殊”下拉按钮，选择“首行”，缩进值为“2 字符”(图 9-6)，单击“确定”按钮。

Step 4 选中“里约热内卢”，单击“插入”选项卡“链接”组中的“超链接”按钮，在弹出的“插入超链接”对话框中，输入地址“https://baike.baidu.com/item/里约热内卢”(图 9-7)，单击“确定”按钮。

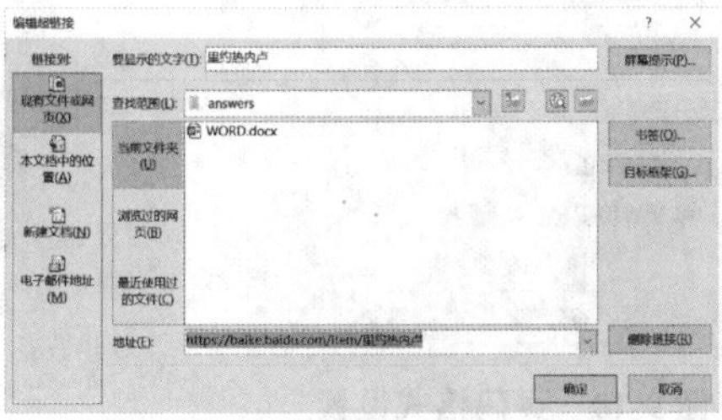

图 9-7 插入链接

第 3 题演练步骤

Step 1 单击“布局”选项卡“页面设置”组右下角的扩展按钮,打开“页面设置”对话框,切换到“纸张”选项卡,设置输入宽度为“20 厘米”,高度为“27.8 厘米”,“应用于”选择“整篇文档”(图 9-8),单击“确定”按钮。

Step 2 选中正文第三段,单击“布局”选项卡,打开“负面设置”分组中的“栏”下拉按钮,选择其中的“更多栏”,打开“栏”对话框,选择“两栏”,勾选“分隔线”和“栏宽相等”,设置栏的宽度为“18 字符”(图 9-9),单击“确定”按钮。

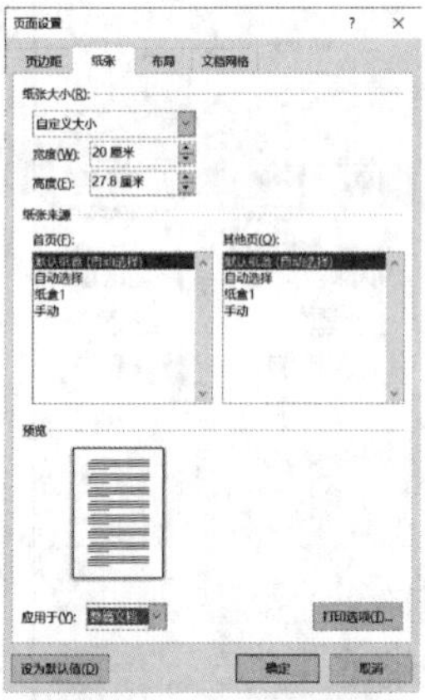

图 9-8 页面设置

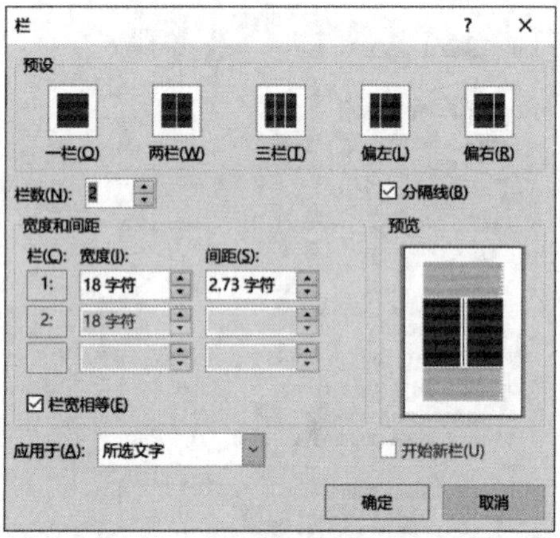

图 9-9 栏

Step 3 将光标定位在正文中,单击“插入”选项卡“页眉和页脚”组中的“页码”下拉按钮,选择“页面底端”下的“带状物”;单击“页码”下拉按钮,选择“设置页码格式”,在弹出的“页码格式”对话框中,“编号格式”选择“-1-,-2-,-3-,…”,起始页码设置为“-3-”(图 9-10),单击“确定”按钮。

Step 4 在“页眉和页脚工具”功能区“页眉和页脚”选项卡的“页眉和页脚”组中,单击“页眉”下拉按钮,选择“空白”。在“插入”组中,依次单击“文档部件”→“文档属性”→“作者”(图 9-11),单击“关闭页眉和页脚”按钮。

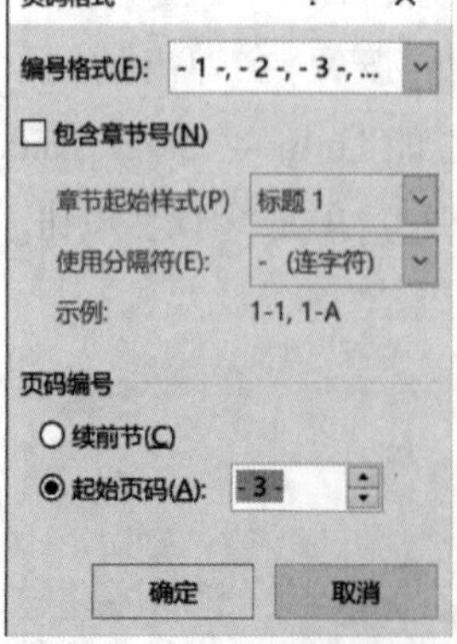

图 9-10 页码格式设置

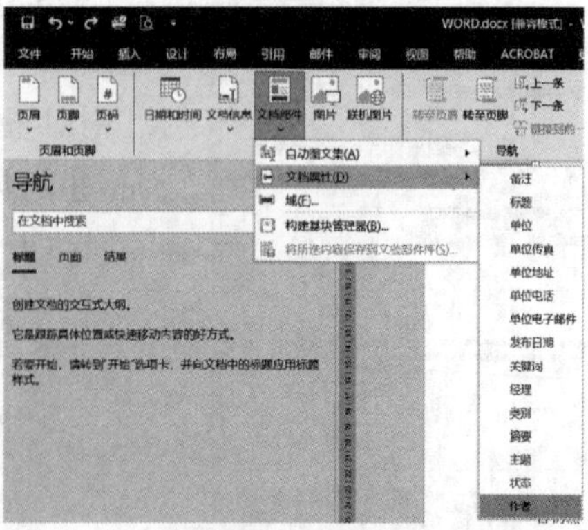

图 9-11 页眉设置

Step 5 单击“设计”选项卡“页面背景”组中的“页面颜色”下拉按钮，选择“填充效果”，打开“填充效果”对话框，切换到“纹理”选项卡，选择“羊皮纸”（图 9-12），单击“确定”按钮。

Step 6 单击“设计”选项卡“页面背景”组中的“水印”下拉按钮，选择“自定义水印”，在弹出的“水印”对话框中选中“文字水印”，输入文字“奥运会”，设置颜色为“红色”，字体为“微软雅黑”（图 9-13），单击“确定”按钮。

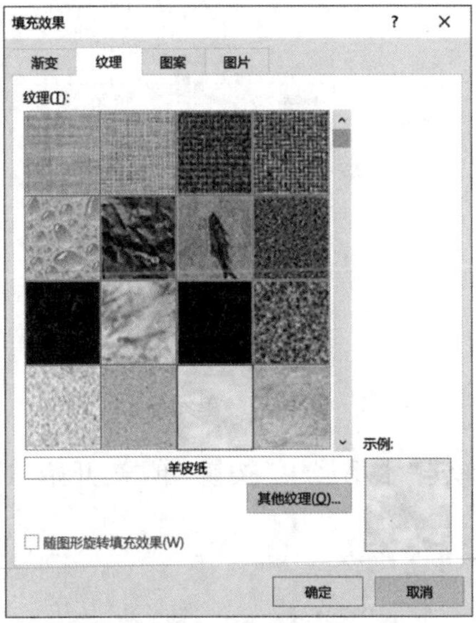

图 9-12 页面颜色填充效果设置

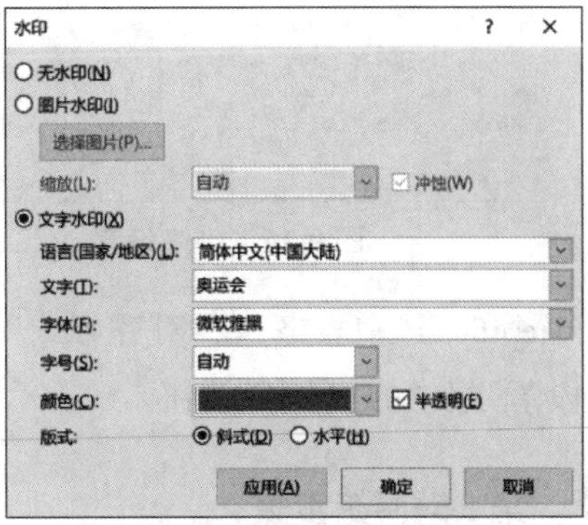

图 9-13 水印设置

第 4 题演练步骤

Step 1 选中文档中最后 6 行文字，单击“插入”选项卡中的“表格”下拉按钮，选择“文本转换成表格”（图 9-14），在弹出的对话框中单击“确定”按钮。

Step 2 将光标定位在最后一列，在“表格工具”功能区“布局”选项卡的“行和列”组中，单击“在右侧插入”按钮，在新列标题中输入“奖牌”。将光标定位在第二个单元格上，单击“数据”组中的“公式”，此时公式默认为“=SUM(LEFT)”（图 9-15），单击“确定”按钮。按照同样的公式，向下填充其他单元格。

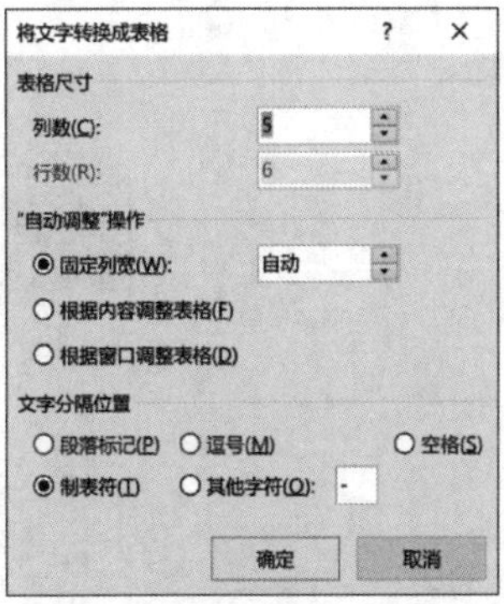

图 9-14 将文字转换成表格

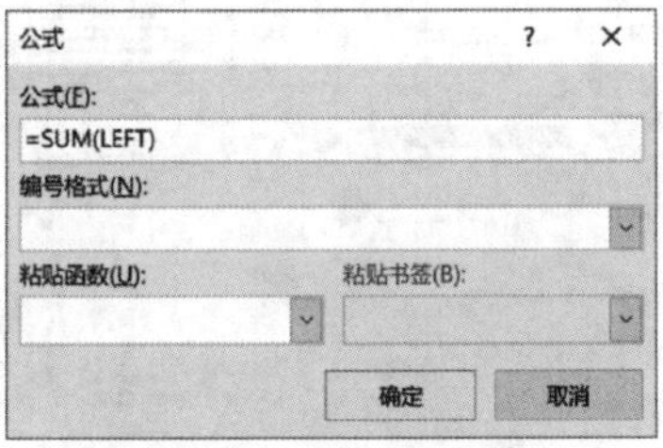

图 9-15 “公式”对话框

Step 3 将光标定位在表格中，单击“排序”按钮，在打开的对话框中选中“有标题行”，设置主要关键字为“奖牌”，类型为“数字”，顺序为“降序”（图 9-16），单击“确定”按钮。

Step 4 选中表格，在“单元格大小”组中，设置列宽为“2.2 厘米”，行高为“0.7 厘米”。单击“对齐方式”组中的“单元格边距”按钮，在弹出的“表格选项”对话框设置左、右边距均为“0.15 厘米”（图 9-17），单击“确定”按钮。

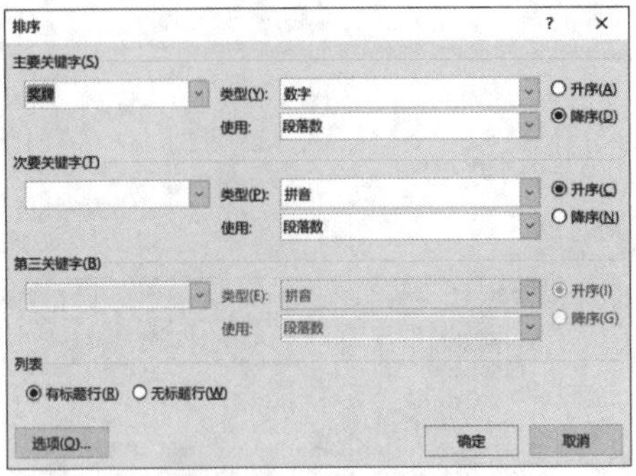

图 9-16 排序设置

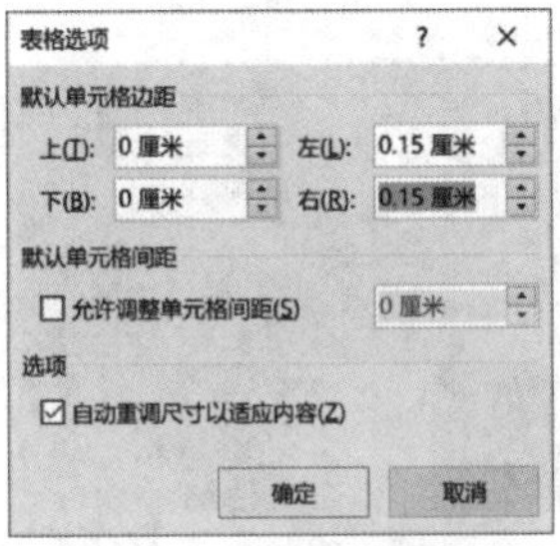

图 9-17 单元格边距设置

Step 5 选中表格，在“对齐方式”组中，单击“水平居中”按钮，单击“开始”选项卡“段落”组中的“居中”按钮。

第 5 题演练步骤

Step 1 选中表格，在“表格工具”功能区“表设计”选项卡的“边框”组中，单击右下角的扩展按钮，打开“边框和底纹”对话框。选择“方框”，“样式”为“双窄线”，“颜色”为“红色”，“宽度”为“0.5 磅”，在右侧预览区域单击添加外边框；单击“自定义”，选择“样式”为“单实线”，“颜色”为“红色”，“宽度”为“0.75 磅”，在右侧预览区域单击添加内框线（图 9-18）。

Step 2 切换到“底纹”选项卡，单击“填充”下拉按钮，在下拉列表中选择“茶色，背景 2，深色 10%”（图 9-19），单击“确定”按钮。

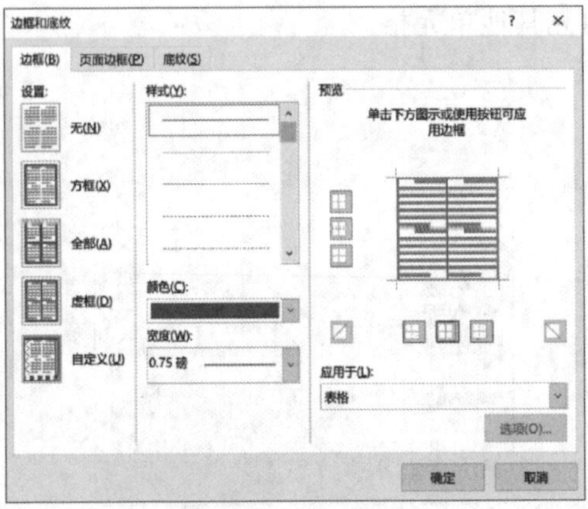

图 9-18 边框设置

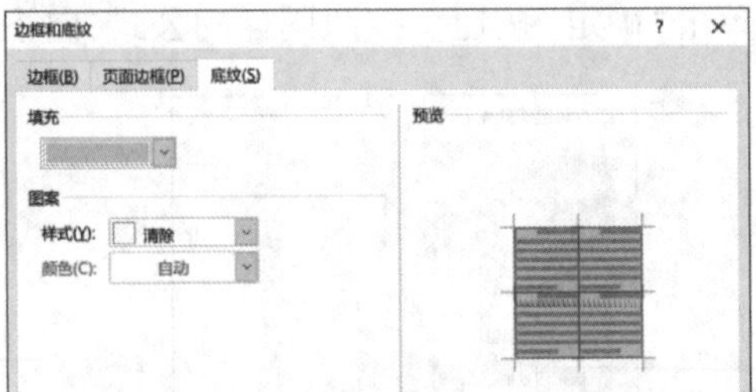

图 9-19 底纹设置

Step 3　选中表格第一行,单击“边框”组右下角的扩展按钮,打开“边框和底纹”对话框,此时框线默认设置为“0.5 磅的红色双窄线”,在右侧预览区域单击两次“下框线”按钮进行应用(图 9-20),单击“确定”按钮。

Step 4　将光标定位在表题末尾处,单击“引用”选项卡“脚注”组中的“插入脚注”按钮,输入脚注内容。

Step 5　保存并关闭文件。

最终效果如图 9-21 所示。

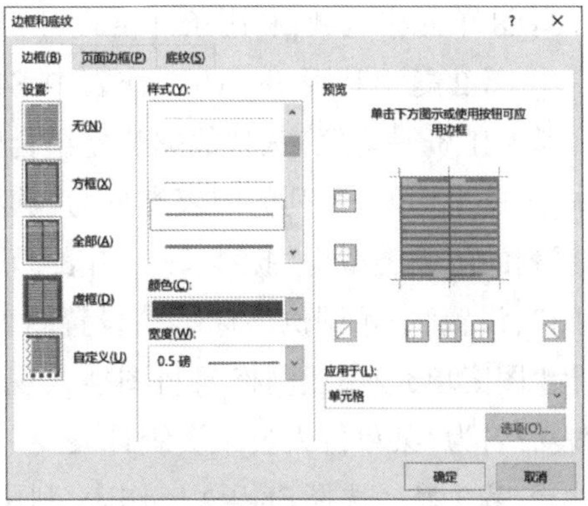

图 9-20　添加下框线

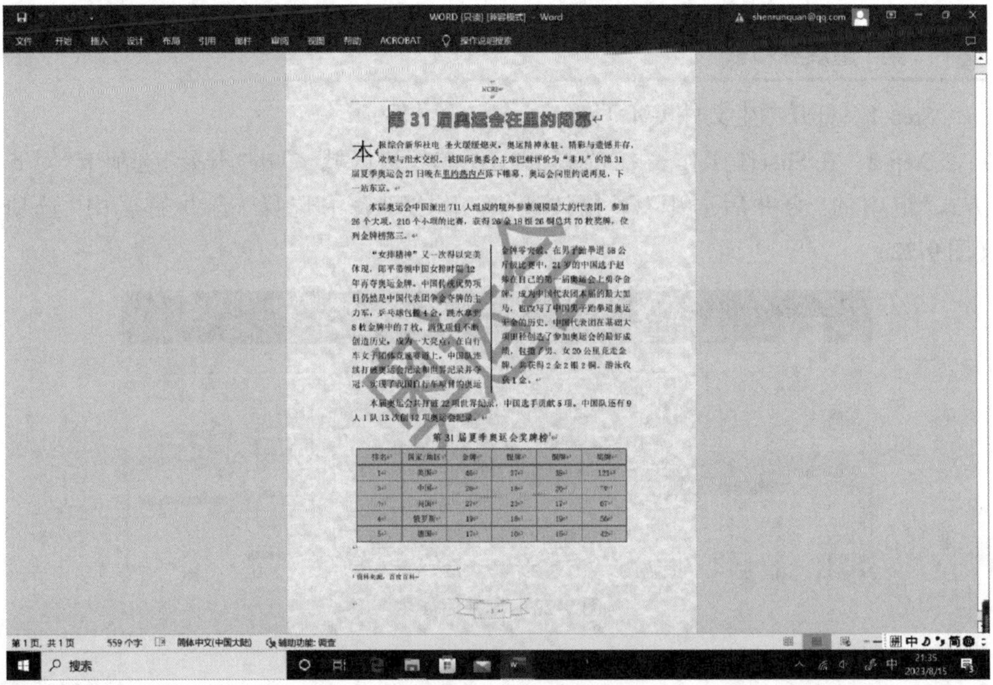

图 9-21　最终效果

9.2　Excel 演练题

打开考生文件夹 4 下的电子表格 Excel.xlsx,按照下列要求完成对此电子表格的操作并保存。

第 1 题　将 Sheet1 工作表的 A1:D1 单元格合并为一个单元格,内容水平居中;计算各职称(高工、工程师、助工)的人数(请使用 COUNTIF 函数)和基本工资平均值(请使用 AVERAGEIF 函数,数值型,保留小数点后 0 位),并将结果分别置于 G5:G7 和 H5:H7 单元格区域;计算各性别(男、女)在各职称(高工、工程师、助工)上的基本工资平均值(请使用 AVERAGEIFS 函数,数值型,保留小数点后 0 位),并将结果置于

L3:L8 单元格区域;利用条件格式对 F4:H7 单元格区域设置“红-黄-绿色阶”。

第 2 题 利用 Sheet1 工作表中 F4:F7 列(职称)、G4:G7 列(人数)和 H4:H7 列(基本工资平均值)三列数据建立组合图;设置“基本工资平均值”系列为主坐标,“基本工资平均值”系列的图表类型为“簇状柱形图”;设置“人数”系列为次坐标,“人数”系列的图表类型为“折线图”,图表标题位于图表上方,图表标题为“人员工资统计图”,设置“显示图例项标示”;设置图表颜色为“彩色调色板 2”,设置绘图区填充格式为“图案填充/虚线网格”;将图插入现工作表的 F9:K24 单元格区域,将 Sheet1 工作表命名为“某单位人员工资统计表”。

第 3 题 选择 Sheet2 工作表,利用工作表内数据清单的内容建立数据透视表,按行为“季度”,列为“产品类别”,数据为“销售额(万元)”进行求和布局,并将结果置于现工作表的 I10:N15 单元格区域,将 Sheet2 工作表命名为“产品销售情况表”。

第1题演练步骤

Step 1 打开考生文件夹 4 下的 Excel. xlsx 文件。

Step 2 在 Sheet1 工作表中,选择 A1:D1 单元格区域,单击“开始”选项卡“对齐方式”组中的“合并后居中”下拉按钮,在下拉列表中选择“合并后居中”选项(图 9-22)。

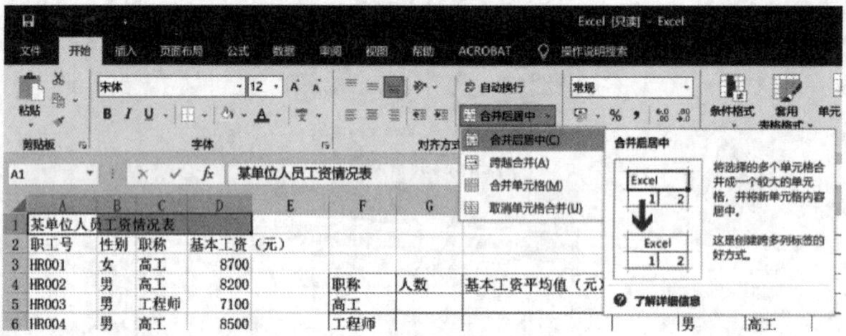

图 9-22 合并后居中

Step 3 选中 G5 单元格,单击公式编辑栏中的“插入函数”按钮,选择函数“COUNTIF”,单击“确定”按钮,将光标定位至 Range 参数文本框中,选择 C3:C22 单元格区域,选中 Range 参数文本框中的内容“C3:C22”,按下 F4 键,将其改为绝对地址,将光标定位至 Criteria 参数文本框中,单击 F5 单元格(图 9-23),单击“确认”按钮,并向下填充。

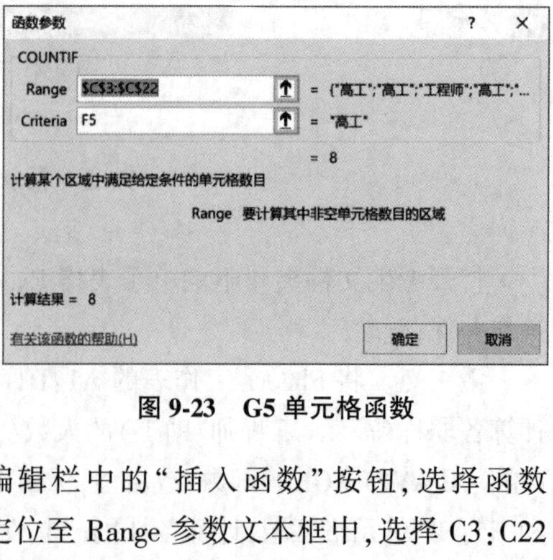

图 9-23 G5 单元格函数

Step 4 选中 H5 单元格,单击公式编辑栏中的“插入函数”按钮,选择函数“AVERAGEIF”,单击“确定”按钮,将光标定位至 Range 参数文本框中,选择 C3:C22 单元格区域,将光标定位至 C3 单元格,按下 F4 键,再将光标定位至 C22 单元格,再次按下 F4 键;将光标定位至 Criteria 参数文本框中,单击 F5 单元格;将光标定位至 Average_range 参数文本框中,选择 D3:D22 单元格区域,选中 Range 参数文本框中的内容“D3:D22”,按下 F4 键,将其改为绝对地址,(图 9-24),单击“确认”按钮,并向下填充。

Step 5 选中 H5:H7 单元格区域,单击“开始”选项卡“数字”组右下角的扩展按钮,在弹出的对话框中选择“数值”,设置小数位数为“0”(图 9-25),单击“确定”按钮。

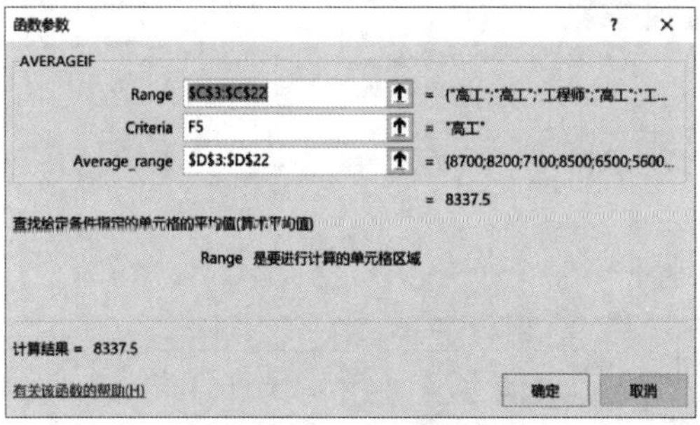

图 9-24 H5 单元格函数

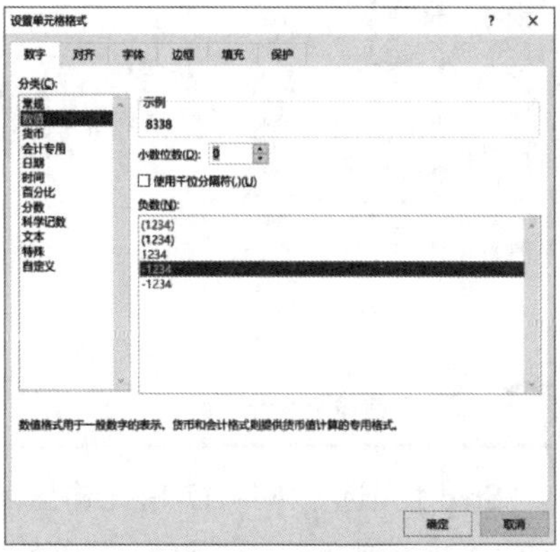

图 9-25 小数位数

Step 6 选中 L3 单元格,单击公式编辑栏中的“插入函数”按钮,选择函数“AVERAGEIFS”,单击“确定”按钮,将光标定位至 Average_range 的参数文本框中,选择 D3:D22 单元格区域,同 Step 3 的方法借助 F4 键将“D3:D22”改为绝对地址;将光标定位至 Criteria_range1 参数文本框中,选择 C3:C22 单元格区域,借助 F4 键将“C3:C22”改为绝对地址;将光标定位至 Criteria1 的参数文本框中,单击 K3 单元格;将光标定位至 Criteria_range2 的参数文本框中,单击 B3:B22 单元格区域,借助 F4 键将“B3:B22”改为绝对地址;将光标定位至 Criteria2 的参数文本框中,单击 J3 单元格(图 9-26),单击“确认”按钮,并向下填充。

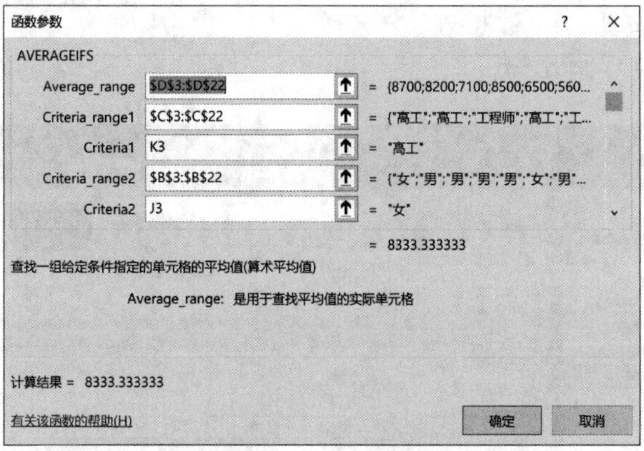

图 9-26 L3 单元格函数

Step 7 选中 L3:L8 单元格区域,单击“开始”选项卡“数字”组右下角的扩展按钮,在弹出的对话框中选择“数值”,设置小数位数为“0”,单击“确定”按钮。

Step 8 选中 F4：H7 单元格区域，在“开始”选项卡“样式”组中，单击“条件格式”下拉按钮，在“色阶”下选择“红-黄-绿色阶”（图 9-27）。

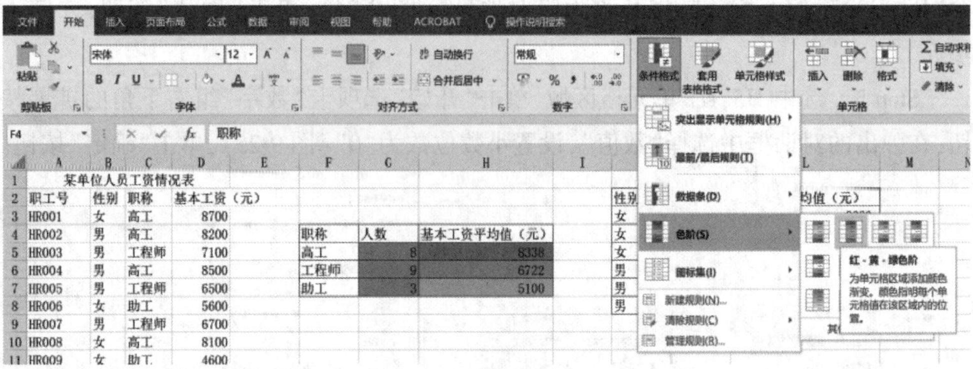

图 9-27 色阶

第 2 题演练步骤

Step 1 选中 F4：H7 单元格区域，单击“插入”选项卡“图表”组右下角的扩展按钮，打开“插入图表”对话框，在“所有图表”选项卡中选择“组合图”，设置“人数”为“折线图”，“基本工资平均值（元）”为“簇状柱形图”，在“人数”后勾选“次坐标轴”（图 9-28），单击“确定”按钮。

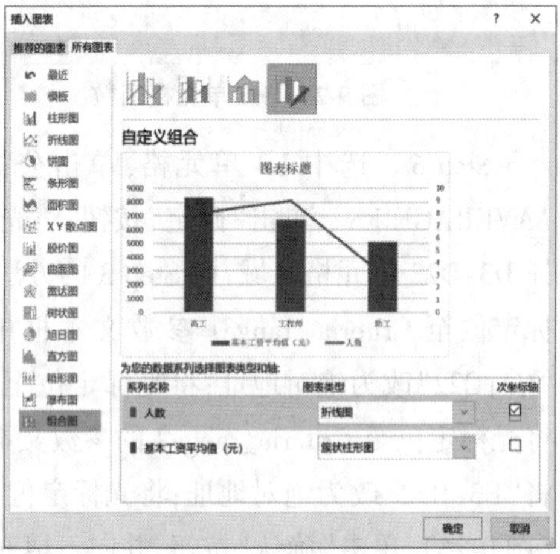

图 9-28 插入图表

Step 2 修改图表标题为“人员工资统计图”。

Step 3 单击“图表工具”功能区“图表设计”选项卡“图表布局”组中的“添加图表元素”下拉按钮，在“数据表”中选择“显示图例项标示”（图 9-29）。

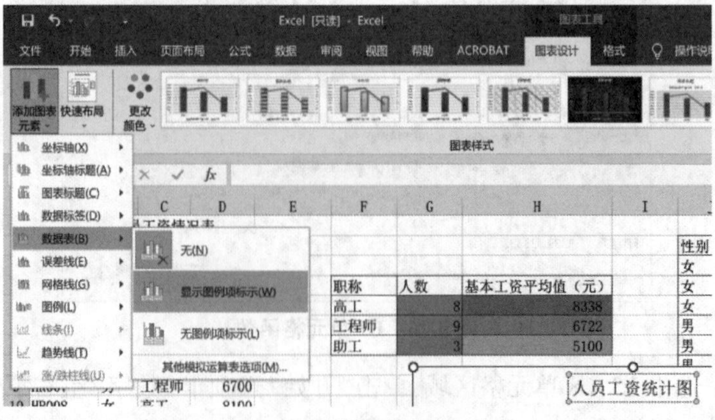

图 9-29 显示图例项标示

Step 4 在“图表工具”功能区“图表设计”选项卡“图表样式”组中,单击“更改颜色”下拉按钮,选择“彩色调色板 2”(图 9-30)。

Step 5 在“图表工具”功能区“格式”选项卡“当前所选内容”组“图表元素”中选择“绘图区”,单击“设置所选内容格式”,打开“设置绘图区格式”窗格,在“图案填充”下选择“虚线网格”(图 9-31),关闭窗格。

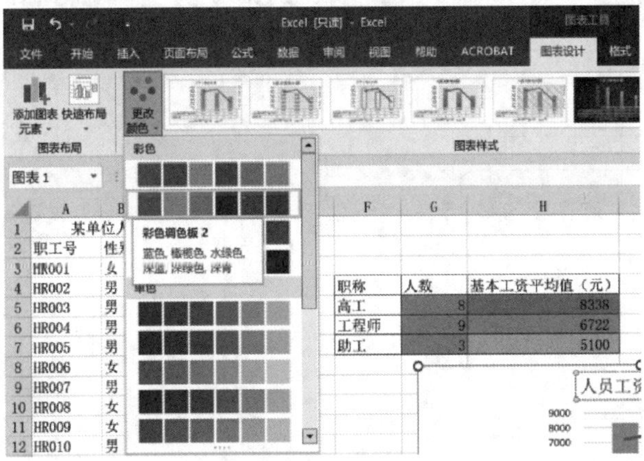

图 9-30 更改颜色

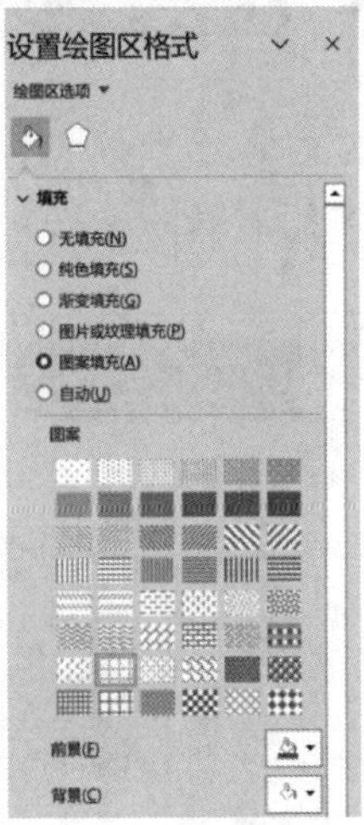

图 9-31 绘图区图案填充

Step 6 调整图表大小并将其移动到 F9:K24 单元格区域。

Step 7 双击 Sheet1 工作表标签,将其重命名为“某单位人员工资统计表”(注意:工作表名称一定要改正确,否则考试时检测不到这个工作表,该题得 0 分)。

第 3 题演练步骤

Step 1 在 Sheet2 工作表中,选中任一数据单元格,在“插入”选项卡“表格”组中,单击“数据透视表”下拉按钮,在弹出的对话框中将数据透视表的放置位置设置为“Sheet2!$I$10”(图 9-32),单击“确定”按钮。打开“数据透视表字段”窗格。

Step 2 将“季度”拖到“行”,“产品类别”拖到“列”,“销售额(万元)”拖到“值”(图 9-33)。

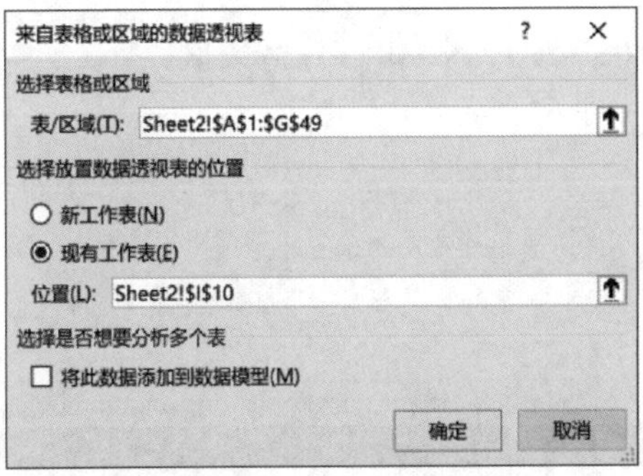

图 9-32 数据透视表

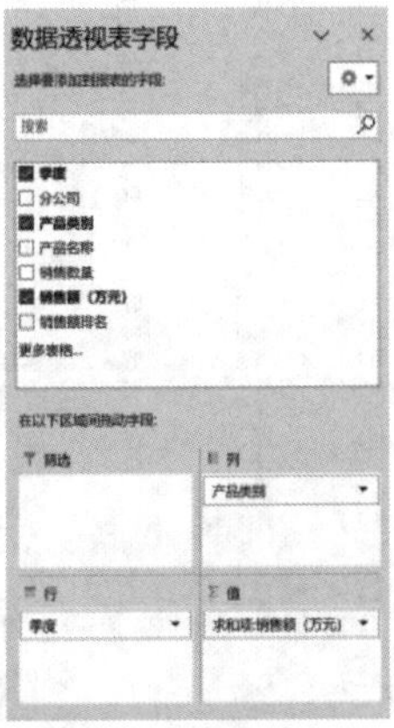

图 9-33 字段

Step 3 双击 Sheet2 工作表标签,将其重命名为"产品销售情况表"(注意:工作表名称一定要改正确,否则考试时检测不到这个工作表,该题得 0 分)。

Step 4 保存并关闭文件。

最终效果如图 9-34 和图 9-35 所示。

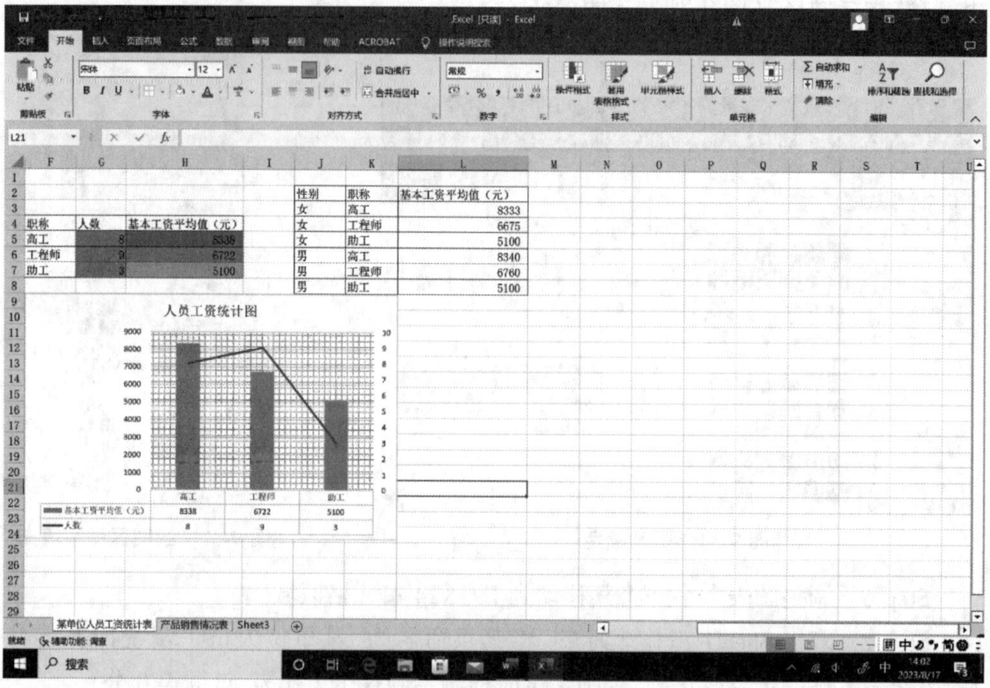

图 9-34 最终效果一

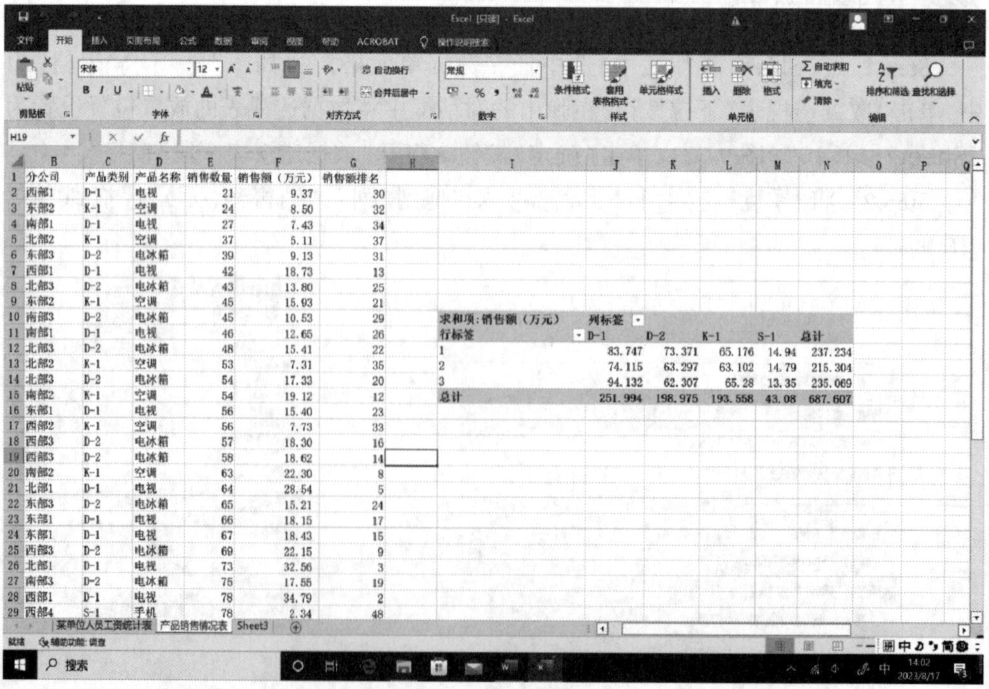

图 9-35 最终效果二

9.3 PowerPoint 演练题

打开考生文件夹 4 下的演示文稿 yswg. pptx，按照下列要求完成对此文稿的修饰并保存。

第 1 题　为整个演示文稿应用“回顾”主题，设置幻灯片的大小为“宽屏(16∶9)”，放映方式为“观众自行浏览(窗口)”。

第 2 题　将第 1 张幻灯片的版式改为“两栏内容”，标题为“烹调鸡蛋的常见错误”，将考生文件夹 4 下的图片文件“ppt1. jpg”插入第 1 张幻灯片右侧的内容区，图片样式为“金属椭圆”，图片效果为“三维旋转”的“倾斜-倾斜：右上”；图片动画设置为“强调/陀螺旋”，效果选项为“逆时针”；左侧文字动画设置为“进入/轮子”；动画顺序为先文字后图片；将第 1 张幻灯片的背景设置为“花束”纹理。

第 3 题　在第 2 张幻灯片的标题中输入“错误的鸡蛋剥壳方法”；将考生文件夹 4 下的文本文件“ppt2. txt”插入第 2 张幻灯片左侧的内容区；将考生文件夹 4 下的图片文件“ppt2. jpg”插入第 2 张幻灯片右侧的内容区。

第 4 题　将第 3 张幻灯片的版式改为“两栏内容”，主标题为“错误的敲破鸡蛋方法”，将考生文件夹 4 下的图片文件“ppt3. jpg”插入第 3 张幻灯片右侧的内容区。

第 5 题　将第 4 张幻灯片的版式改为“空白”，在指定位置(水平：2. 3 厘米，从：左上角，垂直：6 厘米，从：左上角)插入形状“星与旗帜/卷形：垂直”，形状填充为“紫色(标准色)”，高度为“8. 6 厘米”，宽度为“3 厘米”。然后从左至右再插入与第一个竖卷形格式大小完全相同的 5 个竖卷形，并参考考生文件夹 4 下的文本文件 ppt4. txt 的内容，按段落顺序(前 6 段)依次将该文本文件每段的第一句话从左至右分别插入各竖卷形。例如，在左边的第二个竖卷形中插入文本“大火炒鸡蛋”。6 个竖卷形的动画都设置为“进入/飞入”。除了左边第一个竖卷形外，其他竖卷形动画的“开始”均设置为“上一动画之后”，“持续时间”均设置为“02. 00”(2 秒)。在备注区插入备注“烹调鸡蛋的其他常见错误”。

第 6 题　将全体幻灯片的切换方式设置为“旋转”，效果选项为“自底部”。

第 1 题演练步骤

Step 1　打开考生文件夹 4 下的文件 yswg. pptx，在“设计”选项卡“主题”组中，设置幻灯片主题为“回顾”；单击“自定义”组中的“幻灯片大小”下拉按钮，选择“宽屏(16∶9)”。

Step 2　单击“幻灯片放映”选项卡“设置”组中的“设置幻灯片放映”按钮，在弹出的对话框中选择“观众自行浏览(窗口)”(图 9-36)，单击“确定”按钮。

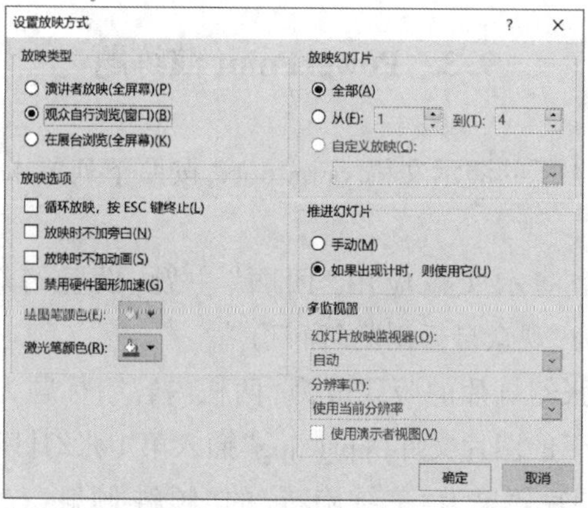

图 9-36　放映方式设置

第 2 题演练步骤

Step 1　选择第 1 张幻灯片，单击“开始”选项卡“幻灯片”组中的“版式”下拉按钮，选择“两栏内容”（图 9-37）。

Step 2　在标题占位符内输入“烹调鸡蛋的常见错误”；单击右侧占位符内的“图片”按钮，在弹出的对话框中选择考生文件夹 4 下的图片“ppt1. jpg”，单击“插入”按钮。

Step 3　选中图片，单击“图片工具”下“图片格式”选项卡“图片样式”组中的“其他”下拉按钮，选择“金属椭圆”（图 9-38）；单击“图片效果”下拉按钮，选择“三维旋转”中的“倾斜-倾斜：右上”（图 9-39）。

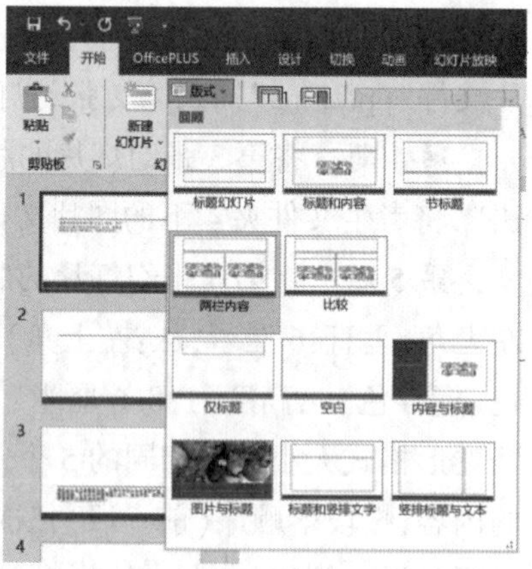

图 9-37　幻灯片版式设置

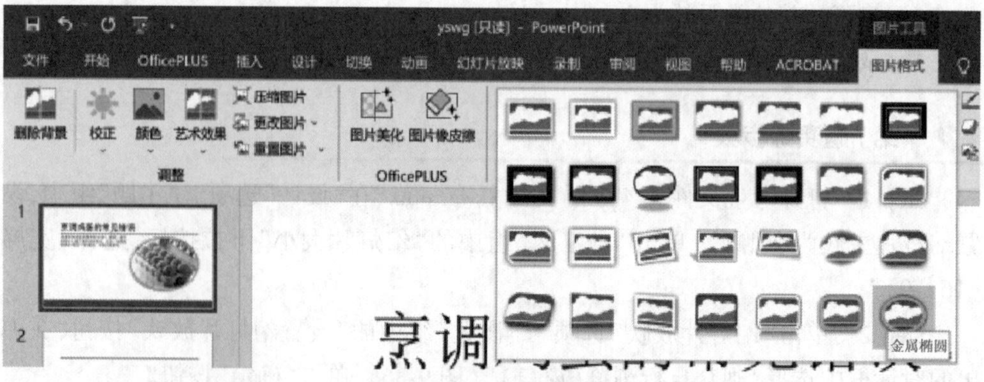

图 9-38　图片样式设置

Step 4　选中图片，在“动画”选项卡“动画”组中，设置动画效果为“强调-陀螺旋”，单击“效果选项”下拉按钮，选择“逆时针”；选中左侧内容占位符，在“动画”组中设置动画效果为“进入-轮子”，单击“计时”组中的“向前移动”按钮，使动画顺序为先文字后图片。

Step 5 选择第1张幻灯片，单击鼠标右键，选择“设置背景格式”，在右侧弹出的窗格中选择“图片或纹理填充”，单击“纹理”下拉按钮，选择“花束”（图9-40），关闭窗格。

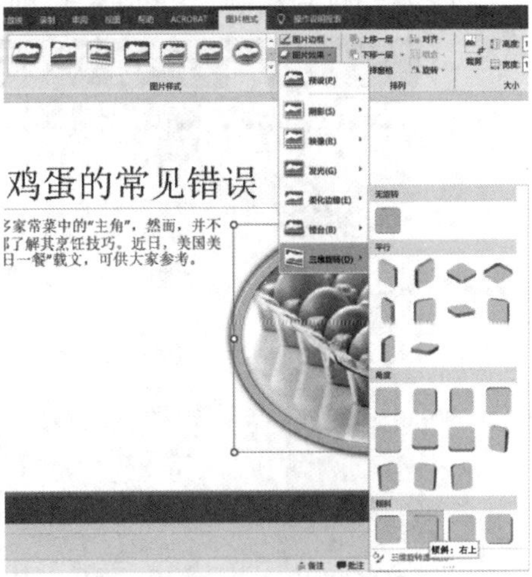

图 9-39 图片效果设置

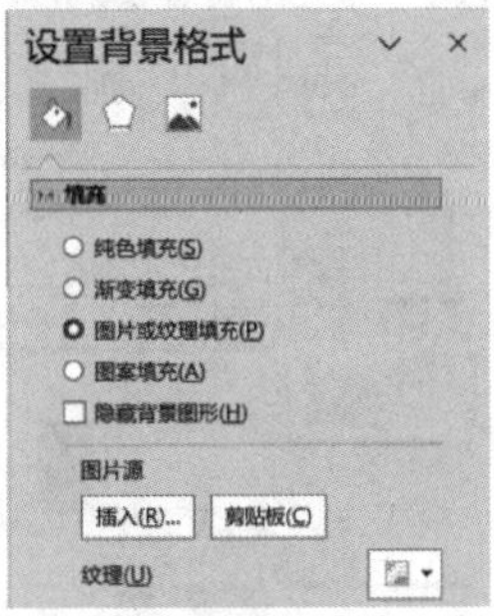

图 9-40 背景格式设置

第3题演练步骤

Step 1 选择第2张幻灯片，在标题占位符内输入“错误的鸡蛋剥壳方法”。

Step 2 打开考生文件夹4下的文件“ppt2. txt”，选中并复制（按 Ctrl + C 组合键）里面的文本，返回演示文稿“yswg. pptx”，将鼠标定位到第2张幻灯片左侧内容占位符，单击鼠标右键，“粘贴选项”选择“只保留文本”；单击右侧内容占位符内的“图片”按钮，选择考生文件夹4下的图片“ppt2. jpg”，单击“插入”按钮。

第4题演练步骤设置

Step 1 选择第3张幻灯片，单击“开始”选项卡“幻灯片”组中的“版式”下拉按钮，选择“两栏内容”（图9-41）。

Step 2 在标题占位符内输入“错误的敲破鸡蛋方法”；单击右侧内容占位符内的“图片”按钮，选择考生文件夹4下的图片“ppt3. jpg”，单击“插入”按钮。

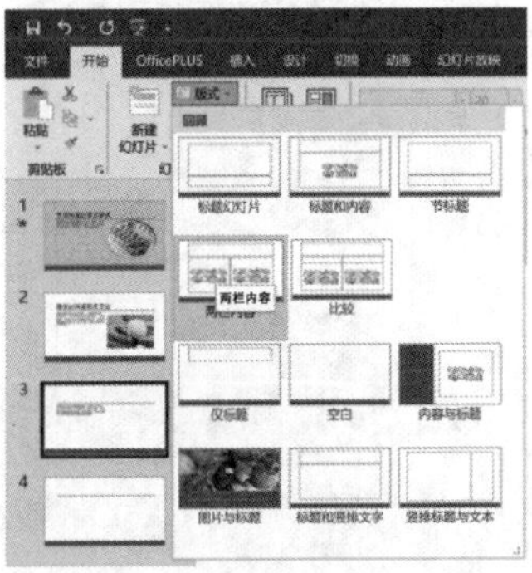

图 9-41 幻灯片版式设置

第 5 题演练步骤

Step 1 选择第 4 张幻灯片,单击“开始”选项卡“幻灯片”组中的“版式”下拉按钮,选择“空白”(图 9-42)。

Step 2 单击“插入”选项卡“插图”组中的“形状”下拉按钮,选择“星与旗帜”下的“卷形:垂直”(图 9-43),鼠标光标变为十字形,在幻灯片绘制“卷形:垂直”的插图。

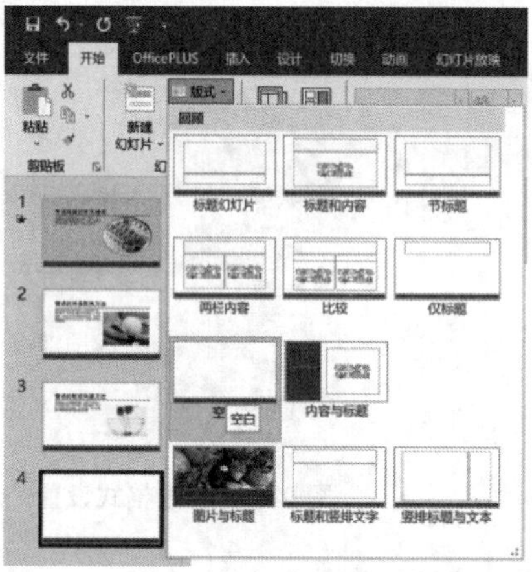

图 9-42 幻灯片版式设置

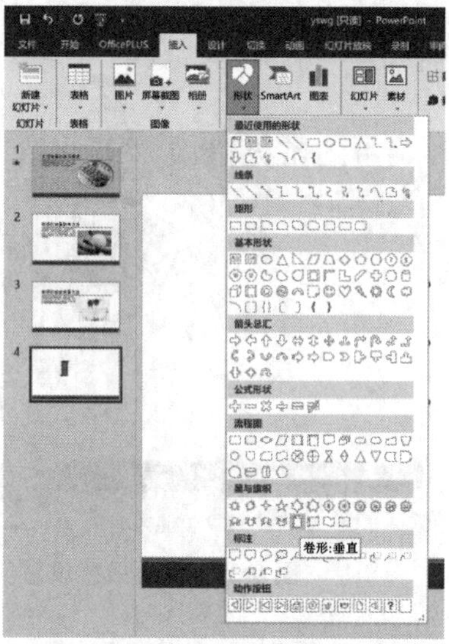

图 9-43 插入形状

Step 3 选择图形,单击鼠标右键,在弹出的快捷菜单中选择“设置形状格式”,右侧弹出窗格,依次选择“形状”选项→“大小与属性”,在“大小”选项下,设置高度为“8.6 厘米”,宽度为“3 厘米”;在“位置”选项下,设置水平位置为“2.3 厘米,左上角”,垂直位置设置为“6 厘米,左上角”(图 9-44);在“形状”选项下,单击“填充与线条”按钮,选择“纯色填充”,单击“颜色”下拉按钮,选择标准色中的“紫色”(图 9-45),或者可以直接选择图形后,依次点击“绘图工具”→“格式”→“形状填充”,选择“紫色”(标准色),关闭窗格。

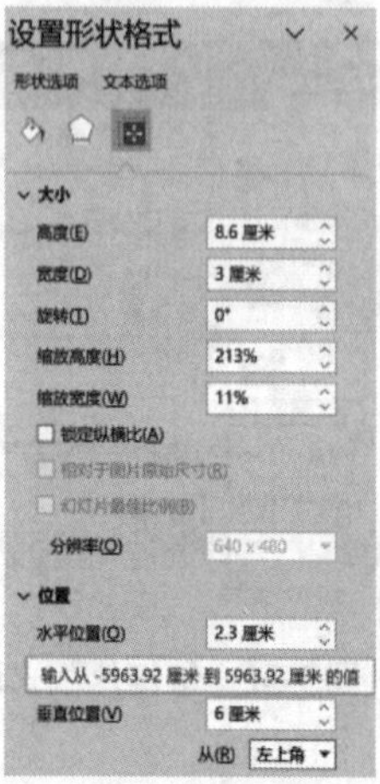

图 9-44 大小与属性设置

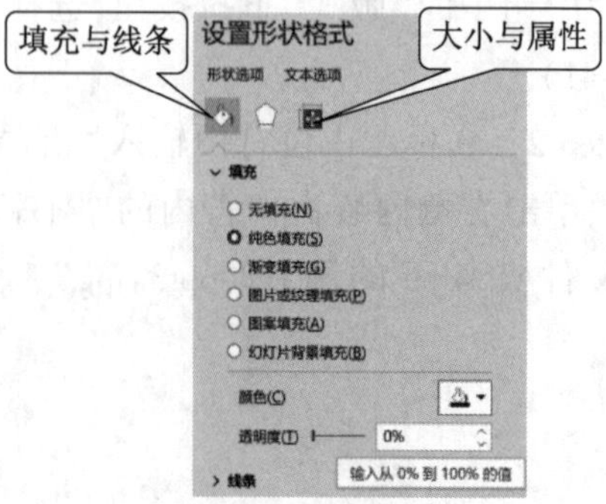

图 9-45 填充设置

Step 4 选择图形,按住 Ctrl 键,鼠标向右拖动,即可插入与其完全相同的形状,按照同样的方法插入其余竖卷形。

Step 5 打开考生文件夹 4 下的文件"ppt4. txt",选择并复制(按下 Ctrl + C 组合键)文字"沸水煮鸡蛋",回到演示文稿"yswg. pptx",选择第 4 张幻灯片中的第一个"卷形:垂直"插图,单击鼠标右键,在弹出的快捷菜单中选择"编辑文字"(图 9-46),按下 Ctrl + V 组合键粘贴。按照同样的方法设置其余竖卷形。

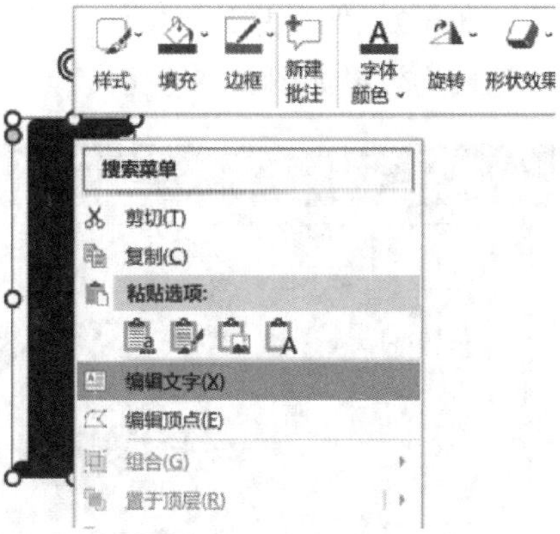

图 9-46 编辑文字

Step 6 选中全部的竖卷形,在"动画"选项卡"动画"组中,设置动画效果为"进入/飞入"。选中除第一个竖卷形之外的所有卷形,在"计时"组中,设置开始为"上一动画之后",设置持续时间为"02. 00"(2 秒)。

Step 7 在备注区输入"烹调鸡蛋的其他常见错误"。

第 6 题演练步骤

Step 1 任意选中一张幻灯片,在"切换"选项卡"切换到此幻灯片"组中,设置切换方式为"旋转"(图 9-47),单击"效果选项"下拉按钮,选择"自底部",单击"计时"组中的"应用到全部"按钮 应用到全部 。

图 9-47 切换方式设置

Step 2 保存并关闭文件。

最终效果如图 9-48 所示。

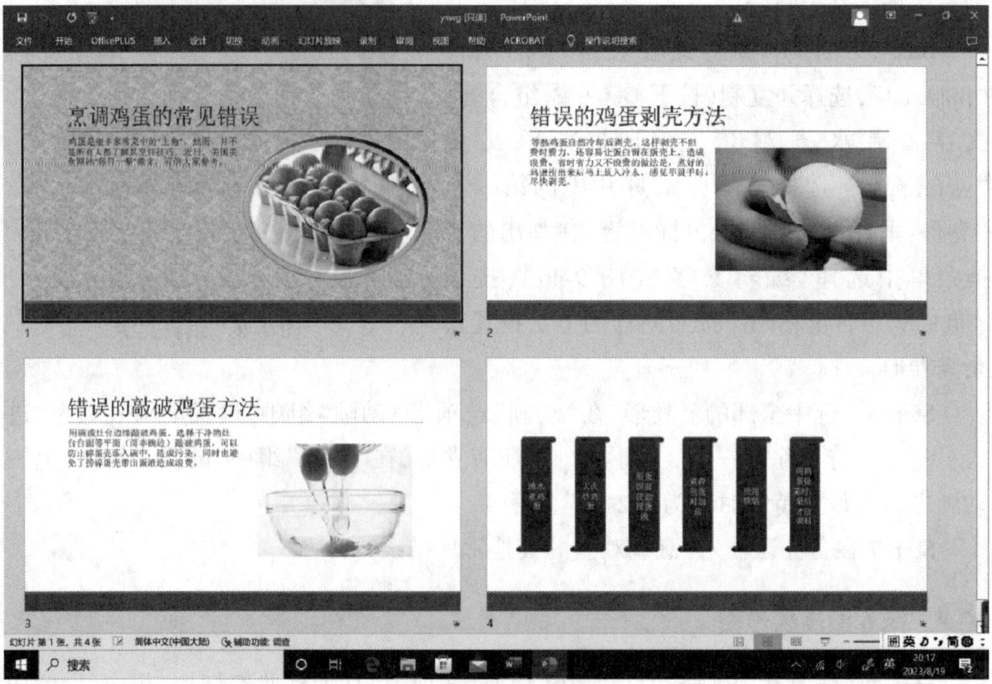

图 9-48 最终效果

10 实战演练五

10.1 Word 演练题

在考生文件夹 5 下，打开文档 WORD.DOCX，按照下列要求完成操作并保存文档。

第 1 题 将文档中所有错词“鹰洋”替换为加着重号的“营养”；将标题段文字（“果品中的营养成分”）设置为“三号，黑体，居中”，并设置其文本效果为内置样式“填充：白色；边框：红色，主题色 2；清晰阴影：红色，主题色 2”，映像效果为“映像变体/全映像：接触”；将标题段文字间距设置为加宽“5 磅”；为标题段文字添加蓝色（标准色）“粗线”型下划线。

第 2 题 设置正文各段落（“果品……身体健康。”）行距为“1.25 倍”，段前间距为“0.5 行”，并将正文各段中的文字和符号修改为“全角”状态；设置正文第 1 段（“果品……坚果类。”）首字下沉“2 行”，距正文“0.2 厘米”，正文其余段落（“水果……身体健康。”）首行缩进“2 字符”；为正文第三段至第六段（“糖类：……含磷较多。”）添加“1），2），3），…”样式的编号；为正文第八段至第十一段（“糖尿病患者：……较多的水果”）添加“◆”项目符号。

第 3 题 设置页面上、下页边距均为“3 厘米”，装订线位于左侧 0.5 厘米处；在页面底端插入“滚动”样式页码，并设置页码编号格式为“i，ii，iii，…”，起始页码为“iii”；删除页眉处的横线；为文档添加文字水印，水印内容为“水果与健康”，水印颜色为“蓝色”（标准色），水印字体为“黑体”；为表题（“部分水果每 100 克食品中可食部分营养成分含量一览表”）添加超链接“http://www.baidu.com.cn”。

第 4 题 将文档中最后 12 行文字转换为 12 行 6 列的表格；用内置样式“网格表 5 深色-着色 6”修饰表格，设置表格样式选项为“标题行”“第一列”“镶边列”；设置表格居中，表格中第一行和第一列的内容水平居中，其余内容中部右对齐；设置表格列宽为“2 厘米”，行高为“0.6 厘米”；设置表格单元格的左边距为“0.1 厘米”，右边距为“0.4 厘米”。

第 5 题 将表格第一行设置表格“重复标题行”；表格内容主要关键字“糖类（克）”列依据“数字”类型升序排序，次要关键字“VC（毫克）”列依据“数字”类型降序排列。

第1题演练步骤

Step 1　双击打开考生文件夹5下的文档WORD. DOCX,单击“开始”选项卡“编辑”组中“替换”按钮,在“查找内容”文本框中输入“鹰洋”,“替换为”文本框中输入“营养”,单击“更多”按钮,单击“格式”下拉按钮,在下拉列表中选择“字体”,在弹出的“替换字体”对话框中,单击“着重号”下拉按钮,选择“ · ”(图10-1),单击“确定”按钮。单击“全部替换”按钮,单击“确定”按钮,单击“关闭”按钮。

图10-1　替换字体

Step 2　选中标题,在“开始”选项卡“字体”组中,设置字体为“黑体”,字号为“三号”。在“段落”组中,单击“居中”按钮。

Step 3　选中标题,单击“字体”组中的“文本效果和版式”下拉按钮,选择“填充:白色;边框:红色,主题色2;清晰阴影:红色,主题色2”。单击“字体”组右下角的扩展按钮,在打开的对话框中单击“文字效果”按钮,打开“设置文本效果格式”窗格,切换到“文字效果”选项卡,在“映像”分组下单击“预设”下拉按钮,选择“全映像:接触”(图10-2),单击“确定”按钮。

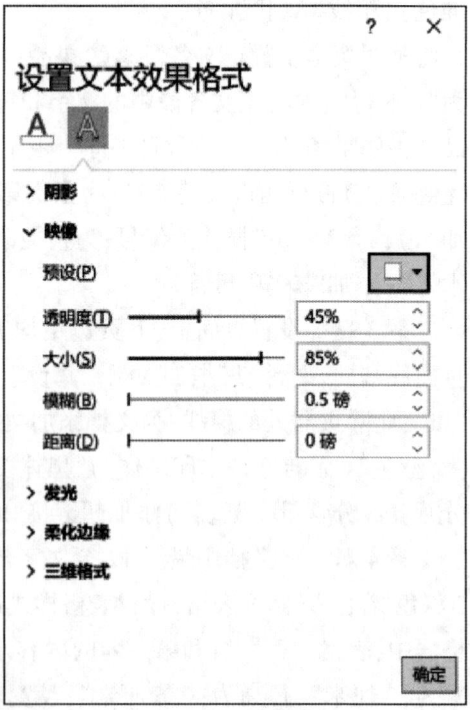

图10-2　映像设置

Step 4　单击“开始”选项卡“字体”组右下角的扩展按钮,打开“字体”对话框,单击“字体”选项卡中的“下划线线型”下拉按钮,选择“粗线”,依次单击“下划线线型”→“下划线颜色”,选择“蓝色”;切换到“高级”选项卡,单击“间距”下拉按钮,选择“加宽”,磅值设为“5磅”(图10-3),单击“确定”按钮。

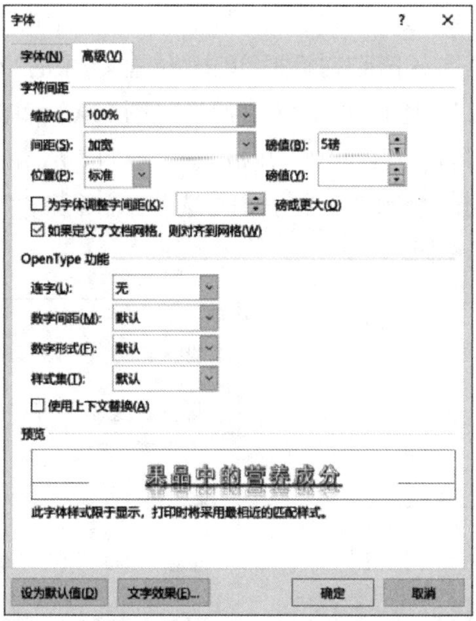

图 10-3　字体间距设置

第 2 题演练步骤

Step 1　选中正文各段文字，单击“开始”选项卡“段落”组右下角的扩展按钮，打开“段落”对话框，设置段前间距为“0.5 行”，行距为“多倍行距”，设置值为“1.25”（图 10-4），单击“确定”按钮。

Step 2　保持文字选中状态，在“字体”组中单击“更改大小写”下拉按钮，选择“全角”，如图 10-5 所示。

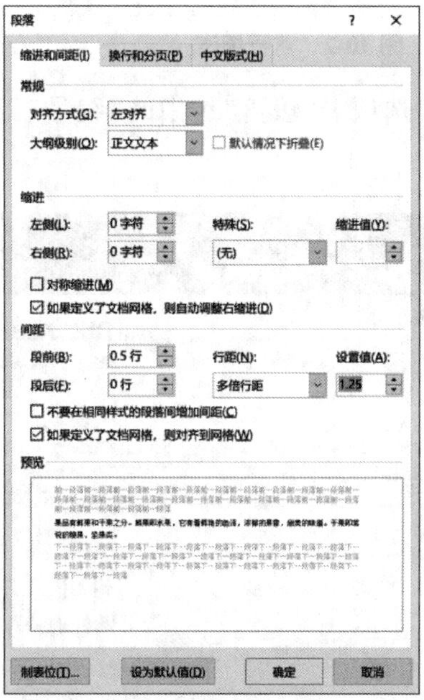

图 10-4　段落间距设置

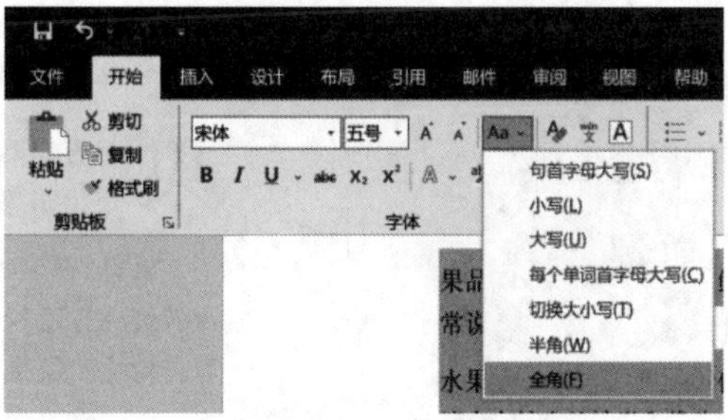

图 10-5　更改大小写

Step 3 选中正文第一段，单击“插入”选项卡“文本”组中的“首字下沉”按钮，选择“首字下沉选项”，打开“首字下沉”对话框，单击“位置”组中的“下沉”按钮，在“选项”组中设置“下沉行数”为“2”，“距正文”为“0.2 厘米”（图 10-6），单击“确定”按钮。

Step 4 选中正文其余段落，单击“开始”选项卡“段落”组右下角的扩展按钮，打开“段落”对话框，单击“特殊”下拉按钮，选择“首行”，“缩进值”为“2 字符”（图 10-7），单击“确定”按钮。

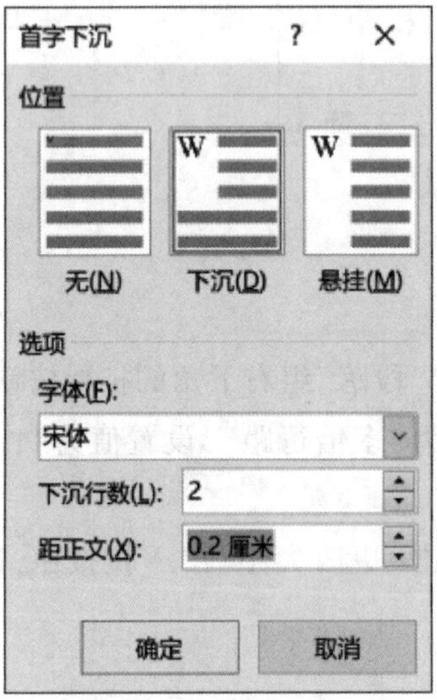

图 10-6　首字下沉设置

图 10-7　首行缩进

Step 5 选中正文第三段至第六段，单击“开始”选项卡“段落”组中的“编号”下拉按钮，选择需要的编号格式（图 10-8）。

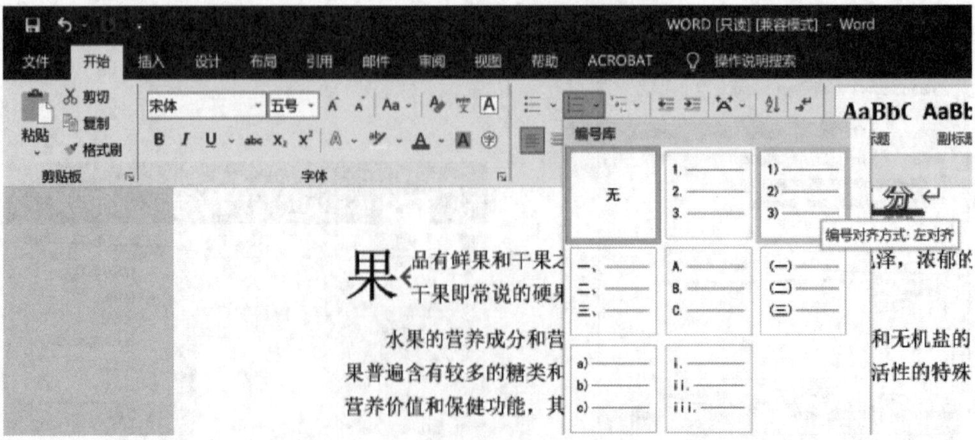

图 10-8　编号设置

Step 6 选中正文第八段至第十一段,单击“开始”选项卡“段落”组中的“项目符号”下拉按钮,选择需要的项目符号(图 10-9)。

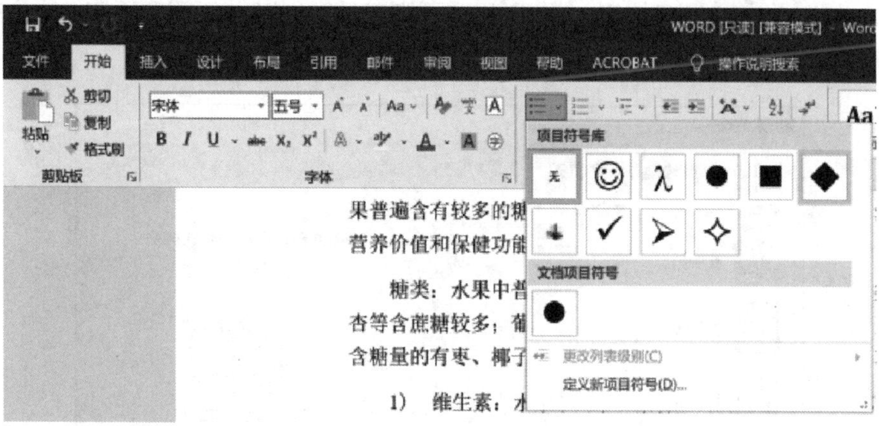

图 10-9 项目符号设置

第 3 题演练步骤

Step 1 单击“布局”选项卡“页面设置”组右下角的扩展按钮,打开“页面设置”对话框,设置上、下页边距均为“3 厘米”,“装订线”为“0.5 厘米”,“装订线位置”为“靠左”(图 10-10),单击“确定”按钮。

Step 2 单击“插入”选项卡“页眉和页脚”组中的“页码”下拉按钮,在下拉列表中选择“页面底端”,在其级联菜单中选择“滚动”;单击“页码”下拉按钮,选择“设置页码格式”选项,在打开的“页码格式”对话框中,“编号格式”选择“i,ii,iii,…”,起始页码设置为“iii”(图 10-11),单击“确定”按钮。

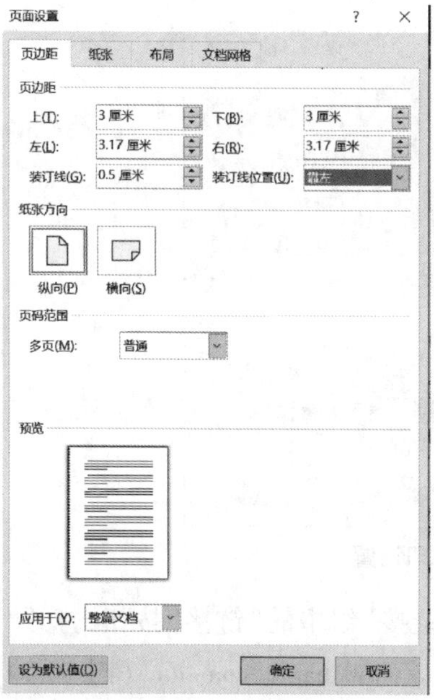

图 10-10 页边距

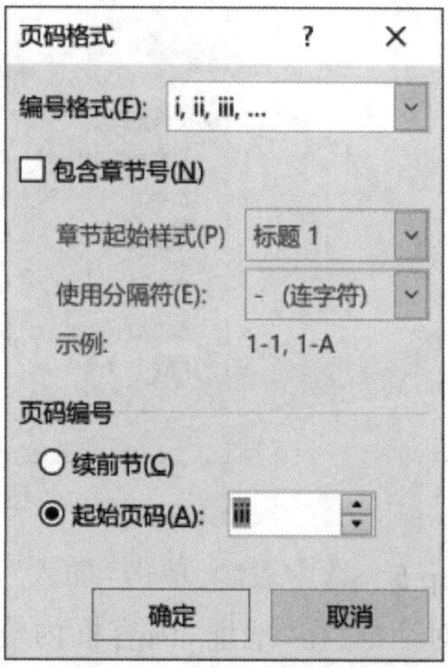

图 10-11 页码格式设置

Step 3 将光标定位在页眉处,单击"开始"选项卡"段落"组中的"边框"下拉按钮,选择"边框和底纹",打开"边框和底纹"对话框单击"无","应用于"选择"段落"(图 10-12),单击"确定"按钮。在"页眉和页脚工具"功能区"页眉和页脚"选项卡中,单击"关闭页眉和页脚"按钮。

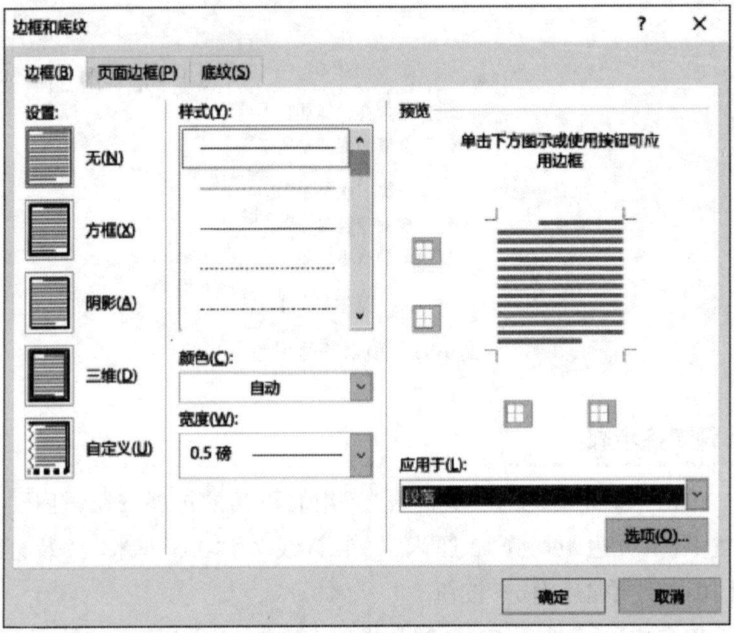

图 10-12 删除页眉横线

Step 4 单击"设计"选项卡"页面背景"组中的"水印"下拉按钮,选择"自定义水印",打开"水印"对话框,选择"文字水印",输入文字"水果与健康",设置颜色为"蓝色"(标准色),字体为"黑体"(图 10-13),单击"确定"按钮。

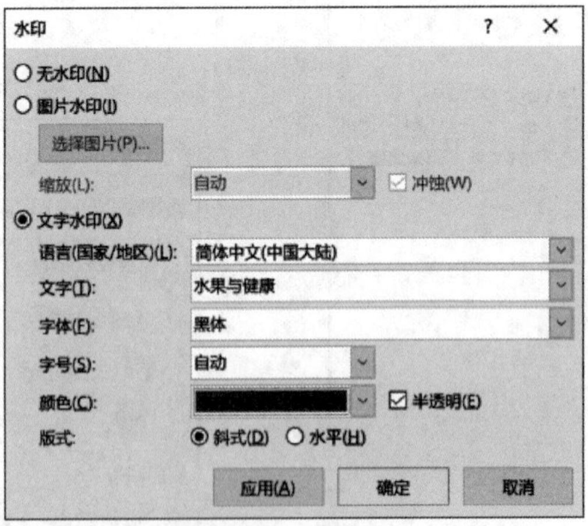

图 10-13 水印设置

Step 5 选中表题,单击"插入"选项卡"链接"组中的"链接"按钮,打开"插入超链接"对话框,在"地址"内容框内输入"http://www.baidu.com.cn"(图 10-14),单击"确定"按钮。

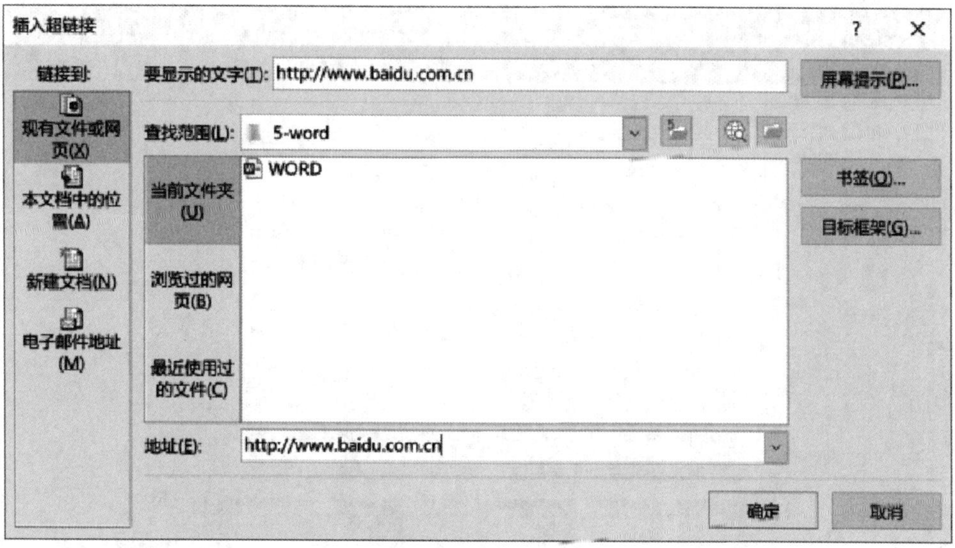

图 10-14　插入链接

第 4 题演练步骤

Step 1　选中文档中最后 12 行文字,单击“插入”选项卡“表格”组中的“表格”下拉按钮,选择“文本转换成表格”(图 10-15),单击“确定”按钮。

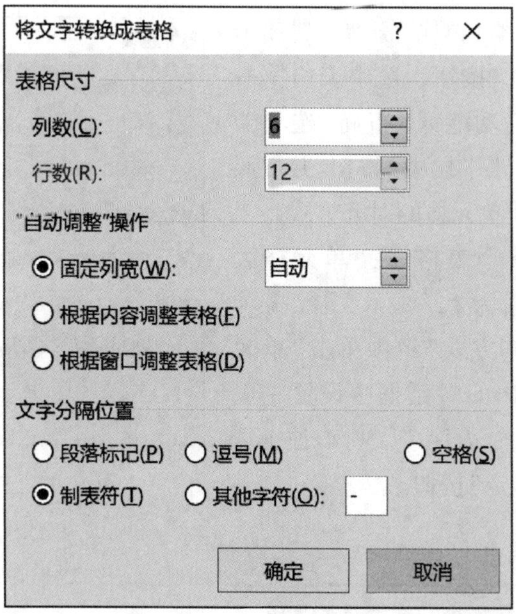

图 10-15　文本转换成表格

Step 2　在“表格工具”功能区“表设计”选项卡“表格样式”组中,单击“表格样式”下拉按钮,选择“网格表 5 深色-着色 6”(图 10-16),在“表格样式选项”中,勾选“标题行”“第一列”“镶边列”。

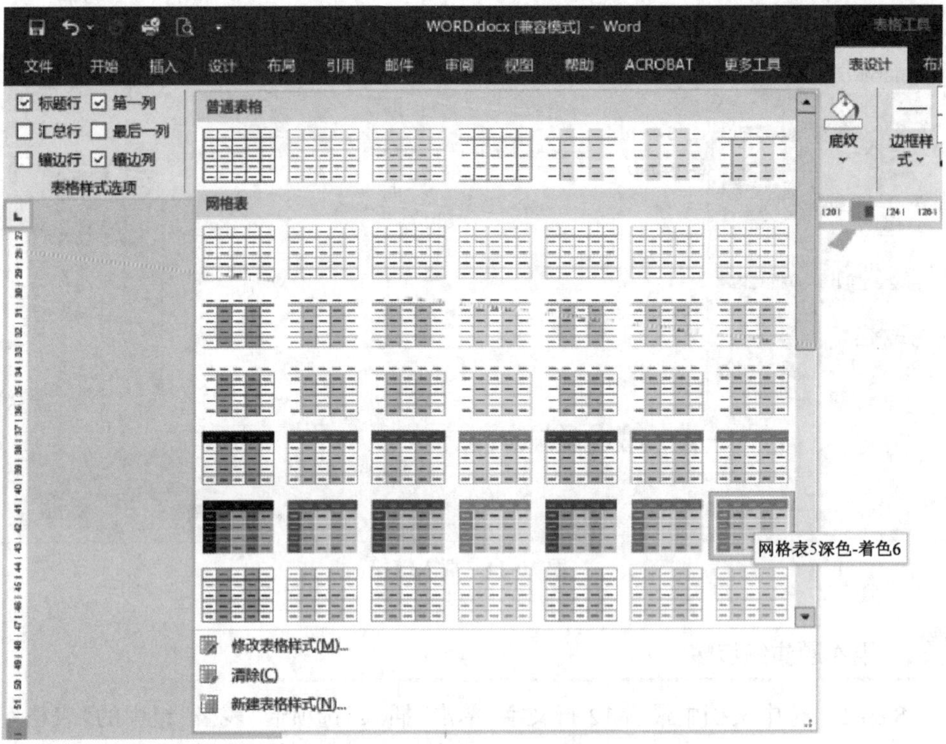

图 10-16　表格样式设置

Step 3　选中表格，单击“开始”选项卡“段落”组中的“居中”按钮。选中表格第一行，单击“表格工具”功能区“布局”选项卡“对齐方式”组中的“水平居中”按钮，并按照同样的方法设置其他单元格的对齐方式。

Step 4　选中整个表格，在“单元格大小”组中，设置列宽为“2 厘米”，行高为“0.6 厘米”；在“对齐方式”组中单击“单元格边距”按钮，在弹出的对话框中设置左边距为“0.1 厘米”、右边距为“0.4 厘米”(图 10-17)，单击“确定”按钮。

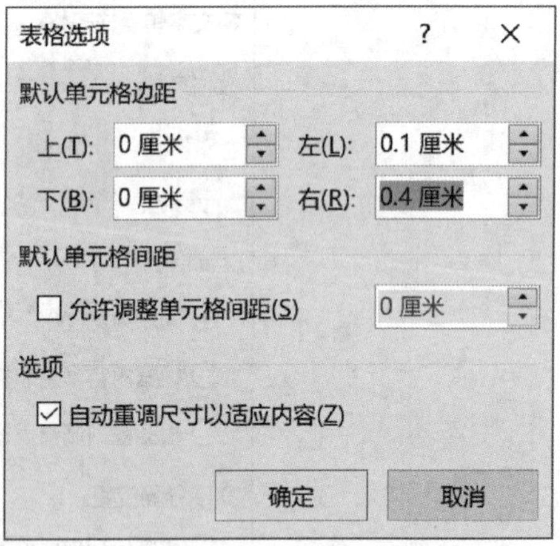

图 10-17　单元格边距设置

第 5 题演练步骤

Step 1　选中表格第一行，在“表格工具”功能区“布局”选项卡“数据”组中，单击“重复标题行”按钮 重复标题行。

Step 2　将光标定位在表格中，单击“排序”按钮，在“排序”对话框中添加排序条件，主要关键字选择“糖类(克)”，类型选择“数字”，次序选择“升序”，次要关键字选择“VC(毫克)”，类型选择“数字”，次序选择“降序”排序(图 10-18)，单击“确定”按钮。

图 10-18　排序设置

Step 3　保存并关闭文件。

最终效果如图 10-19 所示。

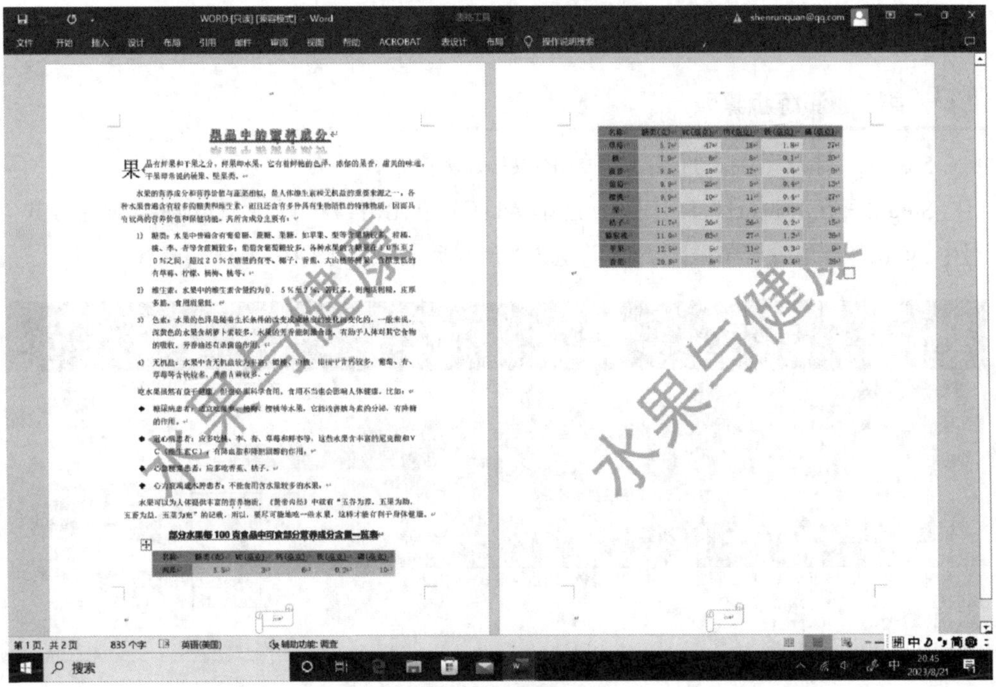

图 10-19　最终效果

10.2　Excel 演练题

打开考生文件夹 5 下的电子表格 Excel. xlsx，按照下列要求完成对此电子表格的操作并保存。

第 1 题　将 Sheet1 工作表的 A1:G1 单元格合并为一个单元格，内容水平居中；

利用函数计算 2015 年和 2016 年的产品销售总量,并将结果分别置于 B15 和 D15 单元格内;计算 2015 年和 2016 年每个月销量占各自全年总销量的百分比内容(百分比型,保留小数点后 2 位);计算同比增长率列内容[同比增长率=(2016 年销量-2015 年销量)/2015 年销量,百分比型,保留小数点后 2 位];同比增长率大于或等于 20%的月份在备注栏内填“较快”信息,其他填“一般”信息(利用 IF 函数);利用条件格式对 F3:F14 单元格区域设置“实心填充/绿色数据条”。

第 2 题 选取 Sheet1 工作表中“月份”列(A2:A14)、“2016 年销量”列(D2:D14)和“同比增长率”列(F2:F14)三列数据建立组合图;设置“2016 年销量”系列为主坐标,“2016 年销量”系列的图表类型为“簇状柱形图”;设置“同比增长率”系列为次坐标,“同比增长率”系列的图表类型为“折线图”;图表标题位于图表上方,图表标题为“同比增长率统计图”,图例位于“顶部”;设置图表颜色为“彩色/彩色调色板 2”,设置绘图区填充格式为“图案填充/虚线网格”;将图插入工作表 A17:G32 单元格区域,将 Sheet1 工作表命名为“产品销售统计表”。

第 3 题 选择 Sheet2 工作表,对工作表内数据清单的内容进行筛选,条件为“所有东部和西部的分公司且销售额高于平均值”,将 Sheet2 工作表命名为“产品销售情况表”。

第1题演练步骤

Step 1 打开考生文件夹 5 下的 Excel. xlsx 文件。

Step 2 在“Sheet1”工作表中,选中 A1:G1 单元格,在“开始”选项卡“对齐方式”组中,单击“合并后居中”下拉按钮,选择“合并后居中”(图 10-20)。

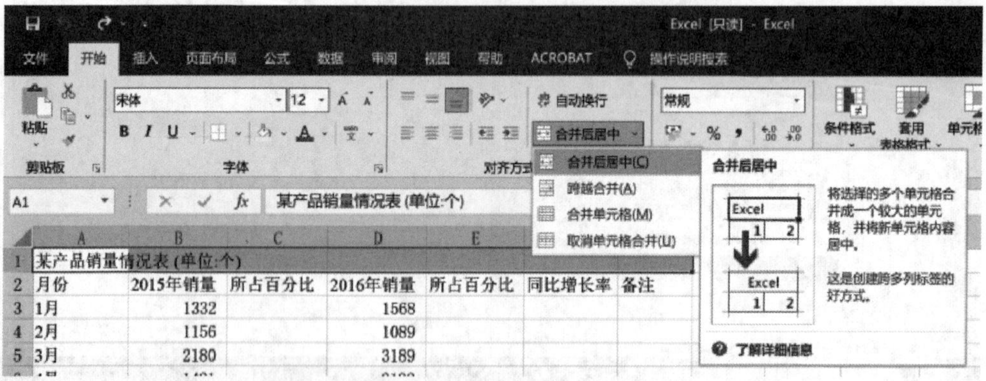

图 10-20 合并后居中

Step 3 选中 B15 单元格,单击公式编辑栏中的“插入函数”按钮,选择函数“SUM”,单击“确定”按钮,打开“函数参数”对话框,将光标定位至 Number1 参数文本框中,选中 B3:B14 单元格区域(图 10-21),单击“确认”按钮。

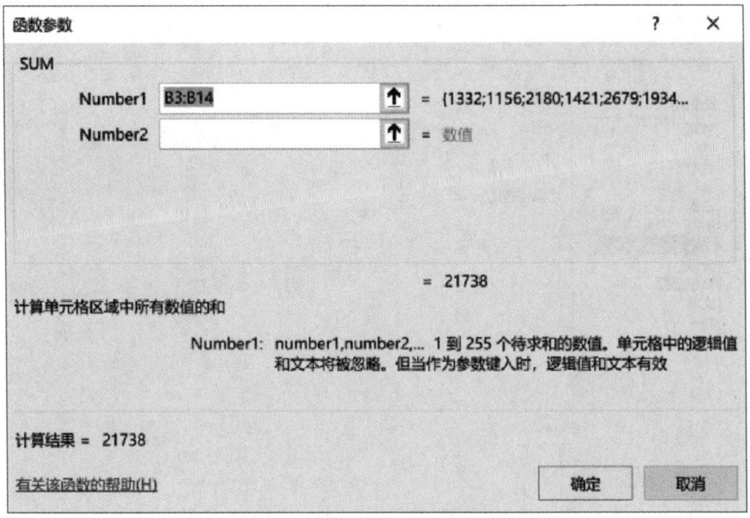

图 10-21　B15 单元格函数

Step 4　选中 D15 单元格，单击公式编辑栏中的“插入函数”按钮，选择函数“SUM”，单击“确定”按钮，打开“函数参数”对话框，将光标定位至 Number1 参数文本框中，选中 D3:D14 单元格区域(图 10-22)，单击“确认”按钮。

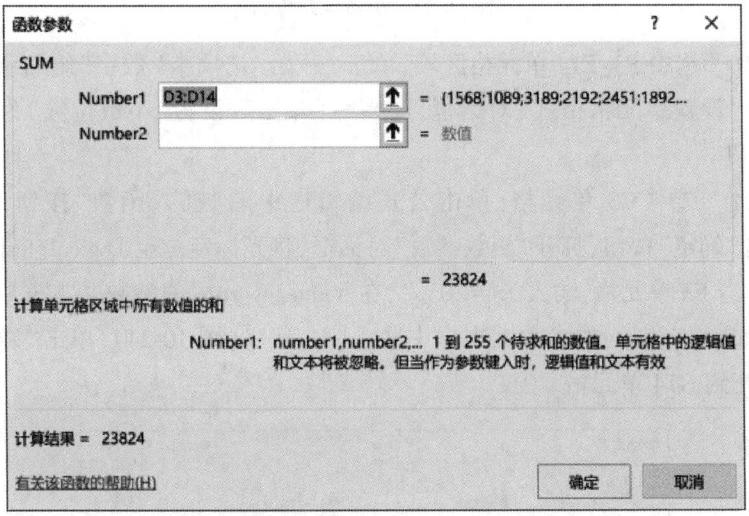

图 10-22　D15 单元格函数

Step 5　在 C3 单元格中输入公式“=B3/ $B$15”，并向下填充到 C14 单元格。

Step 6　选中 C3:C14 单元格区域，单击“开始”选项卡“数字”组右下角的扩展按钮，打开“设置单元格格式”对话框，选择“百分比”，设置“小数位数”为“2”(图 10-23)，单击“确定”按钮。

Step 7　在 E3 单元格中输入公式“=D3/ $D$15”，并向下填充到 E14 单元格。

Step 8　选中 E3:E14 单元格区域，单击“开始”选项卡“数字”组右下角的扩展按钮，选择“百分比”，设置小数位数为“2”，单击“确定”按钮。

Step 9　在 F3 单元格中输入公式“=(D3-B3)/B3”，并向下填充到 F14 单元格。

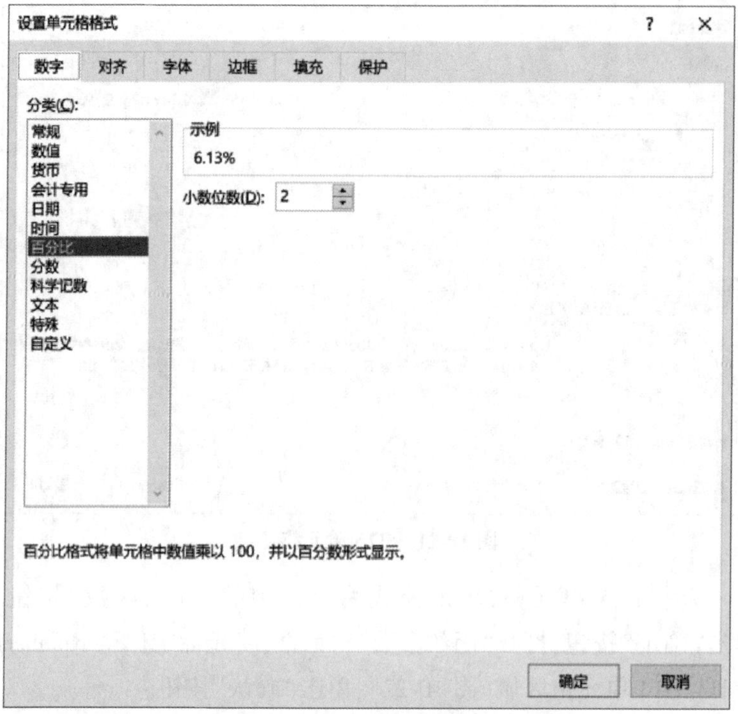

图 10-23 小数位数设置

Step 10 选中 F3:F14 单元格区域,单击“开始”选项卡“数字”组右下角的扩展按钮,打开“设置单元格格式”对话框,选择“百分比”,设置“小数位数”为“2”,单击“确定”按钮。

Step 11 选中 G3 单元格,单击公式编辑栏中的“插入函数”按钮,选择函数“IF”,单击“确定”按钮,打开“函数参数”对话框,将光标定位至 Logical_test 的参数文本框中,单击 F3 单元格,输入“>=20%”,在 Value_if_true 的参数文本框中输入“"较快"”,在 Value_if_false 的参数文本框中输入“"一般"”(图 10-24),单击“确定”按钮,并向下填充到 G14 单元格。

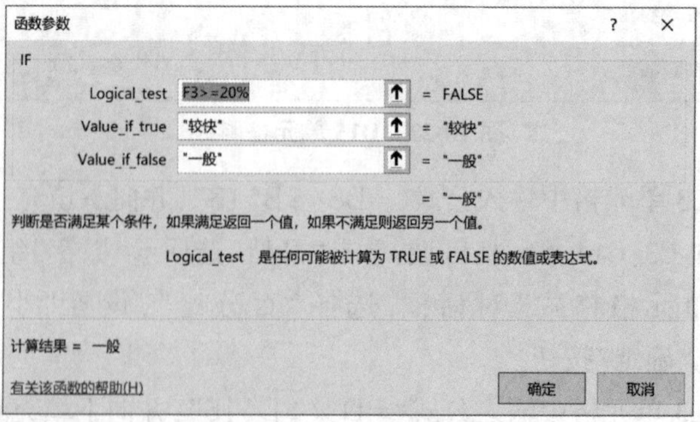

图 10-24 G3 单元格函数

Step 12 选中 F3:F14 单元格区域,单击“开始”选项卡“样式”组中的“条件格式”下拉按钮,依次选择“数据条”→“实心填充”→“绿色数据条”,如图 10-25 所示。

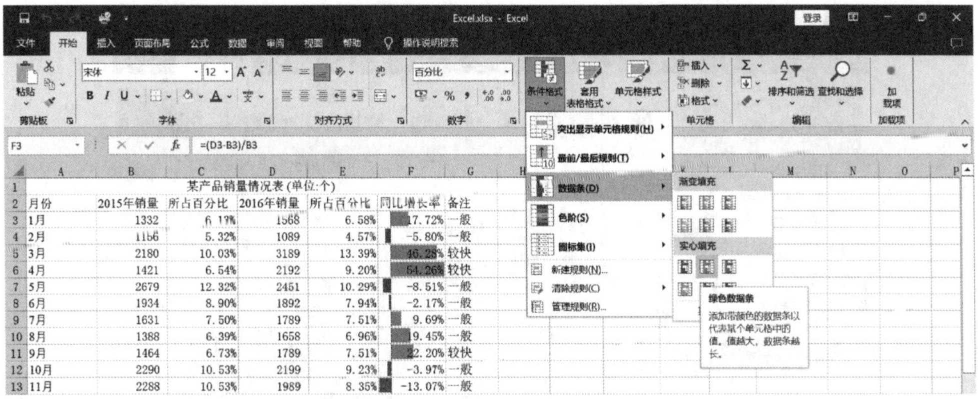

图 10-25　数据条设置

第 2 题演练步骤

Step 1　选中 A2:A14 单元格区域，按住 Ctrl 键，再选中 D2:D14 和 F2:F14 单元格区域，单击“插入”选项卡“图表”组右下角的扩展按钮，打算“插入图表”对话框在“所有图表”的左侧列表中选择“组合图”，在右边“为您的数据系列选择图表类型和轴”选项列表中，选择“2016 年销量”为“簇状柱形图”，“同比增长率”为“折线图”，并勾选“次坐标轴”(图 10-26)，单击“确定”按钮。

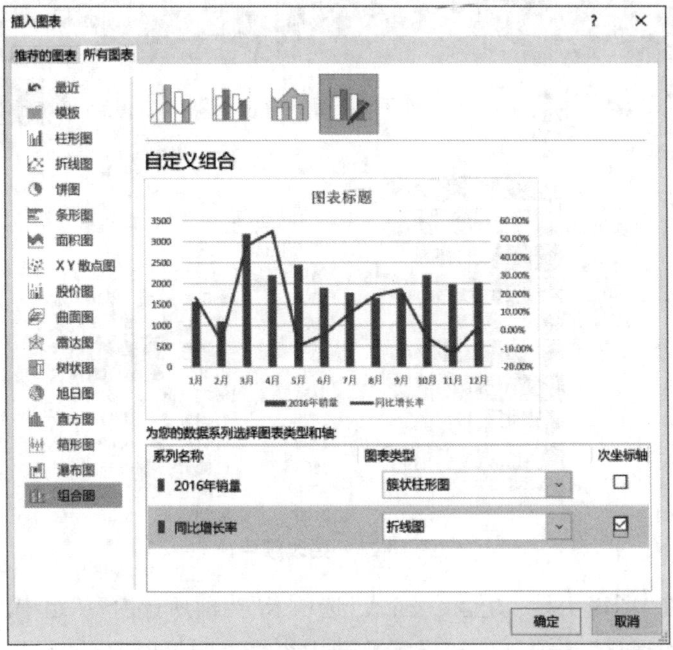

图 10-26　插入图表

Step 2　修改图表标题为“同比增长率统计图”。

Step 3　单击“图表工具”功能区“图表设计”选项卡“图表布局”组中的“添加图表元素”下拉按钮，在“图例”下选择“顶部”(图 10-27)。

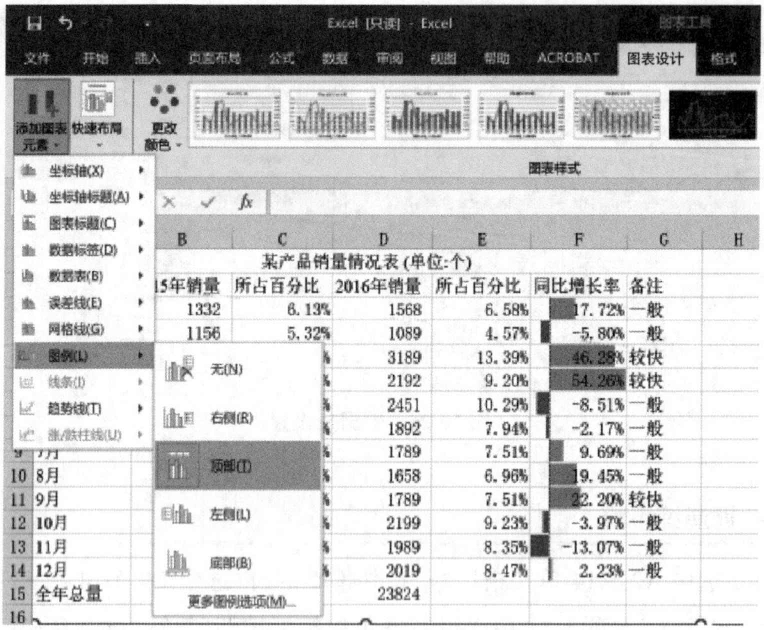

图 10-27　添加图表元素

Step 4　单击“图表工具”功能区“图表设计”选项卡“图表样式”组中的“更改颜色”下拉按钮,依次选择“彩色”→“彩色调色板 2”(图 10-28)。

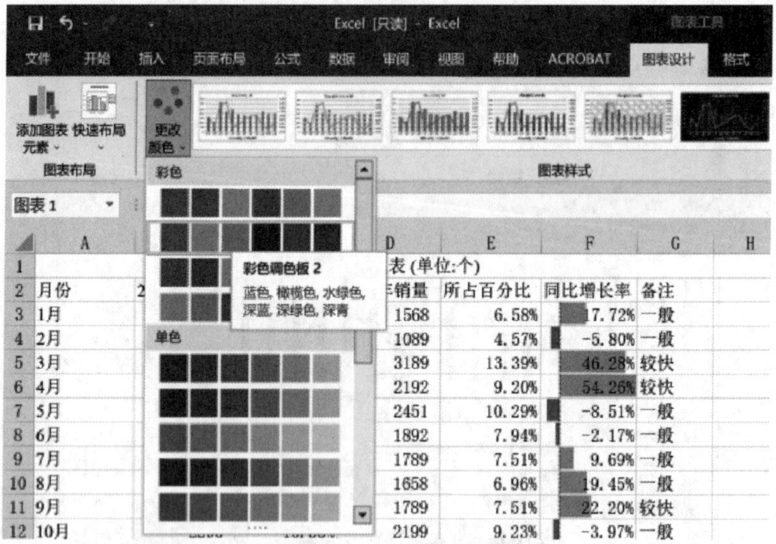

图 10-28　更改颜色

Step 5　在“图表工具”功能区“格式”选项卡“当前所选内容”组中的“图表元素”分组中选择“绘图区”选项,单击“设置所选内容格式”按钮,打开“设置绘图区格式”窗格,在“填充”分组中选择“图案填充”,在“图案填充”下选择“虚线网格”(图 10-29),关闭窗格。

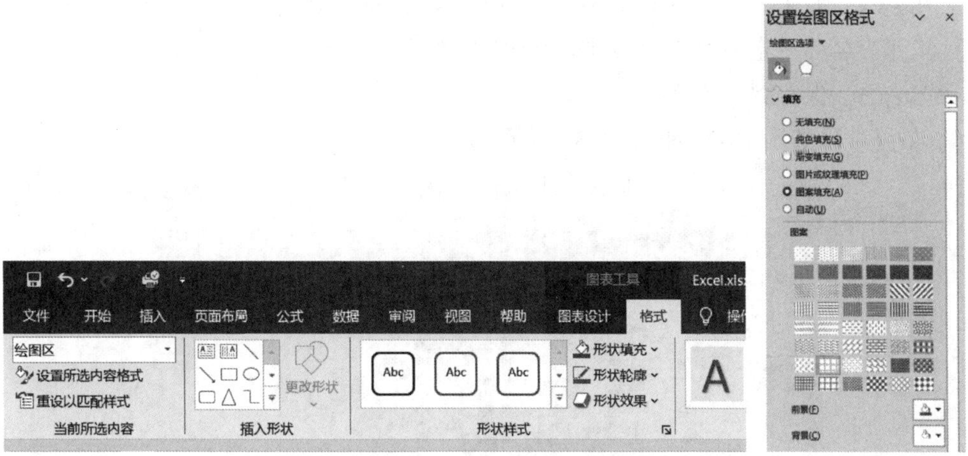

(a) (b)

图 10-29　绘图区格式设置

> **小贴士**
>
> “设置绘图区格式”窗格也可以通过将鼠标放在图表的绘图区，单击鼠标右键，然后在弹出的快捷菜单中选择“设置绘图区格式”打开。

Step 6　调整图表大小并移动到 A17:G32 单元格区域。

Step 7　双击 Sheet1 工作表标签，将其重命名为“产品销售统计表”(注意：工作表名称一定要改正确，否则考试时检测不到这个工作表，该题得 0 分)。

第 3 题演练步骤

Step 1　在 Sheet2 工作表中，选中任一数据单元格，单击“数据”选项卡“排序和筛选”组中的“筛选”按钮。

Step 2　单击 B1 单元格旁的下拉按钮，在“文本筛选”中选择“开头是”，在分公司中选择“开头是，东”或“开头是，西”(图 10-30)，单击“确定”按钮。

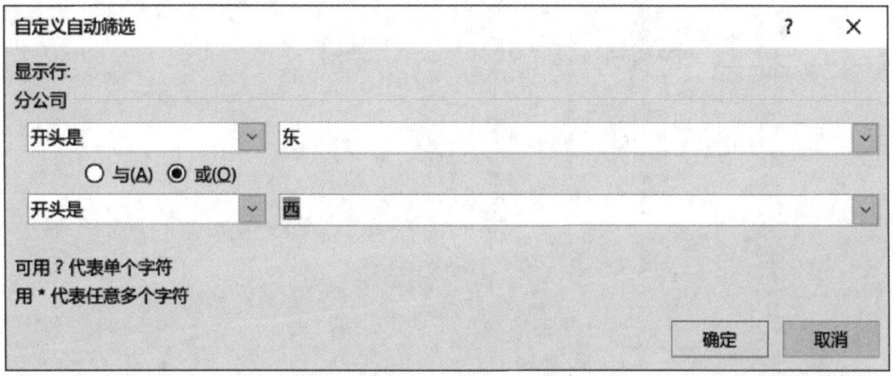

图 10-30　筛选设置

Step 3　单击 F1 单元格旁的下拉按钮，在“数字筛选”中选择“高于平均值”。

Step 4 双击 Sheet2 工作表标签 Sheet2，将其重命名为“产品销售情况表”（注意：工作表名称一定要改正确，否则考试时检测不到这个工作表，该题得 0 分）。

Step 5 保存并关闭文件。

最终效果如图 10-31 和图 10-32 所示。

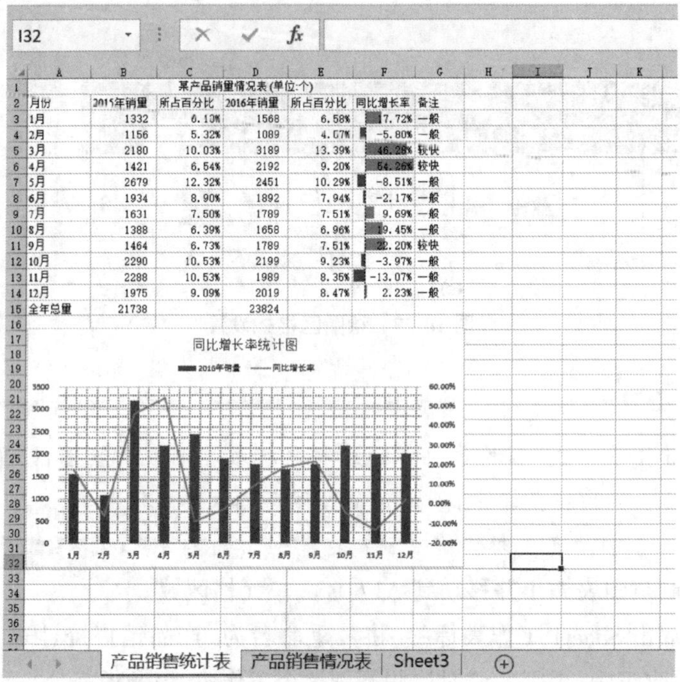

图 10-31 最终效果一

图 10-32 最终效果二

10.3 PowerPoint 演练题

打开考生文件夹 5 下的演示文稿 yswg. pptx，按照下列要求完成对此演示文稿的修饰并保存。

第 1 题 设置幻灯片大小为“全屏显示(16∶9)”；为整个演示文稿应用“平面”主题，设置放映方式为“观众自行浏览(窗口)”。

第 2 题 将第 1 张幻灯片的版式设置为“标题幻灯片”，主标题为“好胃是这样养出来的”，副标题为“养胃的方法”；设置主标题字体为“华文彩云，48 磅”，副标题字体为“23 磅”；将幻灯片的背景格式设置为“预设渐变/顶部聚光灯-个性色 1”，类型为“标题的阴影”。

第 3 题 将第 2 张幻灯片的标题设置为“健康养胃”，设置内容文本字体为“楷体”，字号为“22”，内容文本动画设置为“进入/字幕式”；标题动画设置为“进入/浮入”，效果选项为“下浮”，标题动画“开始”为“上一动画之后，延迟 1. 25 秒”；动画顺序为先标题后内容文本。

第 4 题 将第 3 张幻灯片的版式设置为“两栏内容”，标题为“养胃的方法”。将第 2 张幻灯片内容文本框中的文字(“讲究卫生：注意饮食卫生……馒头可以养胃，不妨试试作为主食。”)移动到第 3 张幻灯片的右侧内容文本框中。设置内容文本字体为“幼圆”，字号为“15”。左侧内容框动画设置为“进入/飞入”，效果选项为“自左侧”，右侧内容框动画设置为“进入/飞入”，效果选项为“自右侧”；标题动画设置为“强调/加粗展示”；动画顺序为先标题后内容文本。

第 5 题 将第 4 张幻灯片的版式设置为“两栏内容”，标题为“健康饮水”。将考生文件夹 5 下的图片文件“ppt2. jpg”插入第 4 张幻灯片右侧的内容区，图片样式为“旋转，白色”，图片效果为“发光/发光：11 磅；红色，主题色 5”。图片动画设置为“进入/基本旋转”，效果选项为“垂直”；左侧内容文字动画设置为“强调/波浪形”；动画顺序是先内容文本后图片。

第 6 题 将第 5 张幻灯片的版式设置为“两栏内容”，标题为“腹部按摩”。将考生文件夹 5 下的图片文件“ppt1. jpg”插入第 5 张幻灯片右侧的内容区，图片样式为“剪去对角，白色”，图片效果为“预设/预设 1”。图片动画设置为“强调/陀螺旋”，效果选项为“旋转两周”，图片动画“开始”为“上一动画之后”。

第 7 题 在除了标题幻灯片外的其他每张幻灯片中的页脚插入“健康生活”四个字；设置第 1、3、5 张幻灯片的切换方式为“框”，效果选项为“自左侧”；设置第 2、4 张幻灯片的切换方式为“缩放”，效果选项为“切出”。

第1题演练步骤

Step 1 打开考生文件夹 5 下的文件 yswg. pptx，单击“设计”选项卡“自定义”组中的“幻灯片大小”下拉按钮，在下拉列表中选择“自定义幻灯片大小”，在弹出的对话框中选择“全屏显示(16∶9)”(图 10-33),单击“确定”按钮;在“主题”组中,设置幻灯片主题为“平面”。

Step 2 单击“幻灯片放映”选项卡“设置”组中的“设置幻灯片放映”按钮,在弹出的“设置放映方式”对话框中选择“观众自行浏览(窗口)”(图 10-34),单击“确定”按钮。

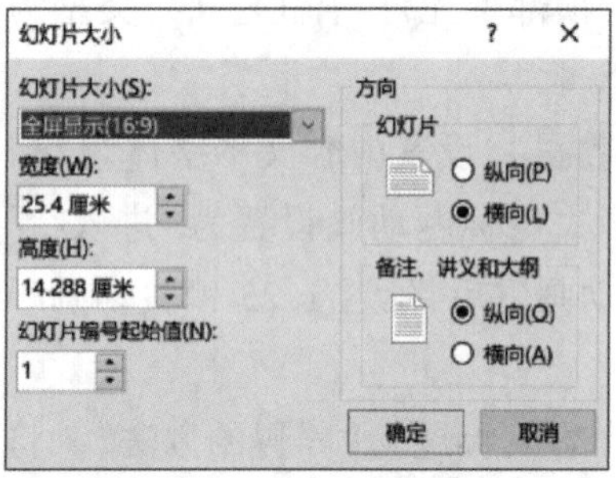

图 10-33 幻灯片大小设置

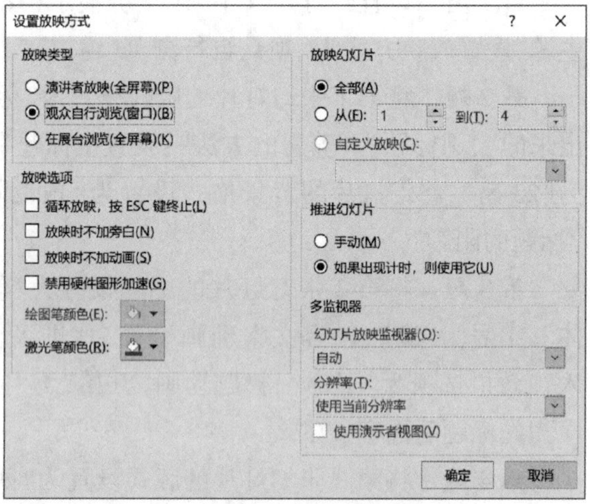

图 10-34 放映方式设置

第 2 题演练步骤

Step 1 选择第 1 张幻灯片,单击“开始”选项卡“幻灯片”组中的“版式”下拉按钮,选择“标题幻灯片”,如图 10-35 所示。

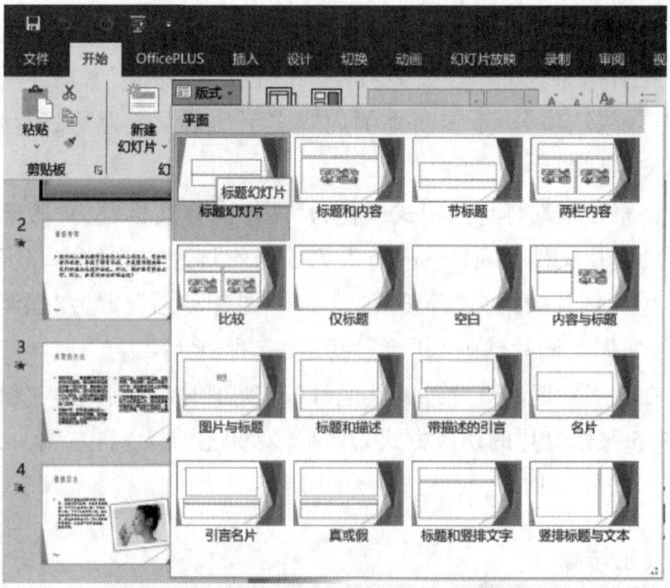

图 10-35 幻灯片版式设置

Step 2　在标题占位符内输入“好胃是这样养出来的”；选中标题占位符，在“字体”组中，设置字体为“华文彩云”，字号为“48”。按照同样的方法设置副标题。

Step 3　选择第1张幻灯片，单击鼠标右键，在弹出的快捷菜单中选择“设置背景格式”，在右侧弹出的窗格中选择“渐变填充”，单击“预设渐变”下拉按钮，选择“顶部聚光-灯个性色1”，单击“类型”下拉按钮，选择“标题的阴影”（图10-36），关闭窗格。

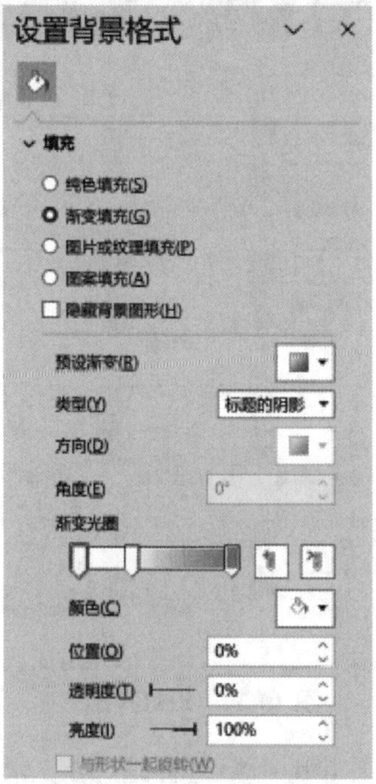

图10-36　背景格式设置

第3题演练步骤

Step 1　选择第2张幻灯片，在标题占位符内输入“健康养胃”。

Step 2　选择内容占位符，在“开始”选项卡“字体”组中，设置字体为“楷体”，字号为“22”。

Step 3　选中内容占位符，单击“动画”选项卡“动画”组中的“其他”下拉按钮，选择“更多进入效果”，在弹出的窗格中选择“字幕式”（图10-37），单击“确定”按钮。选中标题占位符，在“动画”组中设置动画效果为“进入/浮入”，单击“效果选项”下拉按钮，选择“下浮”；在“计时”组中，设置“开始”为“上一动画之后”，延迟“01.25”（即1.25秒），单击“向前移动”按钮 向前移动，使动画顺序为先标题后内容文本。

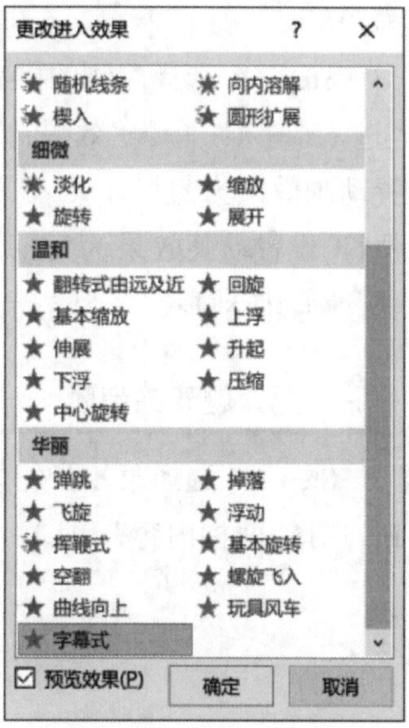

图10-37　进入效果设置

第 4 题演练步骤

Step 1 选择第 3 张幻灯片,单击“开始”选项卡“幻灯片”组中的“版式”下拉按钮,选择“两栏内容”(图 10-38),在标题占位符内输入“养胃的方法”。

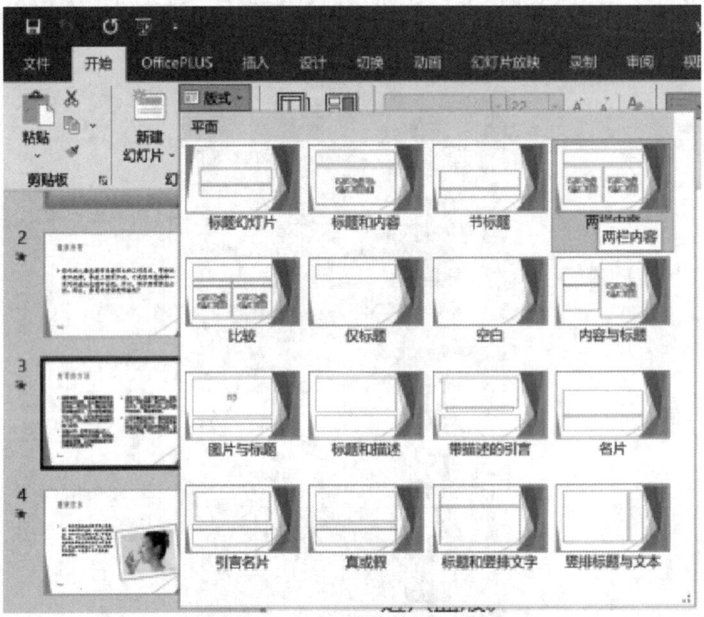

图 10-38 幻灯片版式

Step 2 选择并剪切(按下 Ctrl + X 组合键)第 2 张幻灯片中的文字“讲究卫生:注意饮食卫生……馒头可以养胃,不妨试试作为主食。”,回到第 3 张幻灯片右侧的内容占位符内,单击鼠标右键,在弹出的快捷菜单中选择“只保留文本”,删除多余空格。

Step 3 选择左、右两侧的内容占位符,在“字体”组中,设置字体为“幼圆”,字号为“15”。

Step 4 选择左侧的内容占位符,在“动画”选项卡“动画”组中,设置动画效果为“进入/飞入”,单击“效果选项”下拉按钮,选择“自左侧”;选择右侧的内容占位符,设置动画效果为“进入/飞入”,单击“效果选项”下拉按钮,选择“自右侧”;选择标题占位符,设置动画效果为“强调-加粗展示”,单击两次“计时”组中的“向前移动”按钮 ▲ 向前移动 ,使动画顺序为先标题后内容文本。

第 5 题演练步骤

Step 1 选择第 4 张幻灯片,单击“开始”选项卡“幻灯片”组中的“版式”下拉按钮,选择“两栏内容”(图 10-39)。

图 10-39　幻灯片版式设置

Step 2　在标题占位符内输入“健康饮水”；单击右侧内容占位符中的“图片”按钮，在弹出的对话框中选择考生文件夹 5 下的图片“ppt2. jpg”，单击“插入”按钮。选中图片，在“图片工具”功能区“图片格式”选项卡“图片样式”组中，设置图片样式为“旋转，白色”；单击“图片效果”下拉按钮，选择“发光”中的“发光：11 磅，红色，主题色 5”（图 10-40）。

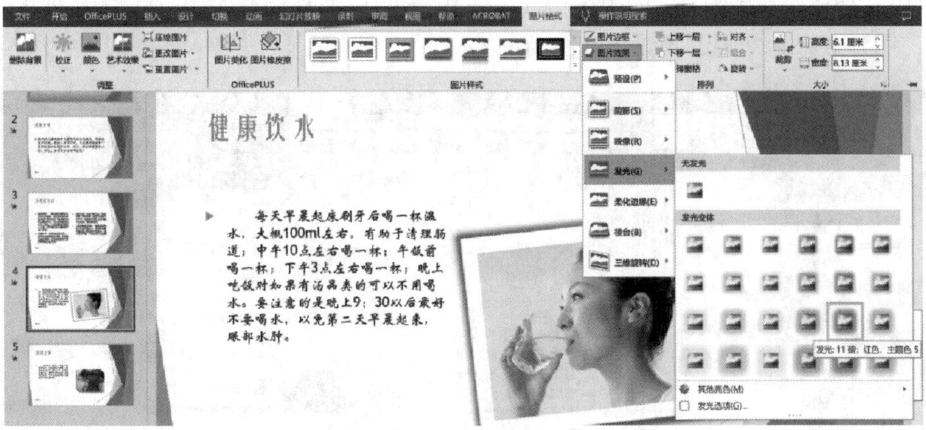

图 10-40　图片格式设置

Step 3　选择图片，在“动画”选项卡中单击“动画”组中的“其他”下拉按钮，选择“更多进入效果”，在弹出的对话框中选择“基本旋转”（图 10-41），单击“确定”按钮；单击“效果选项”下拉按钮，选择“垂直”。选择左侧的内容占位符，设置动画效果为“强调-波浪形”，单击“计时”组中的“向前移动”按钮 向前移动 ，使动画顺序为先内容文本后图片。

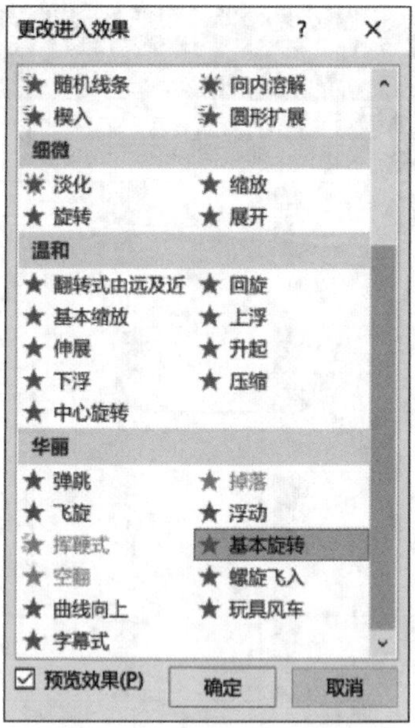

图 10-41　进入效果设置

第 6 题演练步骤

Step 1　选择第 5 张幻灯片,按照第 5 题 Step 1 的操作方法设置版式为“两栏内容”。

Step 2　在标题占位符内输入“腹部按摩”;单击右侧内容占位符内的“图片”按钮,选择考生文件夹 5 下的图片的“ppt1. jpg”,单击“插入”按钮。选中图片,在“图片工具”功能区“图片格式”选项卡“图片样式”组中,设置图片样式为“剪去对角,白色”,图片效果为“预设-预设 1”(图 10-42)。

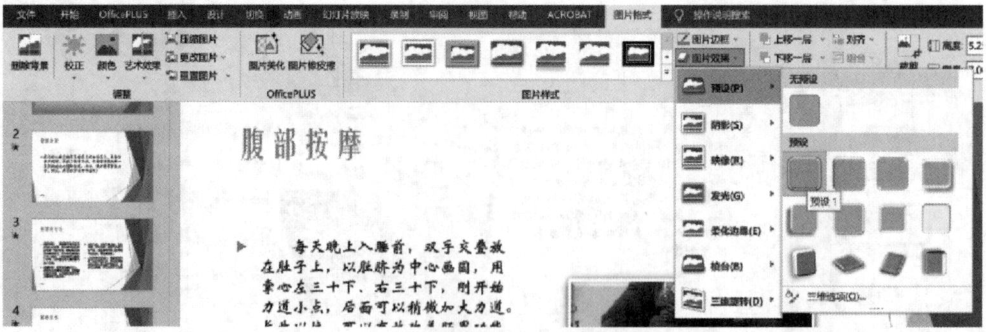

图 10-42　图片效果设置

Step 3　选择图片,在“动画”选项卡“动画”组中,设置动画效果为“强调-陀螺旋”,单击“效果选项”下拉按钮,选择“旋转两周”,在“计时”组设置开始为“上一动画之后”。

第 7 题演练步骤

Step 1 单击“插入”选项卡“文本”组中的“页眉和页脚”按钮，在弹出的对话框中勾选“页脚”复选框，在文本框中输入“健康生活”，勾选“标题幻灯片中不显示”复选框，单击“全部应用”(图 10-43)。

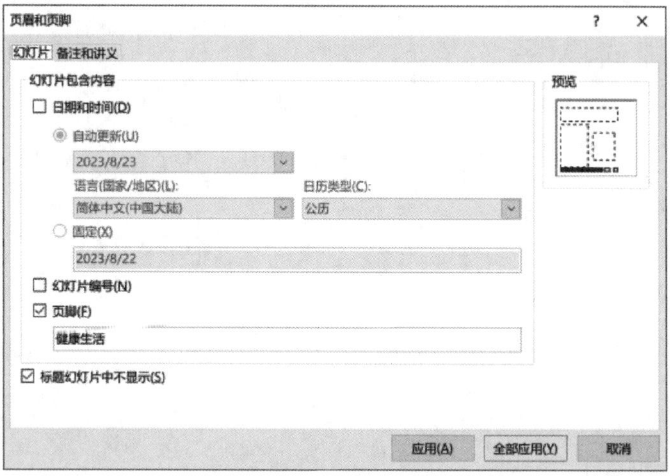

图 10-43　页脚设置

Step 2 选中第 1 张幻灯片，并按住 Ctrl 键不放，依次选择第 3 张和第 5 张幻灯片，在“切换”选项卡“切换到此幻灯片”组中，设置切换方式为“框”，单击“效果选项”下拉按钮，选择“自左侧”；选择第 2 张幻灯片，按住 Ctrl 键，选择第 4 张幻灯片，在“切换到此幻灯片”组中，设置切换方式为“缩放”，单击“效果选项”下拉按钮，选择“切出”。

Step 3 保存并关闭文件。

最终效果如图 10-44 所示。

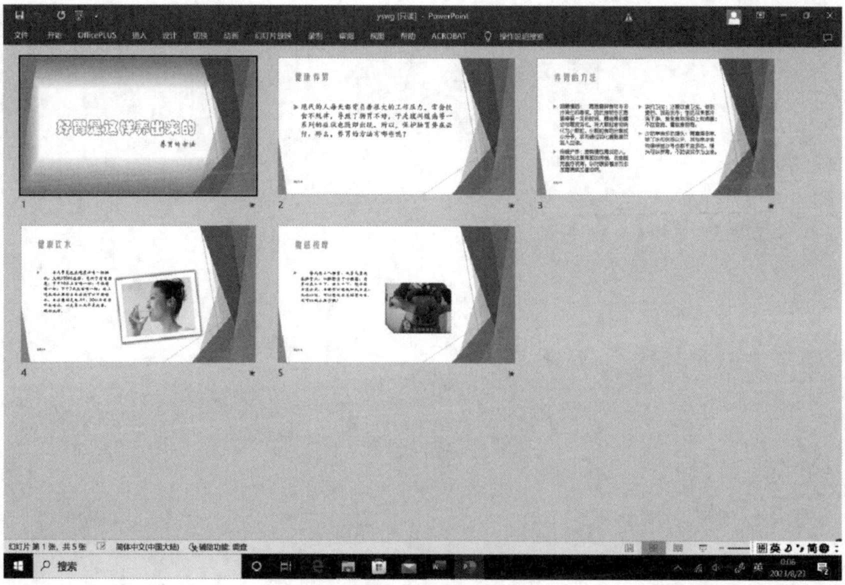

图 10-44　最终效果